Natürliche
Schöpfungs-Geschichte.

Gemeinverständliche wissenschaftliche Vorträge über die

Entwickelungs-Lehre

im Allgemeinen und diejenige von

Darwin, Goethe und Lamarck

im Besonderen.

Von

Ernst Haeckel

Professor an der Universität Jena.

Neunte umgearbeitete und vermehrte Auflage.

Mit dem Porträt des Verfassers und mit 30 Tafeln, sowie zahlreichen Holzschnitten, Stammbäumen und systematischen Tabellen.

Berlin, 1898.

Druck und Verlag von Georg Reimer.

F. Haack, Jena phot. Heliogr. M.R. & Co.

Ernst Haeckel

Verlag von Georg Reimer in Berlin.

Natürliche Schöpfungs-Geschichte.

Gemeinverständliche wissenschaftliche Vorträge über die

Entwickelungs-Lehre.

Von

Ernst Haeckel

Professor an der Universität Jena.

Neunte umgearbeitete und vermehrte Auflage.

Mit dem Porträt des Verfassers und mit 30 Tafeln, sowie zahlreichen Holzschnitten, Stammbäumen und systematischen Tabellen.

Erster Theil:

Allgemeine Entwickelungs-Lehre.

(Transformismus und Darwinismus.)

Berlin, 1898.

Druck und Verlag von Georg Reimer.

„Nach ewigen ehernen
„Grossen Gesetzen
„Müssen wir Alle
„Unseres Daseins
„Kreise vollenden!“

Goethe.

Inhalts-Uebersicht.

Erster Theil.

Allgemeine Entwickelungs-Lehre.

(Transformismus und Darwinismus.)

I.—XV. Vortrag.

Zweiter Theil.

Allgemeine Stammes-Geschichte.

(Phylogenie und Anthropogenie.)

XVI.—XXX. Vortrag.

Vorwort

zur ersten Auflage.

Die vorliegenden freien Vorträge über „natürliche Schöpfungs-Geschichte" sind im Wintersemester 1867/68 vor einem aus Laien und Studirenden aller Facultäten zusammengesetzten Publicum hier von mir gehalten, und von zweien meiner Zuhörer stenographirt worden. Abgesehen von den redactionellen Veränderungen des stenographischen Manuscripts, habe ich an mehreren Stellen Erörterungen weggelassen, welche für meinen engeren Zuhörerkreis von besonderem Interesse waren, und dagegen an anderen Stellen Erläuterungen eingefügt, welche mir für den weiteren Leserkreis erforderlich schienen. Die Abkürzungen betreffen besonders die erste Hälfte, die Zusätze dagegen die zweite Hälfte der Vorträge.

Die „natürliche Schöpfungs-Geschichte" oder richtiger ausgedrückt: die „natürliche Entwickelungs-Lehre", deren selbständige Förderung und weitere Verbreitung den Zweck dieser Vorträge bildet, ist seit dem Jahre 1859 durch die grosse Geistesthat von Charles Darwin in ein neues Stadium ihrer Entwickelung getreten. Was frühere Anhänger derselben nur unbestimmt andeuteten oder ohne Erfolg aussprachen, was schon Wolfgang Goethe mit dem prophetischen Genius des Dichters, weit seiner Zeit vorauseilend, ahnte, was Jean Lamarck bereits 1809, unverstanden von seinen befangenen Zeitgenossen, zu einer klaren wissenschaftlichen Theorie formte, das ist durch das epochemachende Werk von Charles Darwin unveräusserliches Erbgut der menschlichen Erkenntniss und die erste Grundlage geworden, auf der alle wahre Wissenschaft in Zukunft weiter bauen wird. „Entwickelung“ heisst von jetzt an das Zauberwort, durch das wir alle uns umgebenden Räthsel lösen, oder wenigstens auf den Weg ihrer Lösung gelangen können. Aber wie Wenige haben dieses Losungswort wirklich verstanden, und wie Wenigen ist seine weltumgestaltende Bedeutung klar geworden! Befangen in der mythischen Tradition von Jahrtausenden, und geblendet durch den falschen Glanz mächtiger Autoritäten, haben selbst hervorragende Männer der Wissenschaft in dem Siege der Entwickelungs-Theorie nicht den grössten Fortschritt, sondern einen gefährlichen Rückschritt der Naturwissenschaft erblickt; und namentlich den biologischen Theil derselben, die Abstammungs-Lehre oder Descendenz-Theorie, unrichtiger beurtheilt, als der gesunde Menschenverstand des gebildeten Laien.

Diese Wahrnehmung vorzüglich war es, welche mich zur Veröffentlichung dieser gemeinverständlichen wissenschaftlichen Vorträge bestimmte. Ich hoffe dadurch der Entwickelungs-Lehre, welche ich für die grösste Eroberung des menschlichen Geistes halte, manchen Anhänger auch in jenen Kreisen der Gesellschaft zuzuführen, welche zunächst nicht mit dem empirischen Material der Naturwissenschaft, und der Biologie insbesondere, näher vertraut, aber durch ihr Interesse an dem Naturganzen berechtigt, und durch ihren natürlichen Menschenverstand befähigt sind, die Entwickelungstheorie zu begreifen und als Schlüssel zum Verständniss der Erscheinungswelt zu benutzen. Die Form der freien Vorträge, in welcher hier die Grundzüge der allgemeinen Entwickelungs-Geschichte behandelt sind, hat mancherlei Nachtheile. Aber ihre Vorzüge, namentlich der freie und unmittelbare Verkehr zwischen dem Vortragenden und dem Zuhörer, überwiegen in meinen Augen die Nachtheile bedeutend.

Der lebhafte Kampf, welcher im letzten Decennium um die Entwickelungslehre entbrannt ist, muss früher oder später nothwendig mit ihrer allgemeinen Anerkennung endigen. Dieser glänzendste Sieg des erkennenden Verstandes über das blinde Vorurtheil, der höchste Triumph, den der menschliche Geist erringen konnte, wird sicherlich mehr als alles Andere nicht allein zur geistigen Befreiung, sondern auch zur sittlichen Vervollkommung der Menschheit beitragen. Zwar haben nicht nur diejenigen engherzigen Leute, die als Angehörige einer bevorzugten Kaste jede Verbreitung allgemeiner Bildung überhaupt scheuen, sondern auch wohlmeinende und edelgesinnte Männer die Befürchtung ausgesprochen, dass die allgemeine Verbreitung der Entwickelungs-Theorie die gefährlichsten moralischen und socialen Folgen haben werde. Nur die feste Ueberzeugung, dass diese Besorgniss gänzlich unbegründet ist, und dass im Gegentheil jeder grosse Fortschritt in der wahren Naturerkenntniss unmittelbar oder mittelbar auch eine entsprechende Vervollkommnung des sittlichen Menschenwesens herbeiführen muss, konnte mich dazu ermuthigen, die wichtigsten Grundzüge der Entwickelungs-Theorie in der hier vorliegenden Form einem weiteren Kreise zugänglich zu machen.

Den wissbegierigen Leser, welcher sich genauer über die in diesen Vorträgen behandelten Gegenstände zu unterrichten wünscht, verweise ich auf die im Texte mit Ziffern angeführten Schriften, welche am Schlusse desselben im Zusammenhang verzeichnet sind. Bezüglich derjenigen Beiträge zum Ausbau der Entwickelungs-Lehre, welche mein Eigenthum sind, verweise ich insbesondere auf meine 1866 veröffentlichte „Generelle Morphologie der Organismen“ (Erster Band: Allgemeine Anatomie oder Wissenschaft von den entwickelten Formen; Zweiter Band: Allgemeine Entwickelungs-Geschichte oder Wissenschaft von den entstehenden Formen). Dies gilt namentlich von meiner im ersten Bande ausführlich begründeten Individualitäts-Lehre und Grundformen-Lehre, auf welche ich in diesen Vorträgen nicht eingehen konnte, und von meiner im zweiten Bande enthaltenen mechanischen Begründung des ursächlichen Zusammenhangs zwischen der individuellen und der paläontologischen Entwickelungs-Geschichte. Der Leser, welcher sich specieller für das natürliche System der Thiere, Pflanzen und Protisten, sowie für die darauf begründeten Stammbäume interessirt, findet darüber das Nähere in der systematischen Einleitung zum zweiten Bande der generellen Morphologie.

So unvollkommen und mangelhaft diese Vorträge auch sind, so hoffe ich doch, dass sie dazu dienen werden, das segensreiche Licht der Entwickelungs-Lehre in weiteren Kreisen zu verbreiten. Möchte dadurch in vielen denkenden Köpfen die unbestimmte Ahnung zur klaren Gewissheit werden, dass unser Jahrhundert durch die endgültige Begründung der Entwickelungs-Theorie, und namentlich durch die Entdeckung des menschlichen Ursprungs, den bedeutendsten und ruhmvollsten Wendepunkt in der ganzen Entwickelungs-Geschichte der Menschheit bildet. Möchten dadurch viele Menschenfreunde zu der Ueberzeugung geführt werden, wie fruchtbringend und segensreich dieser grösste Fortschritt in der Erkenntniss auf die weitere fortschreitende Entwickelung des Menschengeschlechts einwirken wird, und an ihrem Theile werkthätig zu seiner Ausbreitung beitragen. Möchten aber vor Allem dadurch recht viele Leser angeregt werden, tiefer in das innere Heiligthum der Natur einzudringen, und aus der nie versiegenden Quelle der natürlichen Offenbarung mehr und mehr jene höchste Befriedigung des Verstandes durch wahre Natur-Erkenntniss, jenen reinsten Genuss des Gemüthes durch tiefes Naturverständniss, und jene sittliche Veredelung der Vernunft durch einfache Naturreligion schöpfen, welche auf keinem anderen Wege erlangt werden kann.

Jena, am 18. August 1868.

Ernst Haeckel.

Vorwort

zur neunten Auflage.

Die grossartigen Fortschritte der Naturwissenschaften in den letzten zehn Jahren haben auf zahlreiche, in der „natürlichen Schöpfungsgeschichte“ behandelte Fragen ein neues Licht geworfen. Bei der Bearbeitung der neuen, schon seit einigen Jahren gewünschten Auflage dieses Buches fand ich mich daher vor die schwierige Aufgabe gestellt, wenigstens die wichtigsten neuen Bereicherungen der Biologie in dieselbe aufzunehmen, ohne doch den populär wissenschaftlichen Character des Werkes und seinen bisherigen Umfang wesentlich zu ändern. Ich habe dieser Aufgabe gerecht zu werden mich bemüht, indem ich eine grosse Anzahl von veralteten Sätzen aus dem Texte entfernte und durch die verbesserten Erkenntnisse der Neuzeit ersetzte. Namentlich im zweiten Theile, in der systematischen Gruppirung und Stammesgeschichte der organischen Formen, sind zehn Vorträge (XVII bis XXVI) vollständig umgearbeitet worden.

Die neue Auffassung, welche das „Natürliche System“ der organischen Formen durch die Anwendung der Entwickelungslehre gewinnen musste, hatte ich zuerst 1866 im zweiten Bande meiner „Generellen Morphologie der Organismen“ darzustellen versucht, in der Systematischen Einleitung in die allgemeine Entwickelungsgeschichte. Indessen konnte die „Genealogische Uebersicht des Natürlichen Systems“, welche auf den 160

Seiten jenes ersten Entwurfs versucht und durch acht genealogische Tafeln erläutert wurde, naturgemäss nur einen allgemeinen Ueberblick über die umfangreiche und verwickelte Aufgabe gewähren. Auch die weitere Ausführung und die populäre Darstellung derselben, welche ich in den früheren Auflagen der Natürlichen Schöpfungsgeschichte beständig zu verbessern bemüht war, musste doch auf die Hauptgedanken beschränkt bleiben; sie entbehrte der eingehenden wissenschaftlichen Begründung, welche von den Fachgenossen verlangt wurde. Diese nothwendige Begründung meines phylogenetischen Systems habe ich jetzt in einem grösseren Werke gegeben, welches seit langer Zeit vorbereitet, aber erst 1896 vollendet wurde, in der „Systematischen Phylogenie“. Der zusammenhängende, darin enthaltene „Entwurf eines natürlichen Systems der Organismen auf Grund ihrer Stammesgeschichte“, ist durch zahlreiche Stammbäume und systematische Tabellen erläutert; er behandelt im ersten Bande die Protisten und Pflanzen, im zweiten Bande die wirbellosen Thiere, im dritten Bande die Wirbelthiere und den Menschen. Die neue und wesentlich verbesserte Form, welche die Stammbäume und die systematischen Tabellen in der vorliegenden neunten Auflage der natürlichen Schöpfungsgeschichte angenommen haben, gründet sich überall auf die streng fachwissenschaftlichen Ausführungen der Systematischen Phylogenie. Es wäre wünschenswerth, dass diese wesentlichen Verbesserungen auch in die zwölf Uebersetzungen der ersteren Eingang finden möchten. Diese erschienen in nachstehender Reihenfolge: Polnisch, Dänisch, Russisch, Französisch, Serbisch, Englisch, Holländisch, Spanisch, Schwedisch, Portugiesisch, Italiänisch, Japanisch.

Ein oft und mit Recht gerügter Mangel des Werkes bestand in der geringen Zahl guter Illustrationen. Auch diesen Fehler habe ich zu verbessern gesucht, indem ich eine Anzahl von älteren Tafeln entfernte und durch bessere ersetzte; ausserdem sind zehn neue Tafeln hinzugefügt, so dass die Gesammtzahl der Tafeln von 20 auf 30 gestiegen ist. Mein besonderes Streben bei Herstellung derselben war darauf gerichtet, auf dem verhältnissmässig beschränkten Raume eine grössere Zahl von verwandten Formen im natürlichen Zusammenhange darzustellen und so den Leser zu der überaus wichtigen und fruchtbaren Methode der kritischen Vergleichung anzuregen.

Auch in den Text selbst eine grössere Zahl von Holzschnitten einzufügen und dadurch einem mehrfach ausgesprochenen Wunsche zu genügen, war lange Zeit hindurch meine Absicht. Ich musste dieselbe aber nach reiflicher Erwägung doch aufgeben, weil dadurch Umfang und Preis des Buches allzusehr gesteigert worden wären. Ausserdem besitzen wir jetzt so zahlreiche, vortrefflich illustrirte, populäre Werke über Naturgeschichte, dass ich auf diese (im Anhang verzeichneten) Schriften verweisen kann. Als besonders werthvolle Ergänzung und weitere Ausführung der „Natürlichen Schöpfungsgeschichte" möchte ich hier namentlich zwei vortreffliche, nach Inhalt und Form gleich ausgezeichnete, und sehr reich illustrirte Werke empfehlen: Carus Sterne, Werden und Vergehen, eine Entwickelungsgeschichte des Naturganzen in gemeinverständlicher Fassung (Berlin, 1886), und Wilhelm Bölsche, Entwickelungsgeschichte der Natur (mit gegen 1000 Abbildungen, zwei Bände aus dem „Hausschatz des Wissens", Berlin, 1894). Eine reiche Fülle der besten Abbildungen liefert ferner das bekannte populäre Prachtwerk „Brehm's Thierleben" (dritte Auflage, neubearbeitet von Pechuël-Lösche, in 10 Bänden, 1890); ebenso dessen ausgezeichnete Fortsetzungen: das Pflanzenleben von Kerner (1888), die Völkerkunde von Friedrich Ratzel (1896) und die Erdgeschichte von Melchior Neumayr (II. Auflage, bearbeitet von Uhlig, 1896). (Vergl. auch S. 786.) Eine Anzahl von anderen Schriften, welche dem Leser zur weiteren Fortbildung dienen können, sind unten im Anhang aufgeführt (S. 814). Weitere Angaben über die umfangreiche Litteratur sind in diesen Schriften selbst zu finden.

Die wichtigste von allen einzelnen Fragen der „Natürlichen Schöpfungsgeschichte“ bleibt immer diejenige von der Entstehung unseres eigenen Geschlechtes. Denn alle die grossen Räthsel, an deren Lösung der denkende Menschengeist seit Jahrtausenden arbeitet, hängen schliesslich mit der inhaltschweren „Frage aller Fragen“ zusammen: „Was ist der Mensch? Welche Stellung nimmt er in der Natur ein? Wo kommt er her und wo geht er hin?“ Die endgültige Lösung dieses grossen Räthsels, um welche sich die Philosophen aller Cultur-Völker vergeblich bemühten, blieb unserem neunzehnten Jahrhundert vorbehalten. Schlag auf Schlag folgten sich in demselben die überraschendsten Entdeckungen auf den Gebieten der vergleichenden Anatomie und Ontogenie, der Histologie und Physiologie, der Geologie und Paläontologie. Sie lieferten uns die vollgültigen Beweise für die Wahrheit jener kühnen Lehren, die unser grosser Dichter-Philosoph Goethe schon vor hundert Jahren geahnt, die der weitschauende Lamarck schon 1809 bestimmt formulirt, die aber erst Darwin fünfzig Jahre später zur Geltung gebracht hatte. Die werthvollste jener Lehren, die Abstammung des Menschen von einer langen Reihe von Wirbelthieren, stellte der Zoologie die schwierige Aufgabe, mit Hülfe unvollständiger Stammes-Urkunden wenigstens die wichtigsten Stufen jener Ahnen-Reihe näher zu bestimmen. Diese Aufgabe, von der im XXVII. Vortrage dieses Buches nur eine kurze Skizze gegeben ist, habe ich eingehend zu lösen versucht in meiner „Anthropogenie oder Entwickelungsgeschichte des Menschen“ (IV. umgearbeitete Auflage, mit 20 Tafeln und 440 Holzschnitten, Leipzig 1891). Von den 30 populär-wissenschaftlichen Vorträgen derselben behandelt der erste Theil die Grundzüge der menschlichen Keimesgeschichte, der zweite diejenigen der Stammesgeschichte. Die Leser der „Natürlichen Schöpfungsgeschichte“, welche in diesen hochinteressanten, aber allerdings auch sehr schwierigen Theil der Anthropologie tiefer einzudringen wünschen, werden in meiner Anthropogenie den Wegweiser dafür finden. Die Mühe der Gedanken-Arbeit, welche das Verständniss der ontogenetischen Thatsachen und ihres ursächlichen Zusammenhanges mit unseren phylogenetischen Theorien erfordert, wird reich belohnt durch die umfassende und beglückende Aussicht, die sich dem forschenden Menschengeiste von diesem Hochgipfel der Erkenntniss eröffnet.

Das bevorstehende Ende des neunzehnten Jahrhunderts bietet das lebendige Bild einer wilden Gährung, wie sie nie zuvor unsere Cultur-Welt bewegt hat. Auf der einen Seite hat unsere Natur-Erkenntniss in glänzendem Siegeslaufe eine Höhe und Klarheit erreicht, die noch im Anfange des Jahrhunderts für unerreichbar galt. Hand in Hand damit geht eine Reihe der überraschendsten Erfindungen und praktischen Fortschritte auf allen Gebieten der Technik und des Verkehrs. Die umfassende Anwendung der Dampfkraft und der Electricität, wie vieler anderer Errungenschaften der Physik und Chemie, haben unsere Begriffe von Raum und Zeit völlig verändert; sie haben alle Zweige unseres modernen Cultur-Lebens von Grund aus umgestaltet. Und mehr als das! Der monistischen Naturphilosophie (im besten Sinne des Wortes!) ist es gelungen, die bunte Fülle der uns umgebenden Erscheinungen unter mathematisch formulirte Gesetze zu ordnen, und schliesslich alle diese Naturgesetze einem obersten Grundgesetze unterzuordnen, dem Substanz-Gesetz. Dieses wahrhaft göttliche „Gesetz von der Erhaltung der Kraft und von der Erhaltung des Stoffes“ umfasst die gesammte, dem Menschen erkennbare Erscheinungswelt, ebenso die geistige, wie die materielle. Seine Bedeutung für unser Geistesleben habe ich ausgeführt in meinem „Glaubensbekenntniss eines Naturforschers: Der Monismus als Band zwischen Religion und Wissenschaft“ (VI. Aufl. Bonn, 1893).

Während uns diese stolze, mühsam erkämpfte Einheit der modernen Weltanschauung mit hoher Freude erfüllt, bedrohen uns auf der anderen Seite die finsteren Ruinen einer vergangenen Cultur-Epoche. Der vergiftende Aberglaube des Mittelalters wirkt mächtig fort in der Orthodoxie der zahlreichen verschiedenen Kirchen, wie in tausend alten „Sitten" oder besser „Unsitten" unserer hochcivilisirten Gesellschaft. Die öffentliche, wie die private Moral, grossentheils von ihnen beherrscht, hat die „conventionelle Lüge" zu einer beispiellosen Höhe entwickelt. Der Kampf um's Dasein hat in dem herrschenden Militarismus und in dem Mammonsdienst der Börsen-Speculation Formen angenommen, welche zu den milden, angeblich maassgebenden Lehren des Christenthums in schreiendem Widerspruche stehen. Unsere Gesellschafts-Ordnung, unsere Rechtspflege, unsere Jugenderziehung werden noch von den verschimmelten Grundsätzen des Mittelalters und seiner Klosterschulen beherrscht. Und in der Neubelebung solcher innerlich abgestorbenen Institutionen, in der täuschenden Flucht zum Mysticismus, wird das Heil der Völker von kurzsichtigen Herrschern gesucht, welche sich ihrer directen göttlichen Inspiration rühmen, und welche in hohlen tönenden Reden die Thatsachen der Geschichte auf den Kopf stellen.

Angesichts dieses ungeheuren „Culturkampfes" weisen ängstliche Gemüther besorgt auf bevorstehende welterschütternde Katastrophen hin. Wir unserentheils theilen diese schweren Besorgnisse nicht. Denn wir halten an der Hoffnung fest, dass in dem grossen Kampfe der Weltanschauungen doch schliesslich der Sieg dem Geiste des Guten, des Schönen und der Wahrheit bleibt. Die feste Stütze dieser Hoffnung finden wir in der kurzen Geschichte der Entwickelungslehre selbst. Denn als vor dreissig Jahren die erste Auflage der Natürlichen Schöpfungsgeschichte erschien, stiessen ihre Lehren, gleich denen von Darwin selbst, fast überall auf den heftigsten Widerstand, und noch in den ersten zehn Jahren hatten sie mit Vorurtheilen und Hindernissen aller Art zu kämpfen, nicht zum Wenigsten mit der Missgunst der gelehrten Fachgenossen. Trotzdem brachen sich die wichtigsten Grundsätze unserer Entwickelungslehre im zweiten Decennium ihrer Wirksamkeit siegreich Bahn, und im dritten Jahrzehnte derselben gewannen sie so allgemeine Geltung, dass die wissenschaftliche Naturgeschichte ohne sie jetzt nicht mehr bestehen kann. In einer reichen neuen Litteratur fanden auch unsere monistischen Principien glückliche Anwendung auf die wichtigsten Probleme der practischen Philosophie, der Ethik, des Socialismus u. s. w. So dürfen wir denn der anbrechenden Morgenröthe des zwanzigsten Jahrhunderts mit der frohen Hoffnung entgegensehen, dass der junge Baum der Entwickelungslehre in demselben mächtig wachsen und alle übrigen Wissenschaften unter den Schutz seiner gewaltigen Krone aufnehmen wird. Freie Wissenschaft und freie Lehre, die noch vor zwanzig Jahren auf der Naturforscher - Versammlung in München einen so schweren „Kampf um's Dasein", gegenüber den mächtigsten Autoritäten zu bestehen hatten, werden fernerhin ihre unermüdlichen Schwingen ungehemmt entfalten, und den freien Menschengeist immer höher zur einheitlichen Weltanschauung hinaufführen, zu immer „mehr Licht"!

Jena, am 10. November 1897.

Ernst Haeckel.

Inhalts-Verzeichniss.

Zehnter Vortrag.

Elfter Vortrag.

Zwölfter Vortrag.

Dreizehnter Vortrag.

Vierzehnter Vortrag.

Siebzehnter Vortrag.

Achtzehnter Vortrag.

Neunzehnter Vortrag.

Zweiundzwanzigster Vortrag.

Dreiundzwanzigster Vortrag.

Neunundzwanzigster Vortrag.

Dreissigster Vortrag.

Erklärung der dreissig Tafeln.

Tafel I (zwischen S. 168 und 169).

Lebens-Geschichte eines einfachsten Organismus, eines Moneres (Protomyxa aurantica). (Vergl. S. 167 und S. 427.)

Tafel I ist eine verkleinerte Copie der Abbildungen, welche ich in meiner „Monographie der Moneren“ (Biologische Studien, I. Heft, 1870; Taf. I) von der Entwickelungsgeschichte der Protomyxa aurantiaca gegeben habe. Dort findet sich auch die ausführliche Beschreibung dieses merkwürdigen Moneres (S. 11 bis 30). Ich habe diesen einfachsten Organismus im Januar 1867 während meines Aufenthaltes auf der canarischen Insel Lanzerote entdeckt; und zwar fand ich ihn festsitzend oder umherkriechend auf den weissen Kalkschalen eines kleinen Cephalopoden (S. 485), der Spirula Peronii, welche daselbst massenhaft auf der Meeresoberfläche schwimmen und an den Strand geworfen werden. Protomyxa aurantiaca zeichnet sich vor den übrigeren Moneren durch die schöne und lebhafte orangerothe Farbe ihres ganz einfachen Körpers aus, der lediglich aus Plasson oder kernlosem Plasma besteht. Das vollkommen entwickelte Moner ist in Fig. 11 und 12 stark vergrössert dargestellt. Wenn dasselbe hungert (Fig. 11) strahlen von der Oberfläche des kugeligen Schleimkörperchens ringsum Massen von baumförmig verästelten beweglichen Schleimfäden (Scheinfüsschen oder Pseudopodien) aus. Wenn aber das Moner frisst (Fig. 12), treten diese Schleimfäden vielfach mit einander in Verbindung, bilden veränderliche Netze und umspinnen die zur Nahrung dienenden fremden Körperchen, welche sie nachher in die Mitte des Protomyxa-Körpers hineinziehen. So wird eben in Fig. 12 (oben rechts) ein dreihörniger Geisselschwärmer (Peridinium) von den ausgestreckten Schleimfäden gefangen und nach der Mitte des Plassonkügelchens hingezogen, in welchem bereits mehrere halbverdaute kieselschalige Infusorien (Tintinnoiden) und Diatomeen (Isthmien) liegen. Wenn nun die Protomyxa genug gefressen hat und gewachsen ist, zieht sie ihre Schleimfäden ein (Fig. 15) und zieht sich kugelig zusammen (Fig. 16 und Fig. 1).

In diesem Ruhezustande schwitzt die Kugel eine gallertige structurlose Hülle aus (Fig. 2) und zerfällt nach einiger Zeit in eine grosse Anzahl kleiner Plassonkügelchen (Fig. 3). Diese Sporen fangen bald an, sich zu bewegen, nehmen Birnform an (Fig. 4), durchbrechen die gemeinsame Hülle (Fig. 5) und schwimmen nun mittelst eines haarfeinen, geisselförmigen Fortsatzes frei im Meere umher, wie Geisselschwärmer oder Flagellaten (S. 439, Fig. 11). Wenn sie nun eine Spirula-Schale oder einen anderen passenden Gegenstand antreffen, lassen sie sich auf diesem nieder, ziehen ihre Geissel ein und kriechen mittelst formwechselnder Fortsätze langsam auf demselben umher wie Protamoeben (Fig. 6, 7, 8). Gleich diesen nehmen sie Nahrung auf (Fig. 9, 10) und geben entweder durch einfaches Wachsthum oder durch Verschmelzung (Fig. 13, 14), in die erwachsene Form über (Fig. 11, 12).

Taf. II und III (zwischen S. 304 und 305).

Keime oder Embryonen von sechs verschiedenen Säugethieren, auf drei Entwickelungsstufen.

Auf der ersten abgebildeten Stufe (obere Querreihe) besitzen die Keime aller Säugethiere noch nahezu dieselbe Körperform. Auf dieser fischartigen Bildungsstufe sind noch drei Paar Kiemenbogen vorhanden (*k*1—*k*3) und zwischen ihnen freie Kiemenspalten. Auge (*a*) und Gehörorgan (*o*) sind noch einfache Bläschen, die sich von der Haut abgeschnürt haben. *m* Mittelhirn. *c* Herz. Gliedmaassen fehlen noch ganz.

Die zweite Entwickelungsstufe (mittlere Querreihe) zeigt ebenfalls noch die Kiemenbogen theilweise erhalten; aber die flossenartigen Anlagen der paarigen Gliedmaassen sind bereits hervorgesprosst, oben die Vorderbeine (Carpomelen, *f*), unten die Hinterbeine (Tarsomelen, *b*); beide Paare sind noch einfache ungegliederte Platten. Der Schwanz (*s*), in welchem das hintere Ende der gegliederten Wirbelsäule bis zur Spitze sichtbar erscheint, ist gegen den Bauch heraufgekrümmt.

Auf der dritten Bildungsstufe (in der unteren Querreihe) sind Kopf- und Gliedmaassen bereits so weit entwickelt, dass der spätere Character der betreffenden Säugethier-Gattung mehr oder weniger erkennbar wird. Alle Figuren sind von der linken Seite gesehen und schwach vergrössert; der gewölbte Rücken ist nach rechts gewendet.

A. Ameisenigel (*Echidna*). Vertreter der Gabelthiere (*Monotrema*).
B. Beutelbär (*Phascolarctos*), Vertreter der Beutelthiere (*Marsupialia*).
C. Hirsch (*Cervus*), Vertreter der Hufthiere (*Ungulata*).
D. Katze (*Felis*), Vertreter der Raubthiere (*Carnivora*).
E. Schwanzaffe (*Macacus*), Vertreter der Affen (*Simiae*).
F. Mensch (*Homo*), Vertreter der höchstentwickelten Primaten (*Anthropomorpha*).

Abbildungen der Embryonen von 14 anderen Wirbelthieren, auf den entsprechenden drei Bildungsstufen, sind auf vier Tafeln meiner Anthropogenie zu finden (IV. Aufl., 1891); und zwar auf Taf. VI und VII Keime von sechs verschiedenen Sauropsiden (Eidechse, Schlange, Crocodil, Schildkröte, Huhn, Straussvogel); auf Taf. VIII und IX Keime von acht Mammalien (Beutelratte, Schwein, Reh, Rind, Hund, Fledermaus, Kaninchen, Mensch). Vergl. hierzu den XIV. Vortrag der Anthropogenie [56]).

Tafel IV (zwischen S. 400 und 401).

Hand oder Vorderfuss von neun verschiedenen Säugethieren.

Diese Tafel soll die Bedeutung der vergleichenden Anatomie für die Phylogenie erläutern, indem sie nachweist, wie sich die innere Skeletform der Gliedmaassen durch Vererbung beständig erhält, trotzdem die äussere Gestalt durch Anpassung ausserordentlich verändert wird. Die Knochen des Hand-Skelets sind weiss in das dunkle Fleisch und die Haut eingezeichnet, von denen sie umschlossen werden. Alle neun Hände sind genau in derselben Lage dargestellt, nämlich die Handwurzel (an welche sich oben der Arm ansetzen würde) nach oben gerichtet, die Fingerspitzen oder Zehenspitzen nach unten. Der Daumen oder die erste (grosse) Vorderzehe ist in jeder Figur links, der kleine Finger oder die fünfte Zehe dagegen rechts am Rande der Hand sichtbar. Jede Hand besteht aus drei Theilen, nämlich I. der Handwurzel (Carpus), welche aus zwei Querreihen von kurzen Knochen zusammengesetzt ist (am oberen Rande der Hand); II. der Mittelhand (Metacarpus), welche aus fünf langen und starken Knochen zusammengesetzt ist (in der Mitte der Hand, durch die Ziffern 1—5 bezeichnet); und III. den fünf Fingern oder Vorderzehen (Digiti), von denen jede wieder aus mehreren (meist 2—3) Zehengliedern (Phalanges) besteht. Die Hand des Menschen (Fig. 1) steht ihrer ganzen Bildung nach in der Mitte zwischen derjenigen der beiden nächstverwandten grossen Menschenaffen, nämlich des Gorilla (Fig. 2) und des Orang (Fig. 3). Weiter entfernt sich davon schon die Vorderpfote des Hundes (Fig. 4) und noch viel mehr die Hand oder die Brustflosse des Seehundes (Fig. 5). Noch vollständiger als bei letzterem wird die Anpassung der Hand an die Schwimm-Bewegung und ihre Umbildung zur Ruderflosse beim Delphin (*Ziphius*, Fig. 6). Während hier die in der Schwimmhaut ganz versteckten Finger und Mittelhandknochen kurz und stark bleiben, werden sie dagegen ausserordentlich lang und dünn bei der Fledermaus (Fig. 7), wo sich die Hand zum Flügel ausbildet. Den äussersten Gegensatz dazu bildet die Hand des Maulwurfs (Fig. 8), welche sich in eine kräftige Grabschaufel umgewandelt hat, mit ausserordentlich verkürzten und verdickten Fingern. Viel ähnlicher als diese letzteren Formen (Fig. 5—8) ist der menschlichen Hand die Vorderpfote des niedrigsten aller Säugethiere, des australischen Schnabelthiers (*Ornithorhynchus*, Fig. 9), welches in seinem ganzen Bau unter allen lebenden Säugethieren auf der tiefsten Stufe und der gemeinsamen ausgestorbenen Stammform dieser Classe am nächsten steht. Es hat sich also der Mensch in der Umbildung seiner Hand durch Anpassung viel weniger von dieser gemeinsamen uralten Stammform entfernt, als die Fledermaus, der Maulwurf, der Delphin, der Seehund und viele andere Säugethiere. (Vergl. hierzu S. 312, Taf. XXIV.)

Tafel V (zwischen S. 300 und 301).

Gastrula-Bildung von der Teichschnecke und dem Pfeilwurm.

Die Gastrulation, welche die fünf ersten Keimungs-Stufen der Metazoen umfasst, ist auf dieser Tafel in ihrer einfachsten und ursprünglichsten Form dargestellt, als Bildung der Archigastrula (Fig. 8 und 18); alle übrigen Keimungs-Formen sind als secundäre Modificationen dieser primären Form anzusehen. Fig. 1—10 zeigt die Gastrula-Bildung von einem Weichthier, der gemeinen Teichschnecke (*Lymnaeus*), nach den Untersuchungen von Carl Rabl; Fig. 11—20 von einem Wurmthier, dem Pfeilwurm (*Sagitta*), nach den Beobachtungen von Gegenbaur und Hertwig. Die Buchstaben haben in allen Figuren dieselbe Bedeutung:

a Urdarm (Progaster)	k Keimhaut (Blastoderma)
o Urmund (Prostoma)	b Keimhöhle (Blastocoelon)
e Hautblatt (Ectoderma)	c Leibeshöhle (Coeloma)
i Darmblatt (Entoderma)	p Hautfaserblatt (Parietal-Blatt).
g Geschlechtszellen (Gonocyta)	v Darmfaserblatt (Visceral-Blatt).

Fig. 1 und 11, Stammzelle (*Cytula*) oder „befruchtete Eizelle“ (auch „erste Furchungskugel“ genannt). — Fig. 2 und 12, Zweitheilung der Cytula. — Fig. 3 und 13, Viertheilung derselben. — Fig. 4 und 14, Zerfall derselben in acht Furchungskugeln oder Blastomeren. — Fig. 5 und 15, Maulbeerkeim (*Morula*). — Fig. 6 und 16, Blasenkeim (*Blastula*, Hohlkugel im Durchschnitt). — Fig. 7 und 17, Haubenkeim (*Depula*), oder Einstülpung der Blastula. — Fig. 8 und 18, Becherkeim (*Gastrula*) im Durchschnitt. Fig. 9 und 19, Coelom-Larve (*Coelomula*) im Durchschnitt. Fig. 10 und 20, Larve mit Mund und After. — Vergl. hierzu S. 499—505.

Tafel VI (zwischen S. 520 und 521).

Gastraeaden der Gegenwart und nächste Verwandte.

Die Buchstaben bedeuten in allen Figuren dasselbe:

a Urdarm (Progaster)	u Eizellen
o Urmund (Prostoma)	p Hautporen (Dermal-Poren)
e Hautblatt (Exoderma)	x Fremdkörper (Xenophya),
i Darmblatt (Entoderma)	ein Skelet bildend.

Fig. 1. *Ammolynthus prototypus.* Ein Sandschwamm einfachster Art, aus der Tiefsee. (Skelet aus Radiolarien-Schalen.)

Fig. 2. Querschnitt desselben Sandschwamms, in der untern Körper-Hälfte.

Fig. 3. *Calcolynthus primigenius.* Ein Kalkschwamm einfachster Art. (Skelet aus dreistrahligen Kalknadeln.) Ein Stück aus der Körperwand ist rechts entfernt, um innen die Eier zu zeigen.

Fig. 4. Eine amoeboide Eizelle desselben Kalkschwamms.

Fig. 5. Eine Geisselzelle desselben, aus dem Darmblatt.

Fig. 6. *Prophysema primordiale* (— früher *Haliphysema primordiale* —), ein Physemarium einfachster Art, im Längsschnitt.

Fig. 7. Querschnitt desselben Physemarium.

Fig. 8. Drei Geisselzellen desselben, aus dem Darmblatt.

Fig. 9. *Rhopalura Giardii*, eine freischwimmende Cyemarie aus der Classe der Orthonectiden.

Fig. 10. Querschnitt derselben.

Fig. 11. Der gemeine Süsswasser-Polyp (*Hydra vulgaris*) in ausgedehntem Zustand.

Fig. 12. Derselbe, in stark zusammengezogenem Zustand.

Fig. 13. Querschnitt derselben Hydra.

Fig. 14. Eine Geisselzelle aus dem Darmblatt derselben.

Fig. 15. Zwei Samenfäden (Männliche Geisselzellen) derselben.

Fig. 16. Eine amoeboide Eizelle derselben Hydra.

Tafel VII (zwischen S. 524 und 525).

Eine Gruppe von Nesselthieren (Acalephae oder Cnidaria) aus dem Mittelmeere.

In der oberen Hälfte der Tafel zeigt sich ein Schwarm von schwimmenden Medusen und Ctenophoren, in der unteren Hälfte einige Büsche von Korallen und Polypen, auf dem Boden des Meeres festgewachsen. (Vergl. das System der Nesselthiere, S. 528, und gegenüber den Stammbaum, S. 529). Unter den festsitzenden Pflanzenthieren auf dem Meeresboden tritt rechts unten ein grosser Korallenstock hervor (1), aus der Ordnung der achtzähligen Rindenkorallen (*Octocoralla Gorgonida*). Unmittelbar darunter und davor sitzt (ganz rechts unten) ein kleiner Busch von Hydropolypen (2) aus der Gruppe der Glockenpolypen oder Campanarien. Ein grösserer Stock der Hydropolypen (3), aus der Gruppe der Röhrenpolypen oder Tubularien, erhebt sich mit seinen langen dünnen Zweigen links gegenüber. An seiner Basis breitet sich ein Stock von Sandkorallen aus (*Zoanthus*, 4) mit stumpfen, fingerförmigen Aesten. Dahinter sitzt, links unten (5), eine sehr grosse Seerose (*Actinia*), eine einzelne Person aus der Ordnung der sechszähligen Korallen (*Hexacoralla*). Unten in der Mitte des Bodens (6) sitzt eine Seeanemone (*Cereanthus*). Endlich erhebt sich auf einem kleinen Hügel des Meeresbodens, rechts oberhalb der Koralle (1) eine festsitzende Becherqualle (*Lucernaria*). Ihr becherförmiger gestielter Körper (7) trägt am Rande acht kugelige Büschel von kleinen, geknöpften Fangarmen, getrennt durch acht Buchten.

Unter den schwimmenden Pflanzenthieren, welche die obere Hälfte der Tafel VII einnehmen, sind vorzüglich die schönen Medusen wegen ihres Generationswechsels bemerkenswerth (vergl. S. 185, 529). Unmittelbar über der Lucernaria (7) schwimmt eine kleine Blumenqualle (*Tiara*), deren glockenförmiger Körper einen kuppelartigen Aufsatz von der Form einer päpstlichen Tiara trägt (8). Von der Glockenmündung hängt unten ein Kranz von langen Fangfäden herab. Diese Tiara entwickelt sich aus Röhrenpolypen, welche der links unten sitzenden Tubularia (3) gleichen. Links neben dieser letzteren schwimmt eine grosse, aber sehr zarte Haarqualle (*Aequorea*). Ihr scheibenförmiger, flach gewölbter Körper zieht sich eben zusammen und presst Wasser aus der unten befindlichen Schirmhöhle aus. Oben in der Mitte der Schirmhöhle hängt der Magen herab (9), dessen Mundöffnung von vier Mundlappen umgeben ist. Diese Aequorea stammt von einem kleinen Glockenpolypen ab (Campanaria (2)), ebenso auch die kleine, flach gewölbte Mützenqualle (*Eucope*), welche oben in der Mitte schwimmt (10). In diesen drei Fällen (8, 9, 10) entwickelt sich die frei schwimmende Meduse durch Knospenbildung aus festsitzenden Hydropolypen (2, 3); die letzteren aber entstehen aus den befruchteten Eiern der Meduse. Bei anderen Medusen hingegen ist die Entwickelung eine directe, indem aus den Eiern derselben wieder Medusen entstehen; so bei den Rüsselquallen oder Geryoniden (*Carmarina*, Fig. 11), bei den Larvenquallen oder Aeginiden (*Cunina*, Fig. 12) und bei der Leuchtqualle (*Pelagia*, Fig. 14). Diese directe Entwickelung, mit Verlust des ursprünglichen Generationswechsels, ist durch Anpassung an das Leben auf hoher See bedingt.

Noch interessanter und lehrreicher, als diese merkwürdigen Verhältnisse, sind die Lebenserscheinungen der Staatsquallen oder Siphonophoren, mit ihrem wunderbaren Polymorphismus. Als ein Beispiel derselben ist auf Tafel VII die schöne *Physophora* (13) abgebildet. Dieser schwimmende Medosenstock wird an der Oberfläche des Meeres schwebend erhalten durch eine kleine, mit Luft gefüllte Schwimmblase, welche in der Abbildung über den Wasserspiegel vorragt. Unterhalb derselben ist eine Säule von vier Paar Schwimmglocken sichtbar, welche Wasser ausstossen und dadurch die ganze Colonie fortbewegen. Am unteren Ende dieser Schwimmglockensäule sitzt ein kronenförmiger Kranz von gekrümmten spindelförmigen Tastern, unter deren Schutz die übrigen Individuen des Stockes (fressende, fangende und zeugende Personen) versteckt sind. (Vergl. S. 270 und 532).

Endlich ist auch die letzte Classe der Pflanzenthiere, die Gruppe der Kammquallen (*Ctenophora*, S. 533) auf Tafel VII durch zwei Formen vertreten. Links in der Mitte windet sich schlangenartig ein breites, langes und dünnes Band, wie ein Gürtel (15); das ist der herrliche grosse Venusgürtel des Mittelmeeres (*Cestus*), der in allen Regenbogenfarben schillert. Links oben (16) schwebt eine Melonenqualle (*Cydippe*) mit acht charakteristischen Wimperrippen und zwei langen Fangfäden.

Tafel VIII und IX (zwischen S. 560 und 561).

Entwickelungs-Geschichte der Sternthiere (Echinoderma).

Die beiden Tafeln erläutern die eigenthümliche Verwandlung der Sternthiere (S. 560). Die Seesterne (*Asteridea*) sind durch *Uraster* (*A*), die Seelilien (*Crinoidea*) durch *Comatula* (*B*), die Seeigel (*Echinidea*) durch *Echinus* (*C*), und die Seegurken (*Thuroidea*) durch *Synapta* (*D*) vertreten (vergl. S. 560—570). Die auf einander folgenden Stadien der Entwickelung sind durch die Ziffern 1—6 bezeichnet.

Taf. VIII zeigt die Entwickelung der Sternlarven (*Astrolarvae*). Diese zarten Jugendformen besitzen den Formwerth einer einfachen, ungegliederten Wurmperson von zweiseitiger Grundform. Fig. 1 zeigt das Ei der vier Sternthiere; das Protoplasma der Eizelle (der Dotter) ist von einer dicken, structurlosen Membran umschlossen, und enthält einen kugeligen Zellenkern (*Nucleus*), mit dunkelem Nucleolus. Aus dem befruchteten Ei entwickelt sich zunächst in gewöhnlicher Weise die Gastrula (Fig. 20, J. K. S. 505), und diese verwandelt sich in eine sehr einfache Larve, welche ungefähr die Gestalt eines breiten Holzpantoffels hat (*Scaphularia*, Fig. *A*2—*D*2). Der Rand der Pantoffelöffnung ist von einer flimmernden Wimperschnur umsäumt, durch deren Wimperbewegung die mikroskopisch kleine, durchsichtige Larve frei im Meere umherschwimmt. Diese Wimperschnur ist in Fig. 2—4 auf Taf. VI dunkel gefleckt. Die Larve bildet sich nun zunächst einen ganz einfachen Darmcanal zur Ernährung, mit Mund (*o*), Magen (*m*) und After (*a*). Späterhin werden die Windungen der Wimperschnur complicirter und es entstehen armartige Fortsätze (Fig. *A*3 bis *D*3). Bei den Seesternen (*A*4) und den Seeigeln (*C*4) werden diese armartigen, von der Wimperschnur umsäumten Fortsätze schliesslich sehr lang. Bei den Seelilien dagegen (*B*3) und den Seegurken (*D*4) verwandelt sich statt dessen die geschlossene, anfangs in sich selbst ringförmig zurücklaufende Wimperschnur in eine Reihe von (4—5) getrennten, hinter einander gelegenen Wimpergürteln.

Taf. IX stellt das entwickelte, geschlechtsreife, viel grössere Sternthier (*Astrozoon*) dar; dasselbe ist gewöhnlich fünfstrahlig und entsteht aus den Sternlarven durch eine sehr eigenthümliche Verwandlung (*Astrogenese*). In der Mitte sieht man bei allen vier Sternthieren die sternförmige, fünfstrahlige Mundöffnung. Bei den Seesternen (*A*6) geht von deren Ecken eine mehrfache Reihe von Saugfüsschen in der Mitte der Unterseite jedes Armes bis zur Spitze hin. Bei den Seelilien (*B*6) ist jeder Arm von der Basis an gespalten und gefiedert. Bei den Seeigeln (*C*6) sind die fünf Reihen der Saugfüsschen durch breitere Felder von Stacheln getrennt. Bei den Seegurken endlich (*D*6) sind äusserlich an dem wurmähnlichen Körper bald die fünf Füsschenreihen, bald nur die den Mund umgebenden 5—15 (hier 10) gefiederten Mundarme sichtbar. (Vergl. S. 512, Taf. XVIII, Fig. 4).

Die wichtigen Aufschlüsse, welche uns die Keimes-Geschichte der Sternthiere über ihre Stammes-Geschichte liefert, habe ich eingehend begründet in meiner Abhandlung über „Die Amphorideen und Cystoideen“ (Leipzig 1896).

Tafel X und XI (zwischen 580 und 581),

Entwickelungs-Geschichte der Krebsthiere (Crustacea).

Die beiden Tafeln erläutern die Entwickelung der verschiedenen Crustaceen aus der gemeinsamen Keimform des Nauplius. Auf Taf. XI sind sechs Krebsthiere aus sechs verschiedenen Ordnungen in vollkommen entwickeltem Zustande dargestellt, während auf Taf. X die naupliusartigen Jugendformen derselben abgebildet sind. Aus der wesentlichen Uebereinstimmung dieser letzteren lässt sich mit voller Sicherheit auf Grund des biogenetischen Grundgesetzes (S. 309) die Abstammung aller verschiedenen Crustaceen von einer einzigen gemeinsamen Stammform behaupten, wie zuerst Fritz Müller[16]) in seiner vorzüglichen Schrift „Für Darwin" dargethan hat.

Taf. X zeigt die Nauplius-Jugendformen, bei welchen drei Beinpaare an dem kurzen einfachen Rumpfe ansitzen. Das erste von diesen Beinpaaren ist einfach und ungespalten, während das zweite und dritte Beinpaar gabelspaltig sind. Alle drei Paare sind mit steifen Borsten besetzt, welche bei der Ruderbewegung der Beine als Schwimmwerkzeuge dienen. In der Mitte des Körpers ist der ganz einfache, gerade Darmcanal sichtbar, welcher vorn einen Mund, hinten eine Afteröffnung besitzt. Vorn über dem Munde sitzt ein einfaches unpaares Auge. In allen diesen wesentlichen Eigenschaften stimmen die sechs Nauplius-Formen überein, während die sechs zugehörigen ausgebildeten Krebsformen (Taf. XI) äusserst verschiedenartig sind. Die Unterschiede der sechs Nauplius-Formen beschränken sich auf unwesentliche Verhältnisse in der Körpergrösse und der Bildung der Hautdecke. Wenn man dieselben in geschlechtsreifem Zustande in dieser Form im Meere antreffen würde, so würde jeder Zoologe sie als sechs verschiedene Species eines Genus betrachten (vergl. S. 580).

Taf. XI stellt die ausgebildeten und geschlechtsreifen Krebsformen, die sich aus jenen sechs Nauplius-Formen entwickelt haben, von der rechten Seite gesehen dar. Fig. *Ac* zeigt einen frei schwimmenden Süsswasserkrebs (*Limnetis brachyura*) aus der Ordnung der Blattfüsser (*Phyllopoda*) schwach vergrössert. Unter allen jetzt noch lebenden Crustaceen stehen diese alten Phyllopoden und die nahe verwandten Kiemenfüsse (*Branchiopoda*, Taf. XXI, Fig. 17) der ursprünglichen gemeinsamen Stammform am nächsten. Die Limnetis ist in eine zweiklappige Schale (wie eine Muschel) eingeschlossen; in unserer Figur sieht man den Körper in der linken Schale liegend; die rechte Schalenhälfte ist weggenommen. Vorn hinter dem Auge sieht man die zwei Fühlhörner (Antennen), und dahinter die zwölf blattartigen Füsse der rechten Körperseite.

Fig. *Bc* zeigt einen gemeinen, frei schwimmenden Süsswasserkrebs (*Cyclops quadricornis*), aus der Ordnung der Ruderkrebse (*Eucopepoda*), stark vergrössert. Vorn unter dem Auge sieht man die beiden Fühlhörner der rechten Seite, von denen das vordere viel länger als das hintere ist. Dahinter folgen die Kiefer, und dann die vier gabelspaltigen Ruderbeine der rechten Seite. Hinter diesen liegen die beiden grossen Eiersäcke.

Fig. *Cc* ist ein schmarotzender Ruderkrebs (*Lernaeocera esocina*) aus der Ordnung der Fischläuse (*Siphonostoma*). Diese sonderbaren Krebse, welche man früher für Würmer hielt, sind durch Anpassung an das Schmarotzerleben aus den frei schwimmenden Ruderkrebsen (*Eucopepoda*) entstanden. Indem sie sich an den Kiemen oder der Haut von Fischen oder an andern Krebsen festsetzten und von deren Körpersaft ernährten, büssten sie ihre Augen, Beine und andere Organe ein, und wuchsen zu unförmlichen ungegliederten Säcken aus. Oben am Kopf sieht man dicke, unförmliche Anhänge, von denen die unteren gespalten sind. In der Mitte des Körpers schimmert der Darmcanal durch, von einer dunkeln Fetthülle umgeben. Am hinteren Ende hängen die beiden grossen Eiersäcke (wie bei *Cyclops*, Fig. *B*).

Fig. *Dc* zeigt eine festsitzende sogenannte „Entenmuschel“ (*Lepas anatifera*), aus der Ordnung der Rankenkrebse (*Cirripedia*). Diese Krebse, über welche Darwin eine höchst sorgfältige Monographie geliefert hat, sind in eine zweiklappige Kalkschale, gleich den Muscheln, eingeschlossen, und wurden daher früher allgemein (sogar noch von Cuvier) für muschelartige Weichthiere gehalten. Erst durch die Kenntniss ihrer Ontogenie und ihrer Nauplius-Jugendform (*Dn*, Taf. X) wurde ihre Crustaceen-Natur festgestellt. Unsere Figur zeigt eine „Entenmuschel“ in natürlicher Grösse, von der rechten Seite. Die rechte Hälfte der zweiklappigen Schale ist entfernt, so dass man den Körper in der linken Schalenhälfte liegen sieht. Von dem rudimentären Kopfe der Lepas geht ein langer fleischiger Stiel aus (in unserer Figur nach oben gekrümmt), mittelst dessen der Rankenkrebs an Felsen, Schiffen u. s. w. festgewachsen ist. Auf der Bauchseite sitzen sechs Fusspaare. Jeder Fuss ist gabelig in zwei lange, mit Borsten besetzte, gekrümmte „Ranken“ gespalten. Oberhalb des letzten Fusspaares ragt nach hinten der dünne, cylindrische Schwanz vor.

Fig. *Ec* stellt einen schmarotzenden Sackkrebs (*Sacculina purpurea*) aus der Ordnung der Wurzelkrebse (*Rhizocephala*) dar. Diese Parasiten haben sich durch Anpassung an das Schmarotzerleben in ähnlicher Weise aus den Rankenkrebsen (Fig. *Dc*) entwickelt, wie die Fischläuse (*Cc*) aus den frei schwimmenden Ruderkrebsen (*Bc*). Jedoch ist die Verkümmerung durch die schmarotzende Lebensweise hier noch viel weiter gegangen, als bei den meisten Fischläusen. Aus dem gegliederten, mit Beinen, Darm und Auge versehenen Krebse, der in seiner Jugend als Nauplius (*En*, Taf. X) munter umherschwamm, ist ein unförmlicher ungegliederter Sack, eine rothe Wurst geworden, welche nur noch Geschlechtsorgane (Eier und Sperma) und ein Darmrudiment enthält. Die Beine und das Auge sind völlig verloren gegangen. Am hinteren Ende ist die Geschlechtsöffnung (die Mündung der Bruthöhle). Aus dem Munde aber ist ein dichtes Büschel von zahlreichen, baumförmig verzweigten Wurzelfasern hervorgewachsen. Diese breiten sich (wie die Wurzeln einer Pflanze im Erdboden) in dem Hinterleibe des Einsiedlerkrebses (*Pagurus*) aus, an dem der Wurzelkrebs schmarotzend festsitzt.

Fig. *Fc* ist eine Garneele (*Peneus Mülleri*) aus der Ordnung der Zehnfüsser (*Decapoda*), zu welcher auch unser Flusskrebs und sein nächster Verwandter, der Hummer gehört. Diese Gruppe enthält die grössten, höchst entwickelten und gastronomisch wichtigsten Krebse. Unsere Garneele zeigt, ebenso wie unser Flusskrebs, auf jeder Seite unterhalb des Auges vorn zwei lange Fühlhörner, dann drei Kiefer und drei Kieferfüsse, dann fünf sehr lange Beine; endlich sitzen an den 5 ersten Gliedern des Hinterleibes noch 5 Paar Afterfüsse. Auch diese Garneele entsteht nach Fritz Müller's wichtiger Entdeckung aus einem Nauplius (*Fn*, Taf. VIII) und beweist somit, dass auch die höheren Crustaceen sich aus derselben Stammform wie die niederen entwickelt haben (vergl. S. 581).

Tafel XII und XIII (zwischen S. 616 und 617).

Die Stamm-Verwandtschaft der Wirbelthiere und der Wirbellosen.

(Vergl. S. 548 und 614).

Diese Stammverwandtschaft wird definitiv begründet durch Kowalewsky's wichtige, von Kupffer bestätigte Entdeckung, dass die Ontogenie des niedersten Wirbelthieres, des Lanzetthieres oder Amphioxus, in ihren wesentlichen Grundzügen völlig übereinstimmt mit derjenigen der wirbellosen Seescheiden oder Ascidien, aus der Classe der Mantelthiere oder Tunicaten. Auf unsern beiden Tafeln ist die Ascidie mit *A*, der Amphioxus mit *B* bezeichnet. Taf. XIII stellt diese beiden sehr verschiedenen Thierformen völlig entwickelt dar, und zwar von der linken Seite gesehen, das Mundende nach oben, das entgegengesetzte Ende nach unten gerichtet. Daher ist in beiden Figuren die Rückenseite nach rechts, die Bauchseite nach links gewendet. Beide Figuren sind schwach vergrössert, und die innere Organisation der Thiere ist durch die durchsichtige Haut hindurch deutlich sichtbar. Die erwachsene Seescheide (Fig. *A* 6) sitzt unbeweglich auf den Meeresboden festgewachsen auf und klammert sich an Steinen und dergl. mittelst besonderer Wurzeln (*w*) an, wie eine Pflanze. Der erwachsene Amphioxus dagegen (Fig. *B* 6) schwimmt frei umher, wie ein Fischchen. Die Buchstaben bedeuten in beiden Figuren dasselbe, und zwar: *a* Mundöffnung. *b* Mantelöffnung oder Porus branchialis. *c* Axenstrang oder Chorda dorsalis. *d* Darm. *e* Eierstock. *f* Eileiter (vereinigt mit dem Samenleiter). *g* Rückenmark. *h* Herz. *i* Blinddarm. *k* Kiemenkorb (Athemhöhle). *l* Leibeshöhle. *m* Muskeln. *n* Testikel (bei der Seescheide mit dem Eierstock zu einer Zwitterdrüse vereinigt). *o* After. *p* Geschlechtsöffnung. *q* Reife entwickelte Embryonen in der Leibeshöhle der Ascidie. *r* Flossenstrahlen der Rückenflosse von Amphioxus. *s* Schwanzflosse des Lanzetthieres. *w* Wurzeln der Ascidie.

Taf. XII stellt die individuelle Entwickelung der Ascidie (*A*) und des Amphioxus (*B*) in fünf verschiedenen Stadien dar (1—5). Fig. 1 ist das Ei, eine einfache kugelige Zelle. (Fig. *A* 1 das Ei der Seescheide, Fig. *B* 1 das Ei des Lanzetthieres.) Das Protoplasma der Eizelle (*z*) ist von einer Hülle umgeben, und enthält einen kugeligen Zellkern (*y*) mit Nucleolus (*x*). Wenn sich das Ei zu entwickeln beginnt, zerfällt die befruchtete Eizelle zunächst durch wiederholte Theilung in viele Zellen (Fig. *A* 2, *B* 2 vier, Fig. *A* 3, *B* 3 acht Zellen, u. s. w.). Aus dem kugeligen Zellhaufen (*Morula*) entsteht in gewöhnlicher Weise (S. 504) die Gastrula (*A* 4, *B* 4). (Vergl. Taf. V.) Ihre Urdarmhöhle (*d*1) öffnet sich durch den Urmund (*d*4). Die Zellwand derselben, das Darmblatt (*d*2), ist anfangs noch durch den Rest der Keimhöhle (*l*) vom Hautblatt (*t*) getrennt. Fig. 5 zeigt die characteristische Chordalarve (*Chordula*, S. 548), welche allen Chordathieren gemeinsam ist; Fig. *A* 5 von der Ascidie, Fig. *B* 5 vom Amphioxus (von der linken Seite gesehen). Die Darmhöhle (*d*1) hat sich geschlossen. Die Rückenwand des Darms (*d*2) ist concav, die Bauchwand (*d*3) convex gekrümmt. Oberhalb des Darmrohrs, auf dessen Rückenseite, hat sich das Medullar-Rohr (*g*1), die Anlage des Rückenmarks, gebildet, dessen Hohlraum jetzt noch vorn nach aussen mündet (*g*2). Zwischen Rückenmark und Darm ist der Axenstrang oder die Chorda dorsalis (*c*) entstanden, die Axe des inneren Skelets. Bei der Larve der Ascidie setzt sich diese Chorda (*c*) in den langen Ruderschwanz fort, ein Larvenorgan, welches später bei der Verwandlung abgeworfen wird. Die kleinen Copelaten (*Appendicaria*), welche sich nicht verwandeln und festsetzen, schwimmen zeitlebens mittelst ihres Ruderschwanzes im Meere umher (Taf. XIX, Fig. 19).

Die ontogenetischen Thatsachen, welche auf Taf. XII schematisch dargestellt sind, und welche erst 1867 bekannt wurden, beanspruchen die grösste Bedeutung. Sie füllen die tiefe Kluft aus, welche in der Anschauung der früheren Zoologie zwischen den „Wirbelthieren" und den sogenannten „Wirbellosen" bestand. Diese Kluft wurde allgemein für so bedeutend und für so unausfüllbar gehalten, dass sogar angesehene und der Entwickelungs-Theorie nicht abgeneigte Zoologen darin eines der grössten Hindernisse für dieselbe erblickten. Indem nun die Ontogenie des Amphioxus und der Ascidie dieses Hinderniss gänzlich aus dem Wege räumt, macht sie es uns zum ersten Male möglich, den Stammbaum des Menschen unter den Amphioxus hinab in den vielverzweigten Stamm der „wirbellosen" Wurmthiere (*Vermalia*) zu verfolgen, aus welchem auch die übrigen höheren Thierstämme entsprungen sind (Vergl. unten S. 720, 728).

Tafel XIV und XV (zwischen S. 448 und 449).

Grundformen von Protisten. (Taf. XIV Urpflanzen, Taf. XV Urthiere).

Diese beiden Tafeln erläutern die Erscheinung der Angleichung oder Convergenz (S. 273), die Entstehung ähnlicher Formen in ganz verschiedenen Gruppen, die nicht stammverwandt sind. Zugleich geben sie eine Uebersicht über die geometrische Regelmässigkeit der Grundformen, die bei sehr vielen Protisten sich findet.

Taf. XIV.

Urpflanzen oder Protophyten (Diatomeen und Cosmarieen).

Fig. 1. *Rhabdosphaera Challengeri*, eine vielstrahlige Calcocytee.
Fig. 2. *Biddulphia reticulata*, eine zweistrahlige Diatomee.
Fig. 3. *Triceratium grunowianum*, eine dreistrahlige Diatomee.
Fig. 4. *Phycastrum quadriradiatum*, eine vierstrahlige Cosmariee.
Fig. 5. *Phycastrum quinqueradiatum*, eine fünfstrahlige Cosmariee.
Fig. 6. *Micrasterias hexactinias*, eine sechsstrahlige Cosmariee.
Fig. 7. *Phycastrum denticulatum*, eine dreistrahlige Cosmariee.
Fig. 8. *Stictodiscus radfordianus*, eine achtstrahlige Diatomee.
Fig. 9. Amoeboider Zustand eines Protophyten.
Fig. 10. Uebergang desselben in einen Flagellaten-Zustand.

Fig. 11—13. Eine einfachste einzellige Pflanze (Grüne Alge aus der Palmellarien-Gruppe) in Theilung begriffen. (Fig. 12 zweitheilig, Fig. 13 viertheilig.)

Fig. 14. Ein grüner (chlorophyllhaltiger) Geisselschwärmer (*Euglena*), aus der Gruppe der vegetalen Flagellaten oder Mastigoten.

Fig. 15. Viertheilung desselben, im Ruhezustand (Tetrasporen-Bildung).

Tafel XV.

Urthiere oder Protozoen (aus der Classe der Radiolarien).

Fig. 1. *Oroscena Gegenbauri*, eine vielstrahlige Phaeodarie.
Fig. 2. *Amphirhopalum echinatum*, eine zweistrahlige Discoidee.
Fig. 3. *Hymeniastrum Euclidis*, eine dreistrahlige Discoidee.
Fig. 4. *Histiastrum quadrigatum*, eine vierstrahlige Discoidee.
Fig. 5. *Pentinastrum asteriscus*, eine fünfstrahlige Discoidee.
Fig. 6. *Hexacolpus nivalis*, eine sechsstrahlige Acantharie.
Fig. 7. *Hexapyle dodecantha*, eine dreistrahlige Discoidee.
Fig. 8. *Heliosestrum medusinum*, eine achtstrahlige Discoidee.
Fig. 9. Amoeboider Zustand eines Protozoen.
Fig. 10. Uebergang desselben in einen Flagellaten-Zustand.

Fig. 11—13. Eine Xanthellee oder gelbe Zelle (Symbionten der Radiolarien, aus der Palmellarien-Gruppe) in Theilung begriffen. (Fig. 12 zweitheilig, Fig. 13 viertheilig.)

Fig. 14. Ein farbloser (chlorophyllfreier) Geisselschwärmer (*Cercomonas*), aus der Gruppe der animalen Flagellaten oder Geissel-Infusorien.

Fig. 15. Viertheilnng desselben, im Ruhezustand (Tetrasporen-Bildung).

Tafel XVI (zwischen S. 456 und 457).

Tiefsee-Radiolarien der britischen Challenger-Expedition.

Die Classe der Radiolarien zeigt viel grösseren Reichthum an verschiedenen und mannichfaltigen Grundformen, als irgend eine andere Classe der organischen Welt. Die Arten, welche auf Taf. XV und XVI abgebildet sind, geben einige der wichtigsten typischen Formen wieder. Vergl. auch mein „Protistenreich“, 1878, meine „Monographie der Radiolarien“, 1862, (mit Atlas von 35 Tafeln) und den Challenger-Report (1887) mit 140 Tafeln. Alle hier abgebildeten Formen sind dem blossen Auge unsichtbar und stark vergrössert.

Fig. 1. *Actissa primordialis* (Ordnung der Colloideen.) Eine kugelige Zelle mit centralem Zellkern ist umgeben von mehreren kleinen „gelben Zellen“ (symbiotischen Xanthellen, S. 451) und strahlt feine Fäden aus (Pseudopodien). *Actissa* ist die gemeinsame Stammform aller Radiolarien.

Fig. 2. *Hexancistra quadricuspis.* (Ordnung der Sphaeroideen.) Eine Gitterkugel (Rindenschale) mit centraler Kugel (Markschale). 6 Stacheln stehen in drei auf einander senkrechten Meridian-Ebenen.

Fig. 3. *Saturnulus planeta* (Ordnung der Sphaeroideen). Eine Gitterkugel ist durch zwei gegenständige Stäbe mit einem äquatorialen Kieselring verbunden (ähnlich dem Planeten Saturn mit äquatorialem Nebelring).

Fig. 4. *Heliocladus furcatus* (Ordnung der Discoideen). Eine linsenförmige Gitterschale mit einem Kranze von zahlreichen Kieselstacheln.

Fig. 5. *Tricranastrum Wyvillei* (Ordnung der Discoideen). Von einer centralen kreisrunden Scheibe gehen vier Arme ab, welche ein plattes rechtwinkliges Kreuz bilden und am Ende in drei Zacken gespalten sind. Feine Fäden (Pseudopodien) strahlen überall von der Centralkapsel aus.

Fig. 6. *Coelodendrum Challengeri* (Ordnung der Phaeodarien). Die kugelige Central-Kapsel ist von zwei gegenständigen Halbkugeln eingeschlossen, deren jede drei baumförmig verästelte hohle Kieselröhren trägt.

Fig. 7. *Acanthostephanus corona* (Ordnung der Stephoideen). Drei stachelige Kieselreifen, welche in drei auf einander senkrechten Ebenen stehen, sind in der Weise verbunden, dass sie eine Dornenkrone bilden.

Fig. 8. *Cinclopyramis Murrayana* (Ordnung der Cyrtoideen). Eine neunseitige Pyramide, deren neun Kanten durch viele horizontale Querstäbe verbunden sind. Ein äusserst feines Gitterwerk füllt die viereckigen Maschen.

Fig. 9 *Eucecryphalus Huxleyi* (Ordnung der Cyrtoideen). Eine flache kegelförmige Gitterschale mit köpfchenförmigem Aufsatz und vielen langen Kieselstacheln.

Fig. 10. *Dictyopodium Moseleyi* (Ordnung der Cyrtoideen). Eine hohe kegelförmige Gitterschale mit 3 Gliedern, Gipfelstachel und 3 langen Füsschen.

Fig. 11. *Diploconus Saturni* (Ordnung der Acantharien). Ein Doppelkegel, gleich einer Sanduhr, dessen Axe ein starker, vierkantiger, an beiden Enden vorragender und zugespitzter Stachel bildet.

Fig. 12. *Lithoptera Darwinii* (Ordnung der Acantharien). In der Mitte eine kreuzförmige Centralkapsel mit vier Lappen. Das Skelet besteht aus 20, nach Müller's Gesetz vertheilten Stacheln, 16 kleineren und 4 grösseren; letztere liegen in der Aequatorial-Ebene und tragen am Ende 4 Gitterplatten, gleich Windmühlen-Flügeln.

Tafel XVII (zwischen S. 480 und 481).

Farnwald der Steinkohlenzeit.

Diese hypothetische Skizze aus der Landschaft einer längst verflossenen Periode der Erdgeschichte ist aus den zahlreichen und wohl erhaltenen Versteinerungen derselben in ähnlicher Weise combinirt und restaurirt, wie dies zuerst der geniale Botaniker Franz Unger in seinen schönen „Bildern zur Urwelt", später Oswald Heer in seiner „Urwelt der Schweiz", und viele Andere gethan haben. Die Pflanzen, welche diesen Urwald der Steinkohlen-Zeit zusammensetzen, sind ganz überwiegend Diaphyten aus der Hauptclasse der Farne (*Filicinae*, S. 464, 476). Auf der linken Seite des Bildchens im Vordergrunde unten erheben sich die gekrümmten, armleuchterartig getheilten und dicht mit Schuppenblättchen bedeckten Büsche einiger Bärlappe (*Lycopodiaceae*) aus der Classe der Schuppenfarne (*Selagineae*, S. 477). Hoch darüber empor ragen links die riesigen, blattlosen, cannellirten Säulen mehrerer nackter Schafthalme (*Equisetaceae*), aus der Classe der Schaftfarne (*Calamariae*, S. 475); oben tragen sie einen zapfenähnlichen Sporenbehälter. Rechts dahinter sind die zierlichen, lärchenähnlichen, zu derselben Classe gehörigen, schlanken Stämme von Riesenhalmen (*Calamiteae*, S. 476) stchtbar, welche regelmässig zusammengesetzte Nadel-Quirle tragen. Gegenüber auf der rechten Seite des Bildchens werden alle anderen Pflanzen von den mächtigen, gabelig verzweigten und zierlich getäfelten Stämmen der Schuppenbäume (*Lepidodendreae*) überragt, einer der wichtigsten und grossartigsten Entwickelungs-Formen der Schuppenfarne (*Selagineae*, S. 477). Ihre Gabeläste tragen palmenähnliche Blätterkronen, ihre Schuppenstämme sind theilweise mit schmarotzenden Laubfarnen bedeckt. Rechts unten treten verschiedene Farnkräuter mit gefiederten oder doppelt gefiederten Blättern in den Vordergrund, die jüngsten Blätter in der Mitte der Büsche sind noch eingerollt. Sie vertreten, ebenso wie die im Hintergrunde durchschimmernden, palmähnlichen Farnbäume, die formenreiche Abtheilung der Laubfarne (*Pteridinae*, S. 478). Endlich wird die Classe der Wasserfarne (*Rhizocarpeae*) durch eine Anzahl kleinerer Filicinen repräsentirt, welche unten am Rande des Wassers wachsen oder aus demselben hervorragen (S. 462, 476).

Tafel XVIII und XIX (zwischen S. 510 und 511).

Nervensystem der Metazoen-Stämme.

Alle Figuren sind mehr oder weniger schematisch gehalten; das Central-Nervensystem ist durch rothe Farbe bezeichnet.

Die Buchstaben haben in allen Figuren dieselbe Bedeutung: *a* Auge. *b* Hörbläschen. *c* Coelom (Leibeshöhle). *d* Darm. *e* Exoderm. *f* Fuss. *g* Gonade (Geschlechtsdrüse). *h* Haut. *i* Entoderm. *k* Kiemen. *l* Mantel. *m* Muskeln. *n* Nerven-Centrum. *o* Mund. *p* Schlund (Pharynx). *q* Schale.

r Rohrnieren (Nephridien). *s* Sinnesorgane. *t* Tentakel (Fühler). *u* Chorda. *v* Herzkammer (Ventrikel). *w* Herzvorkammer (Atrium). *x* Ampulle. *y* Nase. *z* After.

Tafel XVIII.

Niederthiere, Sternthiere und Gliederthiere.

Fig. 1. Eine Gasträade (*Gastraea*, *Prophysema*) im Querschnitt. *e* Exoderm (äusseres Keimblatt, vertritt die Stelle des Nervensystems). *i* Entoderm (inneres Keimblatt, umschliesst die einfache Darmhöhle, *d*).

Fig. 2. Ein Schwamm (*Spongia*) im Querschnitt. Viele Geisselkammern (*i*), jede einer Gastraea (Fig. 1) gleichwerthig, sitzen an den Aesten von Canälen, welche in die Centralhöhle einmünden. Haut von Poren durchbrochen. Kein Nervensystem.

Fig. 3. Eine Medusa (*Ephyra*) aus dem Stamme der Nesselthiere (*Cnidaria*). Untere Flächen-Ansicht. Das centrale Mundkreuz (*o*) bezeichnet die 4 Strahlen I. Ordnung (*Perradien*); die 4 Eierstöcke (*g*) die Strahlen II. Ordnung (*Interradien*). Am Rande die 8 Fangfäden (*t*) in den Strahlen III. Ordnung (*Adradien*), ringsum der Nervenring (*n*) mit 8 Sinnesorganen (*s*).

4. Ein Seestern (*Asteridea*) aus dem Stamme der Sternthiere (*Echinoderma*). Untere Flächen-Ansicht. Der centrale Mund ist von einem fünfeckigen Nervenring umgeben, von dessen 5 Ecken ventrale (*perradiale*) Nervenstämme (*n*) in die fünf gegliederten Arme ausstrahlen. Zwischen diesen 5 paar interradiale Geschlechtsdrüsen (*g*). An der Spitze jedes Arms ein Auge (*a*).

Fig. 5. Querschnitt eines Seestern-Arms (Fig. 4). *n* Radial-Nerv. *f* Füsschen zusammenhängend mit Bläschen (*x*). *c* Leibeshöhle (Coelom).

Fig. 6. Querschnitt eines Rundwurms (*Nematodes*) aus dem Stamme der Wurmthiere (*Vermalia*). *d* Darm. *c* Leibeshöhle. *m4* Vier Längsmuskeln. *ml* Ringmuskeln. *n1* Rücken-Nervenstamm. *n2* Bauch-Nervenstamm. *r* Rohrnieren (Seitencanäle, rechts und links). *h* Haut.

Fig, 7. Ein Borstenwurm (*Chaetopoda*) aus dem Stamme der Ringelthiere (*Annelida*). *n* Bauchmark. *a* Augen. *f* Fussstummeln (*Parapodia*).

Fig. 8. Querschnitt eines Borstenwurms (Fig. 7). *d* Darm. *n* Bauchmark. *v1* Rückengefäss. *v2* Bauchgefäss. *m1* Rückenmuskeln. *m2* Bauchmuskeln. *f1* Rückenfüsse. *f2* Bauchfüsse. *c* Leibeshöhle. *r* Rohrnieren (Schleifencanäle). *k* Kiemen (oben an den Rückenfüssen).

Fig. 9. Querschnitt durch die Brust des Flusskrebses (*Astacus*), aus dem Stamme der Krustenthiere (*Crustacea*). *d* Darm. *n* Bauchmark. *g* Geschlechtsdrüse. *v* Rückengefäss. *m1* Rückenmuskeln. *m2* Bauchmuskeln. *f* Basis der Beine. *k* Kiemen. *h* Hautpanzer.

Fig. 10. Ein Tausendfuss (*Scolopendra*) aus dem Stamme der Luftrohrthiere (*Tracheata*). *n* Bauchmark. *f* Gegliederte Füsse. *t* Fühlhörner (*Antennen*).

Fig. 11. Eine Biene (*Apis*) aus dem Stamme der Luftrohrthiere (*Tracheata*). *n* Bauchmark. *n1* Hirn. *n2* Schlundring. *a* Augen. *t* Fühlhörner. *f1*, *f2*, *f3*, die drei Beinpaare, darüber die beiden Flügelpaare.

Tafel XIX.

Wurmthiere, Weichthiere und Wirbelthiere.

Fig. 12. Ein Strudelwurm (*Turbellarium*), aus dem Stamme der Plattenthiere (*Platodes*). *d* Darm. *o* Mund. *n* Hirnknoten (Ober-Schlundknoten). *r* Rohrnieren.

Fig. 13. Ein Ichthydine (*Chaetonotus*) aus dem Stamme der Wurmthiere (*Vermalia*). *n* Hirnknoten. *o* Mund. *p* Schlund. *d* Därm. *z* After. *r* Rohrnieren.

Fig. 14. Ein Rundwurm (*Nematodes*) aus dem Stamme der Wurmthiere (*Vermalia*). *d* Darm. *n* Nervenstämme (vergl. Fig. 6).

Fig. 15. Querschnitt durch einen Pfeilwurm (*Sagitta*) aus dem Stamme der Wurmthiere (*Vermalia*). *d* Darm. *c* Leibeshöhle. *m* Längsmuskeln. *h* Haut. *n* Nervenknoten (Bauchknoten des Schlundrings).

Fig. 16. Bauch-Ansicht einer Schnecke (*Gastropoda*) aus dem Stamme der Weichthiere (*Mollusca*). *o* Mund, umgeben vom Nervenschlundring (*n*). *t* Tentakeln. *a* Augen. *f* Fuss. *k* Kiemen. *l* Mantel.

Fig. 17. Querschnitt einer Schnecke (Fig. 15). *g* Schale. *l* Mantel. *k* Kieme. *f* Fuss. *n* Fuss-Nervenknoten. *c* Leibeshöhle. *d* Darm. *v* Herzkammer. *w* Herzvorkammer.

Fig. 18. Querschnitt einer Muschel (*Acephala*) aus dem Stamme der Weichthiere (*Mollusca*). Buchstaben wie in voriger Figur.

Fig. 19. Eine Appendicarie (*Copelata*) aus dem Stamme der Mantelthiere (*Tunicata*). *o* Mund. *p* Schlund. *k* Kiemenspalten. *d* Darm. *m* Muskeln. *u* Chorda. *g* Geschlechtsdrüsen (*g1* weibliche, *g2* männliche).

Fig. 20. Querschnitt einer Ascidien-Larve, aus dem Stamme der Mantelthiere (*Tunicata*). *h* Haut. *m* Muskeln. *n* Nervenrohr (dorsales Markrohr). *u* Chorda. *d* Darm. *c* Leibeshöhle.

Fig. 21. Ein junger Fisch (*Selachius*) aus dem Stamme der Wirbelthiere (*Vertebrata*) *n* fünf Hirnblasen und Rückenmark. *y* Nase. *a* Auge. *b* Hörblase. *k* Kiemenspalten. *f1* Brustflossen. *f2* Bauchflossen.

Fig. 22. Ein Salamander (*Amphibium*) aus dem Stamme der Wirbelthiere (*Vertebrata*). Buchstaben wie in Fig. 21.

Fig. 23. Querschnitt eines Fisches (Fig. 20). Buchstaben wie in Figur 20. *r* Segmentale Canälchen der Urnieren. *g* Geschlechts-Drüsen.

Tafel XX und XXI (zwischen S. 592 und 593).

Entwickelungs-Geschichte der Gliederthiere (Articulata).

Diese beiden Tafeln erläutern die nahe Verwandtschaft und den gemeinsamen Ursprung der drei grossen Hauptclassen der Gliederthiere:

I. Ringelthiere (*Annelida*, S. 577), II. Krustenthiere (*Crustacea*, S. 579) und III Luftrohrthiere (*Tracheata*, S. 587). Taf. XX stellt die Jugendformen und Larven verschiedener Typen dar, Taf. XXI die erwachsenen und geschlechtsreifen Formen. Erstere sind unter sich sehr ähnlich, Letztere dagegen sehr verschieden. (Vgl. hierzu S. 572—577).

Tafel XX.

Keime und Larven von Gliederthieren.

Fig. 1. Gastrula (Becherlarve) eines Anneliden (*Serpula*). *a* Urdarm (Progaster). *o* Urmund (Prostoma). *i* Darmblatt (Entoderm). *e* Hautblatt (Exoderm). Vergl. hierzu S. 503, und Taf. V, S. 300.

Fig. 2. Trochophora (Räderlarve) eines Anneliden (*Protodrilus*, Fig. 14). *o* Mund. *s* Schlund. *m* Magen. *d* Dünndarm. *a* After. *n* Niere (Nephridium). *w* Wimperkranz der Stirnfläche. *g* Scheitelplatte (Acroganglion), Anlage des Urhirns, mit Wimperschopf.

Fig. 3. Querschnitt vom Hinterende einer älteren Larve desselben Anneliden (*Protodrilus*). Rechts und links sind die Anlagen der beiden Coelomtaschen sichtbar, welche die Leibeshöhle (*l*) bilden; ihre innere viscerale Lamelle liefert das Darmfaserblatt (Gefässblatt, *df*); ihre äussere, parietale Lamelle das Hautfaserblatt (Muskelblatt, *hf*). *dd* Darmdrüsenblatt. *hs* Hautsinnesblatt. (Vergl. S. 510 und S. 301, Taf. V, Fig. 19, 20.)

Fig. 4. Trochosphaera, das „Kugelräderthier der Philippinen“. (Vergl. *Rotatoria*, S. 543.) Dieses primitive Wurmthier steht sehr nahe den hypothetischen Provermalien, der gemeinsamen Stammgruppe aller Vermalien (und der Coelomarien überhaupt). Es wird in demselben einfachen Zustande geschlechtsreif, welcher vorübergehend erscheint in den Trochophora-Larven der Gliederthiere (Taf. XX, Fig. 2), der Mollusken (Taf. XXII, Fig. 12, 13), der Echinodermen (Taf. VIII, Fig. 2, 3) u. s. w.

Fig. 5. Gastrula (Becherlarve) eines Crustaceen (*Lucifer*) aus der Familie der Garneelen, S. 583. Buchstaben wie in Fig. 1.

Fig. 6. Keim des Flusskrebses (*Astacus fluviatilis*), von der Bauchseite gesehen. Der Embryo zeigt die Anlagen von allen 19 Paar Gliedmaassen; zum Kopfe gehören 5 Ringe mit 2 Paar Antennen (*at*) und 3 Paar Kiefern (*k*). Die Brust (Thorax) besteht aus 8 Ringen, mit 3 Paar Kieferfüssen (*kf*) und 5 Paar Brustfüssen (*bf*); von letzteren trägt das erste Paar die grossen Scheeren (*bf*1). Der Hinterleib (Abdomen) ist aus 7 Ringen zusammengesetzt und trägt (am I.—VI.) 6 Paare Afterfüsse (*af*). Beim Weibchen tragen letztere die Eier, beim Männchen ist das erste Paar derselben zu Begattungs-Werkzeugen umgebildet.

Fig. 7. Keim eines Skorpions (Fig. 20), von der Bauchseite gesehen. Der Embryo dieses *Scorpidonien*-Arachniden zeigt die Anlagen von 13 Paar Gliedmaassen, nämlich am Kopfe 1 Paar Kopflappen (mit Antennen-Rudimenten, *kl*), 3 Paar Kiefer (*k*1—*k*3; *k*1 Cheliceren, *k*2 Pedipalpen, *k*3 Postmaxillen); an den drei echten Ringen der Brust 3 Paar Brustfüsse (*b*1—*b*3); an den 6 ersten Ringen des Hinterleibs 6 Paar Afterfüsse oder Pleopodien (*h*1—*h*6). Letztere werden später rückgebildet.

Fig. 8. Keim einer Weberspinne (Kreuzspinne *Epeira*, Fig. 21). Der Embryo dieses *Araneen*-Arachniden zeigt ganz dieselbe Gliederung des Körpers und dieselben Anlagen von 13 Paar Gliedmassen, wie der Skorpion (Fig. 7), trotzdem beide Arachniden im entwickelten Zustande sehr verschieden sind (Fig. 20 und 21). Bedeutung der Buchstaben wie in Fig. 7.

Fig. 9. Larve einer Eintagsfliege (*Ephemera*). Dieses Insect gehört zu den ältesten Pterygoten (*Archiptera*) und trägt am Hinterleibe 6—8 Paar blattförmige Tracheen-Kiemen (k_1—k_7). (Vergl. S. 595, 602.)

Fig. 10. Larve einer Schlammfliege (*Sialis*). Die Raupe dieses *Neuropteren* (Fig. 23) lebt im Schlamme und trägt am Hinterleibe 8 Paar viergliedrige Afterfüsse, die als Kiemen fungiren (*h*1—*h*8); wir betrachten diese Abdominal-Gliedmaassen, — gleich den abdominalen Pleopodien aller Raupen — als Erbstücke von den Myriapoden-Ahnen (Fig. 19). *b*1—*b*3 Brustfüsse.

Fig. 11. Keim eines Wasserkäfers (*Hydrophilus*, Fig. 12, 13, 24), von der Bauchseite gesehen. Der Embryo dieses *Coleopteren* zeigt, wie bei vielen anderen Käfern, an den Hinterleibs-Ringen deutlich die Anlagen von 8—10 Paar Afterfüssen oder Pleopodien (*h*1—*h*8). Diese sind Erbstücke von Myriapoden-Ahnen und beweisen die Abstammung der Insecten von diesen „Tausendfüssen". Nach aussen davon sind die Luftlöcher oder Stigmen sichtbar (*st*). An der Brust sitzen 3 Paar Brustfüsse (*b*1—*b*3), am Kopfe 3 Paar Kiefer (*k*1—*k*3) und 1 Paar Antennen (*at*).

Fig. 12. Larve desselben Wasserkäfers (*Hydrophilus*, Fig. 11, 13, 24). Dieser Engerling (*Tarmon*) trägt nur 3 Paar Brustfüsse; die Hinterleibsfüsse des Embryo (Fig. 11) sind rückgebildet.

Fig. 13. Puppe desselben Wasserkäfers (*Hydrophilus*, Fig. 11, 12, 24). Diese *Chrysalide* verwandelt während ihres Ruhe-Zustandes die Form der Larve (Fig. 12) in die sehr verschiedene Form der Imago (Fig. 24).

Taf. XXI.

Hauptformen der erwachsenen Gliederthiere.

Fig. 14. Ein Archannelide (*Polygordius*). Die Organisation und Entwickelung dieser ältesten und primitivsten Anneliden, die wir besonders durch die ausgezeichneten Arbeiten von Berthold Hatschek kennen, ist von höchster Bedeutung für die Stammesgeschichte der Gliederthiere und ihre Ableitung von ungegliederten Vermalien (Rotatorien). Die kleine Larve des Polygordius (*Trochophora*) besitzt wesentlich denselben Körperbau, wie das Kugel-Räderthier. (Vergl. Taf. XX, Fig. 2 und 4.)

Fig. 15. Ein Borstenwurm (*Pontogenia sericoma*, Ehlers). Dieser *Chaetopode* gehört zu der Gruppe der Aphroditen (*Hermione*); er zeigt sowohl in der Bildung von drei parallelen Längswülsten, als in der Form der borstentragenden Stummelbeine, viel Aehnlichkeit mit dem nachfolgenden

Dreitheilkrebse (*Trilobiten*, Fig. 16); würde man ersteren versteinert finden, so könnte man ihn den letzteren anschliessen. (Vergl. S. 578.)

Fig. 16. Ein Dreitheilkrebs (*Triarthrus*, S. 587). Diese *Archiaspiden* gehören zu den ältesten Crustaceen und erläutern die Abstammung derselben von den *Chaetopoden* Anneliden. Am Kopfe sitzen 5 Paar Gliedmaassen wie bei allen Crustaceen; das erste Paar (die Antennen) sind einfach, die folgenden alle gleichgebildet, wie bei den Chaetopoden (Fig. 15). (Vergl. auch den Phyllopoden, Fig. 17 und den Myriapoden, Fig. 19.)

Fig. 17. Ein Kiemenfuss-Krebs (*Branchipus*). Diese primitive *Caridonien*-Form, aus der Ordnung der Phyllopoden (S. 582) gehört zu den ältesten Krebsthieren der Gegenwart, und zeigt fast noch dieselbe Gleichartigkeit der Beinpaare, dieselbe „Harmonie der Segmente", wie die *Trilobiten* (Fig. 16) und die *Chaetopoden* (Fig. 15).

Fig. 18. Ein Protracheat (*Peripatus*). Dieses „Urluftrohrthier", früher zu den Anneliden (Chaetopoden) gerechnet, zeigt deren gleichartige Gliederung und Fussbildung, besitzt aber überall in der Haut vertheilt feine Luftröhren-Büschel (S. 588). Es wird daher jetzt als moderner Ueberrest der uralten (silurischen) Stammgruppe aller Tracheaten betrachtet. Nach aussen von den beiden seitlichen Nervensträngen (*n*) sind die segmentalen Nieren (Nephridien, *s*) sichtbar. In der Mitte läuft das Herz oder Rückengefäss (*h*).

Fig. 19. Ein Tausendfuss (*Polyxenus*). Dieser Myriapode gehört zu der Ordnung der *Diplopoden*, während die *Scolopendra* (Taf. XVIII Fig. 10) die Gruppe der *Chilopoden* vertritt. (Vergl. S. 589.)

Fig. 20. Ein Skorpion (*Scorpius*) aus der Arachniden-Ordnung der *Scorpidonien*. (Embryo auf Tafel XX, Fig. 7.)

Fig. 21. Eine Kreuzspinne (*Epeira*) aus der Arachniden-Ordnung der *Araneen* (Embryo auf Tafel XX, Fig. 8).

Fig. 22. Campodea, ein isolirter Ueberrest der *Archinsecten*, aus der Ordnung der Flügellosen (*Apterota*). Diese phyletisch-älteste Form unter den lebenden Insecten ist die einzige Gattung derselben, welche auch in geschlechtsreifem Zustande noch Reste von Pleopodien (oder Afterfüssen) an allen Ringen des Hinterleibs trägt.

Fig. 23. Sialis, eine Schlammfliege, aus der Ordnung der *Neuropteren*, mit zwei gleichförmig entwickelten Flügel-Paaren (Larve derselben in Fig. 10, Taf. XX).

Fig. 24. Hydrophilus, ein Wasserkäfer, aus der Ordnung der *Coleoptera*, von der Bauchseite gesehen. Vergl. den Embryo desselben auf Tafel XX, Fig. 11, die sechsfüssige Larve (Engerling oder Tarmon) Fig. 12, die Puppe oder Chrysalide Fig. 13.

Tafel XXII und XXIII (zwischen S. 556 und 557).

Entwickelungs-Geschichte der Weichthiere (Mollusca).

Diese beiden Tafeln erläutern die nahe Verwandtschaft und den gemeinsamen Ursprung der sechs Mollusken-Classen (S. 552). Taf. XXII stellt die Jugendformen und Larven verschiedener Typen dar, sowie drei Querschnitte der drei Hauptformen (Fig. 14 Schnecke, Fig. 11 Muschel, Fig. 6 Krake). Taf. XXIII zeigt die erwachsenen und geschlechtsreifen Formen, theilweise im Längsschnitte (Fig. 21 Muschel, Fig. 22 Krake, Fig. 23 Schnecke). Die Figuren vertheilen sich folgendermaassen auf die sechs Classen:

I. Urschnecke (*Amphineura* S. 554). Fig. 1, 2, 8, 14, 15; *Chiton* (Placophora).

II. Sohlenschnecken (*Gastropoda* S. 555). Fig. 3, 4, 13, 18, 24; *Paludina* (Prosobranchia). Fig. 16. *Procochlis* (Procochlides).

III. Sackschnecken (*Saccopallia*, S. 556). Fig. 7, 20 *Entoconcha.*

IV. Schaufelschnecken (*Scaphopoda*, S. 558). Fig. 5, 10, 23 *Dentalium.*

V. Muscheln (*Acephala*, S. 557). Fig. 12 *Ostrea* (Auster). Fig. 11, 17, 21 *Anodonta* (Teichmuschel).

VI. Kraken (*Cephalopoda*, S. 558). Fig. 6, 9, 19, 22. *Sepia* (Tintenfisch).

Die Buchstaben haben überall dieselbe Bedeutung:

a After (Anus)
b Kiemenhöhle (Mantelhöhle)
c Gehirn (Cerebral-Knoten)
d Darm
d1 Schlund
d2 Magen
d3 Enddarm
ds Dottersack
e Eierstock (Ovarium)
f Fuss (Podium)
fd Fussdrüse
g Geschlechtsdrüse (Gonade)
h Herzkammer (Ventriculus)
hb Herzbeutel (Pericardium)
i Herzvorkammer (Atrium)
k Kiemen (Branchia)
l Leibeshöhle (Coelom)
lb Leber (Hepar)
m Mantel (Pallium)
mr Mantelrand
ml Mundlappen
ms Muskeln
mh Hinterer } Schliessmuskel
mv Vorderer } Schliessmuskel
n Niere (Nephros)
o Mund
ot Gehörbläschen
p Pedalnerv (Fussknoten)
pc Pallialnerv (Mantelknoten)
q Mundwulst (Peristom)
r Auge
s Schale (Testa, Conchylia)
sb Schlossband
t Tentakel
tb Tintenbeutel
tr Trichtor
u Urmund (Prostoma)
v Wimpersegel (Velum)
w Polzellen
x Hautblatt (Exoderm)
y Darmblatt (Entoderm)
z Urdarm (Progaster).

Tafel XXII.

Keime und Larven von Weichthieren.

Fig. 1. Gastrula (Becherlarve) einer Urschnecke (*Chiton* S. 554). *z* Urdarm (Progaster). *u* Urmund (Prostoma). *y* Darmblatt (Entoderm).

w Polzelle desselben (Mutterzelle des Mesoderms und der Gonaden). *x* Hautblatt (Exoderm). Vergl. hierzu S. 503 und Taf. V, S. 300.

Fig. 2. Querschnitt durch die eiförmige Coelom-Larve derselben Urschnecke (*Chiton*, Fig. 1, 15). Buchstaben wie in Fig. 1. Ausserdem: *l* Anlage der Leibeshöhle (die beiden seitlichen Coelom-Taschen). *f* Fuss-Anlage (darüber die Fussdrüse, *fd*).

Fig. 3. Querschnitt durch die eiförmige Coelom-Larve der Sumpfschnecke (*Paludina*, Prosobranchier, Taf. XXIII, Fig. 18, 24). Buchstaben wie in Fig. 1 und 2. *v* Velum.

Fig. 4. Gastrula (Becherlarve) derselben Sumpfschnecke (*Paludina*, Fig. 3, 18, 24). Buchstaben wie in Fig. 1.

Fig. 5. Gastrula (Becherlarve) einer Schaufelschnecke (*Dentalium*, Scaphopoda, Fig. 23). Buchstaben wie in Fig. 1.

Fig. 6. Querschnitt durch einen Tintenfisch (*Sepia*), aus der Classe der Kraken (*Cephalopoda*); Vergl. Fig. 9, 19, 22. *s* Schulp (innerer Rest der Schale). *m* Mantel. *d* Darm. *lb* Leber. *g* Geschlechtsdrüse. *h* Herzkammer. *i* Herzvorkammer. *n* Niere. *k* Kiemen. *tr* Fuss (in den röhrenförmigen „Trichter“ verwandelt). *d3* Enddarm, darunter der Tintengang. *b* Kiemenhöhle (Mantelhöhle).

Fig. 7. Veliger (Segellarve) einer Wunderschnecke, (*Entoconcha*, Fig. 20); Classe der Sackschnecken, *Saccopallia* (S. 556). *v* Velum. *s* Schale. *ot* Gehörbläschen.

Fig. 8. Querschnitt durch eine junge Urschnecke (*Chiton*; Vergl. Fig. 1, 2, 14, 15). Unter dem Darm (*d*) liegt die Zungenscheide (*d4*), darunter die Fussdrüse (*fd*). *f* Fuss. *p* Fussnerven (Pedalstränge). *pc* Kiemennerven (Visceralstränge).

Fig. 9. Keim eines Kraken (*Cephalopoda*) (Embryo des Tintenfisches, *Sepia*, vergl. Fig. 6, 19, 22). Ansicht von hinten. *h* Herzkammer. *i* Herzvorkammer. *d* Darm. *k* Kiemen. *m* Mantel. *tr* Trichter (hinterer Fusstheil). *r* Augen. *t* Tentakeln (Kopfarme oder vordere Fusstheile). *ds* Dottersack.

Fig. 10. Larve einer Schaufelschnecke (*Dentalium*; Classe der *Scaphopoda*). *v* Velum. *f* Fuss. *s* Schale von der Bauchseite gesehen.

Fig. 11. Querschnitt durch eine Teichmuschel (*Anodonta*, vergl. Fig. 17, 21); Classe der *Acephala*. *s* die beiden Schalenklappen. *sb* Schlossband. *hb* Herzbeutel. *h* Herzkammer. *i* Herzvorkammer. *d* Darm. *d3* Enddarm. *n* Niere. *g* Geschlechtsdrüse. *m* Mantel. *k1* Aeusseres Kiemenblatt (von junger Brut erfüllt). *k2* Inneres Kiemenblatt. *b* Kiemenhöhle (Mantelhöhle). *f* Fuss.

Fig. 12. Larve einer Auster (*Ostrea*); Classe der Muscheln (*Acephala*). Von der linken Seite. *v* Velum. *s* Schale. *ms* Schliessmuskel der Schale. *o* Mund. *d1* Schlund. *d2* Magen. *d3* Enddarm. *a* After.

Fig. 13. Larve einer Schnecke (*Oncidium*), Classe der Gastropoden; von der linken Seite; vergl. Fig. 18, 24. *v* Velum. *f* Fuss. *mr* Mantelrand. *s* Schale. *k* Kieme. *c* Gehirn. *r* Auge. *ot* Gehörbläschen. *o* Mund. *d2* Magen. *d3* Enddarm.

Fig. 14. Querschnitt durch eine Urschnecke (*Chiton*); vergl. Fig. 8 und 15). *s* Schale. *m* Mantel. *mr* Mantelrand. *hb* Herzbeutel. *h* Herzkammer. *hi* Herzvorkammer. *k* Kieme. *g* Geschlechtsdrüse. *n* Niere. *d* Darm. *f* Fuss. *p* Fussknoten. *pc* Mantelknoten.

Taf. XXIII.

Hauptformen der erwachsenen Weichthiere.

Fig. 15. Urschnecke (*Chiton*), Classe der *Amphineura;* Ansicht von der Bauchseite. *o* Mund. *a* After. *m* Mantel. *k* Kiemen. *f* Fuss. *h* Herzkammer und *i* Herzvorkammer, beide auf dem Rücken liegend, durchschimmernd gedacht.

Fig. 16. Stammschnecke (*Protocochlis*), das ideale Urbild der hypothetischen Stammform der Gastropoden (vgl. S. 554). Von der Bauchseite. *o* Mund. *r* Auge. *t* Tentakel. *f* Fuss. *m* Mantel. *k* Kieme. *g* Geschlechtsdrüse. *l* Leibeshöhle. *n* Niere. *h* Herzkammer. *i* Herzvorkammer. *a* After.

Fig. 17. Teichmuschel (*Anodonta*); vergl. Fig. 11 und 21. Ansicht von der Bauchseite. *o* Mund. *ml* Mundlappen. *f* Fuss. *m* Mantel. *s* Schale. *k*1 Aeussere Kieme. *k*2 Innere Kieme. *h* Herzkammer und *i* Herzvorkammer, beide auf dem Rücken liegend, durchschimmernd gedacht.

Fig. 18. Sumpfschnecke (*Paludina*), Gruppe der *Prosobranchien.* Ansicht von der Rückenseite; vergl. Fig. 24. *o* Mund. *t* Tentakeln. *c* Gehirn. *k* Kieme. *i* Herzvorkammer. *h* Herzkammer. *n* Niere. *d*3 Enddarm. *a* After. *s* Schale (Schneckenhaus). *f* Fuss.

Fig. 19. Tintenfisch (*Sepia*), vergl. Fig. 6 und 22. Der Mantel (*m*) ist am hinteren Theil der Rückenfläche aufgeschnitten und auseinander gelegt, um die Kiemenhöhle (*b*) und die Kiemen (*k*) zu zeigen. *tr* Trichter. *r* Augen. *ms* Muskeln. *h* Herzkammer. *i* Herzvorkammer. *n* Niere.

Fig. 20. Wunderschnecke (*Entoconcha mirabilis*), Classe der Sackschnecken (*Saccopallia*); vergl. Fig. 7 und Seite 556). Das ganze Thier ist ein einfacher Schlauch, gefüllt mit Geschlechts-Producten (unten Eier, oben Sperma), als Parasit angeheftet am Darm einer Holothurie.

Fig. 21 Medianer Längsschnitt durch eine Teichmuschel (*Anodonta*), von der linken Seite. *s* Schale. *m* Mantel. *mv* Vorderer und *mh* hinterer Schliessmuskel. *h* Herzkammer. *i* Herzvorkammer. *n* Niere. *d*2 Magen. *lb* Leber. *g* Geschlechtsdrüse. *k* Kieme. *f* Fuss. *p* Fussknoten. *c* Hirnknoten. *pc* Mantelknoten.

Fig. 22. Medianer Längsschnitt durch einen Tintenfisch (*Sepia*), von der linken Seite; vergl. Fig. 6, 9 und 19. *s* Schulp (Innerer Schalenrest). *m* Mantel. *b* Kiemenhöhle. *k* Kieme. *tr* Trichter. *d*1 Schlundkopf. *d*2 Magen. *d*3 Enddarm. *tb* Tintenbeutel. *g* Gonade. *h* Herz. *n* Niere. *lb* Leber.

Fig. 23. Medianer Längsschnitt durch eine Schaufelschnecke (*Dentalium*), von der linken Seite. *f* Fuss. *p* Fussknoten. *b* Mantelhöhle. *o* Mund. *c* Gehirn. *o* After. *pc* Mantelknoten. *g* Gonade. *s* Schale.

Fig. 24. Sumpfschnecke (*Paludina*), von der linken Seite; vergl. Fig. 18. *o* Mund. *t* Tentakel. *c* Gehirn. *f* Fuss. *ot* Gehörbläschen. *r* Auge. *pc* Mantelknoten. *h* Herzkammer. *i* Herzvorkammer. *n* Niere. *lb* Leber. *g* Geschlechtsdrüse.

Taf. XXIV (zwischen S. 312 und S. 313).

Hinterbein von sechzehn vierfüssigen Wirbelthieren.

Diese Tafel erläutert in ähnlicher Weise, wie Taf. IV (S. 400), die Bedeutung der vergleichenden Anatomie für die Stammesgeschichte. Die Knochen des Hinterbein-Skelets (der Tarsomelen) sind hier von 16 verschiedenen Vertebraten dargestellt, welche alle den vier höheren Classen der landbewohnenden und luftathmenden Wirbelthiere angehören: I. Amphibien (1, 2); II. Reptilien (3—7); III. Vögel (8); IV. Säugethiere (9—16). Trotzdem durch Anpassung an sehr verschiedene Lebensweise die äussere Form und die relative Grösse dieser Bewegungs-Organe ungemein abgeändert wird, erhält sich dennoch der innere Bau und die Zusammensetzung des Skelets durch Vererbung beständig; insbesondere auch die Zahl, Lage und Verbindung der Knochen, welche die drei Hauptabschnitte der hinteren Gliedmaassen zusammensetzen. Diese drei Abschnitte: I. Oberschenkel, II. Unterschenkel und III. Fünfzehiger Hinterfuss — sind schon bei den ältesten Amphibien (— bei der gemeinsamen Stammgruppe aller Vierfüsser, *Tetrapoda* —) ebenso zusammengesetzt (Fig. 1), wie bei ihren höchstentwickelten Epigonen, den Menschen (Fig. 16). In allen 16 Figuren ist das linke Hinterbein von der Aussenseite gesehen und bedeutet *f* den einfachen Knochen des Oberschenkels (*Femur*); *t* und *p* die beiden Knochen des Unterschenkels (*t* Schienbein, *Tibia*, *p* Wadenbein, *Fibula* oder *Perone*; *c* die kleinen Knochen der Fusswurzel (*Tarsus*); *m* die fünf langen Knochen des Mittelfusses (*Metatarsus*) und 1—5 die Knochen der fünf Zehen (*Phalanges*; 1 grosse Zehe, 5 kleine Zehe). Die ursprüngliche Fünfzahl der Zehen ist beim Vogel (Fig. 8) auf 4 reducirt (durch Verlust der fünften); beim Seedrachen dagegen (durch Spaltung einer Zehe) auf 6 erhöht (Fig. 6).

Fig. 1. Salamander (*Salamandra*), mit kurzen Kriechbeinen, Typus der geschwänzten Amphibien (Urodela, S. 639).

Fig. 2. Frosch (*Rana*), mit langen Springbeinen, Typus der schwanzlosen Amphibien (Anura, S. 641).

Fig. 3. Schildkröte (*Emys*), mit kurzen Schwimmbeinen, Typus der Chelonier (Cerachelya, S. 651).

Fig. 4. Urcrocodil (*Aëtosaurus*), mit kurzen Kriechbeinen, Typus der Crocodile (Protosuchia, S. 654).

Fig. 5. Schwandrache (*Plesiosaurus*), mit schlanken Schwimmbeinen, Typus der Sauropterygia (S. 652).

Fig. 6. Fischdrache (*Ichthyosaurus*), mit fischartigen Schwimmbeinen, Typus der Ichthyopterygia (S. 653).

Fig. 7. Seeschlange (*Mosasaurus*), mit kurzen Schwimmbeinen, Typus der Pythonomorpha (S. 654).

Fig. 8. Ente (*Anas*), mit kurzen Gehbeinen, Typus der Vögel (S. 657).

Fig. 9—16. Hinterbein von acht Säugethieren.

Fig. 9. Schnabelthier (*Ornithorhynchus*), mit kurzen Schwimmbeinen, Typus der Gabelthiere (Monotrema, S. 666).

Fig. 10. Känguruh (*Macropus*), mit langen Springbeinen; Typus der Beutelthiere (Marsupialia, S. 670).

Fig. 11. Riesenfaulthier (*Megatherium*), mit mächtigen Scharrbeinen, Typus der Faulthiere (Bradypoda, S. 685).

Fig. 12. Gürtelthier (*Dasypus*), mit starken Grabebeinen, Typus der Zahnarmen (Edentata, S. 684).

Fig. 13. Maulwurf (*Talpa*), mit kurzen Grabefüssen, Typus der Insectenfresser (Insectivora, S. 693).

Fig. 14. Seehund (*Phoca*), mit kurzen Schwimmbeinen, Typus der Seeraubthiere (Pinnipedia, S. 695).

Fig. 15. Gorilla (*Gorilla*), mit greifenden Kletterbeinen, Typus der Menschen-Affen (Anthropoides, S. 713).

Fig. 16. Mensch (*Homo*), mit aufrechten Gangbeinen, Typus der Hominides (S. 708).

Tafel XXV (zwischen S. 416 und S. 417).

Monobien und Coenobien von Protisten.

Diese Tafel erläutert den Parallelismus in der Entwickelung der beiden Hauptgruppen des Protistenreiches, der plasmodomen Urpflanzen (*Protophyta*, linke Hälfte), und der plasmophagen Urthiere (*Protozoa*, rechte Hälfte.)

Fig. 1—9. Urpflanzen (Protophyta).

Fig. 1, 3, 4, 8 Monobionten (einzeln lebende Zellen);

Fig. 2, 5, 6, 7, 9 Coenobionten (Zellvereine oder Coenobien, aus vielen, gesellig verbundenen Zellen gebildet).

Fig. 1. *Chroococcus primordialis*, eine Phytomonere aus der Classe der Chromaceen (Ordnung der *Chroococcaceen*). Bei diesen einfachsten und ältesten von allen Organismen, bei den *plasmodomen Moneren*, besteht der ganze Körper nur aus einem Körnchen von gefärbtem Plasma, welches Kohlensäure assimilirt und sich durch einfache Zweitheilung vermehrt (Fig. 1b). Da dieser *Cytode* der Zellkern noch fehlt, kann man sie noch nicht als echte Zelle bezeichnen. Fig. 1c Viertheilung derselben.

Fig. 2. *Oscillatoria froelichii*, eine sociale Phytomonere aus der Classe der Chromaceen (Ordnung der *Oscillarien*). Diese fadenförmige Moneren-Gruppe ist aus den *Chroococcaceen* (Fig. 1) dadurch entstanden, dass die kernlosen Cytoden durch fortgesetzte Quertheilung sich vermehrten und die Theilstücke, beisammen bleibend, Ketten bildeten (*Catenal-Coenobien*).

Fig. 3. *Euglena viridis*, eine Algette aus der Classe der Mastigoten (*Protococcalen*). Der ganze Organismus ist eine einfache grüne Geisselzelle, die mittelst ihrer schwingenden Geissel umherschwimmt (*a*) und sich durch Zweitheilung (*b*) und Viertheilung (*c*) vermehrt.

Fig. 4. *Botrydium granulatum*, eine Algette aus der Classe der Siphoneen. Die grosse birnförmige Zelle (*a*) ist durch verzweigte Würzelchen in feuchter Erde befestigt und vermehrt sich durch copulirende Schwärmsporen (*b*); je zwei Planogameten (*c*) bilden eine Zygote (*d*).

Fig. 5. *Gomphonema acuminatum*, eine Algarie aus der Klasse der Diatomeen. Der baumförmige Zellverein (*Arboral-Coenobium*) trägt an der Spitze jedes Gabelastes eine kieselschalige gelbe Zelle. Diese vermehren sich durch Zweitheilung.

Fig. 6. *Halosphaera viridis*, eine Algette aus der Classe der socialen Melethallien. Der schwimmende Zellverein hat die Gestalt einer Hohlkugel, deren Wand aus einer einzigen Zellenschicht besteht. Später bildet jede grüne Zelle (*b*) durch Theilung vier Schwärmsporen (*c*).

Fig. 7. *Volvox globator* (sogenanntes „Kugelthierchen"), eine Algette aus der Classe der Mastigoten. Der kugelförmige Zellverein („*Sphaeral-Coenobium*") gleicht demjenigen der *Halosphaera* (Fig. 6); er unterscheidet sich aber von diesem durch seine freie Schwimmbewegung (mittelst Geisseln), und durch die Arbeitstheilung seiner Zellen. Die ungeschlechtlichen Zellen, welche je zwei Geisseln tragen, besorgen die Ernährung und Bewegung der schwimmenden Hohlkugel; Männliche Zellen bilden kleine Spermazellen (*m*); Weibliche Zellen entwickeln sich zu grossen Eiern (*f*), die nach erfolgter Befruchtung sich theilen und neue Colonien bilden (*o*).

Fig. 8. *Peridinium tripus*, eine Algette aus der Classe der Mastigoten. Die einzeln lebenden Zellen (*Monobien*) entwickeln sich zu Milliarden im Plankton und bewegen sich durch eine schwingende Geissel; sie sind in eine zweiklappige Schale eingeschlossen, welche drei Hörner trägt.

Fig. 9. *Pediastrum pertusum*, eine Algette aus der Classe der socialen Melethallien. Die sternförmige Scheibe (ein „Discoidal-Coenobium") ist aus sechzehn grünen Zellen zusammengesetzt, welche in einer Ebene liegen.

Fig. 10—18. Urthiere (Protozoa).

Fig. 10, 13, 14, 16 Monobionten (einzeln lebende Zellen);

Fig. 11, 12, 15, 17, 18 Coenobionten (Zellvereine oder Coenobien, aus vielen, gesellig verbundenen Zellen gebildet).

Fig. 10. *Bacillus aceti*, eine Zoomonere aus der Classe der Bacterien. Die structurlose Cytode kann noch nicht als Zelle bezeichnet werden, da sie noch keinen Kern besitzt. Diese *Bacterien* repräsentiren die einfache Moneren-Form ebenso im Thierreich (als Plasmophagen), wie die ähnlichen *Chromaceen* (als Plasmodomen) im Pflanzenreiche (Fig. 1).

Fig. 11. *Leptothrix parasitica*, eine sociale Zoomonere aus der Classe der Bacterien. Diese fadenförmige Moneren-Gruppe zeigt dieselbe Bildung der Ketten-Colonie („*Catenal-Coenobium*"), wie die *Oscillarien* unter den Phytomoneren (Fig. 2).

Fig. 12. *Magosphaera planula*, ein Infusorium aus der Classe der Flagellaten. Der kugelförmige Zellverein („*Sphaeral-Coenobium*") gleicht demjenigen der plasmodomen *Volvocinen* (Fig. 7) und schwimmt ebenfalls mittelst Geisselbewegung rotirend umher. (Vergl. Fig. 12 auf S. 445.)

Fig. 13. *Salpingoeca convallaria*, ein festsitzendes Infusorium aus der Classe der Flagellaten (Ordnung der *Choanoflagellaten*, mit Geisselkragen).

Fig. 14. *Vorticella campanula*, ein festsitzendes Infusorium aus der Classe der Ciliaten (*a* mit gestrecktem, *b* mit spiralig zusammengezogenem Stiel).

Fig. 15. *Carchesium polypinum*, ein festsitzendes sociales Infusorium aus der Classe der Ciliaten. Der baumförmige Zellverein („*Arboral-Coenobium*") gleicht demjenigen mancher plasmodomen Diatomeen (Fig. 5) und trägt an der Spitze jedes Astes eine Vorticelle von demselben Bau wie Fig. 14.

Fig. 16. *Stentor Roeselii*, ein Infusorium aus der Classe der Ciliaten.

Fig. 17. *Sphaerozoum ovodimare*, ein kugelförmiger Zellverein (*Sphaeral-Coenobium*) aus der Classe der Radiolarien. Feine Kiesel-Nadeln sind zwischen den Vacuolen der Gallertmasse zerstreut, in deren Oberfläche die linsenförmigen Zellen sitzen.

Fig. 18. *Nummulites mammillata*, ein scheibenförmiger Zellverein („*Discoidal-Coenobium*", wie Fig. 9) aus der Classe der Thalamophoren. Die zahlreichen einzelnen Zellen der verkalkten Scheibe bilden eine Spiral-Reihe.

Tafel XXVI (zwischen S. 128 und 129).

Rassen der Haustaube.

Diese Tafel erläutert an einigen Beispielen die ausserordentliche Verschiedenheit in der Körperform der zahlreichen Tauben-Rassen, deren hohe Bedeutung für den Transformismus auf S. 126 und 127 besprochen ist. Sowohl die abgebildeten 10 Rassen, als alle übrigen Spielarten unserer Haustaube (*Columba domestica*), welche der Mensch seit Jahrtausenden gezüchtet hat, stammen von einer und derselben, gemeinsamen, wilden Stammform ab, von der blaugrauen Felstaube (*Columba livia*).

Fig. 1. Die wilde Felstaube, die gemeinsame Stammform sämmtlicher Rassen der Haustaube. Fig. 2. Englische Kropftaube. Fig. 3. Federfüssige Nonnentaube. Fig. 4. Kopf der Barbtaube. Fig. 5. Kopf der Jakobiner-Taube (Perrücken-Taube). Fig. 6. Kopf der Trommeltaube (Drachentaube). Fig. 7. Kopf der Englischen Botentaube. Fig. 8. Hühnertaube (Livorneser Rundtaube). Fig. 9. Afrikanische Eulentaube. Fig. 10. Pfauentaube.

Tafel XXVII (zwischen S. 472 und 473).

Diaphyten oder Vorkeimpflanzen (Mose und Farne).

Die Tafel zeigt typische Vertreter von einzelnen Classen der Mittelpflanzen oder Vorkeimpflanzen (S. 464, 472) und erläutert deren Generationswechsel und Stammverwandtschaft, sowie ihren Ursprung aus der Classe der Algen (S. 473).

Fig. 1, 2. Niedere Algen (Phyceae).

Fig. 1. Ein Wasserfaden (*Cladophora*) aus der Familie der Conferven, Classe der Grüntange (*Clorophyceen*).

Fig. 2. Gabeltheiliger Thallus eines Brauntanges (*Dictyota dichotoma*) aus der Classe der Phaeophyceen (=*Fucoideen*).

Fig. 3—6. Mose (Muscinae, Bryophyta).

Fig. 3. Gabeltheiliger Thallus eines niedersten Lebermoses (*Riccia fluitans*). Diese älteste Form der Thallusmose (*Thallobrya*) schliesst sich unmittelbar den Algen an und ist sehr ähnlich der vorhergehenden Form (Fig. 2).

Fig. 4. Beblätterter Stamm eines Blattmoses (*Plagiochila asplenioides*). Der kürzere Ast trägt eine Sporenkapsel, die in vier Klappen aufgesprungen ist. Diese „blättertragenden Lebermose“ (*Phyllobrya*) sind die ältesten Formen der eigentlichen Cormophyten oder „Stockpflanzen“ (S. 460, 474).

Fig. 5. Vorkeim eines Laubmoses (des „Wettermoses“, *Funaria hygrometrica*, Fig. 6). Diese erste, ungeschlechtliche Generation der *Cormobrya* ist ein fadenförmiges Prothallium (*Protonema*) und hat ganz den einfachen Bau einer verzweigten Faden-Alge (ähnlich dem Wasserfaden, *Conferva*, Fig. 1). Aus ihr entsteht durch Knospung die zweite Generation, Fig. 6.

Fig. 6. Die zweite, geschlechtliche Generation desselben Laubmoses (*Funaria hygrometrica*, Fig. 5). Der beblätterte Stamm (Cormus) entwickelt Geschlechtsorgane; aus den befruchteten Eiern entwickelt sich eine dritte Generation, das ungeschlechtliche Sporogonium, die langgestielte „Mosfrucht“ (*Sporothallus*). Vergl. meine Systemat. Phylogenie, I, § 233.

Fig. 7—12. Farne (Filicinae, Pteridophyta).

Fig. 7, 8. Venushaar-Farnkraut (*Adiantum capillus veneris*), Typus der Laubfarne (*Filicales* oder *Pteridinae*). Die erste Generation ist der geschlechtliche Vorkeim (*Prothallium* Fig. 7) und gleicht einem Thallusmose (Fig. 3). Aus seinen befruchteten Eiern entwickelt sich die zweite ungeschlechtliche Generation, das Farnkraut mit Stamm und Blättern (Fig. 8). Am Rande der Blätter entstehen Sporenkapseln, aus deren Sporen wieder der Vorkeim sich entwickelt.

Fig. 9, 10. Wald-Schachtelhalm (*Equisetum silvaticum*), Typus der Schaftfarne (*Equisetales* oder *Calamariae*). Fig. 9 das geschlechtliche Prothallium, aus dessen befruchteten Eiern sich der geschlechtslose Stock der zweiten Generation entwickelt (Fig. 10); oben trägt dieser eine Aehre mit Sporangien.

Fig. 11, 12. Schlangen-Bärlapp (*Lycopodium clavatum*), Typus der Schuppenfarne (*Lycopodales* oder *Selagineae*). Fig. 11 das geschlechtliche Prothallium, aus dessen befruchteten Eiern sich der geschlechtslose Stock der zweiten Generation entwickelt (Fig. 12); zwei Aeste desselben tragen Aehren mit Sporangien.

Tafel XXVIII (zwischen S. 530 und 531).

Entwickelungs-Geschichte der Nesselthiere (Cnidaria).

Die Tafel stellt typische Vertreter der sieben Classen der Nesselthiere (*Cnidaria*) dar und erläutert sowohl den Generationswechsel derselben (*Metagenesis*), als auch die Convergenz in ihren beiden Hauptclassen: Hydrozoen (Hydrathiere, links) und Scyphozoen (Becherthiere, rechts). Fig. 1, 2. Hydra, die gemeinsame Stammform aller Cnidarien und die einfachste Form der Hydropolypen. Fig. 2. Querschnitt derselben (vergl. Taf. VI, Fig. 11—16). Fig. 3. Ein Stöckchen von Hydropolypen (*Bougainvillea*), von dem die oberen Personen fressende Polypen sind (Hydranthen), während die unteren zu Medusen werden und sich ablösen; diese Hydromedusen gehören zur Familie der Margeliden (*Hippocrene*, Fig. 4 von der Seite, Fig. 5 von oben). Fig. 6. *Stephalia corona*, eine Siphonophore der Tiefsee. Unter der grossen Schwimmblase (oben) sitzt ein Kranz von Schwimmglocken (Medusen-Schirme mit vier Kreuz-Canälen); dann folgt unten an dem rübenförmigen Stamm eine dicht gedrängte Gruppe von zahlreichen Fresspolypen (spindelförmigen Siphonen), langen Fangfäden und Geschlechtsthieren. (Vergl. meine Monographie der Siphonophoren (Challenger, 1888.)

Die Becherthiere (*Scyphozoa*, auf der rechten Hälfte der Tafel) unterscheiden sich von den Hydrathieren (*Hydrozoa*, auf der linken Hälfte) durch den Besitz von vier Längsleisten oder Taeniolen, welche die Peripherie der Magenhöhle in vier kreuzständige Taschen theilen (Fig. 9 Querschnitt eines Scyphopolypen, *Scyphostoma*). Fig. 10. Die rothe Edelkoralle des Mittelmeeres (*Eucorallium rubrum*), als Vertreter der achtstrahligen Korallen (*Anthozoa*); jede Person des Stockes trägt um den Mund einen Kranz von acht gefiederten Tentakeln. Fig. 11. *Tessera princeps*, eine Stammform der Scyphomedusen (vom „Challenger“ bei den Kerguelen-Inseln gefangen), ähnlich einem freischwimmenden Scyphopolypen (*Scyphostoma*) mit acht Tentakeln und vier Gonaden. Fig. 12—16. Generationswechsel der Scheibenquallen (*Discomedusae*). Aus einem einfachen Becherpolypen (*Scyphostoma*) entwickelt sich durch terminale Knospung eine Kette (Fig. 12) von kleinen Scheibenquallen (*Ephyra*), mit acht zweispaltigen Randlappen. Diese lösen sich ab (Fig. 13) und werden geschlechtsreif; aus ihren Eiern entsteht wieder der Scyphopolyp. Fig. 14. Eine reife *Ephyra*, aus der Gruppe der rohrmündigen Scheibenquallen (*Cannostomae*) mit perradialem Mundkreuz (in der Mitte), und 4 interradialen bogenförmigen Geschlechtsdrüsen (von unten gesehen). Fig. 15. *Floscula promethea*, eine fahnenmündige Scheibenqualle mit vier grossen Mundlappen, aus der Gruppe der *Semostomen*. Fig. 16. *Cannorhiza connexa*, eine wurzelmündige Scheibenqualle, aus der Gruppe der *Rhizostomen*; die Krausen der vier gabeltheiligen Mundarme sind in eigenthümlicher Weise verwachsen (vergl. meine Monographie der Medusen, mit 72 Tafeln (I. Theil, 1879; II. Theil, 1881).

Taf. XXIX (zwischen S. 104 und 105).

Familie des Affenmenschen (Pithecanthropus alalus).

(Vergl. S. 715, 758.)

Diese Tafel giebt eine verkleinerte Copie (in Heliogravüre) von einem grossen Oelbilde, welches der berühmte Maler, Professor Gabriel Max in München, mir bei Gelegenheit meines sechzigsten Geburtstages (1894) zum Geschenk zu machen die Güte hatte. Copien des Bildes, welche damals in verschiedenen Zeitschriften veröffentlicht wurden, erregten grosses Aufsehen und unterlagen der verschiedensten Beurtheilung. Zum Beweise, wie sehr die Ansichten darüber auseinander gingen, seien hier nur vier verschiedene Deutungen kurz angeführt.

I. Erste Deutung: Das Bild ist eine gelungene Parodie auf „die verrückte Lehre von der Affen-Abstammung des Menschen". Wer diese unmöglichen Fabel-Geschöpfe kritisch betrachtet, kann daraus allein schon die beruhigende Ueberzeugung schöpfen, dass er nicht vom Affen abstammt. (Der Künstler ist demnach ein geistreicher Carricaturen-Zeichner.)

II. Zweite Deutung: Das Bild ist eine nichtswürdige Blasphemie, welche „die heilige Familie" herabwürdigt und als thierische Affen-Gruppe verspottet. Sowohl die Stellung, als der Gesichts-Ausdruck der Mutter, mit dem Säugling an der Brust, und ebenso des daneben stehenden Vaters, erinnern an gewisse Bilder des Mittelalters, auf denen die Madonna mit dem Christuskinde und dem Heiligen Joseph auf der Flucht nach Egypten dargestellt sind. Von Rechtswegen sollte das Bild confiscirt und der Urheber desselben wegen „Gotteslästerung" bestraft werden. (— Der Künstler ist nach dieser, in papistischen Blättern mit Entrüstung vorgetragenen Ansicht ein cynischer Religions-Verächter! — Gabriel Max!!!)

III. Dritte Deutung: Das Bild ist ein ernster, aber ganz misslungener Versuch, die Vorstellung des Uebergangs vom Menschen zum Affen in einer Mittelform anschaulich darzustellen. Wenn selbst ein so hervorragender Künstler, wie Gabriel Max, keine glaublichere Mittelform darstellen kann, so geht daraus hervor, dass sie niemals existirt hat; das gesuchte „Missing link" — das fehlende Verbindungs-Glied zwischen Mensch und Affe — wird niemals gefunden werden. Damit ist zugleich die ganze moderne Abstammungslehre „gründlich widerlegt". (— Der Künstler ist nach dieser Ansicht der „exacten Anthropologen" ein überzeugter Anhänger der „Affen-Theorie", der sich vergeblich bemüht hat, die vermisste „Uebergangs-Bildung des Affenmenschen" in glaubhafter Weise bildlich darzustellen.)

IV. Vierte Deutung: Das Bild ist ein ernster und höchst gelungener Versuch, den ausgestorbenen Affenmenschen der jüngsten Tertiär-Zeit hypothetisch darzustellen. Dieser Versuch stützt sich auf ausgedehnte und gründliche Kenntnisse in der vergleichenden Anatomie der Primaten. Jeder urtheilsfähige Anatom, der den Körperbau des Menschen und der menschenähnlichen Affen genau kennt, und der zugleich von der Wahrheit der Descendenz-Theorie durchdrungen ist, wird zugeben, dass der *Pithecanthropus alalus* diesem Bilde sehr ähnlich gewesen sein wird. (Der Künstler ist demnach ein gründlicher Kenner des Primaten-Organismus, der seine schwierige Aufgabe in genialer Weise meisterhaft gelöst hat.)

Diese letztere Ansicht allein entspricht der Wahrheit und wird von allen unbefangenen Sachkundigen getheilt werden. In weiteren Kreisen ist Professor Gabriel Max als einer der geistvollsten „Seelenmaler“ der Gegenwart berühmt. Aber nur wenige Eingeweihte wissen, dass dieser geniale Maler — ähnlich wie Leonardo da Vinci — zugleich ein kenntnissreicher und tiefblickender Naturforscher ist. Seine vergleichend-anatomische und ethnographische Sammlung in München ist reich an seltenen und kostbaren Objecten. Insbesondere sind darin die Affen, sowohl Hunds-Affen als Menschen-Affen, durch werthvolle Skelete von hervorragender Qualität vertreten. Allein das vieljährige gründliche Studium derselben und das kritische Nachdenken über die allmähliche Umwandlung des Menschen-Affen in den Affen-Menschen haben Gabriel Max in den Stand gesetzt, uns die gesuchte Uebergangsform in diesem hochinteressanten Bilde leibhaftig vor Augen zu stellen.

Tafel XXX (am Ende des Buches).

Hypothetische Skizze des monophyletischen Ursprungs und der Verbreitung der zwölf Menschen-Species von Süd-Asien aus über die Erde.

Vergl. S. 729—765.

Selbstverständlich beansprucht die hier graphisch skizzirte Hypothese nur einen ganz provisorischen Werth und hat lediglich den Zweck, zu zeigen, wie man sich bei dem gegenwärtigen unvollkommenen Zustande unserer anthropologischen Kenntnisse die Ausstrahlung der Menschen-Arten oder -Rassen von einer einzigen Urheimath aus ungefähr denken kann. Als wahrscheinliche Urheimath oder „Paradies“ ist hier das südwestliche Asien angenommen; indessen ist es sehr möglich, dass die hypothetische „Wiege des Menschengeschlechts“ weiter östlich, südlich oder westlich lag. Künftige, namentlich vergleichend-anthropologische und paläontologische Forschungen werden uns hoffentlich in den Stand setzen, die vermuthliche Lage der menschlichen Urheimath genauer zu bestimmen, als es gegenwärtig möglich ist. Auf jeden Fall bleiben das tropische Afrika und das südliche Asien (und zwischen beiden möglicherweise das sie früher verbindende Lemurien?) diejenigen Theile der Erde, welche bei der Frage von der Urheimath des Menschengeschlechts vor allen anderen in Betracht kommen. Entschieden ausgeschlossen sind bei dieser Frage dagegen Amerika und Australien. Auch Europa (welches übrigens nur eine begünstigte westliche Halbinsel von Asien ist) besitzt schwerlich für die „Paradies-Frage“ Bedeutung.

Dass die Wanderungen der verschiedenen Menschenarten von ihrer Urheimath aus und ihre geographische Verbreitung auf unserer Tafel XXX nur ganz im Allgemeinen und in den gröbsten Zügen angedeutet werden konnten, versteht sich von selbst. Die zahlreichen Kreuz- und Querwanderungen der vielen Zweige und Stämme, sowie ihre oft sehr einflussreichen Rückwanderungen mussten dabei gänzlich unberücksichtigt bleiben. Um diese einigermaassen klar darzustellen, müssten erstens unsere Kenntnisse viel vollständiger sein und zweitens ein ganzer Atlas mit vielen verschiedenen Migrations-Tafeln angewendet werden. Unsere Tafel XXX beansprucht weiter Nichts, als ganz im Allgemeinen die ungefähre geographische Verbreitung der 12 Menschenarten so anzudeuten, wie sie im fünfzehnten Jahrhundert (vor der allgemeinen Ausbreitung der indogermanischen Rasse) bestand, und wie sie sich ungefähr mit unserer Descendenz-Hypothese in Einklang bringen lässt. Auf die geographischen Verbreitungsschranken (Gebirge, Wüsten, Flüsse, Meerengen u. s. w.) brauchte bei dieser allgemeinen Migrationsskizze im Einzelnen um so weniger ängstliche Rücksicht genommen zu werden, als diese in früheren Perioden der Erdgeschichte ganz andere Grössen und Formen hatten. Wenn die allmähliche Umbildung von catarhinen Affen in pithecoide Menschen während der Tertiärzeit in dem hypothetischen Lemurien stattfand, so müssen auch zu jener Zeit die Grenzen und Formen der heutigen Continente und Meere ganz andere gewesen sein. Auch der sehr mächtige Einfluss der Eiszeit wird für die chorologischen Fragen von der Wanderung und Verbreitung der Menschenarten grosse Bedeutung beanspruchen, obwohl er sich im Einzelnen noch nicht näher bestimmen lässt. Ich verwahre mich also hier, ebenso wie bei meinen anderen Entwickelungs-Hypothesen, ausdrücklich gegen jede dogmatische Deutung; sie sind weiter nichts als erste Versuche.

Uebersicht der dreissig Tafeln.

Die Natur.

Natur! Wir sind von ihr umgeben und umschlungen — unvermögend aus ihr herauszutreten, und unvermögend, tiefer in sie hinein zu kommen. Ungebeten und ungewarnt nimmt sie uns in den Kreislauf ihres Tanzes auf und treibt sich mit uns fort, bis wir ermüdet sind und ihrem Arme entfallen.

Sie schafft ewig neue Gestalten; was da ist, war noch nie; was war, kommt nicht wieder: Alles ist neu und doch immer das Alte.

Sie scheint Alles auf Individualität angelegt zu haben, und macht sich Nichts aus den Individuen. Sie baut immer und zerstört immer, und ihre Werkstätte ist unzugänglich.

Sie lebt in lauter Kindern; und die Mutter, wo ist sie? Sie ist die einzige Künstlerin: aus den simpelsten Stoffen zu den grössten Contrasten: ohne Schein der Anstrengung zu der grössten Vollendung; zur genauesten Bestimmtheit, immer mit etwas Weichem überzogen. Jedes ihrer Werke hat ein eigenes Wesen, jede ihrer Erscheinungen den isolirtesten Begriff, und doch macht alles Eins aus.

Es ist ein ewiges Leben, Werden und Bewegen in ihr, und doch rückt sie nicht weiter. Sie verwandelt sich ewig, und ist kein Moment Stillstehen in ihr. Für's Bleiben hat sie keinen Begriff, und ihren Fluch hat sie an's Stillstehen gehängt. Sie ist fest: ihr Tritt ist gemessen, ihre Ausnahmen selten, ihre Gesetze unwandelbar.

Sie lässt jedes Kind an ihr künsteln, jeden Thoren über sie richten, Tausende stumpf über sie hingehen und nichts sehen, und hat an allen ihre Freude und findet bei allen ihre Rechnung.

Man gehorcht ihren Gesetzen, auch wenn man ihnen widerstrebt; man wirkt mit ihr, auch wenn man gegen sie wirken will. Sie macht

Alles, was sie giebt, zur Wohlthat; denn sie macht es erst unentbehrlich. Sie säumt, dass man sie verlange; sie eilt, dass man sie nicht satt werde.

Sie hat keine Sprache noch Rede, aber sie schafft Zungen und Herzen, durch die sie fühlt und spricht. Ihre Krone ist die Liebe; nur durch sie kommt man ihr nahe. Sie macht Klüfte zwischen allen Wesen, und Alles will sie verschlingen. Sie hat alles isolirt, um alles zusammen zu ziehen. Durch ein paar Züge aus dem Becher der Liebe hält sie für ein Leben voll Mühe schadlos.

Sie ist Alles. Sie belohnt sich selbst und bestraft sich selbst, erfreut und quält sich selbst. Sie ist rauh und gelinde, lieblich und schrecklich, kraftlos und allgewaltig. Alles ist immer da in ihr. Vergangenheit und Zukunft kennt sie nicht. Gegenwart ist ihre Ewigkeit. Sie ist gütig. Ich preise sie mit allen ihren Werken. Sie ist weise und still. Man reisst ihr keine Erklärung vom Leibe, trutzt ihr kein Geschenk ab, das sie nicht freiwillig giebt. Sie ist listig, aber zu gutem Ziele, und am besten ist's, ihre List nicht zu merken.

Sie ist ganz, und doch immer unvollendet. So wie sie's treibt, kann sie's immer treiben. Jedem erscheint sie in einer eigenen Gestalt. Sie verbirgt sich in tausend Namen und Termen, und ist immer dieselbe.

Sie hat mich hineingestellt, sie wird mich auch herausführen. Ich vertraue mich ihr. Sie mag mit mir schalten; sie wird ihr Werk nicht hassen. Ich sprach nicht von ihr; nein, was wahr ist und was falsch ist, alles hat sie gesprochen. Alles ist ihre Schuld, alles ist ihr Verdienst.

Goethe (1780).

Der

Natürlichen Schöpfungs-Geschichte

Erster Theil:

Allgemeine Entwickelungs-Lehre.

(Transformismus und Darwinismus.)

I.—XV. Vortrag.

Erster Vortrag.

Inhalt und Bedeutung der Abstammungs-Lehre oder Descendenz-Theorie.

Allgemeine Bedeutung und wesentlicher Inhalt der von Darwin reformirten Abstammungs-Lehre oder Descendenz-Theorie. Besondere Bedeutung derselben für die Biologie (Zoologie und Botanik). Besondere Bedeutung derselben für die natürliche Entwickelungs-Geschichte des Menschengeschlechts. Die Abstammungs-Lehre als natürliche Schöpfungs-Geschichte. Begriff der Schöpfung. Wissen und Glauben. Schöpfungs-Geschichte und Entwickelungs-Geschichte. Zusammenhang der individuellen und paläontologischen Entwickelungs-Geschichte. Unzweckmässigkeits-Lehre oder Wissenschaft von den rudimentären Organen. Unnütze und überflüssige Einrichtungen im Organismus. Gegensatz der beiden grundverschiedenen Weltanschauungen, der monistischen (mechanischen, causalen) und der dualistischen (teleologischen, vitalen). Begründung der ersteren durch die Abstammungs-Lehre. Einheit der organischen und anorgischen Natur, und Gleichheit der wirkenden Ursachen in Beiden. Entscheidende Bedeutung der Abstammungs-Lehre für die einheitliche (monistische) Auffassung der ganzen Natur. Monistische Philosophie.

Meine Herren! Die geistige Bewegung, zu welcher der englische Naturforscher Charles Darwin vor vierzig Jahren durch sein berühmtes Werk „über die Entstehung der Arten“[1]) den Anstoss gab, hat während dieses kurzen Zeitraums eine beispiellose Tiefe und Ausdehnung gewonnen. Allerdings ist die in jenem Werke dargestellte naturwissenschaftliche Theorie (gewöhnlich kurzweg die Darwin'sche Theorie oder der Darwinismus genannt) nur ein Bruchtheil einer viel umfassenderen Wissenschaft, nämlich der universalen Entwickelungs-Lehre, welche ihre unermessliche Bedeutung über das ganze Gebiet aller menschlichen

Erkenntniss erstreckt. Allein die Art und Weise, in welcher Darwin die letztere durch die erstere fest begründet hat, ist so überzeugend, und die entscheidende Wendung, welche durch die nothwendigen Folgeschlüsse jener Theorie in der gesammten Weltanschauung der Menschheit angebahnt worden ist, muss jedem tiefer denkenden Menschen so gewaltig erscheinen, dass man ihre allgemeine Bedeutung nicht hoch genug anschlagen kann. Ohne Zweifel muss diese ungeheuere Erweiterung unseres menschlichen Gesichtskreises unter allen den zahlreichen und grossartigen wissenschaftlichen Fortschritten unserer Zeit als der bei weitem folgenschwerste und wichtigste angesehen werden.

Wenn man unser Jahrhundert mit Recht das Zeitalter der Naturwissenschaften nennt, wenn man mit Stolz auf die unermesslich bedeutenden Fortschritte in allen Zweigen derselben blickt, so pflegt man dabei gewöhnlich weniger an die Erweiterung unserer allgemeinen Naturerkenntniss, als vielmehr an die unmittelbaren practischen Erfolge jener Fortschritte zu denken. Man erwägt dabei die völlige und unendlich folgenreiche Umgestaltung des menschlichen Verkehrs, welche durch das entwickelte Maschinenwesen, durch die Eisenbahnen, Dampfschiffe, Telegraphen, Telephone und andere Erfindungen der Physik hervorgebracht worden ist. Oder man denkt an den mächtigen Einfluss, welchen die Chemie in der Heilkunst, in der Landwirthschaft, in allen Künsten und Gewerben gewonnen hat. Wie hoch Sie aber auch diese Einwirkung der neueren Naturwissenschaft auf das practische Leben anschlagen mögen, so muss dieselbe, von einem höheren und allgemeineren Standpunkt aus gewürdigt, doch hinter dem ungeheuren Einfluss zurückstehen, welchen die theoretischen Fortschritte der heutigen Naturwissenschaft auf das gesammte Erkenntniss-Gebiet des Menschen, auf seine ganze Weltanschauung und Geistesbildung nothwendig ausüben. Denken Sie nur an den unermesslichen Umschwung aller unserer theoretischen Anschauungen, welchen wir der allgemeinen Anwendung des Mikroskops verdanken. Denken Sie allein an die Zellen-Theorie, die uns die scheinbare Einheit des menschlichen Organismus als das zusammengesetzte Resultat aus der staatlichen Verbindung von Milliarden elementarer Lebenseinheiten, der Zellen, nachweist. Oder erwägen Sie die ungeheure Erweiterung unseres theoretischen Gesichtskreises, welche wir der Spectral-Analyse, der Lehre von der Wärme-Mechanik und von der Erhaltung der Kraft verdanken. Unter allen diesen bewunderungswürdigen theoretischen Fortschritten nimmt aber jedenfalls unsere heutige Entwickelungs-Lehre bei weitem den höchsten Rang ein.

Jeder von Ihnen wird den Namen Darwin gehört haben. Aber die Meisten werden wahrscheinlich nur unvollkommene Vorstellungen von dem eigentlichen Werthe seiner Lehre besitzen. Denn wenn man Alles vergleicht, was seit dem Erscheinen seines epochemachenden Hauptwerks über dasselbe geschrieben worden ist, so muss demjenigen, der sich nicht näher mit den organischen Naturwissenschaften befasst hat, der nicht in die inneren Geheimnisse der Zoologie und Botanik eingedrungen ist, der Werth jener Theorie doch zweifelhaft erscheinen. Die Beurtheilung derselben ist voll von Widersprüchen und Missverständnissen. Daher darf es uns nicht Wunder nehmen, dass selbst jetzt, vierzig Jahre nach dem Erscheinen von Darwins Werk, dasselbe noch nicht die volle Bedeutung erlangt hat, welche ihm von Rechtswegen gebührt, und welche es jedenfalls früher oder später erlangen wird. Die meisten von den zahllosen Schriften, welche für und gegen den Darwinismus während dieses Zeitraums veröffentlicht wurden, lassen den erforderlichen Grad von biologischer, und besonders von zoologischer Bildung vermissen. Obwohl jetzt alle bedeutenden Naturforscher der Gegenwart zu den Anhängern jener Theorie gehören, haben doch nur Wenige derselben Geltung und Verständniss in weiteren Kreisen zu verschaffen gesucht. Daher rühren die befremdenden Widersprüche und die seltsamen Urtheile, die man noch heute vielfach über den Darwinismus hören kann. Gerade dieser Umstand hat mich vorzugsweise bestimmt, die Darwin'sche Theorie und die damit zusammenhängenden weiteren Lehren zum Gegenstand dieser allgemein verständlichen Vorträge zu machen. Ich halte es für die Pflicht der Naturforscher, dass sie nicht allein in dem engeren Kreise ihrer Fachwissenschaft auf Verbesserungen und Entdeckungen sinnen, dass sie sich nicht allein in das Studium des Einzelnen mit Liebe und Sorgfalt vertiefen, sondern dass sie auch die wichtigen, allgemeinen Ergebnisse ihrer besonderen Studien für das Ganze nutzbar machen, und dass sie naturwissenschaftliche Bildung in weiten Kreisen verbreiten helfen. Der höchste Triumph des menschlichen Geistes, die wahre Erkenntniss der allgemeinsten Naturgesetze, darf nicht das Privateigenthum einer privilegirten Gelehrtenkaste bleiben, sondern muss Gemeingut der ganzen gebildeten Menschheit werden.

Die Theorie, welche durch Darwin an die Spitze unserer Natur-Erkenntniss gestellt worden ist, pflegt man gewöhnlich als Abstammungs-Lehre oder Descendenz-Theorie zu bezeichnen. Andere nennen sie Umbildungs-Lehre oder Transmutations-Theorie oder auch kurz: Transformismus. Beide Bezeichnungen sind richtig. Denn diese Lehre behauptet, dass alle verschiedenen Organismen (d. h. alle Thierarten und Pflanzenarten, welche jemals auf der Erde gelebt haben, und noch jetzt leben) von einer einzigen oder von wenigen höchst einfachen Stammformen abstammen, und dass sie sich aus diesen auf dem natürlichen Wege allmählicher Umbildung langsam entwickelt haben. Obwohl diese Entwickelungs-Theorie schon im Anfange unseres Jahrhunderts von verschiedenen grossen Naturforschern, insbesondere von Lamarck[2]) und Goethe[3]) aufgestellt und vertheidigt wurde, hat sie doch erst im Jahre 1859 durch Darwin ihre vollständige Ausbildung und ihre ursächliche Begründung erfahren. Dies ist der Grund, weshalb sie oft ausschliesslich (obwohl nicht ganz richtig) als Darwins Theorie bezeichnet wird.

Der unschätzbare Werth der Abstammungs-Lehre erscheint in verschiedenem Lichte, je nachdem Sie bloss deren nähere Bedeutung für die organische Naturwissenschaft, oder aber ihren weiteren Einfluss auf die gesammte Welterkenntniss des Menschen in Betracht ziehen. Die organische Naturwissenschaft oder die Biologie, welche als Zoologie die Thiere, als Botanik die Pflanzen zum Gegenstand ihrer Erkenntniss hat, wird durch die Abstammungs-Lehre von Grund aus umgestaltet. Denn durch die Descendenz-Theorie lernen wir die wahren wirkenden Ursachen der organischen Form-Erscheinungen erkennen, während die bisherige Thier- und Pflanzenkunde sich überwiegend mit der Kenntniss ihrer Thatsachen beschäftigte. Man kann daher auch die Abstammungs-Lehre als die mechanische Erklärung der organischen Form-Erscheinungen oder als „die Lehre von den wahren Ursachen in der organischen Natur“ bezeichnen[17]).

Da ich nicht voraussetzen kann, dass Ihnen Allen die Ausdrücke „organische und anorgische Natur“ geläufig sind, und da uns die Gegenüberstellung dieser beiderlei Naturkörper in der Folge noch vielfach beschäftigen wird, so muss ich ein paar Worte zur Verständigung darüber vorausschicken. Organismen oder organische Naturkörper nennen wir alle Lebewesen oder belebten Körper, also alle Pflanzen und Thiere, den Menschen mit inbegriffen, weil bei ihnen fast immer eine Zusammensetzung aus verschiedenartigen Theilen (Werkzeugen oder „Organen“) nachzuweisen ist; diese Organe müssen zusammenwirken, um die Lebenserscheinungen hervorzubringen. Eine solche Zusammensetzung vermissen wir dagegen bei den Anorganen oder anorgischen Naturkörpern, den sogenannten todten oder unbelebten Körpern, den Mineralien oder Gesteinen, dem Wasser, der atmosphärischen Luft u. s. w. Die Organismen enthalten stets eiweissartige Kohlenstoff-Verbindungen in weichem oder „festflüssigem“ Zustande, während diese den Anorganen stets fehlen. Auf diesem wichtigen Unterschiede beruht die Eintheilung der gesammten Naturwissenschaft in zwei grosse Haupt-Abtheilungen, in die Biologie oder Wissenschaft von den Organismen (Anthropologie, Zoologie und Botanik) und die Anorgologie oder Abiologie, die Wissenschaft von den Anorganen (Mineralogie, Geologie, Meteorologie u. s. w.).

Die unvergleichliche Bedeutung der Abstammungs-Lehre für die Biologie liegt also vorzugsweise darin, dass sie uns die Entstehung der organischen Formen auf mechanischem Wege erklärt und deren wirkende Ursachen nachweist. So hoch man aber auch mit Recht dieses Verdienst der Descendenz-Theorie anschlagen mag, so tritt dasselbe doch fast zurück vor der unermesslichen Wichtigkeit, welche eine einzige nothwendige Folgerung derselben für sich allein in Anspruch nimmt. Diese unvermeidliche Folgerung ist die Lehre von der thierischen Abstammung des Menschengeschlechts.

Die Bestimmung der Stellung des Menschen in der Natur und seiner Beziehungen zur Gesammtheit der Dinge, diese Frage aller Fragen für die Menschheit, wie sie Huxley[27]) mit Recht nennt, wird durch jene Erkenntniss der thierischen Abstammung des Menschengeschlechts endgültig gelöst. Wir gelangen also durch den Transformismus oder die Descendenz-Theorie zum ersten Male in die Lage, eine natürliche Entwickelungs-Geschichte des Menschengeschlechts wissenschaftlich begründen zu können. Sowohl alle Vertheidiger, als alle denkenden Gegner Darwins haben anerkannt, dass die Abstammung des Menschengeschlechts zunächst von affenartigen Säugethieren, weiterhin aber von niederen Wirbelthieren, mit Nothwendigkeit aus seiner Theorie folgt.

Allerdings hat Darwin diese wichtigste von allen Folgerungen seiner Lehre nicht sofort selbst ausgesprochen. In seinem Werke „von der Entstehung der Arten“ ist die thierische Abstammung des Menschen nicht erörtert. Der eben so vorsichtige als kühne Naturforscher ging damals absichtlich mit Stillschweigen darüber hinweg, weil er voraussah, dass dieser bedeutendste von allen Folgeschlüssen der Abstammungs-Lehre zugleich das grösste Hinderniss für die Verbreitung und Anerkennung derselben sein werde. Gewiss hätte Darwins Buch von Anfang an noch weit mehr Widerspruch und Aergerniss erregt, wenn sogleich diese wichtigste Consequenz darin klar ausgesprochen worden wäre. Erst zwölf Jahre später, in dem 1871 erschienenen Werke über „die Abstammung des Menschen und die geschlechtliche Zuchtwahl“[48]) hat Darwin jenen weitreichendsten Folgeschluss offen anerkannt, und ausdrücklich seine volle Uebereinstimmung mit den Naturforschern erklärt, welche denselben inzwischen schon selbst gezogen hatten. Offenbar ist die Tragweite dieser Folgerung ganz unermesslich, und keine Wissenschaft wird sich den Consequenzen derselben entziehen können. Die Anthropologie oder die Wissenschaft vom Menschen, und in Folge dessen auch die ganze Philosophie, wird in allen einzelnen Zweigen dadurch von Grund aus umgestaltet.

Es wird erst die spätere Aufgabe meiner Vorträge sein, diesen besonderen Punkt zu erörtern. Ich werde die Lehre von der thierischen Abstammung des Menschen erst behandeln, nachdem ich Ihnen Darwins Theorie in ihrer allgemeinen Begründung und Bedeutung vorgetragen habe. Um es mit einem Satze auszudrücken, so ist jene bedeutungsvolle, aber die meisten Menschen von vorn herein abstossende Folgerung nichts weiter als ein besonderer Deductions-Schluss, den wir aus dem sicher begründeten allgemeinen Inductions-Gesetze der Descendenz-Theorie nach den strengen Geboten der unerbittlichen Logik nothwendig ziehen müssen.

Vielleicht ist nichts geeigneter, Ihnen die ganze und volle Bedeutung der Abstammungs-Lehre mit zwei Worten klar zu machen, als die Bezeichnung derselben mit dem Ausdruck: „Natürliche Schöpfungs-Geschichte“. Ich habe daher auch selbst diese Bezeichnung für die folgenden Vorträge gewählt. Jedoch ist dieselbe nur in einem gewissen Sinne richtig; denn streng genommen schliesst der Ausdruck „natürliche Schöpfungs-Geschichte“ einen inneren Widerspruch, eine contradictio in adjecto ein. Lassen Sie uns, um dies zu verstehen, einen Augenblick den zweideutigen Begriff der Schöpfung etwas näher ins Auge fassen. Wenn man unter Schöpfung die Entstehung eines Körpers durch eine schaffende Gewalt oder Kraft versteht, so kann man dabei entweder an die Entstehung seines Stoffes (der körperlichen Materie) oder an die Entstehung seiner Form (der körperlichen Gestalt) denken.

Die Schöpfung im ersteren Sinne, als die Entstehung der Materie, geht uns hier gar nichts an. Dieser Vorgang, wenn er überhaupt jemals stattgefunden hat, ist gänzlich der menschlichen Erkenntniss entzogen; er kann daher auch niemals Gegenstand naturwissenschaftlicher Erforschung sein. Die Naturwissenschaft hält die Materie für ewig und unvergänglich, weil durch die Erfahrung noch niemals das Entstehen oder Vergehen auch nur des kleinsten Theilchens der Materie nachgewiesen worden ist. Da wo ein Naturkörper zu verschwinden scheint, wie z. B. beim Verbrennen, beim Verwesen, beim Verdunsten u. s. w., da ändert er nur seine Form, seinen physikalischen Aggregatzustand oder seine chemische Verbindungsweise. Ebenso beruht die Entstehung eines neuen Naturkörpers, z. B. eines Krystalles, eines Pilzes, eines Infusoriums nur darauf, dass verschiedene Stofftheilchen, welche vorher in einer gewissen Form oder Verbindungsweise existirten, in Folge von veränderten Existenz-Bedingungen eine neue Form oder Verbindungsweise annehmen. Aber noch niemals ist der Fall beobachtet worden, dass auch nur das kleinste Stofftheilchen aus der Welt verschwunden, oder nur ein Atom zu der bereits vorhandenen Masse hinzugekommen wäre. Der Naturforscher kann sich daher ein Entstehen der Materie eben so wenig als ein Vergehen derselben vorstellen; er betrachtet die in der Welt bestehende Quantität der Materie als eine gegebene feste Thatsache. Fühlt jemand das Bedürfniss, sich die Entstehung dieser Materie als die Wirkung einer übernatürlichen Schöpfungsthätigkeit, einer ausserhalb der Materie stehenden schöpferischen Kraft vorzustellen, so haben wir nichts dagegen. Aber wir müssen bemerken, dass damit auch nicht das Geringste für eine wissenschaftliche Naturkenntniss gewonnen ist. Eine solche Vorstellung von einer immateriellen Kraft, welche die Materie erst schafft, ist ein Glaubensartikel, welcher mit der menschlichen Wissenschaft gar nichts zu thun hat. Wo der mystische Glaube anfängt, hört die echte Wissenschaft auf. Beide Thätigkeiten des menschlichen Geistes sind scharf von einander zu halten. Der Glaube an übernatürliche Vorgänge hat seinen Ursprung in der dichtenden Einbildungskraft, das klare Wissen dagegen in dem erkennenden Verstande des Menschen. Die Wissenschaft hat die segenbringenden Früchte von dem Baume der Erkenntniss zu pflücken, unbekümmert darum, ob dadurch die dichterischen Einbildungen der Glaubenschaft beeinträchtigt werden, oder nicht.

Wenn also die Naturwissenschaft sich die „natürliche Schöpfungs-Geschichte“ zu ihrer höchsten, schwersten und lohnendsten Aufgabe macht, so kann sie den Begriff der Schöpfung nur in der zweiten, oben angeführten Bedeutung verstehen, als die Entstehung der Form der Naturkörper. In diesem Sinne kann man die Geologie die Schöpfungs-Geschichte der Erde nennen; denn sie sucht die Entstehung der geformten anorgischen Erdoberfläche und die mannichfaltigen geschichtlichen Veränderungen in der Gestalt der festen Erdrinde zu erforschen. Ebenso kann man die Entwickelungs-Geschichte der Thiere und Pflanzen, welche die Entstehung der belebten Formen und den mannichfaltigen historischen Wechsel der thierischen und pflanzlichen Gestalten untersucht, die Schöpfungs-Geschichte der Organismen nennen. Da jedoch in den Begriff der Schöpfung sich immer leicht die unwissenschaftliche Vorstellung von einem ausserhalb der Materie stehenden und dieselbe umbildenden Schöpfer einschleicht, so wird es in Zukunft wohl besser sein, denselben durch die strengere Bezeichnung der Entwickelung zu ersetzen.

Der hohe Werth, welchen die Entwickelungs-Geschichte für das wissenschaftliche Verständniss der Thier- und Pflanzen-Formen besitzt, ist seit einem halben Jahrhundert so allgemein anerkannt, dass man ohne sie keinen sicheren Schritt in der organischen Morphologie oder Formenlehre thun kann. Jedoch hat man fast immer unter Entwickelungs-Geschichte nur einen Theil dieser Wissenschaft, nämlich diejenige der organischen Individuen oder Einzelwesen verstanden, die sogenannte Embryologie, richtiger und umfassender Ontogenie genannt[4]). Ausser dieser giebt es aber auch noch eine Entwickelungs-Geschichte der organischen Arten, Classen und Stämme (Phylen); und diese steht zu der ersteren in den wichtigsten Beziehungen. Das Material dafür liefert die Versteinerungs-Kunde oder Paläontologie. Diese lehrt uns, dass jedes organische Phylum, jeder Stamm des Thier- und Pflanzenreichs, während der verschiedenen Perioden der Erd-Geschichte durch eine Reihe von ganz verschiedenen Classen und Arten vertreten wird. So ist z. B. der Stamm der Wirbelthiere durch die Classen der Fische, Amphibien, Reptilien, Vögel und Säugethiere vertreten und jede dieser Classen zu verschiedenen Zeiten durch ganz verschiedene Arten. Diese paläontologische Entwickelungs-Geschichte der Organismen kann man als Stammes-

Geschichte oder Phylogenie bezeichnen; sie steht in den wichtigsten und merkwürdigsten Beziehungen zu dem andern Zweige der organischen Entwickelungs-Geschichte, zur Keimes-Geschichte oder Ontogenie. Die letztere läuft der ersteren im Grossen und Ganzen parallel. Um es kurz mit einem Satze zu sagen, so ist die individuelle Entwickelungs-Geschichte eine schnelle, durch die Gesetze der Vererbung und Anpassung bedingte Wiederholung der langsamen paläontologischen Entwickelungs-Geschichte; die Ontogenie ist ein kurzer Auszug oder eine Rekapitulation der Phylogenie[4]). Das ist unser biogenetisches Grundgesetz.

Da ich Ihnen dieses höchst interessante und bedeutsame Naturgesetz später noch ausführlicher zu erläutern habe, so wollen wir uns hier nicht weiter dabei aufhalten. Nur sei bemerkt, dass dasselbe einzig und allein durch die Abstammungs-Lehre erklärt und in seinen Ursachen verstanden wird; ohne dieselbe bleibt es ganz unverständlich und unerklärlich. Die Descendenz-Theorie zeigt uns zugleich, warum überhaupt die einzelnen Thiere und Pflanzen sich entwickeln müssen, warum dieselben nicht gleich in fertiger und entwickelter Form ins Leben treten. Keine übernatürliche Schöpfungs-Geschichte vermag uns das grosse Räthsel der organischen Entwickelung irgendwie zu erklären. Ebenso wie auf diese hochwichtige Frage giebt uns der Transformismus auch auf alle andern allgemeinen biologischen Fragen befriedigende Antworten, und zwar sind diese Antworten rein mechanisch-causaler Natur; sie weisen lediglich natürliche, physikalisch-chemische Kräfte als die Ursachen von Erscheinungen nach, die man früher gewohnt war, der unmittelbaren Einwirkung übernatürlicher, schöpferischer Kräfte zuzuschreiben. Mithin entfernt der Transformismus aus allen Gebietstheilen der Botanik und Zoologie, und namentlich auch aus dem wichtigsten Theile der letzteren, aus der Anthropologie, den Wunderglauben; er lüftet den mystischen Schleier des Wunderbaren und Uebernatürlichen, mit welchem man bisher die verwickelten Erscheinungen dieser natürlichen Erkenntniss-Gebiete zu verhüllen liebte. Das unklare Nebelbild mythologischer Dichtung kann vor dem klaren Sonnenlicht naturwissenschaftlicher Erkenntniss nicht länger bestehen.

Von ganz besonderem Interesse sind unter jenen biologischen Erscheinungen diejenigen, welche die gewöhnliche Annahme von der Entstehung eines jedes Organismus durch eine zweckmässig bauende Schöpferkraft widerlegen. Nichts hat in dieser Beziehung der früheren Naturforschung so grosse Schwierigkeiten verursacht, als die Deutung der sogenannten „rudimentären Organe", derjenigen Theile im Thier- und Pflanzenkörper, welche eigentlich ohne Leistung, ohne physiologische Bedeutung, und dennoch formell vorhanden sind. Diese Theile verdienen das allerhöchste Interesse, obwohl die meisten Leute wenig oder nichts davon wissen. Fast jeder höher entwickelte Organismus, fast jedes Thier und jede Pflanze, besitzt neben den scheinbar zweckmässigen Einrichtungen seiner Organisation andere Einrichtungen, die durchaus keinen Zweck, keine Function in dessen Leben haben können.

Beispiele davon finden sich überall. Bei den Embryonen mancher Wiederkäuer, unter Anderen bei unserem gewöhnlichen Rindvieh, stehen Schneidezähne im Zwischenkiefer der oberen Kinnlade, welche niemals zum Durchbruch gelangen, also auch keinen Zweck haben. Die Embryonen mancher Walfische, welche späterhin die bekannten Barten statt der Zähne besitzen, tragen, so lange sie noch nicht geboren sind und keine Nahrung zu sich nehmen, dennoch zahlreiche Zähne in ihren Kiefern; auch dieses Gebiss tritt niemals in Thätigkeit. Ferner besitzen die meisten höheren Thiere Muskeln, die nie zur Anwendung kommen; selbst der Mensch besitzt solche rudimentäre Muskeln. Die Meisten von uns sind nicht fähig, ihre Ohren willkürlich zu bewegen, obwohl die Muskeln für diese Bewegung vorhanden sind; aber einzelnen Personen, die sich andauernd Mühe geben, diese Muskeln zu üben, ist es in der That gelungen, ihre Ohren wieder in Bewegung zu setzen. In diesen noch jetzt vorhandenen, aber verkümmerten Organen, welche dem vollständigen Verschwinden entgegen gehen, ist es noch möglich, durch besondere Uebung, durch andauernden Einfluss der Willensthätigkeit des Nervensystems, die beinahe erloschene Thätigkeit wieder zu beleben. Dagegen vermögen wir dies nicht mehr in den kleinen rudimentären Ohrmuskeln, welche noch am Knorpel unserer Ohrmuschel vorkommen; diese bleiben immer völlig wirkungslos. Bei unseren langöhrigen Vorfahren aus der Tertiärzeit, Affen, Halbaffen und Beutelthieren, welche gleich den meisten anderen Säugethieren ihre grosse Ohrmuschel frei und lebhaft bewegten, waren jene Muskeln viel stärker entwickelt und von grosser Bedeutung. So haben in gleicher Weise auch viele Spielarten der Hunde und Kaninchen, deren wilde Vorfahren ihre steifen Ohren vielseitig bewegten, unter dem Einflusse des Culturlebens sich jenes „Ohrenspitzen" abgewöhnt; sie haben dadurch verkümmerte Ohrmuskeln und schlaff herabhängende Ohren bekommen.

Auch noch an anderen Stellen seines Körpers besitzt der Mensch solche rudimentäre Organe, welche durchaus von keiner Bedeutung für das Leben sind und niemals functioniren. Eines der merkwürdigsten, obwohl unscheinbarsten Organe der Art ist die kleine halbmondförmige Falte, welche wir am inneren Winkel unseres Auges, nahe der Nasenwurzel besitzen, die sogenannte Plica semilunaris. Diese unbedeutende Hautfalte bietet für unser Auge gar keinen Nutzen; sie ist nur der ganz verkümmerte Rest eines dritten, inneren Augenlides, welches neben dem oberen und unteren Augenlide bei anderen Säugethieren, bei Vögeln und Reptilien sehr entwickelt ist. Ja sogar schon unsere uralten Vorfahren aus der Silurzeit, die Urfische, scheinen dies dritte Augenlid, die sogenannte Nickhaut, besessen zu haben. Denn viele von ihren nächsten Verwandten, die in wenig veränderter Form noch heute fortleben, viele Haifische nämlich, besitzen eine sehr starke Nickhaut, und diese kann vom inneren Augenwinkel her über den ganzen Augapfel hinübergezogen werden.

Zu den schlagendsten Beispielen von rudimentären Organen gehören die Augen, welche nicht sehen. Solche finden sich bei sehr vielen Thieren, welche im Dunkeln, z. B. in Höhlen, unter der Erde leben. Die Augen sind hier oft wirklich in ausgebildetem Zustande vorhanden; aber sie sind von dicker, undurchsichtiger Haut bedeckt, so dass kein Lichtstrahl in sie hineinfallen kann, mithin können sie auch niemals sehen. Solche Augen ohne Gesichtsfunction besitzen z. B. mehrere Arten von unterirdisch lebenden Maulwürfen und Blindmäusen, von Schlangen und Eidechsen, von Amphibien und Fischen; ferner zahlreiche wirbellose Thiere, die im Dunkeln ihr Leben zubringen: viele Käfer, Krebsthiere, Schnecken, Würmer u. s. w.

Eine Fülle der interessantesten Beispiele von rudimentären Organen liefert die vergleichende Osteologie oder Skeletlehre der Wirbelthiere, einer der anziehendsten Zweige der vergleichenden Anatomie. Bei den allermeisten Wirbelthieren finden wir zwei Paar Gliedmaassen am Rumpf, ein Paar Vorderbeine und ein Paar Hinterbeine. Sehr häufig ist jedoch das eine oder das andere Paar derselben verkümmert, seltener beide, wie bei den Schlangen und einigen aalartigen Fischen. Aber einige Schlangen, z. B. die Riesenschlangen (Boa, Python) haben hinten noch einige unnütze Knochenstückchen im Leibe, welche die Reste der verloren gegangenen Hinterbeine sind. Ebenso haben die walfischartigen Säugethiere (Cetaceen), welche nur entwickelte Vorderbeine (Brustflossen) besitzen, hinten im Fleische noch ein Paar ganz überflüssige Knochen, die Ueberbleibsel der verkümmerten Hinterbeine. Dasselbe gilt von vielen echten Fischen, bei denen in gleicher Weise die Hinterbeine (Bauchflossen) verloren gegangen sind. Umgekehrt besitzen unsere Blindschleichen (Anguis) und einige andere Eidechsen inwendig ein vollständiges Schultergerüst, obwohl die Vorderbeine, zu deren Befestigung dasselbe dient, nicht mehr vorhanden sind. Ferner finden sich bei verschiedenen Wirbelthieren die einzelnen Knochen der beiden Beinpaare in allen verschiedenen Stufen der Verkümmerung, und oft die rückgebildeten Knochen und die zugehörigen Muskeln stückweise erhalten, ohne doch irgendwie eine Verrichtung ausführen zu können. Das Instrument ist wohl noch da, aber es kann nicht mehr spielen.

Fast ganz allgemein finden Sie ferner rudimentäre Organe in den Pflanzenblüthen vor, indem der eine oder der andere Theil der männlichen Fortpflanzungs-Organe (der Staubfäden und Staubbeutel), oder der weiblichen Fortpflanzungs-Organe (Griffel, Fruchtknoten u. s. w.) mehr oder weniger verkümmert oder „fehlgeschlagen“ (abortirt) ist. Auch hier können Sie bei verschiedenen, nahe verwandten Pflanzenarten das Organ in allen Graden der Rückbildung verfolgen. So z. B. ist die grosse natürliche Familie der lippenblüthigen Pflanzen (Labiaten), zu welcher Melisse, Pfeffermünze, Majoran, Gundelrebe, Thymian u. s. w. gehören, dadurch ausgezeichnet, dass die rachenförmige zweilippige Blumenkrone zwei lange und zwei kurze Staubfäden enthält. Allein bei vielen einzelnen Pflanzen dieser Familie, z. B. bei verschiedenen Salbeiarten und beim Rosmarin, ist nur das eine Paar der Staubfäden ausgebildet, und das andere Paar ist mehr oder weniger verkümmert, oft ganz verschwunden. Bisweilen sind die Staubfäden vorhanden, aber ohne Staubbeutel, so dass sie keinen Nutzen haben können. Seltener findet sich sogar noch das Rudiment oder der verkümmerte Rest eines fünften Staubfadens, ein physiologisch (für die Lebensverrichtung) ganz nutzloses, aber morphologisch (für die Erkenntniss der Form und der natürlichen Verwandtschaft) äusserst werthvolles Organ. In meiner generellen Morphologie der Organismen[4]) habe ich in dem Abschnitt von der „Unzweckmässigkeits-Lehre oder Dysteleologie“, noch eine grosse Anzahl von anderen Beispielen angeführt.

Keine biologische Erscheinung hat wohl jemals die Zoologen und Botaniker in grössere Verlegenheit versetzt als diese rudimentären oder abortiven (verkümmerten) Organe. Es sind Werkzeuge ausser Dienst, Körpertheile, welche da sind, ohne etwas zu leisten, zweckmässig eingerichtet, ohne ihren Zweck in Wirklichkeit zu erfüllen. Wenn man die Versuche früherer Naturforscher zur Erklärung dieses Räthsels betrachtet, kann man sich in der That kaum eines Lächelns über ihre seltsamen Vorstellungen erwehren. Ausser Stande, eine wirkliche Erklärung zu finden, kamen Einige z. B. zu dem Endresultate, dass der Schöpfer „der Symmetrie wegen“ diese Organe angelegt habe. Nach der Meinung Anderer musste es dem Schöpfer unpassend oder unanständig erscheinen, dass diese Organe bei denjenigen Organismen, bei denen sie nicht leistungsfähig sind und ihrer ganzen Lebensweise nach nicht sein können, völlig fehlten, während die nächsten Verwandten sie besässen; und zum Ersatz für die mangelnde Function verlieh er ihnen wenigstens die äussere Ausstattung der leeren Form. Sind doch auch die uniformirten Civilbeamten bei Hofe oft mit einem unschuldigen Degen ausgestattet, den sie niemals aus der Scheide ziehen. Ich glaube aber kaum, dass Sie von einer solchen decorativen Erklärung befriedigt sein werden.

Nun wird gerade diese allgemein verbreitete und räthselhafte Erscheinung der rudimentären Organe, an welcher alle übrigen Erklärungsversuche scheitern, vollkommen erklärt, und zwar in der einfachsten und einleuchtendsten Weise erklärt durch Darwins Theorie von der Vererbung und von der Anpassung. Wir können die wichtigen Gesetze der Vererbung und Anpassung an den Hausthieren und Culturpflanzen, welche wir künstlich züchten, empirisch verfolgen, und es ist bereits eine Reihe solcher Gesetze festgestellt worden. Ohne jetzt auf diese einzugehen, will ich nur vorausschicken, dass einige davon auf mechanischem Wege die Entstehung der rudimentären Organe vollkommen erklären, so dass wir das Auftreten derselben als einen ganz natürlichen Process ansehen müssen, bedingt durch den Nichtgebrauch der Organe. Durch Anpassung an besondere Lebensbedingungen sind die früher thätigen und wirklich arbeitenden Organe allmählich nicht mehr gebraucht worden und ausser Dienst getreten. In Folge der mangelnden Uebung sind sie mehr und mehr verkümmert, trotzdem aber immer noch durch Vererbung von einer Generation auf die andere übertragen worden, bis sie endlich grösstentheils verschwanden. Wenn wir nun annehmen, dass alle oben angeführten Wirbelthiere von einem einzigen gemeinsamen Stammvater abstammen, welcher zwei sehende Augen und zwei wohl entwickelte Beinpaare besass, so erklärt sich ganz einfach der verschiedene Grad der Verkümmerung und Rückbildung dieser Organe bei solchen Nachkommen desselben, welche diese Theile nicht mehr gebrauchen konnten. Ebenso erklärt sich vollständig der verschiedene Ausbildungsgrad der ursprünglich (in der Blüthenknospe) angelegten fünf Staubfäden bei den Lippenblüthen, wenn wir annehmen, dass alle Pflanzen dieser Familie von einem gemeinsamen, mit fünf Staubfäden ausgestatteten Stammvater abstammen.

Ich habe Ihnen die Erscheinung der rudimentären Organe schon jetzt etwas ausführlicher vorgeführt, weil dieselbe von der allergrössten allgemeinen Bedeutung ist; denn sie führt uns auf die grossen, allgemeinen, tiefliegenden Grundlagen der Philosophie und der Naturwissenschaft hin, für deren Lösung die Descendenz-Theorie nunmehr der unentbehrliche Leitstern geworden ist. Sobald wir nämlich, dieser Theorie entsprechend, die ausschliessliche Wirksamkeit physikalisch-chemischer Ursachen ebenso in der lebenden (organischen) Körperwelt, wie in der sogenannten leblosen (anorgischen) Natur anerkennen, so räumen wir damit jener Weltanschauung die ausschliessliche Herrschaft ein, welche man mit dem Namen der mechanischen bezeichnen kann, im Gegensatze zu der hergebrachten teleologischen Auffassung. Wenn Sie die Weltanschauungen der verschiedenen Völker und Zeiten mit einander vergleichend zusammenstellen, können Sie dieselben schliesslich alle in zwei gegenüberstehende Gruppen bringen: eine causale oder mechanische und eine teleologische oder vitalistische. Die letztere war in der Biologie früher fast allgemein herrschend. Man sah danach das Thierreich und das Pflanzenreich als Producte einer zweckmässig wirkenden, schöpferischen Thätigkeit an. Bei dem Anblick jedes Organismus schien sich zunächst unabweislich die Ueberzeugung aufzudrängen, dass eine so künstliche Maschine, ein so verwickelter Bewegungs-Apparat, wie es der Organismus ist, nur durch eine zweckthätige Schöpferkraft hervorgebracht werden könne; durch eine Thätigkeit, welche analog, obwohl unendlich viel vollkommener ist, als die Thätigkeit des Menschen bei der Construction seiner Maschinen. Wie erhaben man auch die früheren Vorstellungen des Schöpfers und seiner schöpferischen Thätigkeit steigern, wie sehr man sie aller menschlichen Analogie entkleiden mag, so bleibt doch im letzten Grunde bei der teleologischen Naturauffassung dieser Vergleich unabweislich und nothwendig. Man muss sich im Grunde dann immer den Schöpfer selbst als einen Organismus vorstellen, als ein Wesen, welches ähnlich dem Menschen, wenn auch in unendlich vollkommenerer Form, über seine bildende Thätigkeit nachdenkt, den Plan der Maschinen entwirft, und dann mittelst Anwendung geeigneter Materialien diese Maschinen zweckentsprechend ausführt. Alle diese Vorstellungen leiden nothwendig an der Grundschwäche des Anthropomorphismus oder der Vermenschlichung. Stets werden dabei, wie hoch man sich auch den Schöpfer vorstellen mag, demselben die menschlichen Eigenschaften beigelegt, einen Plan zu entwerfen und danach den Organismus zweckmässig zu construiren. Das wird auch von derjenigen Schule, welche Darwins Lehre am schroffsten gegenüber steht, und welche unter den Naturforschern ihren bedeutendsten Vertreter in Louis Agassiz gefunden hat, ganz klar ausgesprochen. Das berühmte Werk von Agassiz, (Essay on classification), welches dem Darwinschen Werke vollkommen entgegengesetzt ist und fast gleichzeitig erschien, hat ganz folgerichtig jene absurden anthropomorphischen Vorstellungen vom Schöpfer bis zum höchsten Grade ausgebildet.

Was nun überhaupt jene vielgerühmte Zweckmässigkeit in der Natur betrifft, so ist sie nur für Denjenigen vorhanden, welcher die Erscheinungen im Thier- und Pflanzen-Leben durchaus oberflächlich betrachtet. Schon die rudimentären Organe mussten dieser beliebten Lehre einen harten Stoss versetzen. Jeder aber, der tiefer in die Organisation und Lebensweise der verschiedenen Thiere und Pflanzen eindringt, der sich mit der Wechselwirkung der Lebenserscheinungen und der sogenannten „Oeconomie der Natur" vertrauter macht, muss sie nothwendig fallen lassen. Die vielgepriesene Weisheit und Zweckmässigkeit existirt eben so wenig, als die vielgerühmte „Allgüte des Schöpfers". Diese optimistischen Anschauungen haben leider eben so wenig wirkliche Begründung, als die beliebte Redensart von der „sittlichen Weltordnung", welche durch die ganze Völkergeschichte in ironischer Weise illustrirt wird. Im Mittelalter ist dafür die „sittliche" Herrschaft der christlichen Päpste und ihrer frommen, vom Blute zahlloser Menschenopfer dampfenden Inquisition nicht weniger bezeichnend, als in der Gegenwart der herrschende Militarismus mit seinem „sittlichen" Apparate von Zündnadeln und anderen raffinirten Mordwaffen; oder der Pauperismus als untrennbarer Anhang unserer verfeinerten Cultur.

Wenn Sie das Zusammenleben und die gegenseitigen Beziehungen der Pflanzen und der Thiere (mit Inbegriff der Menschen) näher betrachten, so finden sie überall und zu jeder Zeit das Gegentheil von jenem gemüthlichen und friedlichen Beisammensein, welches die Güte des Schöpfers den Geschöpfen hätte bereiten müssen; vielmehr sehen Sie überall einen schonungslosen, höchst erbitterten Kampf Aller gegen Alle. Nirgends in der Natur, wohin Sie auch Ihre Blicke lenken mögen, ist jener idyllische, von den Dichtern besungene Friede vorhanden, — vielmehr überall Kampf, Streben nach Selbsterhaltung, nach Vernichtung der directen Gegner und nach Vernichtung des Nächsten. Leidenschaft und Selbstsucht, bewusst oder unbewusst, bleibt überall die Triebfeder des Lebens. Das bekannte Dichterwort:

„Die Natur ist vollkommen überall,
Wo der Mensch nicht hinkommt mit seiner Qual"

ist schön, aber leider nicht wahr. Vielmehr bildet auch in dieser Beziehung der Mensch keine Ausnahme von der übrigen Thierwelt. Die Betrachtungen, welche wir bei der Lehre vom „Kampf um's Dasein" anzustellen haben, werden diese Behauptung zur Genüge rechtfertigen. Darwin hat gerade dieses wichtige Verhältniss in seiner hohen und allgemeinen Bedeutung uns erst recht klar vor Augen gestellt, und derjenige Abschnitt seiner Lehre, welchen er selbst den „Kampf um's Dasein" nennt, ist einer ihrer wichtigsten Theile.

Wir müssen also jener vitalistischen oder teleologischen Betrachtung der lebendigen Natur, welche die Thier- und Pflanzen-Formen als Producte eines gütigen und weisen Schöpfers oder einer zweckmässig thätigen schöpferischen Naturkraft ansieht, durchaus entgegentreten; dagegen sind wir gezwungen, uns entschieden jene Weltanschauung anzueignen, welche man die mechanische oder causale nennt. Man kann sie auch als die monistische oder einheitliche bezeichnen, im Gegensatze zu der zwiespältigen oder dualistischen Anschauung, welche in jener teleologischen Weltauffassung nothwendig enthalten ist. Die mechanische Naturbetrachtung ist seit Jahrzehnten auf gewissen Gebieten der Naturwissenschaft so sehr eingebürgert, dass hier über die entgegengesetzte kein Wort mehr verloren wird. Es fällt keinem Physiker oder Chemiker, keinem Mineralogen oder

Astronomen mehr ein, in den Erscheinungen, welche ihm auf seinem wissenschaftlichen Gebiete fortwährend vor Augen kommen, die Wirksamkeit eines zweckmässig thätigen Schöpfers zu erblicken oder aufzusuchen. Man betrachtet jene Erscheinungen vielmehr allgemein und ohne Widerspruch als die nothwendigen und unabänderlichen Wirkungen der physikalischen und chemischen Kräfte, welche an dem Stoffe oder der Materie haften; und insofern ist diese Anschauung rein „materialistisch", in einem gewissen Sinne dieses vieldeutigen Wortes. Wenn der Physiker die Bewegungs-Erscheinungen der Electricität oder des Magnetismus, den Fall eines Körpers oder die Schwingungen der Lichtwellen zu erklären sucht, so ist er bei dieser Arbeit durchaus davon entfernt, das Eingreifen einer übernatürlichen schöpferischen Kraft anzunehmen. In dieser Beziehung befand sich bisher die Biologie, als die Wissenschaft von den sogenannten „belebten" Naturkörpern, in vollem Gegensatze zu jenen vorher genannten anorgischen Naturwissenschaften (der Anorgologie). Zwar hat die neuere Physiologie, die Lehre von den Bewegungs-Erscheinungen im Thier- und Pflanzenkörper, den mechanischen Standpunkt der letzteren vollkommen angenommen; allein die Morphologie, die Wissenschaft von der Gestaltung der Thiere und Pflanzen, schien dadurch gar nicht berührt zu werden. Die Morphologen behandelten nach wie vor, im Gegensatze zu jener mechanischen Betrachtung der Leistungen, die Formen der Thiere und Pflanzen als Erscheinungen, die durchaus nicht mechanisch erklärbar seien, die vielmehr nothwendig einer höheren, übernatürlichen, zweckmässig thätigen Schöpferkraft ihren Ursprung verdanken müssten. Dabei war es ganz gleichgültig, ob man diese Schöpferkraft als persönlichen Gott anbetete, oder ob man sie Lebenskraft (vis vitalis) oder Endursache (causa finalis) nannte. In allen Fällen flüchtete man hier, um es mit einem Worte zu sagen, zum Wunder als der Erklärung. Man warf sich einer mystischen Glaubensdichtung in die Arme, und verliess somit das sichere Gebiet naturwissenschaftlicher Erkenntniss.

Alles nun, was vor Darwin geschehen ist, um eine natürliche, mechanische Auffassung von der Entstehung der Thier- und

Pflanzen-Formen zu begründen, vermochte diese nicht zum Durchbruch und zu allgemeiner Anerkennung zu bringen. Dies gelang erst Darwins Lehre, und hierin liegt ein unermessliches Verdienst derselben. Denn wir werden dadurch zu der Ueberzeugung von der Einheit der organischen und der anorgischen Natur geführt. Auch derjenige Theil der Naturwissenschaft, welcher bisher am längsten und am hartnäckigsten sich einer mechanischen Auffassung und Erklärung widersetzte, die Lehre vom zweckmässigen Bau der lebendigen Formen, von der Bedeutung und Entstehung derselben, wird dadurch mit allen übrigen naturwissenschaftlichen Lehren auf einen und denselben Weg der Vollendung gebracht. Die Einheit aller Naturerscheinungen wird dadurch endgültig festgestellt.

Diese Einheit der ganzen Natur, die Beseelung aller Materie, die Untrennbarkeit der geistigen Kraft und des körperlichen Stoffes hat Goethe mit den Worten behauptet: „Die Materie kann nie ohne Geist, der Geist nie ohne Materie existiren und wirksam sein". Von den grossen monistischen Philosophen aller Zeiten sind diese obersten Grundsätze der mechanischen Weltanschauung vertreten worden. Schon Demokritos von Abdera, der unsterbliche Begründer der Atomenlehre, sprach dieselben fast ein halbes Jahrtausend vor Christus klar aus, ganz vorzüglich aber der erhabene Spinoza und der grosse Dominikaner-Mönch Giordano Bruno. Der letztere wurde dafür am 17. Februar 1600 in Rom von der christlichen Inquisition auf dem Scheiterhaufen verbrannt, an demselben Tage, an welchem 36 Jahre früher sein grosser Landsmann und Kampfgenosse Galilei geboren wurde. Auf dem Campo di Fiori in Rom, wo jener Scheiterhaufen stand, hat jetzt das freie neuerstandene Italien dem grossen monistischen Märtyrer ein Denkmal errichtet (am 9. Juni 1889); ein beredtes Zeichen des gewaltigen Umschwungs der Zeit!

Durch die Descendenz-Theorie wird es uns zum erstenmal möglich, die monistische Lehre von der Einheit der Natur fest zu begründen; danach bietet eine mechanisch-causale Erklärung auch der verwickeltsten organischen Erscheinungen, z. B. der Entstehung und Einrichtung der Sinnesorgane, in der That nicht mehr principielle Schwierigkeiten für das allgemeine Verständniss, als die mechanische Erklärung irgend welcher physikalischen Processe, wie z. B der Erdbeben, des Erd-Magnetismus, der Meeres-Strömungen u. s. w. Wir gelangen dadurch zu der äusserst wichtigen Ueberzeugung, dass alle Naturkörper, die wir kennen, gleichmässig belebt sind, dass der Gegensatz, welchen man zwischen lebendiger und todter Körperwelt aufstellte, im Grunde nicht existirt. Wenn ein Stein frei in die Luft geworfen, nach bestimmten Gesetzen zur Erde fällt, oder wenn in einer Salzlösung sich ein Krystall bildet, oder wenn Schwefel und Quecksilber sich zu Zinnober verbinden, so sind diese Erscheinungen nicht mehr und nicht minder mechanische Lebens-Erscheinungen, als das Wachsthum und das Blühen der Pflanzen, als die Fortpflanzung und die Sinnesthätigkeit der Thiere, als die Empfindung und die Gedankenbildung des Menschen. Insbesondere ist auch das Bewusstsein des Menschen und der höheren Thiere keineswegs ein besonderes übernatürliches „Welträthsel", wie Du Bois-Reymond 1872 in seiner „Ignorabimus"-Rede irrthümlich behauptet hatte. Vielmehr beruht dasselbe ebenso auf der mechanischen Arbeit der Ganglien-Zellen im Gehirn, wie die übrigen Seelen-Thätigkeiten. Die Naturkräfte treten dabei nur in verschiedenen Verbindungen und Formen auf, bald einfacher, bald zusammengesetzter. Gebundene Spannkräfte werden frei und gehen in lebendige Kräfte über, oder umgekehrt. In dieser Herstellung der einheitlichen oder monistischen Naturauffassung liegt das höchste und allgemeinste Verdienst unserer neuen, die Krone der heutigen Naturwissenschaft bildenden Entwickelungs-Lehre.

Zweiter Vortrag.

Wissenschaftliche Berechtigung der Descendenz-Theorie. Schöpfungs-Geschichte nach Linné.

Die Abstammungslehre oder Descendenz-Theorie als die einheitliche Erklärung der organischen Natur-Erscheinungen durch natürliche wirkende Ursachen. Vergleichung derselben mit Newtons Gravitations-Theorie. Grenzen der wissenschaftlichen Erklärung und der menschlichen Erkenntniss überhaupt. Alle Erkenntniss ursprünglich durch sinnliche Erfahrung bedingt, aposteriori. Uebergang der aposteriorischen Erkenntnisse durch Vererbung in apriorische Erkenntnisse. Gegensatz der übernatürlichen Schöpfungs-Geschichten von Linné, Cuvier, Agassiz, und der natürlichen Entwickelungs-Theorien von Lamarck, Goethe, Darwin. Zusammenhang der letzteren mit der monistischen (mechanischen), der ersteren mit der dualistischen (teleologischen) Weltanschauung. Monismus und Materialismus. Wissenschaftlicher und sittlicher Materialismus. Schöpfungs-Geschichte nach Moses. Linné als Begründer der systematischen Naturbeschreibung und Artunterscheidung. Linnés Classification und binäre Nomenclatur. Bedeutung des Species-Begriffs bei Linné. Seine Schöpfungs-Geschichte. Linnés Ansicht von der Entstehung der Arten.

Meine Herren! Der Werth einer jeden naturwissenschaftlichen Theorie wird sowohl durch die Anzahl und das Gewicht der zu erklärenden Gegenstände gemessen, als auch durch die Einfachheit und Allgemeinheit der bewirkenden Ursachen oder der wahren Erklärungsgründe. Je grösser einerseits die Anzahl, je wichtiger die Bedeutung der durch die Theorie zu erklärenden Erscheinungen ist, und je einfacher anderseits, je allgemeiner die Ursachen sind, welche die Theorie zur Erklärung in Anspruch nimmt, desto höher ist ihr wissenschaftlicher Werth, desto sicherer bedienen wir uns ihrer Leitung, desto mehr sind wir verpflichtet zu ihrer Annahme.

Denken Sie z. B. an diejenige Theorie, welche bisher als der grösste Erwerb des menschlichen Geistes galt, an die Gravitations-Theorie, welche der Engländer Newton vor 200 Jahren in seinen mathematischen Principien der Naturphilosophie begründete. Hier finden Sie das zu erklärende Object so gross genommen als Sie es nur denken können. Er unternahm es, die Bewegungs-Erscheinungen der Planeten und den Bau des Weltgebäudes auf mathematische Gesetze zurückzuführen. Als die höchst einfache Ursache dieser verwickelten Bewegungs-Erscheinungen begründete Newton das Gesetz der Schwere oder der Massenanziehung, dasselbe, welches die Ursache des Falles der Körper, der Adhäsion, der Cohäsion und vieler anderen Erscheinungen ist.

Wenn Sie nun den gleichen Massstab an die Theorie Darwins anlegen, so müssen Sie zu dem Schluss kommen, dass diese ebenfalls zu den grössten Eroberungen des menschlichen Geistes gehört, und dass sie sich unmittelbar neben die Gravitations-Theorie Newtons stellen kann. Vielleicht erscheint Ihnen dieser Ausspruch übertrieben oder wenigstens sehr gewagt; ich hoffe Sie aber im Verlauf dieser Vorträge zu überzeugen, dass diese Schätzung nicht zu hoch gegriffen ist. In dem ersten Vortrage wurden bereits einige der wichtigsten und allgemeinsten Erscheinungen aus der organischen Natur namhaft gemacht, welche durch Darwins Theorie erklärt werden. Dahin gehören vor Allen die Formveränderungen bei der individuellen Entwickelung der Organismen, äusserst mannichfaltige und verwickelte Erscheinungen, welche bisher einer mechanischen Erklärung, d. h. einer Zurückführung auf wirkende Ursachen die grössten Schwierigkeiten in den Weg legten. Wir haben die rudimentären Organe erwähnt, jene ausserordentlich merkwürdigen Einrichtungen in den Thier- und Pflanzen-Körpern, welche keinen Zweck haben, welche jede teleologische, jede nach einem Endzweck des Organismus suchende Erklärung vollständig widerlegen. Es liesse sich noch eine grosse Anzahl von anderen Erscheinungen anführen, die nicht minder wichtig sind, die bisher nicht minder räthselhaft erschienen, und die in der einfachsten Weise durch die von

Darwin reformirte Abstammungs-Lehre erklärt werden. Ich erwähne vorläufig noch die Erscheinungen, welche uns die geographische Verbreitung der Thier- und Pflanzen-Arten auf der Oberfläche unseres Planeten, sowie die geologische Vertheilung der ausgestorbenen und versteinerten Organismen in den verschiedenen Schichten der Erdrinde darbietet. Auch diese wichtigen paläontologischen und geographischen Gesetze, welche wir bisher nur als Thatsachen kannten, werden durch die Abstammungslehre in ihren wirkenden Ursachen erkannt. Dasselbe gilt ferner von allen allgemeinen Gesetzen der vergleichenden Anatomie, insbesondere von dem grossen Gesetze der Arbeitstheilung oder Sonderung (Polymorphismus oder Differenzirung); dieses Gesetz ist ebenso in der ganzen menschlichen Gesellschaft, wie in der Organisation des einzelnen Thier- und Pflanzen-Körpers die wichtigste gestaltende Ursache, diejenige Ursache, welche ebenso eine immer grössere Mannichfaltigkeit, wie eine fortschreitende Entwickelung der organischen Formen bedingt. In gleicher Weise, wie dieses bisher nur als Thatsache erkannte Gesetz der Arbeitstheilung, wird auch das Gesetz der fortschreitenden Entwickelung oder das Gesetz des Fortschritts, welches wir ebenso in der Geschichte der Völker, wie in der Geschichte der Thiere und Pflanzen überall wirken sehen, in seinem Ursprung durch die Abstammungs-Lehre erklärt. Und wenn Sie endlich Ihre Blicke auf das grosse Ganze der organischen Natur richten, wenn Sie vergleichend alle grossen Erscheinungs-Gruppen dieses ungeheuren Lebensgebietes zusammenfassen, so stellt sich Ihnen dasselbe im Lichte der Abstammungs-Lehre nicht mehr als das künstlich ausgedachte Werk eines planmässig bauenden Schöpfers dar, sondern als die nothwendige Folge wirkender Ursachen, welche in der chemischen Zusammensetzung der Materie selbst und in ihren physikalischen Eigenschaften liegen.

Man kann also im weitesten Umfang behaupten (und ich hoffe diese Behauptung im Verlaufe meiner Vorträge zu rechtfertigen), dass die Abstammungs-Lehre uns zum ersten Male in die Lage versetzt, die Gesammtheit aller organischen Naturerscheinungen auf ein einziges Gesetz zurückzuführen, eine einzige wirkende Ursache für das unendlich verwickelte Getriebe dieser ganzen reichen Erscheinungswelt aufzufinden. In dieser Beziehung stellt sie sich ebenbürtig Newtons Gravitations-Theorie an die Seite; ja sie erhebt sich vielleicht noch über dieselbe!

Aber auch die Erklärungsgründe sind hier nicht minder einfach, wie dort. Es sind nicht neue, bisher unbekannte Eigenschaften des Stoffes, welche Darwin zur Erklärung dieser höchst verwickelten Erscheinungswelt herbeizieht; es sind nicht etwa Entdeckungen neuer Verbindungs-Verhältnisse der Materie, oder neuer Organisationskräfte derselben; sondern es ist lediglich die ausserordentlich geistvolle Verbindung, die synthetische Zusammenfassung und denkende Vergleichung einer Anzahl längst bekannter Thatsachen, durch welche er das „heilige Räthsel" der lebendigen Formenwelt löst. Die erste Rolle spielt dabei die Erwägung der Wechselbeziehungen, welche zwischen zwei allgemeinen Lebensthätigkeiten der Organismen bestehen, den Functionen der Vererbung und der Anpassung. Lediglich durch Erwägung des innigen Wechselverhältnisses zwischen diesen beiden Lebensthätigkeiten oder physiologischen Functionen der Organismen, sowie ferner durch Erwägung der gegenseitigen Beziehungen, welche alle an einem und demselben Orte zusammenlebenden Thiere und Pflanzen nothwendig zu einander besitzen — lediglich durch richtige Würdigung dieser einfachen Thatsachen, und durch die geschickte Verbindung derselben ist es Darwin möglich geworden, in denselben die wahren wirkenden Ursachen (causae efficientes) für die unendlich verwickelten Gestaltungen der organischen Natur zu finden.

Wir sind nun verpflichtet, diese Theorie auf jeden Fall anzunehmen und so lange zu behaupten, bis sich eine bessere findet, die es unternimmt, die gleiche Fülle von Thatsachen ebenso einfach zu erklären. Bisher entbehrten wir einer solchen Theorie vollständig. Zwar war der Grundgedanke nicht neu, dass alle verschiedenen Thier- und Pflanzenformen von einigen wenigen oder sogar von einer einzigen höchst einfachen Grundform abstammen müssen. Dieser Gedanke war längst ausgesprochen und zuerst von dem grossen Lamarck[2]) im Anfang unseres Jahrhunderts bestimmt formulirt worden. Allein Lamarck sprach doch eigentlich bloss die Hypothese der gemeinsamen Abstammung aus, ohne sie durch Erläuterung der wirkenden Ursachen genügend zu begründen. Und gerade in dem Nachweis dieser Ursachen liegt der ausserordentliche Fortschritt, welchen Darwin über Lamarcks Theorie hinaus gethan hat. Er fand in der physiologischen Vererbungs- und Anpassungs-Fähigkeit der organischen Materie die wahre Ursache jenes genealogischen Verhältnisses auf. Auch konnte der geistvolle Lamarck noch nicht über das gewaltige Material biologischer Thatsachen gebieten, welches durch die emsigen zoologischen und botanischen Forschungen der letzten achtzig Jahre angesammelt und von Darwin zu einem überwältigenden Beweis-Apparat verwerthet wurde.

Die Theorie Darwins ist also nicht, wie seine Gegner häufig behaupten, eine beliebige, aus der Luft gegriffene, bodenlose Hypothese. Es liegt nicht im Belieben der einzelnen Zoologen und Botaniker, ob sie dieselbe als erklärende Theorie annehmen wollen oder nicht. Vielmehr sind sie dazu gezwungen und verpflichtet nach dem allgemeinen, in den Naturwissenschaften überhaupt gültigen Grundsatze, dass wir zur Erklärung der Erscheinungen jede mit den wirklichen Thatsachen vereinbare, wenn auch nur schwach begründete Theorie so lange annehmen und beibehalten müssen, bis sie durch eine bessere ersetzt wird. Wenn wir dies nicht thun, so verzichten wir auf eine wissenschaftliche Erklärung der Erscheinungen, und das ist in der That der Standpunkt, den Viele noch gegenwärtig einnehmen. Sie betrachten das ganze Gebiet der belebten Natur als ein vollkommenes Räthsel und halten die Entstehung der Thier- und Pflanzen-Arten, die Erscheinungen ihrer Entwickelung und Verwandtschaft für ganz unerklärlich, für ein Wunder; sie wollen von einem wahren Verständniss derselben überhaupt nichts wissen.

Diejenigen Gegner Darwins, welche nicht geradezu in dieser Weise auf eine biologische Erklärung verzichten wollen, pflegen freilich zu sagen: „Darwins Lehre von dem gemeinschaftlichen Ursprung der verschiedenartigen Organismen ist nur eine Hypothese; wir stellen ihr eine andere entgegen, die Hypothese, dass die einzelnen Thier- und Pflanzenarten nicht durch Abstammung sich auseinander entwickelt haben, sondern dass sie unabhängig von einander durch ein noch unentdecktes Naturgesetz entstanden sind.“ So lange aber nicht gezeigt wird, wie diese Entstehung zu denken ist, und was das für ein „Naturgesetz“ ist, so lange nicht einmal wahrscheinliche Erklärungsgründe geltend gemacht werden können, welche für eine unabhängige Entstehung der Thier- und Pflanzen-Arten sprechen, so lange ist diese Gegen-Hypothese in der That keine Hypothese, sondern eine leere, nichtssagende Redensart. Auch verdient Darwins Theorie nicht den Namen einer Hypothese. Denn eine wissenschaftliche Hypothese ist eine Annahme, welche sich auf unbekannte, bisher noch nicht durch die sinnliche Erfahrung wahrgenommene Eigenschaften oder Bewegungs-Erscheinungen der Naturkörper stützt. Darwins Lehre aber nimmt keine derartigen unbekannten Verhältnisse an; sie gründet sich auf längst anerkannte allgemeine Eigenschaften der Organismen. Aber die ausserordentlich geistvolle, umfassende Verbindung einer Menge bisher vereinzelt dagestandener Erscheinungen verleiht dieser Theorie ihren hohen inneren Werth. Mit ihrer Hülfe vermögen wir für die Gesammtheit aller uns bekannten morphologischen Erscheinungen in der Thier- und Pflanzenwelt eine bewirkende Ursache nachzuweisen; und zwar ist diese wahre Ursache immer ein und dieselbe, nämlich die Wechselwirkung der Anpassung und Vererbung. Diese ist aber ein physiologisches Verhältniss, und als solches durch physikalisch-chemische oder mechanische Ursachen bedingt. Aus diesen Gründen ist die Annahme der durch Darwin mechanisch begründeten Abstammungs-Lehre für die gesammte Zoologie und Botanik eine zwingende und unabweisbare Nothwendigkeit.

Da nach meiner Ansicht also die unermessliche Bedeutung unserer neuen Entwickelungs-Lehre darin liegt, dass sie die bisher nicht erklärten organischen Formerscheinungen mechanisch erklärt, so ist es wohl nothwendig, hier gleich noch ein Wort über den vieldeutigen Begriff der Erklärung einzuschalten. Häufig wird dem Transformismus entgegengehalten, dass er allerdings jene Erscheinungen durch die Vererbung und Anpassung vollkommen erkläre, dass dadurch aber nicht diese Eigenschaften der organischen Materie selbst erklärt werden, dass wir nicht zu den letzten Gründen gelangen. Dieser Einwurf ist ganz richtig; allein er gilt in dieser Weise von allen Erscheinungen. Wir gelangen nirgends zu einer Erkenntniss der letzten Gründe. Die Entstehung jedes einfachen Salzkrystalles, den wir beim Abdampfen einer Mutterlauge erhalten, ist uns im letzten Grunde nicht minder räthselhaft, und an sich nicht minder unbegreiflich, als die Entstehung jedes Thieres, dass sich aus einer einfachen Eizelle entwickelt. Bei Erklärung der einfachsten physikalischen oder chemischen Erscheinungen, z. B. des Falles eines Steins oder der Bildung einer chemischen Verbindung, gelangen wir durch Auffindung der wirkenden Ursachen, z. B. der Schwerkraft oder der chemischen Verwandtschaft, zu anderen weiter zurückliegenden Erscheinungen, die an und für sich Räthsel sind. Das liegt in der Beschränktheit oder Relativität unseres Erkenntniss-Vermögens. Wir dürfen niemals vergessen, das die menschliche Erkenntniss-Fähigkeit allerdings absolut beschränkt ist und nur eine relative Ausdehnung besitzt. Sie ist zunächst schon beschränkt durch die Beschaffenheit unserer Sinne und unseres Gehirns.

Ursprünglich stammt alle Erkenntniss aus der sinnlichen Wahrnehmung. Man führt wohl dieser gegenüber die angeborene, a priori gegebene Erkenntniss des Menschen an; indessen können wir mit Hülfe der Descendenz-Theorie nachweisen, dass die sogenannten apriorischen Erkenntnisse anfänglich a posteriori erworben, in ihren letzten Gründen durch Erfahrungen bedingt sind. Erkenntnisse, welche ursprünglich auf rein sinnlichen Wahrnehmungen beruhen, welche aber dann eine Reihe von Generationen hindurch erhalten und vererbt werden, treten bei den jüngeren Generationen angeboren auf; ebenso wie die sogenannten Instincte der Thiere. Von unseren uralten thierischen Voreltern sind alle sogenannten „Erkenntnisse a priori“ ursprünglich a posteriori erfasst worden und erst durch Vererbung allmählich zu apriorischen geworden; sie beruhen in letzter Instanz auf Erfahrungen.

Die Gesetze der Vererbung und Anpassung erklären uns, wie die Erkenntnisse a priori ursprünglich aus Erkenntnissen a posteriori sich entwickelt haben. Die sinnliche Erfahrung ist die ursprüngliche Quelle aller Erkenntnisse. Schon aus diesem Grunde bleibt alle unsere Wissenschaft beschränkt, und niemals vermögen wir die letzten Gründe irgend einer Erscheinung zu erfassen. Die Krystallisationskraft, die Schwerkraft und die chemische Verwandtschaft bleiben uns, an und für sich, eben so unbegreiflich, wie die Anpassung und die Vererbung, wie der Wille und das Bewusstsein.

Wenn uns nun die heutige Descendenz-Theorie die Gesammtheit aller vorhin zusammengefassten Erscheinungen aus einem einzigen Gesichtspunkt erklärt, wenn sie eine und dieselbe Beschaffenheit des Organismus als die wirkende Ursache nachweist, so leistet sie vorläufig Alles, was wir verlangen können. Ausserdem lässt sich aber auch mit gutem Grunde hoffen, dass wir die letzten, von Darwin gefundenen Ursachen, nämlich die Eigenschaften der Erblichkeit und der Anpassungsfähigkeit, noch weiter werden erklären lernen; dass wir z. B. dahin gelangen werden, die Molekular-Verhältnisse in der Zusammensetzung der Eiweissstoffe als die weiter zurückliegenden, einfachen Gründe jener Erscheinungen aufzudecken. Freilich ist in der nächsten Zukunft hierzu noch keine Aussicht, und wir begnügen uns vorläufig mit jener Zurückführung, wie wir uns in der Newton'schen Theorie mit der Zurückführung der Planeten-Bewegungen auf die Schwerkraft begnügen. Die Schwerkraft selbst ist uns ebenfalls ein Räthsel, an sich nicht erkennbar.

Bevor wir nun an unsere Hauptaufgabe, an die eingehende Erörterung der Abstammungs-Lehre und der aus ihr sich ergebenden Folgerungen herantreten, lassen Sie uns einen geschichtlichen Rückblick auf die wichtigsten und verbreitetsten von denjenigen Ansichten werfen, welche sich die Menschen vor Darwin über die organische Schöpfung, über die Entstehung der mannichfaltigen Thier- und Pflanzen-Arten gebildet hatten. Es liegt dabei keineswegs in meiner Absicht, Sie mit einem vergleichenden Ueberblick über alle die zahlreichen Schöpfungs-Dichtungen der verschiedenen

Völker zu unterhalten. So interessant und lohnend diese Aufgabe, sowohl in ethnographischer als in culturhistorischer Beziehung, auch wäre, so würde uns dieselbe doch hier viel zu weit führen. Auch trägt die übergrosse Mehrzahl aller dieser Schöpfungssagen zu sehr das Gepräge willkürlicher Dichtung und des Mangels eingehender Naturbetrachtung, als dass dieselben für eine naturwissenschaftliche Behandlung der Schöpfungs-Geschichte von Interesse wären. Ich werde daher von den nicht wissenschaftlich begründeten Schöpfungs-Geschichten bloss die mosaische hervorheben, wegen des beispiellosen Einflusses, den diese morgenländische Sage in der abendländischen Culturwelt gewonnen hat. Dann werde ich sogleich zu den wissenschaftlich formulirten Schöpfungs-Hypothesen übergehen, welche erst nach Beginn des verflossenen Jahrhunderts, mit Linné, ihren Anfang nahmen.

Alle verschiedenen Vorstellungen, welche sich die Menschen jemals von der Entstehung der verschiedenen Thier- und Pflanzen-Arten gemacht haben, lassen sich füglich in zwei entgegengesetzte Gruppen bringen, in natürliche und übernatürliche Schöpfungs-Geschichten.

Diese beiden Gruppen entsprechen im Grossen und Ganzen den beiden verschiedenen Hauptformen der menschlichen Weltanschauung, welche wir vorher als monistische (einheitliche) und dualistische (zwiespältige) Naturauffassung gegenüber gestellt haben. Die gewöhnliche dualistische oder teleologische (vitale) Weltanschauung muss die organische Natur als das zweckmässig ausgeführte Product eines planvoll wirkenden Schöpfers ansehen. Sie muss in jeder einzelnen Thier- und Pflanzen-Art einen „verkörperten Schöpfungs-Gedanken“ erblicken, den materiellen Ausdruck einer zweckmässig thätigen Endursache oder einer zweckthätigen Ursache (causa finalis). Sie muss nothwendig übernatürliche (nicht mechanische) Vorgänge für die Entstehung der Organismen in Anspruch nehmen. Wir dürfen sie daher mit Recht als übernatürliche Schöpfungs-Geschichte bezeichnen. Von allen hierher gehörigen teleologischen Schöpfungs-Geschichten gewann diejenige des Moses den grössten Einfluss, da sie durch so bedeutende Naturforscher, wie Linné, selbst in der Naturwissenschaft allgemeinen Eingang fand. Auch die Schöpfungs-Ansichten von Cuvier und Agassiz, und überhaupt von den meisten älteren Naturforschern gehören in diese dualistische Gruppe.

Die von Darwin ausgebildete Entwickelungs-Theorie dagegen, welche wir hier als natürliche Schöpfungs-Geschichte zu behandeln haben, und welche bereits von Goethe und Lamarck angebahnt wurde, muss bei folgerichtiger Durchführung schliesslich nothwendig zu der monistischen oder mechanischen (causalen) Weltanschauung hinleiten. Im Gegensatze zu jener dualistischen oder teleologischen Naturauffassung betrachtet dieselbe die Formen der organischen Naturkörper, ebenso wie diejenigen der anorgischen, als die nothwendigen Producte natürlicher Kräfte. Sie erblickt in den einzelnen Thier- und Pflanzen-Arten nicht verkörperte Gedanken des persönlichen Schöpfers, sondern den zeitweiligen Ausdruck eines mechanischen Entwickelungs-Ganges der Materie, den Ausdruck einer nothwendig wirkenden Ursache oder einer mechanischen Ursache (causa efficiens). Wo der teleologische Dualismus in den Schöpfungs-Wundern die willkürlichen Einfälle eines launenhaften Schöpfers aufsucht, da findet der causale Monismus in den Entwickelungs-Processen die nothwendigen Wirkungen ewiger und unabänderlicher Naturgesetze.

Man hat diesen, hier von uns vertretenen Monismus auch oft für identisch mit dem Materialismus erklärt. Da man demgemäss auch den Darwinismus und überhaupt die ganze Entwickelungs-Theorie als „materialistisch“ bezeichnet hat, so kann ich nicht umhin, schon hier mich von vornherein gegen die Zweideutigkeit dieser Bezeichnung und gegen die Arglist, mit welcher dieselbe von mehreren Seiten zur Entstellung unserer Lehre benutzt wird, ausdrücklich zu verwahren.

Unter dem Stichwort „Materialismus“ werden sehr allgemein zwei gänzlich verschiedene Dinge mit einander verwechselt und vermengt, die im Grunde gar Nichts mit einander zu thun haben, nämlich der naturwissenschaftliche und der sittliche Materialismus. Der sogenannte naturwissenschaftliche Materialismus ist in gewissem Sinne mit unserem Monismus identisch. Denn er behauptet im Grunde weiter nichts, als dass Alles in der Welt mit natürlichen Dingen zugeht, dass jede Wirkung ihre Ursache und jede Ursache ihre Wirkung hat. Er stellt also über die Gesammtheit aller uns erkennbaren Erscheinungen das mechanische Causal-Gesetz, oder das Gesetz von dem nothwendigen Zusammenhang von Ursache und Wirkung. Dagegen verwirft er entschieden jeden Wunderglauben und jede wie immer geartete Vorstellung von übernatürlichen Vorgängen. Für ihn giebt es daher eigentlich in dem ganzen Gebiete menschlicher Erkenntniss nirgends mehr eine wahre Metaphysik, sondern überall nur Physik. Für ihn ist der unzertrennliche Zusammenhang von Stoff, Form und Kraft selbstverständlich. Dieser wissenschaftliche Materialismus ist auf dem ganzen grossen Gebiete der anorgischen Naturwissenschaft, in der Physik und Chemie, in der Mineralogie und Geologie, längst so allgemein anerkannt, dass kein Mensch mehr seine alleinige Berechtigung in Zweifel zieht.

Ganz anders verhält es sich in der Biologie, in der organischen Naturwissenschaft, wo man die Geltung desselben noch fortwährend von vielen Seiten her bestreitet, ihm aber nichts Anderes, als das metaphysische Gespenst der Lebenskraft, oder gar nur theologische Dogmen, entgegen halten kann. Wenn wir nun aber den Beweis führen können, dass die ganze erkennbare Natur nur Eine ist, dass dieselben „ewigen, ehernen, grossen Gesetze“ in dem Leben der Thiere und Pflanzen, wie in dem Wachsthum der Krystalle und in der Triebkraft des Wasserdampfes thätig sind, so werden wir auch auf dem gesammten Gebiete der Biologie, in der Zoologie wie in der Botanik, überall mit demselben Rechte den monistischen oder mechanischen Standpunkt festhalten, mag man denselben nun als „Materialismus“ verdächtigen oder nicht. In diesem Sinne ist die ganze exacte Naturwissenschaft, und an ihrer Spitze das Causal-Gesetz, rein „materialistisch“. Man könnte sie aber mit demselben Rechte auch rein „spiritualistisch“ nennen, wenn man nur consequent die einheitliche Betrachtung für alle Erscheinungen ohne Ausnahme durchführt. Denn eben durch diese consequente Einheit gestaltet sich unser heutiger Monismus zur Versöhnung von

Idealismus und Realismus, zur Ausgleichung des einseitigen Spiritualismus und Materialismus.

Ganz etwas Anderes als dieser naturwissenschaftliche ist der sittliche oder ethische Materialismus, der mit dem ersteren gar Nichts gemein hat. Dieser „eigentliche“ Materialismus verfolgt in seiner practischen Lebensrichtung kein anderes Ziel, als den möglichst raffinirten Sinnengenuss. Er schwelgt in dem traurigen Wahne, dass der rein sinnliche Genuss dem Menschen wahre Befriedigung geben könne, und indem er diese in keiner Form der Sinnenlust finden kann, stürzt er sich schmachtend von einer zur andern. Die tiefe Wahrheit, dass der eigentliche Werth des Lebens nicht im materiellen Genusse, sondern in der sittlichen That, und dass die wahre Glückseligkeit nicht in äusseren Glücksgütern, sondern nur in tugendhaftem Lebenswandel beruht, bleibt jenem ethischen Materialismus unbekannt. Daher sucht man denselben auch vergebens bei solchen Naturforschern und Philosophen, deren höchster Genuss der geistige Naturgenuss und deren höchstes Ziel die Erkenntniss der Naturgesetze ist. Diesen Materialismus muss man in den Palästen der Kirchenfürsten und bei allen jenen Heuchlern suchen, welche unter der äusseren Maske frommer Gottesverehrung nur hierarchische Tyrannei und materielle Ausbeutung ihrer Mitmenschen erstreben. Stumpf für den unendlichen Adel der sogenannten „rohen Materie“ und der aus ihr entspringenden herrlichen Erscheinungswelt, unempfindlich für die unerschöpflichen Reize der Natur, wie ohne Kenntniss von ihren Gesetzen, verketzern dieselben die ganze Naturwissenschaft und die aus ihr entspringende Bildung als sündlichen Materialismus, während sie selbst dem letzteren in der widerlichsten Gestalt fröhnen. Nicht allein die ganze Geschichte der „unfehlbaren“ Päpste mit ihrer endlosen Kette von gräulichen Verbrechen, sondern auch die widerwärtige Sitten-Geschichte der Orthodoxie in allen Religionsformen liefert hierfür genügende Beweise.

Um nun in Zukunft die übliche Verwechselung dieses ganz verwerflichen sittlichen Materialismus mit unserem naturphilosophischen Materialismus zu vermeiden, und um überhaupt das einseitige Missverständniss des letzteren zu beseitigen, halten wir es für nöthig, denselben entweder Monismus oder Causalismus zu nennen. Das Princip dieses Monismus ist dasselbe, was Kant das „Princip des Mechanismus" nennt; und Kant erklärt ausdrücklich, dass es ohne dasselbe überhaupt keine Naturwissenschaft geben könne. Dieses Princip ist von unserer „natürlichen Schöpfungs-Geschichte" ganz untrennbar, und kennzeichnet dieselbe gegenüber dem teleologischen Wunderglauben der übernatürlichen Schöpfungs-Geschichte.

Lassen Sie uns nun zunächst einen Blick auf die wichtigste von allen übernatürlichen Schöpfungs-Geschichten werfen, diejenige des Moses, wie sie uns durch die alte Geschichts- und Gesetzes-Urkunde des jüdischen Volkes, durch die Bibel, überliefert worden ist. Bekanntlich ist die mosaische Schöpfungs-Geschichte, wie sie im ersten Capitel der Genesis den Eingang zum alten Testament bildet, in der ganzen jüdischen und christlichen Culturwelt bis auf den heutigen Tag fast allgemein in Geltung geblieben. Dieser ausserordentliche Erfolg erklärt sich nicht allein aus der engen Verbindung derselben mit den jüdischen und christlichen Glaubenslehren, sondern auch aus dem einfachen und natürlichen Ideengang, welcher dieselbe durchzieht, und welcher vortheilhaft gegen die bunte Schöpfungs-Mythologie der meisten anderen Völker des Alterthums absticht. Zuerst schafft Gott der Herr die Erde als anorgischen Weltkörper. Dann scheidet er Licht und Finsterniss, darauf Wasser und Festland. Nun erst ist die Erde für Organismen bewohnbar geworden und es werden zunächst die Pflanzen, später erst die Thiere erschaffen, und zwar von den letzteren zuerst die Bewohner des Wassers und der Luft, später erst die Bewohner des Festlandes. Endlich zuletzt von allen Organismen schafft Gott den Menschen, sich selbst zum Ebenbilde und zum Beherrscher der Erde.

Zwei grosse und wichtige Grundgedanken der natürlichen Entwickelungslehre treten uns in dieser Schöpfungs-Hypothese des Moses mit überraschender Klarheit und Einfachheit entgegen, der Gedanke der Sonderung oder Differenzirung, und der Gedanke der fortschreitenden Entwickelung oder Vervollkommnung. Obwohl Moses diese grossen Gesetze der organischen Entwickelung, die wir später als nothwendige Folgerungen der Abstammungs-Lehre nachweisen werden, als die unmittelbare Bildungs-Thätigkeit eines gestaltenden Schöpfers ansieht, kann man doch darin den erhabeneren Gedanken einer fortschreitenden Entwickelung und Differenzirung der ursprünglich einfachen Materie finden. Wir können daher dem grossartigen Naturverständniss des jüdischen Gesetzgebers und der einfach natürlichen Fassung seiner Schöpfungs-Hypothese unsere gerechte und aufrichtige Bewunderung zollen, ohne darin eine sogenannte „göttliche Offenbarung“ zu erblicken. Dass sie dies nicht sein kann, geht einfach schon daraus hervor, dass darin zwei grosse Grundirrthümer behauptet werden, nämlich erstens der geocentrische Irrthum, dass die Erde der feste Mittelpunkt der ganzen Welt sei, um welchen sich Sonne, Mond und Sterne bewegen; und zweitens der anthropocentrische Irrthum, dass der Mensch das vorbedachte Endziel der irdischen Schöpfung, und nur für seinen Dienst die ganze übrige Natur geschaffen sei. Der erstere Irrthum wurde durch Copernicus' Weltsystem im Beginn des sechszehnten, der letztere durch Lamarcks Abstammungs-Lehre im Beginn des neunzehnten Jahrhunderts vernichtet.

Trotzdem durch Copernicus bereits der geocentrische Irrthum der mosaischen Schöpfungs-Geschichte nachgewiesen und damit die Autorität derselben als einer absolut vollkommenen göttlichen Offenbarung aufgehoben wurde, erhielt sich dieselbe dennoch bis auf den heutigen Tag in solchem Ansehen, dass sie in weiten Kreisen das Haupthinderniss für die Annahme einer natürlichen Entwickelungs-Theorie bildet. Bekanntlich haben selbst viele Naturforscher noch in unserem Jahrhundert versucht, dieselbe mit den Ergebnissen der neueren Naturwissenschaft, insbesondere der Geologie, in Einklang zu bringen; so hat man z. B. die sieben Schöpfungstage des Moses als sieben grosse geologische Perioden gedeutet. Indessen sind alle diese künstlichen Deutungsversuche so vollkommen verfehlt, dass sie hier keiner Widerlegung bedürfen. Die Bibel ist kein naturwissenschaftliches Werk, sondern eine Geschichts-, Gesetzes- und Religions-Urkunde des jüdischen Volkes; ihr hoher culturgeschichtlicher Werth wird dadurch nicht geschmälert, dass sie in allen naturwissenschaftlichen Fragen ohne jede massgebende Bedeutung und voll von groben Irrthümern ist.

Wir können nun einen grossen Sprung von mehr als drei Jahrtausenden machen, von Moses, welcher ungefähr um das Jahr 1480 vor Christus starb, bis auf Linné, welcher 1707 nach Christus geboren wurde. Während dieses ganzen Zeitraums wurde keine Schöpfungs-Geschichte aufgestellt, welche eine bleibende Bedeutung gewann, oder deren nähere Betrachtung an diesem Orte von Interesse wäre. Insbesondere während der letzten 1500 Jahre, als das Christenthum die Weltherrschaft gewann, blieb die mit dessen Glaubens-Lehren verknüpfte mosaische Schöpfungs-Geschichte so allgemein herrschend, dass erst das neunzehnte Jahrhundert sich entschieden dagegen aufzulehnen wagte. Selbst der grosse schwedische Naturforscher Linné, der Begründer der neueren Naturgeschichte, schloss sich in seinem Natursystem auf das Engste an die Schöpfungs-Geschichte des Moses an.

Der ausserordentliche Fortschritt, welchen Karl Linné in den sogenannten beschreibenden Naturwissenschaften that, besteht bekanntlich in der Aufstellung eines Systems der Thier- und Pflanzen-Arten; er führte dasselbe in so folgerichtiger und logisch vollendeter Form durch, dass es bis auf den heutigen Tag in vielen Beziehungen die Richtschnur für alle folgenden, mit den Formen der Thiere und Pflanzen sich beschäftigenden Naturforscher geblieben ist. Obgleich das „*Systema naturae*“ von Linné (1735 erschienen) ein künstliches war, obgleich er für die Classification der Thier- und Pflanzen-Arten nur einzelne Merkmale als Eintheilungs-Grundlagen anwendete, hat dennoch dieses System sich den grössten Erfolg errungen; erstens durch seine consequente Durchführung, und zweitens durch seine ungemein wichtig gewordene Benennungsweise der Naturkörper, auf welche wir hier nothwendig einen Blick werfen müssen. Nachdem man nämlich vor Linné sich vergeblich abgemüht hatte, in das unendliche Chaos der schon damals bekannten verschiedenen Thier- und Pflanzen-Formen durch irgend eine passende Namengebung und Zusammenstellung Licht zu bringen, gelang es Linné durch Aufstellung der sogenannten „binären Nomenclatur“ mit einem glücklichen Griff diese wichtige und schwierige Aufgabe zu lösen. Die binäre Nomenclatur oder die zweifache Benennung, wie sie Linné zuerst aufstellte, wird noch heutigen Tages ganz allgemein von allen Zoologen und Botanikern angewendet und wird sich unzweifelhaft sehr lange noch in gleicher Geltung erhalten. Sie besteht darin, dass jede Thier- und Pflanzen-Form mit zwei Namen bezeichnet wird, welche sich ähnlich verhalten, wie Tauf- und Familien-Namen der menschlichen Individuen. Der besondere Name, welcher dem menschlichen Taufnamen entspricht, drückt den Begriff der Art (Species) aus; er dient zur gemeinschaftlichen Bezeichnung aller thierischen oder pflanzlichen Einzelwesen, welche in allen wesentlichen Formeigenschaften sich gleich sind, und sich nur durch ganz untergeordnete Merkmale unterscheiden. Der allgemeinere Name dagegen, welcher dem menschlichen Familiennamen entspricht, drückt den Begriff der Gattung (Genus) aus; er dient zur gemeinschaftlichen Bezeichnung aller nächst ähnlichen Arten oder Species. Der allgemeinere, umfassende Genusname wird nach Linné's allgemein gültiger Benennungsweise vorangesetzt; der besondere, untergeordnete Speciesname folgt ihm nach. So z. B. heisst die Hauskatze Felis domestica, die wilde Katze Felis catus, der Panther Felis pardus, der Jaguar Felis onca, der Tiger Felis tigris, der Löwe Felis leo; alle sechs Raubthierarten sind verschiedene Species eines und desselben Genus: *Felis*. Oder, um ein Beispiel aus der Pflanzenwelt hinzuzufügen, so heisst nach Linné's Benennung die Fichte Pinus abies, die Tanne Pinus picea, die Lärche Pinus larix, die Pinie Pinus pinea, die Zirbelkiefer Pinus cembra, die Ceder Pinus cedrus, die gewöhnliche Kiefer Pinus silvestris; alle sieben Nadelholzarten sind verschiedene Species eines und desselben Genus: *Pinus*.

Vielleicht scheint Ihnen dieser von Linné herbeigeführte Fortschritt in der practischen Unterscheidung und Benennung der vielgestaltigen Organismen nur von untergeordneter Wichtigkeit zu sein. Allein in Wirklichkeit war er von der allergrössten Bedeutung, und zwar sowohl in practischer als in theoretischer Beziehung. Denn es wurde nun erst möglich, die Unmasse der verschiedenartigen organischen Formen nach dem grösseren oder geringeren Grade ihrer Aehnlichkeit zusammenzustellen und übersichtlich in dem Fachwerk des Systems zu ordnen. Die Registratur dieses Fachwerks machte Linné dadurch noch übersichtlicher, dass er die nächstähnlichen Gattungen (Genera) in sogenannten Ordnungen (Ordines) zusammenstellte, und dass er die nächstähnlichen Ordnungen in noch umfassenderen Hauptabtheilungen, den Classen (Classes) vereinigte. Es zerfiel also zunächst jedes der beiden organischen Reiche nach Linné in eine geringe Anzahl von Classen; das Pflanzenreich in 24 Classen, das Thierreich in 6 Classen. Jede Classe enthielt wieder mehrere Ordnungen. Jede einzelne Ordnung konnte eine Mehrzahl von Gattungen und jede einzelne Gattung wiederum mehrere Arten enthalten.

Der practische Nutzen, welchen Linné's binäre Nomenclatur sofort für eine übersichtliche systematische Unterscheidung, Benennung, Anordnung und Eintheilung der organischen Formenwelt hatte, war unschätzbar; nicht minder bedeutungsvoll aber war der unberechenbare theoretische Einfluss, welchen dieselbe alsbald auf die gesammte allgemeine Beurtheilung der organischen Formen, und ganz besonders auf die Schöpfungs-Geschichte gewann. Noch heute drehen sich alle die wichtigen Grundfragen, welche wir vorher kurz berührten, zuletzt um die Entscheidung der scheinbar sehr abgelegenen und unwichtigen Vorfrage, was denn eigentlich die Art oder Species ist? Noch heute kann der Begriff der organischen Species als der Angelpunkt der ganzen Schöpfungsfrage bezeichnet werden, als der streitige Mittelpunkt, um dessen verschiedene Auffassung alle Darwinisten und Antidarwinisten kämpfen.

Nach der Meinung Darwins und seiner Anhänger sind die verschiedenen Species einer und derselben Gattung von Thieren und Pflanzen weiter nichts, als verschiedenartig entwickelte Abkömmlinge einer und derselben ursprünglichen Stammform. Die verschiedenen vorhin genannten Nadelholz-Arten würden demnach von einer einzigen ursprünglichen Pinus-Form abstammen. Ebenso würden alle oben angeführten Katzenarten aus einer einzigen gemeinsamen Felis-Form ihren Ursprung ableiten, dem Stammvater der ganzen Gattung. Weiterhin müssten dann aber, der Abstammungs-Lehre entsprechend, auch alle verschiedenen Gattungen einer und derselben Ordnung von einer einzigen gemeinschaftlichen Urform abstammen, und ebenso endlich alle Ordnungen einer Classe von einer einzigen Stammform.

Nach der entgegengesetzten Vorstellung der Gegner Darwins sind dagegen alle Thier- und Pflanzen-Species ganz unabhängig von einander, und nur die Einzelwesen oder Individuen einer jeden Species stammen von einer einzigen gemeinsamen Stammform ab. Fragen wir sie nun aber, wie sie sich denn diese ursprünglichen Stammformen der einzelnen Arten entstanden denken, so antworten sie uns mit einem Sprung in das Unbegreifliche: „Diese sind als solche geschaffen worden".

Linné selbst bestimmte den Begriff der Species bereits in dieser Weise, indem er sagte: „Es giebt soviel verschiedene Arten, als im Anfang verschiedene Formen von dem unendlichen Wesen erschaffen worden sind". („Species tot sunt diversae, quot diversas formas ab initio creavit infinitum ens.") Er schloss sich also in dieser Beziehung aufs Engste an die mosaische Schöpfungs-Geschichte an, welche ja ebenfalls die Pflanzen und Thiere „ein jegliches nach seiner Art" erschaffen werden lässt. Näher hierauf eingehend, meinte Linné, dass ursprünglich von jeder Thier- und Pflanzenart entweder ein einzelnes Individuum oder ein Pärchen geschaffen worden sei; und zwar ein Pärchen, oder wie Moses sagt: „ein Männlein und ein Fräulein" von jenen Arten, welche getrennte Geschlechter haben; für jene Arten dagegen, bei welchen jedes Individuum beiderlei Geschlechtsorgane in sich vereinigt (Hermaphroditen oder Zwitter) wie z. B. die Regenwürmer, die Blutegel, die Garten- und Weinbergsschnecken, sowie die grosse Mehrzahl der Gewächse, meinte Linné, es sei hinreichend, wenn ein einzelnes Individuum erschaffen worden sei. Linné schloss sich weiterhin an die mosaische Legende auch in Betreff der Sündfluth an; er glaubte, dass bei dieser grossen allgemeinen Ueberschwemmung alle vorhandenen Organismen ertränkt worden seien, bis auf jene wenigen Individuen von jeder

Art (sieben Paar von den Vögeln und von dem reinen Vieh, ein Paar von dem unreinen Vieh), welche in der Arche Noah gerettet und nach beendigter Sündfluth auf dem Ararat an das Land gesetzt wurden. Die geographische Schwierigkeit des Zusammenlebens der verschiedensten Thiere und Pflanzen suchte er sich dadurch zu erklären: der Ararat in Armenien, in einem warmen Klima gelegen und bis über 16,000 Fuss Höhe aufsteigend, vereinigt in sich die Bedingungen für den zeitweiligen gemeinsamen Aufenthalt auch solcher Thiere, die in verschiedenen Zonen leben. Es konnten zunächst also die an das Polarklima gewöhnten Thiere auf den kalten Gebirgsrücken hinaufklettern, die an das warme Klima gewöhnten an den Fuss hinabgehen, und die Bewohner der gemässigten Zone in der Mitte der Berghöhe sich aufhalten. Von hier aus war die Möglichkeit gegeben, sich über die Erde nach Norden und Süden zu verbreiten.

Wir brauchen wohl kaum zu bemerken, dass diese naive Schöpfungs-Hypothese Linné's, welche sich offenbar möglichst eng an den herrschenden Bibelglauben anzuschliessen sucht, keiner ernstlichen Widerlegung bedarf. Wenn man die sonstige Klarheit des scharfsinnigen Linné erwägt, darf man vielleicht zweifeln, dass er selbst daran glaubte. Was die gleichzeitige Abstammung aller Individuen einer jeden Species von je einem Elternpaare (oder bei den hermaphroditischen Arten von je einem Stammzwitter) betrifft, so ist sie offenbar ganz unhaltbar; denn abgesehen von anderen Gründen, würden schon in den ersten Tagen nach geschehener Schöpfung die wenigen Raubthiere ausgereicht haben, sämmtlichen Pflanzenfressern den Garaus zu machen, wie die pflanzenfressenden Thiere die wenigen Individuen der verschiedenen Pflanzenarten hätten zerstören müssen. Ein solches Gleichgewicht in der Oeconomie der Natur, wie es gegenwärtig existirt, konnte unmöglich stattfinden, wenn von jeder Art nur ein Individuum oder nur ein Paar ursprünglich und gleichzeitig geschaffen wurde.

Wie wenig übrigens Linné auf diese unhaltbare Schöpfungs-Hypothese Gewicht legte, geht unter Anderem daraus hervor, dass er die Bastarderzeugung (Hybridismus) als eine Quelle der Entstehung neuer Arten anerkannte. Er nahm an, dass eine grosse Anzahl von selbstständigen neuen Species auf diesem Wege, durch geschlechtliche Vermischung zweier verschiedener Species, entstanden sei. In der That kommen solche Bastarde (Hybridae) durchaus nicht selten in der Natur vor; es ist jetzt erwiesen, dass eine grosse Anzahl von Arten z. B. aus den Gattungen der Brombeere (Rubus), des Wollkrauts (Verbascum), der Weide (Salix), der Distel (Cirsium) Bastarde von verschiedenen Arten dieser Gattungen sind. Ebenso kennen wir Bastarde von Hasen und Kaninchen (zwei Species der Gattung Lepus), ferner Bastarde verschiedener Arten der Hundegattung (Canis), der Mäusegattung (Mus), der Hirschgattung (Cervus) u. s. w., welche als selbstständige Arten sich fortzupflanzen im Stande sind. Ja, wir sind sogar aus vielen wichtigen Gründen zu der Annahme berechtigt, dass die Bastardzeugung eine sehr ergiebige Quelle für die Entstehung neuer Arten bildet; und diese Quelle ist ganz unabhängig von der natürlichen Züchtung, durch welche nach Darwins Ansicht die Species entstanden sind. Wahrscheinlich sind sehr zahlreiche Thier- und Pflanzen-Formen, die wir heute als sogenannte „gute Arten“ in unseren systematischen Registern aufführen, weiter Nichts, als fruchtbare Bastarde, welche ganz zufällig durch die gelegentliche Vermischung der Geschlechtsproducte von zwei verschiedenen, nahe verwandten Arten entstanden sind. Namentlich ist diese Annahme für die Wasserthiere und Wasserpflanzen gerechtfertigt. Wenn man bedenkt, welche Massen von verschiedenartigen Samenzellen und Eizellen im Wasser beständig zusammentreffen, so erscheint dadurch der Bastardzeugung der weiteste Spielraum geöffnet.

Die wichtige Frage der Bastardbildung ist übrigens auch noch in anderer Hinsicht für die Abstammungslehre von hohem Interesse. Wenn diese falsch wäre, und wenn alle Arten unabhängig von einander entstanden wären, so sollte man erwarten, dass auch keine geschlechtliche Vermischung zwischen verwandten Species möglich sei; denn es fehlen ja directe physiologische Beziehungen zwischen denselben vollständig. Thatsächlich ist aber das Gegentheil der Fall; nicht nur zeigen viele verwandte Arten grosse Neigung zu sexueller Verbindung, sondern in vielen Fällen sind auch die von ihnen erzeugten Bastarde fruchtbar und pflanzen sich als solche fort.

Es ist gewiss sehr bemerkenswerth, dass Linné bereits die physiologische (also mechanische) Entstehung von neuen Species auf diesem Wege der Bastardzeugung behauptete. Offenbar steht dieselbe in unvereinbarem Gegensatze zu der übernatürlichen Entstehung der anderen Species durch Schöpfung, welche er der mosaischen Schöpfungs-Geschichte gemäss annahm. Die eine Abtheilung der Species würde demnach durch dualistische (teleologische) Schöpfung, die andere durch monistische (mechanische) Entwickelung entstanden sein.

Das grosse und wohlverdiente Ansehen, welches sich Linné durch seine systematische Classification und durch seine übrigen Verdienste um die Biologie erworben hatte, war offenbar die Ursache, dass auch seine Schöpfungs-Ansichten das ganze vorige Jahrhundert hindurch unangefochten in voller und ganz allgemeiner Geltung blieben. Wenn nicht die ganze systematische Zoologie und Botanik die von ihm eingeführte Unterscheidung, Classification und Benennung der Arten und den damit verbundenen dogmatischen Species-Begriff mehr oder minder unverändert beibehalten hätte, würde man nicht begreifen, dass seine Vorstellung von einer selbstständigen Schöpfung der einzelnen Species bis auf Darwin ihre Herrschaft behaupten konnte. Denn je mehr sich unsere Kenntnisse vom Bau und von der Entwickelung der Organismen erweiterten, desto unhaltbarer wurde jene Vorstellung. Nur durch die grosse Autorität Linné's und durch seine Anlehnung an den herrschenden Bibel-Glauben war die Erhaltung seiner Schöpfungs-Hypothese bis auf unsere Zeit möglich.

Dritter Vortrag.

Schöpfungs-Geschichte nach Cuvier und Agassiz.

Allgemeine theoretische Bedeutung des Species-Begriffs. Unterschied in der theoretischen und practischen Bestimmung des Artbegriffs. Cuviers Definition der Species. Cuviers Verdienste als Begründer der vergleichenden Anatomie. Unterscheidung der vier Hauptformen (Typen oder Zweige) des Thierreichs durch Cuvier und Baer. Cuviers Verdienste um die Paläontologie. Seine Hypothese von den Revolutionen des Erdballs und den durch dieselben getrennten Schöpfungs-Perioden. Unbekannte, übernatürliche Ursachen dieser Revolutionen und der darauf folgenden Neuschöpfungen. Teleologisches Natursystem von Agassiz. Seine Vorstellungen vom Schöpfungs-Plane und dessen sechs Kategorien (Gruppenstufen des Systems). Agassiz' Ansichten von der Erschaffung der Species. Grobe Vermenschlichung (Anthropomorphismus) des Schöpfers in der Schöpfungs-Hypothese von Agassiz. Innere Unhaltbarkeit derselben und Widersprüche mit den von Agassiz entdeckten wichtigen paläontologischen Gesetzen.

Meine Herren! Der entscheidende Schwerpunkt in dem Meinungskampfe, der von den Naturforschern über die Entstehung der Organismen, über ihre Schöpfung oder Entwickelung geführt wird, liegt in den Vorstellungen, welche man sich von dem Wesen der Art oder Species macht. Entweder hält man mit Linné die verschiedenen Arten für selbstständige, von einander unabhängige Schöpfungsformen, oder man nimmt mit Darwin deren Blutsverwandtschaft an. Wenn man Linné's Ansicht theilt und die verschiedenen organischen Species unabhängig von einander entstehen lässt, so kann man sich diese Entstehung nur als eine übernatürliche Schöpfung denken; man muss entweder für jedes einzelne organische Individuum einen besonderen Schöpfungsact annehmen (wozu sich wohl kein Naturforscher entschliessen wird), oder man muss alle Individuen einer jeden Art von einem einzigen Individuum oder von einem einzigen Stammpaare ableiten, welches nicht auf natürlichem Wege entstanden, sondern durch den Machtspruch eines Schöpfers in das Dasein gerufen ist. Damit verlässt man aber das sichere Gebiet vernunftgemässer Natur-Erkenntniss und flüchtet sich in das mythologische Reich des Wunderglaubens.

Wenn man dagegen mit Darwin die Formen-Aehnlichkeit der verschiedenen Arten auf wirkliche Blutsverwandtschaft bezieht, so muss man alle verschiedenen Species der Thier- und Pflanzen-Welt als veränderte Nachkommen einer einzigen oder einiger wenigen, höchst einfachen, ursprünglichen Stammformen betrachten. Durch diese Anschauung gewinnt das natürliche System der Organismen (die baumartig verzweigte Anordnung und Eintheilung derselben in Classen, Ordnungen, Familien, Gattungen und Arten) die Bedeutung eines wirklichen Stammbaums, dessen Wurzel durch jene uralten längst verschwundenen Stammformen gebildet wird. Eine wirklich naturgemässe und folgerichtige Betrachtung der Organismen kann aber auch für diese einfachsten ursprünglichen Stammformen keinen übernatürlichen Schöpfungsact annehmen, sondern nur eine Entstehung durch Urzeugung (Archigonie oder Generatio spontanea). Durch Darwins Ansicht von dem Wesen der Species gelangen wir daher zu einer natürlichen Entwickelungs-Theorie, durch Linné's Auffassung des Artbegriffs dagegen zu einem übernatürlichen Schöpfungs-Dogma.

Die meisten Naturforscher nach Linné, dessen grosse Verdienste um die unterscheidende und beschreibende Naturwissenschaft ihm das höchste Ansehen gewannen, traten in seine Fusstapfen; ohne weiter über die Entstehung der Organismen nachzudenken, nahmen sie in dem Sinne Linné's eine selbstständige Schöpfung der einzelnen Arten an, in Uebereinstimmung mit dem mosaischen Schöpfungs-Bericht. Die Grundlage ihrer Species-Auffassung bildete Linné's Ausspruch: „Es giebt so viele Arten, als ursprünglich verschiedene Formen erschaffen worden sind.“ Jedoch müssen wir hier, ohne näher auf die Begriffsbestimmung der Species einzugehen, sogleich bemerken, dass alle Zoologen und Botaniker in der systematischen Praxis, bei der practischen Unterscheidung und Benennung der Thier- und Pflanzen-Arten, sich nicht im Geringsten um jene angenommene Schöpfung ihrer elterlichen Stammformen kümmerten, und auch wirklich nicht kümmern konnten. In dieser Beziehung macht einer unserer ersten Zoologen, der geistvolle Fritz Müller, folgende treffende Bemerkung: „Wie es in christlichen Landen eine Katechismus-Moral giebt, die Jeder im Munde führt, Niemand zu befolgen sich verpflichtet hält, oder von anderen befolgt zu sehen erwartet, so hat auch die Zoologie ihre Dogmen, die man eben so allgemein bekennt, als in der Praxis verläugnet.“ („Für Darwin“, S. 71)[16]). Ein solches vernunftwidriges, aber gerade darum mächtiges Dogma, und zwar das mächtigste von allen, war bis vor Kurzem das Linné'sche Species-Dogma. Obwohl die allermeisten Naturforscher demselben blindlings sich unterwarfen, waren sie doch natürlich niemals in der Lage, die Abstammung aller zu einer Art gehörigen Individuen von jener gemeinsamen, ursprünglich erschaffenen Stammform der Art nachweisen zu können. Vielmehr bedienten sich sowohl die Zoologen als die Botaniker in ihrer systematischen Praxis ausschliesslich der Formähnlichkeit, um die verschiedenen Arten zu unterscheiden und zu benennen. Sie stellten in eine Art oder Species alle organischen Einzelwesen, die einander in der Formbildung sehr ähnlich oder fast gleich waren, und die sich nur durch sehr unbedeutende Formenunterschiede von einander trennen liessen. Dagegen betrachteten sie als verschiedene Arten diejenigen Individuen, welche wesentlichere oder auffallendere Unterschiede in ihrer Körpergestaltung darboten. Natürlich war aber damit der grössten Willkür in der systematischen Artunterscheidung Thür und Thor geöffnet. Denn da niemals alle Individuen einer Species in allen Stücken völlig gleich sind, vielmehr jede Art mehr oder weniger abändert (variirt), so vermochte Niemand zu sagen, welcher Grad der Abänderung eine wirklich „gute Art“, welcher Grad bloss eine Spielart oder Rasse (Varietät) bezeichne.

Nothwendig musste diese dogmatische Auffassung des Species-

Begriffes und die damit verbundene Willkür zu den unlösbarsten Widersprüchen und zu den unhaltbarsten Annahmen führen. Dies zeigt sich deutlich schon bei demjenigen Naturforscher, welcher nächst Linné den grössten Einfluss auf die Ausbildung der Thierkunde gewann, bei dem berühmten George Cuvier (geb. 1769). Er schloss sich in seiner Auffassung und Bestimmung des Species-Begriffs im Ganzen an Linné an, und theilte seine Vorstellung von einer unabhängigen Erschaffung der einzelnen Arten. Die Unveränderlichkeit derselben hielt Cuvier für so wichtig, dass er sich bis zu dem thörichten Ausspruche verstieg: „Die Beständigkeit der Species ist eine nothwendige Bedingung für die Existenz der wissenschaftlichen Naturgeschichte." Da Linné's Definition der Species ihm nicht genügte, machte er den Versuch, eine genauere und für die systematische Praxis mehr verwerthbare Begriffs-Bestimmung derselben zu geben, und zwar in folgender Definition: „Zu einer Art gehören alle diejenigen Individuen der Thiere und der Pflanzen, welche entweder von einander oder von gemeinsamen Stammeltern bewiesenermassen abstammen, oder welche diesen so ähnlich sind, als die letzteren unter sich."

Cuvier dachte sich in dieser Beziehung ungefähr Folgendes: „Bei denjenigen organischen Individuen, von denen wir wissen, sie stammen von einer und derselben Elternform ab, bei denen also ihre gemeinsame Abstammung empirisch erwiesen ist, leidet es keinen Zweifel, dass sie zu einer Art gehören, mögen dieselben nun wenig oder viel von einander abweichen, mögen sie fast gleich oder sehr ungleich sein. Ebenso gehören dann aber zu dieser Art auch alle diejenigen Individuen, welche von den letzteren (den aus gemeinsamem Stamm empirisch abgeleiteten) nicht mehr verschieden sind, als diese unter sich von einander abweichen." Bei näherer Betrachtung dieser Species-Definition Cuviers zeigt sich sofort, dass dieselbe weder theoretisch befriedigend, noch practisch anwendbar ist. Cuvier fing mit dieser Definition bereits an, sich in dem Kreise herum zu drehen, in welchem fast alle folgenden Definitionen der Species im Sinne ihrer Unveränderlichkeit sich bewegt haben.

Bei der ausserordentlichen Bedeutung, welche George Cuvier für die organische Naturwissenschaft gewonnen hat, angesichts der fast unbeschränkten Alleinherrschaft, welche seine Ansichten während der ersten Hälfte unseres Jahrhunderts in der Thierkunde ausübten, erscheint es an dieser Stelle angemessen, seinen Einfluss noch etwas näher zu beleuchten. Es ist dies um so nöthiger, als wir in Cuvier den bedeutendsten Gegner der Abstammungs-Lehre und der monistischen Natur-Auffassung zu bekämpfen haben.

Unter den vielen und grossen Verdiensten Cuviers stehen obenan diejenigen, welche er sich als Gründer der vergleichenden Anatomie erwarb. Während Linné die Unterscheidung der Arten, Gattungen, Ordnungen und Classen meistens auf äussere Charaktere, auf einzelne, leicht auffindbare Merkmale in der Zahl, Grösse, Lage und Gestalt einzelner Körpertheile gründete, drang Cuvier viel tiefer in das Wesen der Organisation ein. Er wies grosse und durchgreifende Verschiedenheiten in dem inneren Bau der Thiere als die wesentliche Grundlage einer wissenschaftlichen Erkenntniss und Classification derselben nach. Er unterschied natürliche Familien in den Thierclassen und er gründete auf deren vergleichende Anatomie sein natürliches System des Thierreichs.

Der Fortschritt von dem künstlichen System Linné's zu dem natürlichen System Cuviers war ausserordentlich bedeutend. Linné hatte sämmtliche Thiere in eine einzige Reihe geordnet, welche er in sechs Classen eintheilte, zwei wirbellose und vier Wirbelthierclassen. Er unterschied dieselben künstlich nach der Beschaffenheit des Blutes und des Herzens. Cuvier dagegen zeigte, dass man im Thierreich vier grosse natürliche Hauptabtheilungen unterscheiden müsse, welche er Hauptformen, Generalpläne oder Zweige des Thierreichs nannte. Diese Embranchements sind: 1) die Wirbelthiere (Vertebrata), 2) die Gliederthiere (Articulata), 3) die Weichthiere (Mollusca) und 4) die Strahlthiere (Radiata). Cuvier wies ferner nach, dass in jedem dieser vier Zweige ein eigenthümlicher Bauplan oder Typus erkennbar sei, welcher denselben von jedem der drei andern Zweige unterscheidet. Bei den Wirbelthieren ist derselbe durch die Beschaffenheit des inneren Skelets oder Knochen-Gerüstes, sowie durch den Bau und die Lage des Rückenmarks, abgesehen von vielen anderen Eigenthümlichkeiten, bestimmt ausgedrückt. Die Gliederthiere werden durch ihr Bauchmark und ihr Rückenherz charakterisirt. Für die Weichthiere ist der sackartige, ungegliederte Körper, dessen Rücken meistens eine Kalkschale deckt, bezeichnend. Die Strahlthiere endlich unterscheiden sich von den drei anderen Hauptformen durch die Zusammensetzung ihres Körpers aus vier oder mehreren, strahlenförmig vereinigten Hauptabschnitten (Strahltheilen oder Parameren).

Man pflegt gewöhnlich die Unterscheidung dieser vier thierischen Hauptformen, welche ungemein fruchtbar für die weitere Entwickelung der Zoologie wurde, Cuvier allein zuzuschreiben. Indessen wurde derselbe Gedanke fast gleichzeitig und unabhängig von Cuvier, von einem der grössten deutschen Naturforscher ausgesprochen, von Baer, welcher um die Entwickelungs-Geschichte der Thiere sich die hervorragendsten Verdienste erwarb. Baer zeigte, dass man auch in der Entwickelungsweise der Thiere vier verschiedene Hauptformen oder Typen unterscheiden müsse[20]). Diese entsprechen den vier thierischen Bauplänen, welche Cuvier auf Grund der vergleichenden Anatomie unterschieden hatte. So z. B. stimmt die individuelle Entwickelung aller Wirbelthiere aus dem Ei in ihren Grundzügen von Anfang an so sehr überein, dass man die Keimanlagen oder Embryonen der verschiedenen Wirbelthiere (z. B. der Reptilien, Vögel und Säugethiere) in der frühesten Zeit gar nicht unterscheiden kann. Erst im weiteren Verlaufe der Entwickelung treten allmählich die tieferen Formunterschiede auf, welche jene verschiedenen Classen und deren Ordnungen von einander trennen. Ebenso ist die Körperanlage, welche sich bei der individuellen Entwickelung der Gliederthiere (Insekten, Spinnen, Krebse) ausbildet, von Anfang an bei allen Gliederthieren im Wesentlichen gleich, dagegen verschieden von derjenigen aller Wirbelthiere. Dasselbe gilt mit gewissen Einschränkungen von den Weichthieren und von den Strahlthieren.

Weder Baer, welcher auf dem Wege der individuellen Entwickelungs-Geschichte (oder Ontogenie), noch Cuvier, welcher auf dem Wege der vergleichenden Anatomie zur Unterscheidung der vier thierischen Typen oder Hauptformen gelangte, erkannte die wahre Ursache dieses typischen Unterschiedes. Diese wird uns nur durch die Abstammungs-Lehre enthüllt. Die wunderbare und wirklich überraschende Aehnlichkeit in der inneren Organisation, in den anatomischen Structur-Verhältnissen, und die noch merkwürdigere Uebereinstimmung in der individuellen Entwickelung bei allen Thieren, welche zu einem und demselben Typus, z. B. zu dem Zweige der Wirbelthiere gehören, erklärt sich in der einfachsten Weise durch die Annahme einer gemeinsamen Abstammung derselben von einer einzigen Stammform. Entschliesst man sich nicht zu dieser Annahme, so bleibt jene durchgreifende Uebereinstimmung der verschiedensten Wirbelthiere im inneren Bau und in der Entwickelungsweise vollkommen unerklärlich. Sie kann nur durch die Vererbung erklärt werden.

Nächst der vergleichenden Anatomie der Thiere und der durch diese neu begründeten systematischen Zoologie, war es besonders die Versteinerungskunde oder Paläontologie, um welche sich Cuvier die grössten Verdienste erwarb. Wir müssen dieser um so mehr gedenken, als gerade die paläontologischen und die damit verbundenen geologischen Ansichten Cuviers in der ersten Hälfte unseres Jahrhunderts sich fast allgemein im höchsten Ansehen erhielten, und der Entwickelung der natürlichen Schöpfungs-Geschichte die grössten Hindernisse entgegenstellten.

Die Versteinerungen oder Petrefacten, deren wissenschaftliche Kenntniss Cuvier im Anfange unseres Jahrhunderts in umfassendstem Masse förderte und für die Wirbelthiere ganz neu begründete, spielen in der „natürlichen Schöpfungs-Geschichte“ eine hervorragende Rolle. Denn diese in versteinertem Zustande uns erhaltenen Reste und Abdrücke von ausgestorbenen Thieren und Pflanzen sind die wahren „Denkmünzen der Schöpfung“, die unanfechtbaren und handgreiflichen Urkunden, welche für eine wahrhaftige Geschichte der Organismen die unerschütterliche Grundlage bilden. Alle versteinerten oder fossilen Reste und Abdrücke berichten uns von der Gestalt und dem Bau solcher Thiere und Pflanzen, welche entweder die Urahnen und die Voreltern der jetzt lebenden Organismen sind, oder aber ausgestorbene Seitenlinien, die sich von einem gemeinsamen Stamme mit den jetzt lebenden Organismen früher oder später abgezweigt haben.

Diese unschätzbar werthvollen Urkunden der Schöpfungs-Geschichte haben sehr lange Zeit hindurch eine höchst untergeordnete Rolle in der Wissenschaft gespielt. Allerdings wurde die wahre Natur derselben schon mehr als ein halbes Jahrtausend vor Christus ganz richtig erkannt, und zwar von dem grossen griechischen Philosophen Xenophanes von Kolophon, demselben, welcher die sogenannte eleatische Philosophie begründete und zum ersten Male mit überzeugender Schärfe den Beweis führte, dass alle Vorstellungen von persönlichen Göttern nur auf mehr oder weniger grobe Anthropomorphismen (Vermenschlichungen) hinauslaufen. Xenophanes stellte zum ersten Male die Behauptung auf, dass die fossilen Abdrücke von Thieren und Pflanzen wirkliche Reste von vormals lebenden Geschöpfen seien, und dass die Berge, in deren Gestein man sie findet, früher unter Wasser gestanden haben müssten. Aber obschon auch andere grosse Philosophen des Alterthums, und unter diesen namentlich Aristoteles, jene richtige Erkenntniss theilten, blieb dennoch während des rohen Mittelalters allgemein, und bei vielen Naturforschern selbst noch im vorigen Jahrhundert, die Ansicht herrschend, dass die Versteinerungen sogenannte Naturspiele seien (Lusus naturae), oder Producte einer unbekannten Bildungskraft der Natur, eines Gestaltungstriebes (Nisus formativus, Vis plastica). Ueber das Wesen und die Thätigkeit dieser räthselhaften und mystischen Bildungskraft machte man sich die abenteuerlichsten Vorstellungen. Einige glaubten, dass diese bildende Schöpfungskraft, dieselbe, der sie auch die Entstehung der lebenden Thier- und Pflanzenarten zuschrieben, zahlreiche Versuche gemacht habe, Organismen verschiedener Form zu schaffen; diese Versuche seien aber nur theilweise gelungen, häufig fehlgeschlagen, und solche missglückte Versuche seien die Versteinerungen. Nach Anderen sollten die Petrefacten durch den Einfluss der Sterne im Innern der Erde entstehen. Andere machten sich eine noch gröbere Vorstellung, dass nämlich der Schöpfer zunächst aus mineralischen Substanzen, z. B. aus Kalk oder Thon, vorläufige Modelle von denjenigen Pflanzen- und Thier-Formen gemacht habe, die er später in organischer Substanz ausführte, und denen er seinen lebendigen Odem einhauchte; die Petrefacten seien solche rohe, anorgische Modelle. Selbst noch im vorigen Jahrhundert waren solche mystische Ansichten verbreitet, und es wurde z. B. eine besondere „Samenluft“ (Aura seminalis) angenommen, welche mit dem Wasser in die Erde dringe und durch Befruchtung der Gesteine die Petrefacten, das „Steinfleisch“ (Caro fossilis) bilde.

Sie sehen, es dauerte gewaltig lange, ehe die einfache und naturgemässe Vorstellung zur Geltung gelangte, dass die Versteinerungen wirklich nichts Anderes seien, als das, was schon der einfache Augenschein lehrt: die unverweslichen Ueberbleibsel von gestorbenen Organismen. Zwar wagte der berühmte Maler Leonardo da Vinci schon im fünfzehnten Jahrhundert zu behaupten, dass der aus dem Wasser beständig sich absetzende Schlamm die Ursache der Versteinerungen sei, indem er die auf dem Boden der Gewässer liegenden unverweslichen Kalkschalen der Muscheln und Schnecken umschliesse, und allmählich zu festem Gestein erhärte. Das Gleiche behauptete auch im sechzehnten Jahrhundert ein Pariser Töpfer, Palissy, welcher sich durch seine Porzellanerfindung berühmt machte. Allein die sogenannten „Gelehrten von Fach“ waren weit entfernt, diese richtigen Aussprüche des einfachen gesunden Menschenverstandes zu würdigen, und erst gegen das Ende des vorigen Jahrhunderts, während der Begründung der neptunistischen Geologie durch Werner, gewannen dieselben allgemeine Geltung.

Die Begründung der strengeren wissenschaftlichen Paläontologie fällt jedoch erst in den Anfang unseres Jahrhunderts, als Cuvier seine classischen Untersuchungen über die versteinerten Wirbelthiere, und sein grosser Gegner Lamarck seine bahnbrechenden Forschungen über die fossilen wirbellosen Thiere, namentlich die versteinerten Schnecken und Muscheln, veröffentlichte. In seinem berühmten Werke „über die fossilen Knochen“ der Wirbelthiere, insbesondere der Säugethiere und Reptilien, gelangte Cuvier bereits zur Erkenntniss einiger sehr wichtigen, allgemeinen, paläontologischen Gesetze, welche für die Schöpfungs-Geschichte grosse Bedeutung gewannen. Dahin gehört vor Allen der Satz, dass die ausgestorbenen Thierarten, deren Ueberbleibsel wir in den verschiedenen, über einander liegenden Schichten der Erdrinde versteinert vorfinden, sich um so auffallender von den jetzt noch lebenden verwandten Thierarten unterscheiden, je tiefer jene Erdschichten liegen, d. h. je früher die Thiere in der Vorzeit lebten. In der That finden wir bei jedem senkrechten Durchschnitt der geschichteten Erdrinde, dass die verschiedenen, aus dem Wasser in bestimmter historischer Reihenfolge abgesetzten Erdschichten durch verschiedene Petrefacten charakterisirt sind; und wir finden ferner, dass diese ausgestorbenen Organismen denjenigen der Gegenwart um so ähnlicher werden, je weiter wir in der Schichtenfolge aufwärts steigen, d. h. je jünger die Periode der Erdgeschichte war, in der sie lebten, starben, und von den abgelagerten und erhärtenden Schlammschichten umschlossen wurden.

So wichtig diese allgemeine Wahrnehmung Cuviers einerseits war, so wurde sie doch andrerseits für ihn die Quelle eines folgenschweren Irrthums. Denn indem er die charakteristischen Versteinerungen jeder einzelnen grösseren Schichtengruppe, welche während eines Hauptabschnittes der Erdgeschichte abgelagert wurde, für gänzlich verschieden von denen der darüber und der darunter liegenden Schichtengruppe hielt, glaubte er irrthümlich, dass niemals eine und dieselbe Thierart in zwei auf einander folgenden Schichtengruppen sich vorfinde. So gelangte er zu der falschen, für die meisten nachfolgenden Naturforscher massgebenden Vorstellung, dass eine Reihe von ganz verschiedenen Schöpfungs-Perioden auf einander gefolgt sei. Jede Periode sollte ihre ganz besondere Thier- und Pflanzenwelt, eine ihr eigenthümliche, specifische Fauna und Flora besessen haben. Cuvier stellte sich vor, dass die ganze Geschichte der Erde seit der Zeit, seit welcher überhaupt lebende Wesen auf der Erdrinde auftraten, in eine Anzahl vollkommen getrennter Perioden oder Hauptabschnitte zerfalle, und dass die einzelnen Perioden durch eigenthümliche Umwälzungen unbekannter Natur, sogenannte Revolutionen (Kataklysmen oder Katastrophen) von einander geschieden seien. Jede

Revolution hatte zunächst die gänzliche Vernichtung der damals lebenden Thier- und Pflanzenwelt zur Folge, und nach ihrer Beendigung fand eine vollständig neue Schöpfung der organischen Formen statt. Eine neue Welt von Thieren und Pflanzen, durchweg specifisch verschieden von denen der vorhergehenden Geschichts-Periode, wurde mit einem Male in das Leben gerufen. Diese bevölkerte nun wieder eine Reihe von Jahrtausenden hindurch den Erdball, bis sie plötzlich durch den Eintritt einer neuen Revolution zu Grunde ging.

Von dem Wesen und den Ursachen dieser Revolutionen sagte Cuvier ausdrücklich, dass man sich keine Vorstellung darüber machen könne, und dass die jetzt wirksamen Kräfte der Natur zu einer Erklärung derselben nicht ausreichten. Als natürliche Kräfte oder mechanische Agentien, welche in der Gegenwart beständig, obwohl langsam, an einer Umgestaltung der Erdoberfläche arbeiten, führt Cuvier vier wirkende Ursachen auf: erstens den Regen, welcher die steilen Gebirgsabhänge abspült und Schutt an deren Fuss anhäuft; zweitens die fliessenden Gewässer, welche diesen Schutt fortführen und als Schlamm im stehenden Wasser absetzen; drittens das Meer, dessen Brandung die steilen Küstenränder abnagt, und an flachen Küstensäumen Dünen aufwirft; und endlich viertens die Vulkane, welche die Schichten der erhärteten Erdrinde durchbrechen und in die Höhe heben, und welche ihre Auswurfsproducte aufhäufen und umherstreuen. Während Cuvier die beständige langsame Umbildung der gegenwärtigen Erdoberfläche durch diese vier mächtigen Ursachen anerkennt, behauptet er gleichzeitig, dass dieselben nicht ausgereicht haben könnten, um die Erdrevolutionen der Vorzeit auszuführen, und dass man den anatomischen Bau der ganzen Erdrinde nicht durch die nothwendige Wirkung jener mechanischen Agentien erklären könne: vielmehr müssten jene wunderbaren, grossen Umwälzungen der ganzen Erdoberfläche durch eigenthümliche, uns gänzlich unbekannte Ursachen bewirkt worden sein; der gewöhnliche Entwickelungsfaden sei durch diese Revolutionen völlig zerrissen, der Gang der Natur verändert.

Diese Ansichten legte Cuvier in einem besonderen, auch

ins Deutsche übersetzten Buche nieder: „Ueber die Revolutionen der Erdoberfläche, und die Veränderungen, welche sie im Thierreich hervorgebracht haben". Sie erhielten sich lange Zeit hindurch in allgemeiner Geltung und wurden das grösste Hinderniss für die Entwickelung einer natürlichen Schöpfungs-Geschichte. Denn wenn wirklich solche allgemeine, Alles vernichtende Katastrophen existirt hatten, so war natürlich eine Continuität der Arten-Entwickelung, ein zusammenhängender Faden der organischen Erd-Geschichte gar nicht anzunehmen, und man musste dann seine Zuflucht zu der Wirksamkeit übernatürlicher Kräfte, zum Eingriff von Wundern in den natürlichen Gang der Dinge nehmen. Nur durch Wunder konnten die Revolutionen der Erde herbeigeführt sein, und nur durch Wunder konnte nach deren Aufhören, am Anfange jeder neuen Periode, eine neue Thier- und Pflanzenwelt geschaffen sein. Für das Wunder hat aber die Naturwissenschaft nirgends einen Platz, sofern man unter Wunder einen Eingriff übernatürlicher Kräfte in den natürlichen Entwickelungsgang der Materie versteht.

Die grosse Autorität, welche sich Linné durch die systematische Unterscheidung und Benennung der organischen Arten gewonnen, hatte bei seinen Nachfolgern zu einer völligen Verknöcherung des dogmatischen Speciesbegriffs, und zu einem wahren Missbrauche der systematischen Artunterscheidung geführt; ebenso wurden die grossen Verdienste, welche sich Cuvier um Kenntniss und Unterscheidung der ausgestorbenen Arten erworben hatte, die Ursache einer allgemeinen Annahme seiner Revolutions- oder Katastrophen-Lehre, und der damit verbundenen grundfalschen Schöpfungs-Ansichten. In Folge dessen hielten während der ersten Hälfte unseres Jahrhunderts die meisten Zoologen und Botaniker an der Ansicht fest, dass eine Reihe unabhängiger Perioden der organischen Erdgeschichte existirt habe; jede Periode sei durch eine bestimmte, ihr ganz eigenthümliche Bevölkerung von Thier- und Pflanzenarten ausgezeichnet gewesen; diese sei am Ende der Periode durch eine allgemeine Revolution vernichtet, und nach dem Aufhören der letzteren wiederum eine neue specifisch verschiedene Thier- und Pflanzenwelt erschaffen worden. Zwar machten schon frühzeitig einzelne selbständig denkende Köpfe, vor Allen der grosse Naturphilosoph Lamarck, eine Reihe von gewichtigen Gründen geltend, welche diese Katastrophen-Theorie Cuviers widerlegten, und welche vielmehr auf eine ganz zusammenhängende und ununterbrochene Entwickelungs-Geschichte der gesammten organischen Erdbevölkerung aller Zeiten hinwiesen. Sie behaupteten, dass die Thier- und Pflanzenarten der einzelnen Perioden von denen der nächst vorhergehenden Periode abstammen und nur die veränderten Nachkommen der letzteren seien. Indessen der grossen Autorität Cuviers gegenüber vermochte damals diese richtige Ansicht noch nicht durchzudringen. Ja selbst nachdem durch Lyells 1830 erschienene, classische „Principien der Geologie“ die Katastrophen-Lehre Cuviers aus dem Gebiete der Geologie gänzlich verdrängt worden war, blieb seine Ansicht von der specifischen Verschiedenheit der verschiedenen organischen Schöpfungen trotzdem auf dem Gebiete der Paläontologie noch vielfach in Geltung.

Durch einen seltsamen Zufall geschah es vor vierzig Jahren, dass fast zu derselben Zeit, als Cuviers Schöpfungs-Geschichte durch Darwins Werk ihren Todesstoss erhielt, ein anderer berühmter Naturforscher den Versuch unternahm, dieselbe von Neuem zu begründen, und in schroffster Form als Theil eines teleologisch-theologischen Natursystems durchzuführen. Der Schweizer Geologe Louis Agassiz nämlich, welcher durch seine von Schimper und Charpentier entlehnten Gletscher- und Eiszeit-Theorien einen hohen Ruf erlangt hat, und welcher eine Reihe von Jahren in Nordamerika lebte (gestorben 1873), begann 1858 die Veröffentlichung eines grossartig angelegten Werkes, welches den Titel führt: „Beiträge zur Naturgeschichte der vereinigten Staaten von Nordamerika“. Der erste Band dieser Naturgeschichte, welche durch den Patriotismus der Nordamerikaner eine für ein so grosses und kostspieliges Werk unerhörte Verbreitung erhielt, führt den Titel: „Ein Versuch über Classification“. Agassiz erläutert in diesem Versuche nicht allein das natürliche System der Organismen und die verschiedenen darauf abzielenden Classifications-Versuche der Naturforscher, sondern auch alle allgemeinen biologischen Verhältnisse, welche darauf Bezug haben. Die Entwickelung der Organismen, und zwar sowohl die embryologische als die paläontologische, die Thatsachen der vergleichenden Anatomie, sodann die allgemeine Oeconomie der Natur, die geographische und topographische Verbreitung der Thiere und Pflanzen, kurz fast alle allgemeinen Erscheinungsreihen der organischen Natur, kommen in dem Classifications-Versuche von Agassiz zur Besprechung; sie werden sämmtlich in einem Sinne und von einem Standpunkte aus erläutert, welcher demjenigen Darwins auf das Schroffste gegenübersteht.

Das Hauptverdienst Darwins besteht darin, natürliche Ursachen für die Entstehung der Thier- und Pflanzenarten nachzuweisen, und somit die mechanische oder monistische Weltanschauung auch auf diesem schwierigsten Gebiete der Schöpfungs-Geschichte geltend zu machen. Agassiz hingegen ist überall bestrebt, jeden mechanischen Vorgang aus diesem ganzen Gebiete völlig auszuschliessen und überall den übernatürlichen Eingriff eines persönlichen Schöpfers an die Stelle der natürlichen Kräfte der Materie zu setzen, mithin eine entschieden teleologische oder dualistische Weltanschauung zur Geltung zu bringen. Schon aus diesem Grunde ist es gewiss angemessen, wenn ich hier auf die biologischen Ansichten von Agassiz, und insbesondere auf seine Schöpfungs-Vorstellungen, etwas näher eingehe. Dies lohnt sich um so mehr, als kein anderes Werk unserer Gegner jene wichtigen allgemeinen Grundfragen mit gleicher Ausführlichkeit behandelt, und als zugleich die völlige Unhaltbarkeit ihrer dualistischen Weltanschauung sich daraus für jeden Unbefangenen auf das Klarste ergiebt.

Die organische Art oder Species, deren verschiedenartige Auffassung wir oben als den eigentlichen Angelpunkt der entgegengesetzten Schöpfungs-Ansichten bezeichnet haben, wird von Agassiz, ebenso wie von Cuvier und Linné, als eine in allen wesentlichen Merkmalen unveränderliche Gestalt angesehen; zwar können die Arten innerhalb enger Grenzen abändern oder variiren, aber nur in unwesentlichen, niemals in wesentlichen Eigenthümlichkeiten. Niemals können aus den Abänderungen oder

Varietäten einer Art wirklich neue Species hervorgehen. Keine von allen organischen Arten stammt also jemals von einer anderen ab, vielmehr ist jede einzelne für sich von Gott geschaffen worden. Jede einzelne Thierart ist, wie sich Agassiz ausdrückt, ein verkörperter Schöpfungs-Gedanke Gottes.

Durch die paläontologischen Erfahrungen wissen wir, dass die Zeitdauer der einzelnen organischen Arten eine höchst ungleiche ist, und dass viele Species unverändert durch mehrere aufeinander folgende Perioden der Erdgeschichte hindurchgehen, während Andere nur einen kleinen Bruchtheil einer solchen Periode durchlebten. In schroffem Gegensatze zu dieser Thatsache behauptet Agassiz, dass niemals eine und dieselbe Species in zwei verschiedene Perioden vorkomme, dass vielmehr jede einzelne Periode durch eine ganz eigenthümliche, ihr ausschliesslich angehörige Bevölkerung von Thier- und Pflanzenarten charakterisirt sei. Er theilt ferner Cuviers Ansicht, dass durch die grossen und allgemeinen Revolutionen der Erdoberfläche, am Ende einer jeden Periode, deren ganze Bevölkerung vernichtet, und nach deren Untergang eine neue, davon specifisch verschiedene geschaffen wurde. Diese Neuschöpfung lässt Agassiz in der Weise geschehen, dass jedesmal die gesammte Erdbevölkerung in ihrer durchschnittlichen Individuenzahl und in den der Oeconomie der Natur entsprechenden Wechselbeziehungen der einzelnen Arten vom Schöpfer als Ganzes plötzlich in die Welt gesetzt worden sei. Hiermit tritt er einem der bestbegründeten und wichtigsten Gesetze der Thier- und Pflanzen-Geographie entgegen, dem Gesetze nämlich, dass jede Species einen einzigen ursprünglichen Entstehungsort oder einen sogenannten Schöpfungs-Mittelpunkt besitzt, von dem aus sie sich über ihren Bezirk allmählich verbreitet hat. Statt dessen lässt Agassiz jede Species an verschiedenen Stellen der Erdoberfläche und sogleich in einer grösseren Anzahl von Individuen durch ein Wunder geschaffen werden.

Das natürliche System der Organismen, dessen verschiedene über einander geordnete Gruppenstufen oder Kategorien, die Zweige, Classen, Ordnungen, Familien, Gattungen und Arten, wir der Abstammungs-Lehre gemäss als verschiedene Aeste und

Zweige des gemeinschaftlichen organischen Stammbaumes betrachten, ist nach Agassiz der unmittelbare Ausdruck des göttlichen Schöpfungsplanes; indem der Naturforscher das natürliche System erforscht, denkt er die Schöpfungs-Gedanken Gottes nach. Hierin findet Agassiz den kräftigsten Beweis dafür, dass der Mensch das Ebenbild und Kind Gottes ist. Die verschiedenen Gruppenstufen oder Kategorien des natürlichen Systems entsprechen den verschiedenen Stufen der Ausbildung, welche der göttliche Schöpfungsplan erlangt hatte. Beim Entwurf und bei der Ausführung dieses Planes vertiefte sich der Schöpfer, von allgemeinsten Schöpfungsideen ausgehend, immer mehr in die besonderen Einzelheiten. Was also z. B. das Thierreich betrifft, so hatte Gott bei dessen Schöpfung zunächst vier grundverschiedene Ideen vom Thierkörper, welche er in dem verschiedenen Baupläne der vier grossen Hauptformen, Typen oder Zweige des Thierreichs verkörperte, in den Wirbelthieren, Gliederthieren, Weichthieren und Strahlthieren. Indem nun der Schöpfer darüber nachdachte, in welcher Art und Weise er diese vier verschiedenen Baupläne mannichfaltig ausführen könne, schuf er zunächst innerhalb jeder der vier Hauptformen mehrere verschiedene Classen, z. B. in der Wirbelthierform die Classen der Säugethiere, Vögel, Reptilien, Amphibien und Fische. Weiterhin vertiefte sich dann Gott in die einzelnen Classen und brachte durch verschiedene Abstufungen im Bau jeder Classe deren einzelne Ordnungen hervor. Durch weitere Variation der Ordnungsform erschuf er die natürlichen Familien. Indem der Schöpfer ferner in jeder Familie die letzten Structur-Eigenthümlichkeiten einzelner Theile variirte, entstanden die Gattungen oder Genera. Endlich zuletzt ging Gott im weiteren Ausdenken seines Schöpfungsplanes so sehr ins Einzelne, dass die einzelnen Arten oder Species ins Leben traten. Diese sind also die verkörperten Schöpfungs-Gedanken der speciellsten Art. Zu bedauern ist dabei nur, dass der Schöpfer diese seine speciellsten und am tiefsten durchgedachten „Schöpfungs-Gedanken“ in so sehr unklarer und lockerer Form ausdrückte und ihnen einen so verschwommenen Stempel aufprägte, eine so freie Variations-Erlaubniss mitgab, dass kein einziger Naturforscher im Stande ist, die „guten“ von den „schlechten Arten“, die echten „Species“ von den Spielarten, Varietäten, Rassen u. s. w. scharf zu unterscheiden.

Sie sehen, der Schöpfer verfährt nach Agassiz' Vorstellung beim Hervorbringen der organischen Formen genau ebenso wie ein menschlicher Baukünstler, der sich die Aufgabe gestellt hat, möglichst viel verschiedene Bauwerke, zu möglichst mannichfaltigen Zwecken, in möglichst abweichendem Style, in möglichst verschiedenen Graden der Einfachheit, Pracht, Grösse und Vollkommenheit auszudenken und auszuführen. Dieser Architekt würde zunächst vielleicht für alle diese Gebäude vier verschiedene Style anwenden, etwa den gothischen, byzantinischen, maurischen und chinesischen Styl. In jedem dieser Style würde er eine Anzahl von Kirchen, Palästen, Kasernen, Gefängnissen und Wohnhäusern bauen. Jede dieser verschiedenen Gebäudeformen würde er in roheren und vollkommeneren, in grösseren und kleineren, in einfachen und prächtigen Arten ausführen u. s. w. Jedoch wäre der menschliche Architekt vielleicht noch besser als der göttliche Schöpfer gestellt, insofern ihm in der Anzahl der Gruppenstufen alle Freiheit gelassen wäre. Der Schöpfer dagegen darf sich nach Agassiz immer nur innerhalb der genannten sechs Gruppenstufen oder Kategorien bewegen, innerhalb der Art, Gattung, Familie, Ordnung, Classe und Typus. Mehr als diese sechs Kategorien giebt es für ihn nicht.

Wenn Sie in Agassiz' Werk über die Classification selbst die weitere Ausführung und Begründung dieser seltsamen Ansichten lesen, so werden Sie kaum begreifen, wie man mit allem Anschein wissenschaftlichen Ernstes die Vermenschlichung (den Anthropomorphismus) des göttlichen Schöpfers so weit treiben, und eben durch die Ausführung im Einzelnen bis zum verkehrtesten Unsinn ausmalen kann. In dieser ganzen Vorstellungsreihe ist der Schöpfer weiter nichts als ein allmächtiger Mensch, der, von Langeweile geplagt, sich mit dem Ausdenken und Aufbauen möglichst mannichfaltiger Spielzeuge, der organischen Arten, belustigt. Nachdem er sich mit denselben eine Reihe von Jahrtausenden hindurch unterhalten, wird er ihrer überdrüssig; er vernichtet sie durch eine allgemeine Revolution der Erdoberfläche, indem er das ganze unnütze Spielzeug in Haufen zusammenwirft; dann ruft er, um sich mit etwas Neuem und Besserem die Zeit zu vertreiben, eine neue und vollkommenere Thier- und Pflanzenwelt ins Leben. Um jedoch nicht die Mühe der ganzen Schöpfungs-Arbeit von vorn anzufangen, behält er immer den einmal ausgedachten Schöpfungsplan im Grossen und Ganzen bei, und schafft nur lauter neue Arten, oder höchstens neue Gattungen, viel seltener neue Familien, Ordnungen oder gar Classen. Zu einem neuen Typus oder Style bringt er es nie. Dabei bleibt er immer streng innerhalb jener sechs Kategorien oder Gruppenstufen.

Nachdem der Schöpfer so nach Agassiz' Ansicht Millionen von Jahrtausenden hindurch sich mit dem Aufbauen und Zerstören einer Reihe verschiedener Schöpfungen unterhalten hatte, kömmt er endlich zuletzt — obwohl sehr spät! — auf den guten Gedanken, sich seinesgleichen zu erschaffen, und er formt den Menschen nach seinem Ebenbilde! Hiermit ist das Endziel aller Schöpfungs-Geschichte erreicht und die Reihe der Erdrevolutionen abgeschlossen. Der Mensch, das Kind und Ebenbild Gottes, giebt demselben so viel zu thun, macht ihm so viel Vergnügen und Mühe, dass er nun niemals mehr Langeweile hat, und keine neue Schöpfung mehr eintreten zu lassen braucht. Wenn man einmal in der Weise, wie Agassiz, dem Schöpfer durchaus menschliche Attribute und Eigenschaften beilegt, und sein Schöpfungswerk durchaus analog einer menschlichen Schöpfungs-Thätigkeit betrachtet, so ist man nothwendig auch zur Annahme dieser ganz absurden Consequenzen gezwungen.

Die vielen inneren Widersprüche und die auffallenden Verkehrtheiten der Schöpfungs-Ansichten von Agassiz, welche ihn nothwendig zu dem entschiedensten Widerstand gegen die Abstammungs-Lehre führten, müssen um so mehr unser Erstaunen erregen, als derselbe durch seine früheren naturwissenschaftlichen Arbeiten in vieler Beziehung thatsächlich Darwin vorgearbeitet hat, insbesondere durch seine Thätigkeit auf dem paläontologischen Gebiete. Unter den zahlreichen Untersuchungen, welche der jungen Paläontologie schnell die allgemeine Theilnahme erwarben, schliessen sich diejenigen von Agassiz, namentlich das berühmte Werk „über die fossilen Fische“, zunächst ebenbürtig an die grundlegenden Arbeiten von Cuvier an. Nicht allein haben die versteinerten Fische, mit denen uns Agassiz bekannt machte, eine ausserordentlich hohe Bedeutung für das Verständniss der ganzen Wirbelthier-Gruppe und ihrer geschichtlichen Entwickelung gewonnen; sondern wir sind dadurch auch zur sicheren Erkenntniss wichtiger allgemeiner Entwickelungs-Gesetze gelangt. Insbesondere hat Agassiz mit besonderem Nachdruck auf den merkwürdigen Parallelismus zwischen der embryonalen Entwickelung der Individuen und der paläontologischen Entwickelung der Arten hingewiesen. Diese bedeutungsvolle Uebereinstimmung, welche bereits die ältere Naturphilosophie erkannte, habe ich schon vorhin (S. 10) als eine der stärksten Stützen für die Abstammungs-Lehre in Anspruch genommen. Niemand hatte vorher so bestimmt, wie es Agassiz that, hervorgehoben, dass von den Wirbelthieren zuerst nur Fische allein existirt haben, dass erst später Amphibien auftraten, und dass erst in noch viel späterer Zeit Vögel und Säugethiere erschienen; dass ferner von den Säugethieren, ebenso wie von den Fischen, anfangs unvollkommnere, niedere Ordnungen, später erst vollkommnere und höhere auftraten. Agassiz zeigte mithin, dass die paläontologische Entwickelung der ganzen Wirbelthier-Gruppe nicht allein der embryonalen parallel sei, sondern auch der systematischen Entwickelung, d. h. der Stufenleiter, welche wir überall im System von den niederen zu den höheren Classen, Ordnungen u. s. w. aufsteigend erblicken. Zuerst erschienen in der Erdgeschichte nur niedere, später erst höhere Formen. Diese wichtige Thatsache erklärt sich, ebenso wie die Uebereinstimmung der embryonalen und paläontologischen Entwickelung, ganz einfach und natürlich aus der Abstammungs-Lehre, während sie ohne diese ganz unerklärlich ist.

Dasselbe gilt ferner von dem grossen Gesetze der fortschreitenden Entwickelung, von dem historischen Fortschritt der Organisation, welcher sowohl im Grossen und Ganzen in der geschichtlichen Aufeinanderfolge aller Organismen sichtbar ist, als in der besonderen Vervollkommnung einzelner Theile des Thierkörpers. So z. B. erhielt das Skelet der Wirbelthiere, ihr Knochengerüst, erst langsam, allmählich und stufenweis den hohen Grad von Vollkommenheit, welchen es jetzt beim Menschen und den anderen höheren Wirbelthieren besitzt. Dieser von Agassiz thatsächlich anerkannte Fortschritt folgt aber mit Nothwendigkeit aus der von Darwin begründeten Züchtungs-Lehre, welche die wirkenden Ursachen desselben nachweist. Wenn diese Lehre richtig ist, so muss nothwendig die Vollkommenheit und Mannichfaltigkeit der Thier- und Pflanzenarten im Laufe der organischen Erdgeschichte stufenweise zunehmen, und konnte erst in neuester Zeit ihre höchste Ausbildung erlangen.

Alle so eben angeführten, und noch einige andere allgemeine Entwickelungs-Gesetze, welche von Agassiz ausdrücklich anerkannt und mit Recht stark betont werden, sogar von ihm selbst zum Theil erst aufgestellt wurden, sind, wie Sie später sehen werden, nur durch die Abstammungs-Lehre erklärbar; sie bleiben ohne dieselbe völlig unbegreiflich. Nur die von Darwin entwickelte Wechselwirkung der Vererbung und Anpassung kann die wahre Ursache derselben sein. Dagegen stehen sie alle in schroffem und unvereinbarem Gegensatz mit der vorher besprochenen Schöpfungs-Hypothese von Agassiz, und mit allen Vorstellungen von der zweckmässigen Werkthätigkeit eines persönlichen Schöpfers. Will man im Ernst durch die letztere jene merkwürdigen Erscheinungen und ihren inneren Zusammenhang erklären, so verirrt man sich nothwendig zu der Annahme, dass auch der Schöpfer selbst sich mit der organischen Natur, die er schuf und umbildete, entwickelt habe. Man kann sich dann nicht mehr von der Vorstellung los machen, dass der Schöpfer selbst nach Art des menschlichen Organismus seine Pläne entworfen, verbessert und endlich unter vielen Abänderungen ausgeführt habe. „Es wächst der Mensch mit seinen höher'n Zwecken." Wenn es nach der Ehrfurcht, mit der Agassiz auf jeder Seite vom Schöpfer spricht, scheinen könnte, dass wir dadurch zur erhabensten Vorstellung von seinem Wirken in der Natur gelangen, so findet in Wahrheit das Gegentheil statt. Der göttliche

Schöpfer wird dadurch zu einem idealisirten Menschen erniedrigt, zu einem in der Entwickelung fortschreitenden Organismus. Gott ist im Grunde nach dieser niedrigen Vorstellung weiter Nichts, als ein „gasförmiges Wirbelthier".

Bei der weiten Verbreitung und dem hohen Ansehen, welches sich Agassiz' Werk erworben hat, und welches in Anbetracht der früheren wissenschaftlichen Verdienste des Verfassers wohl gerechtfertigt ist, glaubte ich es Ihnen schuldig zu sein, die gänzliche Unhaltbarkeit seiner allgemeinen Ansichten hier kurz hervorzuheben. Sofern dies Werk eine naturwissenschaftliche Schöpfungs-Geschichte sein will, ist dasselbe unzweifelhaft gänzlich verfehlt. Es hat aber hohen Werth, als der einzige ausführliche und mit wissenschaftlichen Beweisgründen geschmückte Versuch, den in neuerer Zeit ein hervorragender Naturforscher zur Begründung einer teleologischen oder dualistischen Schöpfungs-Geschichte unternommen hat. Die innere Unmöglichkeit einer solchen wird dadurch klar vor Jedermanns Augen gelegt. Kein Gegner von Agassiz hätte vermocht, die von ihm entwickelte dualistische Anschauung von der organischen Natur und ihrer Entstehung so schlagend zu widerlegen, als dies ihm selbst durch die überall hervortretenden inneren Widersprüche gelungen ist.

Die Bedeutung von Agassiz in dem grossen Kampfe um die Schöpfungsfragen ist daher auch nicht mit derjenigen des berühmten Berliner Pathologen Rudolf Virchow zu vergleichen. Dieser Letztere gilt zwar heute noch vielfach als der bedeutendste Gegner unserer modernen Entwickelungs-Lehre. Allein seine einflussreiche Opposition gegen dieselbe beschränkt sich auf hartnäckige einfache Negation. Seitdem Virchow 1877 auf der Naturforscher-Versammlung in München seine früheren monistischen Ueberzeugungen verleugnet und unter dem Beifall der clericalen Obscuranten die Freiheit der wissenschaftlichen Forschung und Lehre bekämpft hatte, haben sich seine Angriffe gegen den Transformismus und Darwinismus zwar häufig wiederholt; aber er hat niemals den Versuch gemacht, eine andere positive Anschauung an deren Stelle zu setzen. Auch steht er den wichtigsten Hilfswissenschaften unserer heutigen Entwickelungs-lehre zu fern, um deren Bedeutung begreifen und würdigen zu können. Die gewichtigen Zeugnisse der vergleichenden Anatomie und Ontogenie, der Paläontologie und Chorologie, der systematischen Zoologie und Botanik existiren für Virchow nicht, während sie von dem kenntnissreichen Agassiz in geistvoller, wenn auch verkehrter Weise zur Stütze seiner dualistischen und theistischen Naturauffassung verwerthet wurden.

Die Gegner der monistischen oder mechanischen Weltanschauung haben das Werk von Agassiz mit Freuden begrüsst und erblicken darin eine vollendete Beweisführung für die unmittelbare Schöpfungs-Thätigkeit eines persönlichen Gottes. Allein sie übersehen dabei, dass dieser persönliche Schöpfer bloss ein mit menschlichen Attributen ausgerüsteter, idealisirter Organismus ist. Diese niedere dualistische Gottesvorstellung entspricht einer niederen thierischen Entwickelungs-Stufe des menschlichen Organismus. Der höher entwickelte Mensch der Gegenwart ist befähigt und berechtigt zu jener unendlich edleren und erhabeneren Gottesvorstellung, welche allein mit der monistischen Weltanschauung verträglich ist, und welche Gottes Geist und Kraft in allen Erscheinungen ohne Ausnahme erblickt. Diese monistische Gottesidee, welcher die Zukunft gehört, hat schon Giordano Bruno einst mit den Worten ausgesprochen: „Ein Geist findet sich in allen Dingen, und es ist kein Körper so klein, dass er nicht einen Theil der göttlichen Substanz in sich enthielte, wodurch er beseelt wird.“ Diese veredelte Gottesidee liegt derjenigen Religion zu Grunde, in deren Sinne die edelsten Geister des Alterthums wie der Neuzeit gedacht und gelebt haben, dem Pantheismus; und sie ist es, von welcher Goethe sagt: „Gewiss es giebt keine schönere Gottes-Verehrung, als diejenige, welche kein Bild bedarf, welche aus dem Wechselgespräch mit der Natur in unserem Busen entspringt.“ Durch sie gelangen wir zu der erhabenen pantheistischen Vorstellung von der Einheit Gottes und der Natur.

Vierter Vortrag.

Entwickelungs-Theorie nach Goethe und Oken.

Wissenschaftliche Unzulänglichkeit aller Vorstellungen von einer Schöpfung der einzelnen Arten. Nothwendigkeit der entgegensetzten Entwickelungs-Theorien. Geschichtlicher Ueberblick über die wichtigsten Entwickelungs-Theorien. Griechische Philosophie. Die Bedeutung der Natur-Philosophie. Goethe. Seine Verdienste als Naturforscher. Seine Metamorphose der Pflanzen. Seine Wirbel-Theorie des Schädels. Seine Entdeckung des Zwischenkiefers beim Menschen. Goethe's Theilnahme an dem Streite zwischen Cuvier und Geoffroy S. Hilaire. Goethe's Entdeckung der beiden organischen Bildungstriebe, des conservativen Specificationstriebes (der Vererbung) und des progressiven Umbildungstriebes (der Anpassung). Goethe's Ansicht von der gemeinsamen Abstammung aller Wirbelthiere mit Inbegriff des Menschen. Entwickelungs-Theorie von Gottfried Reinhold Treviranus. Seine monistische Natur-Auffassung. Oken. Seine Natur-Philophie. Okens Vorstellung vom Urschleim (Protoplasma-Theorie) und von den Infusorien (Zellen-Theorie).

Meine Herren! Alle verschiedenen Vorstellungen, welche wir uns über eine selbstständige, von einander unabhängige Entstehung der einzelnen organischen Arten durch Schöpfung machen können, laufen, folgerichtig durchdacht, auf einen sogenannten Anthropomorphismus hinaus; sie müssen nothwendig zu einer Vermenschlichung des Schöpfers führen, wie wir in dem letzten Vortrage bereits gezeigt haben. Es wird da der Schöpfer selbst zu einem Organismus, der sich einen Plan entwirft, diesen Plan durchdenkt und verändert, und schliesslich die Geschöpfe nach diesem Plane ausführt, wie ein menschlicher Architekt sein Bauwerk. Wenn selbst so hervorragende Naturforscher wie Linné, Cuvier und Agassiz, die Hauptvertreter der dualistischen Schöpfungs-Hypothese, zu keiner genügenderen Ansicht gelangen konnten, so wird daraus am besten die Unzulänglichkeit aller derjenigen Vorstellungen hervorgehen, welche die Mannichfaltigkeit der organischen Natur aus einer solchen Schöpfung der einzelnen Arten ableiten wollen. Zwar haben einige Naturforscher, welche das wissenschaftlich Unbefriedigende dieser Vorstellungen einsahen, versucht, den Begriff des persönlichen Schöpfers durch denjenigen einer unbewusst wirkenden schöpferischen Naturkraft zu ersetzen; indessen ist dieser Ausdruck offenbar bloss eine umschreibende Redensart, sobald nicht näher gezeigt wird, worin diese Naturkraft besteht, und wie sie wirkt. Daher haben auch diese letzteren Versuche durchaus keine Geltung in der Wissenschaft errungen. Vielmehr hat man sich genöthigt gesehen, sobald man eine selbstständige Entstehung der verschiedenen Thier- und Pflanzen-Formen annahm, immer auf ebenso viele Schöpfungsacte zurückzugreifen, d. h. auf Wunder, auf übernatürliche Eingriffe des Schöpfers in den natürlichen Gang der Dinge, der im übrigen ohne seine Mitwirkung abläuft.

Nun haben allerdings verschiedene teleologische Naturforscher, welche die wissenschaftliche Unzulässigkeit einer übernatürlichen „Schöpfung“ fühlten, die letztere noch dadurch zu retten gesucht, dass sie unter Schöpfung „Nichts weiter als eine uns unbekannte, unfassbare Weise der Entstehung“ verstanden wissen wollten. Dieser sophistischen Ausflucht schneidet der treffliche Fritz Müller mit folgender schlagenden Gegenbemerkung jeden Rettungspfad ab: „Es soll dadurch nur in verblümter Weise das verschämte Geständniss ausgesprochen werden, dass man über die Entstehung der Arten „gar keine Meinung habe“ und haben wolle. Nach dieser Erklärung des Wortes würde man ebensowohl von der Schöpfung der Cholera und der Syphilis, von der Schöpfung einer Feuersbrunst und eines Eisenbahnunglücks, wie von der Schöpfung des Menschen reden können.“ (Jenaische Zeitschrift f. M. u. N., Bd. V, S. 272.)

Gegenüber nun dieser vollständigen wissenschaftlichen Unzulässigkeit aller Schöpfungs-Hypothesen sind wir gezwungen, zu den entgegengesetzten Entwickelungs-Theorien unsere Zuflucht zu nehmen, wenn wir uns überhaupt eine vernünftige Vorstellung von der Entstehung der Organismen machen wollen. Wir sind gezwungen und verpflichtet dazu, selbst wenn diese Entwickelungs-Lehren nur einen Schimmer von Wahrscheinlichkeit auf eine mechanische, natürliche Entstehung der Thier- und Pflanzen-Arten fallen lassen; um so mehr aber, wenn dieselben, wie Sie sehen werden, eben so einfach und klar, als vollständig und umfassend die gesammten Thatsachen erklären. Diese Entwickelungs-Theorien sind keineswegs, wie noch oft fälschlich angegeben wird, willkürliche Einfälle, oder beliebige Erzeugnisse der Einbildungskraft, welche nur die Entstehung dieses oder jenes einzelnen Organismus annähernd zu erklären versuchen; sondern sie sind streng wissenschaftlich begründete Theorien, welche von einem festen und klaren Standpunkte aus die Gesammtheit der organischen Natur-Erscheinungen, und insbesondere die Entstehung der organischen Species auf das Einfachste erklären, und als die nothwendigen Folgen mechanischer Natur-Vorgänge nachweisen.

Wie ich bereits im zweiten Vortrage Ihnen zeigte, fallen diese Entwickelungs - Theorien naturgemäss mit derjenigen allgemeinen Weltanschauung zusammen, welche man gewöhnlich als die einheitliche oder monistische, häufig auch als die mechanische oder causale zu bezeichnen pflegt, weil sie nur mechanische oder nothwendig wirkende Ursachen (causae efficientes) zur Erklärung der Natur - Erscheinungen in Anspruch nimmt. Ebenso fallen auf der anderen Seite die von uns bereits betrachteten übernatürlichen Schöpfungs-Hypothesen mit derjenigen, völlig entgegensetzten Weltauffassung zusammen, welche man im Gegensatz zur ersteren die zwiespältige oder dualistische, oft auch die teleologische oder vitale nennt, weil sie die organischen Natur-Erscheinungen aus der Wirksamkeit zweckthätiger oder zweckmässig wirkender Ursachen (causae finales) ableitet. Gerade in diesem tiefen inneren Zusammenhang der verschiedenen Schöpfungs - Theorien mit den höchsten Fragen der Philosophie liegt für uns die Anreizung zu ihrer eingehenden Betrachtung.

Der Grundgedanke aller natürlichen Entwickelungs-Theorien ist die allmähliche Entwickelung aller (auch der vollkommensten) Organismen aus einem einzigen oder aus sehr wenigen, ganz einfachen und ganz unvollkommenen Urwesen, welche nicht durch übernatürliche Schöpfung, sondern durch Urzeugung oder Archigonie (Generatio spontanea) aus anorgischer Materie entstanden. Eigentlich sind in diesem Grundgedanken zwei verschiedene Vorstellungen verbunden, welche aber in tiefem inneren Zusammenhang stehen, nämlich erstens die Vorstellung der Urzeugung oder Archigonie der ursprünglichen Stammwesen, und zweitens die Vorstellung der fortschreitenden Entwickelung der verschiedenen Organismen-Arten aus jenen einfachsten Stammwesen. Diese beiden wichtigen mechanischen Vorstellungen sind die unzertrennlichen Grundgedanken jeder streng wissenschaftlich durchgeführten Entwickelungs-Theorie. Weil dieselbe eine Abstammung der verschiedenen Thier- und Pflanzen-Arten von einfachsten gemeinsamen Stammarten behauptet, konnten wir sie auch als Abstammungs-Lehre (Descendenz-Theorie), und weil damit zugleich eine Umbildung der Arten verbunden ist, als Umbildungs-Lehre (Transmutations-Theorie), oder kurz als Transformismus bezeichnen.

Während übernatürliche Schöpfungs-Geschichten schon vor vielen Jahrtausenden, in jener unvordenklichen Urzeit entstanden sein müssen, als der Mensch, eben erst aus dem Affenzustande sich entwickelnd, zum ersten Male anfing, eingehender über sich selbst und über die Entstehung der ihn umgebenden Körperwelt nachzudenken, so sind dagegen die natürlichen Entwickelungs-Theorien nothwendig viel jüngeren Ursprungs. Wir können diesen erst bei gereifteren Cultur-Völkern begegnen, denen durch philosophische Bildung die Nothwendigkeit einer natürlichen Ursachen-Erkenntniss klar geworden war; und auch bei diesen dürfen wir zunächst nur von einzelnen bevorzugten Naturen erwarten, dass sie den Ursprung der Erscheinungswelt eben so wie deren Entwickelungsgang, als die nothwendige Folge von mechanischen, natürlich wirkenden Ursachen erkannten. Bei keinem Volke waren diese Vorbedingungen für die Entstehung einer natürlichen Entwickelungs-Theorie jemals so vorhanden, wie bei den Griechen des classischen Alterthums. Diesen fehlte aber auf der anderen Seite zu sehr die nähere Bekanntschaft mit den Thatsachen der

Natur-Vorgänge und ihren Formen, und somit die erfahrungsmässige Grundlage für eine weitere Durchbildung der Entwickelungs-Lehre. Die exacte Natur-Forschung und die überall auf empirischer Basis begründete Natur-Erkenntniss war ja dem Alterthum ebenso wie dem Mittelalter fast ganz unbekannt und ist erst eine Errungenschaft der neueren Zeit. Wir haben daher auch hier keine nähere Veranlassung, auf die natürlichen Entwickelungs-Theorien der verschiedenen griechischen Weltweisen einzugehen, da denselben zu sehr die erfahrungsmässige Kenntniss sowohl von der organischen als von der anorganischen Natur abging.

Nur das wollen wir hier hervorheben, dass schon im siebenten Jahrhundert vor Christus die Häupter der Ionischen Natur-Philosophie, die drei Milesier Thales, Anaximenes und Anaximander, namentlich aber der letztere, wichtige Grundsätze unseres heutigen Monismus aufstellten. Sie lehrten bereits ein einheitliches Natur-Gesetz als Urgrund der mannichfaltigen Erscheinungen, die Einheit der gesammten Natur und den beständigen Wechsel der Formen. Anaximander lässt die lebenden Wesen im Wasser durch den Einfluss der Sonnenwärme entstehen und nimmt an, dass der Mensch sich aus fischartigen Thieren entwickelt habe. Aber auch später finden wir in der Natur-Philosophie des Heraklit und Empedocles, wie in den naturwissenschaftlichen Schriften des Demokritos und Aristoteles vielfach Anklänge an Vorstellungen, die wir zu den Grundpfeilern der heutigen Entwickelungs-Lehre rechnen. Empedocles zeigt, wie Zweckmässiges aus Unzweckmässigem hervorgehen kann[18]). Aristoteles nimmt die Urzeugung als die natürliche Entstehungsart der niederen organischen Wesen an. Er lässt z. B. Motten aus Wolle, Flöhe aus faulem Mist, Milben aus feuchtem Holz entstehen u. s. w.

Der Grundgedanke der Entwickelungs-Theorie, dass die verschiedenen Thier- und Pflanzen-Arten sich aus gemeinsamen Stammarten durch Umbildung entwickelt haben, konnte natürlich erst klar ausgesprochen werden, nachdem die Arten oder Species selbst genauer bekannt geworden, und nachdem auch schon die ausgestorbenen Species neben den lebenden in Betracht gezogen und eingehender mit letzteren verglichen worden waren. Dies geschah erst gegen Ende des vorigen und im Beginn unseres Jahrhunderts. Erst im Jahre 1801 sprach der grosse Lamarck die Principien der Entwickelungs-Lehre aus, welche er 1809 in seiner classischen „Philosophie zoologique" weiter ausführte[2]). Während Lamarck und sein Landsmann Geoffroy S. Hilaire in Frankreich den Ansichten Cuviers gegenüber traten und eine natürliche Entwickelung der organischen Species durch Umbildung und Abstammung behaupteten, vertraten in Deutschland Goethe und Oken dieselbe Richtung und legten hier selbstständig die ersten Keime der Entwickelungs-Theorie. Da man gewöhnlich alle diese Naturforscher als „Natur-Philosophen" zu bezeichnen pflegt, und da diese Bezeichnung in einem gewissen Sinne ganz richtig ist, so erscheint es wohl angemessen, hier einige Worte über die richtige Würdigung der Natur-Philosophie vorauszuschicken.

Während man in England schon seit langer Zeit Natur-Wissenschaft und Philosophie in die engste Verbindung bringt und jeden von allgemeinen Gesichtspunkten geleiteten Natur-Forscher einen „Natur-Philosophen" nennt, wird dagegen in Deutschland schon seit mehr als einem halben Jahrhundert die Natur-Wissenschaft streng von der Philosophie geschieden, und die naturgemässe Verschmelzung beider zu einer wahren „Natur-Philosophie" wird nur von Wenigen anerkannt. An dieser Verkennung sind die phantastischen Ausschreitungen der früheren deutschen Natur-Philosophen, Okens, Schellings u. s. w. Schuld, welche glaubten, die Natur-Gesetze aus ihrem Kopfe construiren zu können, ohne auf dem Boden der thatsächlichen Erfahrung stehen bleiben zu müssen. Als sich diese Anmassungen in ihrer ganzen Leerheit herausgestellt hatten, schlugen die Natur-Forscher unter der „Nation von Denkern" in das gerade Gegentheil um, und glaubten, das hohe Ziel der Wissenschaft, die Erkenntniss der Wahrheit, auf dem Wege der nackten sinnlichen Erfahrung ohne jede philosophische Gedankenarbeit erreichen zu können. Von nun an, besonders seit dem Jahre 1830, machte sich bei den meisten Natur-Forschern eine starke Abneigung gegen jede allgemeinere, philosophische Betrachtung der Natur geltend. Man fand nun das eigentliche Ziel der Natur-Wissenschaft in der Erkenntniss des Einzelnen; in der Biologie schien dasselbe erreicht, wenn man mit Hülfe der feinsten Instrumente und Beobachtungsmittel die Formen und die Lebenserscheinungen aller einzelnen Organismen ganz genau erkannt haben würde. Zwar gab es immerhin unter diesen streng empirischen oder sogenannten exakten Natur-Forschern Einzelne, welche sich über diesen beschränkten Standpunkt erhoben und das letzte Ziel in einer Erkenntniss allgemeiner Organisations-Gesetze finden wollten. Indessen die grosse Mehrzahl der Zoologen und Botaniker im letzten halben Jahrhundert wollte von solchen allgemeinen Gesetzen Nichts wissen; sie gestand höchstens zu, dass vielleicht in ganz entfernter Zukunft, wenn man einmal am Ende aller empirischen Erkenntniss angelangt sein würde, wenn alle einzelnen Thiere und Pflanzen vollständig untersucht worden seien, solche Gesetze aufgestellt werden könnten.

Einen sehr characteristischen Ausdruck hat dieser Gegensatz der modernen empirischen Natur-Forschung gegen die umfassende philosophische Weltanschauung neuerdings in der akademischen Rede gefunden, welche Rudolf Virchow 1893 über den „Uebergang aus dem philosophischen in das naturwissenschaftliche Zeitalter“ gehalten hat. Hier wird geradezu die analytische Erforschung der einzelnen Thatsachen durch Beobachtung und Versuch als die einzige Aufgabe der Wissenschaft hingestellt; hingegen deren causale Verknüpfung durch theoretische Betrachtung und die Aufstellung philosophischer Systeme als solche bekämpft. Wir unserseits sind entgegengesetzter Ansicht. Wir glauben, dass der reine Erkenntnisstrieb des Menschen um so mehr zu synthetischer Speculation und zu Versuchen philosophischer Systeme gedrängt wird, je höher das erstickende Chaos unzähliger einzelner empirischer Kenntnisse sich anhäuft.

Wenn man die wichtigsten Fortschritte, die der menschliche Geist in der Erkenntniss der Wahrheit gemacht hat, zusammenfassend vergleicht, so erkennt man bald, dass es stets philosophische Gedanken-Operationen sind, durch welche diese Fortschritte erzielt wurden. Die vorhergehende sinnliche Erfahrung und die dadurch gewonnene Kenntniss des Einzelnen kann nur die feste Grundlage für jene allgemeinen Gesetze liefern. Empirie und Philosophie stehen daher keineswegs in so ausschliessendem Gegensatz zu einander, wie bisher von den Meisten angenommen wurde; sie ergänzen sich vielmehr nothwendig. Der Philosoph, welchem der unumstössliche Boden der sinnlichen Erfahrung, der empirischen Kenntniss fehlt, gelangt in seinen allgemeinen Speculationen sehr leicht zu Fehlschlüssen, welche selbst ein mässig gebildeter Natur-Forscher sofort widerlegen kann. Andrerseits können die rein empirischen Natur-Forscher, die sich nicht um philosophische Zusammenfassung ihrer sinnlichen Wahrnehmungen bemühen und nicht nach allgemeinen Erkenntnissen streben, die Wissenschaft nur in sehr geringem Masse fördern; der Hauptwerth ihrer mühsam gewonnenen Einzelkenntnisse liegt in den allgemeinen Resultaten, welche später umfassendere Geister aus denselben ziehen. Bei einem allgemeinen Ueberblick über den Entwickelungsgang der Biologie seit Linné finden Sie leicht, wie dies Baer ausgeführt hat, ein beständiges Schwanken zwischen diesen beiden Richtungen, ein Ueberwiegen einmal der empirischen (sogenannten exacten) und dann wieder der philosophischen (speculativen) Richtung. So hatte sich schon zu Ende des vorigen Jahrhunderts, im Gegensatz gegen Linné's rein empirische Schule, eine naturphilosophische Reaction erhoben, deren bewegende Geister, Kant, Lamarck, Geoffroy St. Hilaire, Goethe und Oken, durch ihre Gedankenarbeit Licht und Ordnung in das Chaos des aufgehäuften empirischen Rohmaterials zu bringen suchten. Gegenüber den vielfachen Irrthümern und den zu weit gehenden Speculationen dieser Natur-Philosophen trat dann Cuvier auf, welcher eine zweite, rein empirische Periode herbeiführte. Diese erreichte ihre einseitigste Entwickelung während der Jahre 1830—1860, und nun folgte ein zweiter philosophischer Rückschlag, durch Darwin's Werk veranlasst. Man fing nun in den letzten vierzig Jahren wieder an, sich zur Erkenntniss der allgemeinen Natur-Gesetze hinzuwenden, denen doch schliesslich alle Erfahrungs-Kenntnisse nur als Grundlage dienen, und durch welche letztere erst ihren wahren Werth erlangen.

Durch die Gedanken-Arbeit der Philosophie wird die Natur-Kunde erst zur wahren Wissenschaft, zur „Natur-Philosophie“.

Unter den grossen Natur-Philosophen, denen wir die erste Begründung einer organischen Entwickelungs-Theorie verdanken, und welche neben Charles Darwin als die Urheber der Umbildungslehre glänzen, stehen obenan Jean Lamarck und Wolfgang Goethe. Ich wende mich zunächst zu unserm unvergleichlichen Goethe, welcher von Allen uns Deutschen am nächsten steht. Bevor ich jedoch seine besonderen Verdienste um die Entwickelungs-Theorie erläutere, scheint es mir passend, Einiges über seine Bedeutung als Natur-Forscher überhaupt zu sagen, da diese gewöhnlich sehr verkannt wird.

Gewiss die meisten unter Ihnen verehren Goethe nur als Dichter und Menschen; nur Wenige werden eine Vorstellung von dem hohen Werth haben, den seine naturwissenschaftlichen Arbeiten besitzen, von dem Riesenschritt, mit dem er seiner Zeit vorauseilte, — so vorauseilte, dass eben die meisten Natur-Forscher der damaligen Zeit ihm nicht nachkommen konnten. Das Missgeschick, dass seine naturphilosophischen Verdienste von seinen Zeitgenossen verkannt wurden, hat Goethe oft schmerzlich empfunden. An verschiedenen Stellen seiner naturwissenschaftlichen Schriften beklagt er sich bitter über die beschränkten Fachleute, welche seine Arbeiten nicht zu würdigen verstehen, welche den Wald vor lauter Bäumen nicht sehen, und welche sich nicht dazu erheben können, aus dem Wust des Einzelnen allgemeine Natur-Gesetze herauszufinden. Nur zu gerecht ist sein Vorwurf: „Der Philosoph wird gar bald entdecken, dass sich die Beobachter selten zu einem Standpunkt erheben, von welchem sie so viele bedeutend bezügliche Gegenstände übersehen können.“ Wesentlich allerdings wurde diese Verkennung verschuldet durch den falschen Weg, auf welchen Goethe in seiner Farben-Lehre gerieth. Die Farben-Lehre, die er selbst als das Lieblingskind seiner Musse bezeichnet, ist in ihren Grundlagen durchaus verfehlt, so viel Schönes sie auch im Einzelnen enthalten mag. Die exacte mathematische Methode, mittelst welcher man allein zunächst in den anorgischen Natur-Wissenschaften, in der Physik vor Allem,

Schritt für Schritt auf unumstösslich fester Basis weiter bauen kann, war Goethe durchaus zuwider. Er liess sich in der Verwerfung derselben nicht allein zu grossen Ungerechtigkeiten gegen die hervorragendsten Physiker hinreissen, sondern auch auf Irrwege verleiten, die seinen übrigen werthvollen Arbeiten sehr geschadet haben. Ganz Anderes in den organischen Natur-Wissenschaften, in welchen wir nur selten im Stande sind, von Anfang an gleich auf der unumstösslich festen mathematischen Basis vorzugehen; hier sind wir meistens gezwungen, wegen der unendlich schwierigen und verwickelten Natur der Aufgabe, uns zunächst Inductionsschlüsse zu bilden; d. h. wir müssen aus zahlreichen einzelnen Beobachtungen, die doch nicht ganz vollständig sind, ein allgemeines Gesetz zu begründen suchen. Die denkende Vergleichung der verwandten Erscheinungsreihen, die Combination ist hier das wichtigste Forschungs-Instrument, und diese wurde von Goethe mit ebenso viel Glück als bewusster Werth-Erkenntniss bei seinen naturphilosophischen Arbeiten angewandt.

Von den Schriften Goethe's, die sich auf die organische Natur beziehen, ist am berühmtesten die Metamorphose der Pflanzen geworden, welche 1790 erschien; ein Werk, welches bereits den Grundgedanken der Entwickelungs-Theorie deutlich erkennen lässt. Denn Goethe war darin bemüht, ein einziges Grundorgan nachzuweisen, durch dessen unendlich mannichfaltige Ausbildung und Umbildung man sich den ganzen Formenreichthum der Pflanzenwelt entstanden denken könne; dieses Grundorgan fand er im Blatt. Wenn damals schon die Anwendung des Mikroskops eine allgemeine gewesen wäre, wenn Goethe den Bau der Organismen mit dem Mikroskop durchforscht hätte, so würde er noch weiter gegangen sein, und das Blatt bereits als ein Vielfaches von individuellen Theilen niederer Ordnung, von Zellen, erkannt haben. Er würde dann nicht das Blatt, sondern die Zelle als das eigentliche Grundorgan aufgestellt haben, durch dessen Vermehrung, Umbildung und Verbindung (Synthese) zunächst das Blatt entsteht; sowie weiterhin durch Umbildung, Variation und Zusammensetzung der Blätter alle die mannichfaltigen

Schönheiten in Form und Farbe entstehen, welche wir ebenso an den echten Ernährungsblättern, wie an den Fortpflanzungsblättern oder den Blüthentheilen der Pflanzen bewundern. Indessen schon jener Grundgedanke war durchaus richtig. Goethe zeigte darin, dass man, um das Ganze der Erscheinung zu erfassen, erstens vergleichen und dann zweitens einen einfachen Typus, eine einfache Grundform, ein Thema gewissermassen suchen müsse, von dem alle übrigen Gestalten nur die unendlich mannichfaltigen Variationen seien.

Etwas Aehnliches, wie er hier in der Metamorphose der Pflanzen leistete, gab er dann für die Wirbelthiere in seiner berühmten Wirbel-Theorie des Schädels. Goethe zeigte zuerst, unabhängig von Oken, welcher fast gleichzeitig auf denselben Gedanken kam, dass der Schädel des Menschen und aller anderen Wirbelthiere, zunächst der Säugethiere, Nichts weiter sei als das umgewandelte vorderste Stück der Wirbelsäule oder des Rückgrats. Die Knochenkapsel des Schädels erscheint danach aus mehreren Knochenringen zusammengesetzt, welche den Wirbeln des Rückgrats ursprünglich gleichwerthig sind. Allerdings ist diese Idee später durch die scharfsinnigen Untersuchungen von Gegenbaur[5]) sehr bedeutend modificirt worden. Dennoch gehörte sie in jener Zeit zu den grössten Fortschritten der vergleichenden Anatomie und wurde für das Verständniss des Wirbelthierbaues eine der ersten Grundlagen. Wenn zwei Körpertheile, die auf den ersten Blick so verschieden aussehen, wie der Hirnschädel und die Wirbelsäule, sich als ursprünglich gleichartige, aus einer und derselben Grundlage hervorgebildete Theile nachweisen liessen, so war damit eine höchst schwierige Aufgabe gelöst. Auch hier begegnet uns wieder der Gedanke des einheitlichen Typus, der Gedanke eines einzigen Themas, das nur in den verschiedenen Arten und in den Theilen der einzelnen Arten unendlich variirt wird.

Aber nicht bloss um die Erkenntniss solcher weitgreifenden Gesetze war Goethe eifrig bemüht, sondern auch mit zahlreichen einzelnen, namentlich vergleichend-anatomischen Untersuchungen, oft lange Zeit hindurch lebhaft beschäftigt. Unter diesen ist vielleicht keine interessanter, als die Entdeckung des Zwischenkiefers beim Menschen. Da diese in mehrfacher Beziehung von Bedeutung für die Entwickelungs-Theorie ist, so erlaube ich mir, Ihnen dieselbe kurz hier darzulegen. Bei sämmtlichen Säugethieren finden sich in der oberen Kinnlade zwei Knochenstückchen, welche in der Mittellinie des Gesichts, unterhalb der Nase, sich berühren, und in der Mitte zwischen den beiden Hälften des eigentlichen Oberkiefer-Knochens gelegen sind. Dieses Knochenpaar, welches die vier oberen Schneidezähne trägt, ist bei den meisten Säugethieren ohne Weiteres leicht zu erkennen; beim Menschen dagegen war es zu jener Zeit nicht bekannt, und berühmte vergleichende Anatomen legten sogar auf diesen Mangel des Zwischenkiefers einen sehr grossen Werth, indem sie denselben als einen Hauptunterschied zwischen Menschen und Affen ansahen; der Mangel des Zwischenkiefers wurde seltsamer Weise als der menschlichste aller menschlichen Charaktere hervorgehoben. Nun wollte es Goethe durchaus nicht in den Kopf, dass der Mensch, der in allen übrigen körperlichen Beziehungen offenbar nur ein hoch entwickeltes Säugethier sei, diesen Knochen entbehren solle. Er zog aus der allgemeinen Verbreitung des Zwischenkiefers bei sämmtlichen Säugethieren den besonderen Schluss, dass derselbe auch beim Menschen vorkommen müsse, und er hatte keine Ruhe, bis er bei Vergleichuug einer grossen Anzahl von Schädeln wirklich den Zwischenkiefer auffand. Bei einzelnen Individuen ist derselbe die ganze Lebenszeit hindurch erhalten, während er gewöhnlich frühzeitig mit dem benachbarten Oberkiefer verwächst und nur bei sehr jugendlichen Menschenschädeln als selbstständiger Knochen nachzuweisen ist. Auch bei einigen Affen findet frühzeitig Verwachsung statt. Bei menschlichen Embryonen kann man ihn jetzt leicht nachweisen.

Der Zwischenkiefer ist also beim Menschen in der That vorhanden, und Goethe gebührt der Ruhm, diese in vielfacher Beziehung wichtige Thatsache zuerst entdeckt zu haben, und zwar gegen den Widerspruch der wichtigsten Fach-Autoritäten, z. B. des berühmten Anatomen Peter Camper. Besonders interessant ist dabei der Weg, auf dem er zu dieser Feststellung gelangte;

es ist der Doppelweg, auf dem wir beständig in den organischen Naturwissenschaften fortschreiten, der Weg der Induction und Deduction. Die Induction ist ein Schluss aus zahlreichen einzelnen beobachteten Fällen auf ein allgemeines Gesetz; die Deduction dagegen ist ein Rückschluss aus diesem allgemeinen Gesetz auf einen einzelnen, noch nicht wirklich beobachteten Fall. Aus den damals gesammelten empirischen Kenntnissen ging der Inductionsschluss hervor, dass sämmtliche Säugethiere den Zwischenkiefer besitzen. Goethe zog daraus den Deductionsschluss, dass der Mensch, in allen übrigen Beziehungen seiner Organisation nicht wesentlich von den Säugethieren verschieden, auch diesen Zwischenkiefer besitzen müsse; und letzterer fand sich in der That bei eingehender Untersuchung. Es wurde der Deductionsschluss durch die nachfolgende Erfahrung bestätigt oder verificirt.

Schon diese wenigen Züge mögen Ihnen den hohen Werth vor Augen führen, den wir Goethe's biologischen Forschungen zuschreiben müssen. Leider sind die meisten seiner darauf bezüglichen Arbeiten so versteckt in seinen gesammelten Werken und die wichtigsten Beobachtungen und Bemerkungen so zerstreut in zahlreichen einzelnen Aufsätzen, die andere Themata behandeln, dass es schwer ist, sie herauszufinden. Auch ist bisweilen eine vortreffliche, wahrhaft wissenschaftliche Bemerkung so eng mit einem Haufen von unbrauchbaren Speculationen verknüpft, dass letztere der ersteren grossen Eintrag thun.

Das ausserordentliche Interesse Goethe's für die organische Natur-Forschung offenbart sich ganz besonders in der lebendigen Theilnahme, mit welcher er noch in seinen letzten Lebensjahren den in Frankreich ausgebrochenen Streit zwischen Cuvier und Geoffroy St. Hilaire verfolgte. Goethe hat selbst eine interessante Darstellung dieses merkwürdigen Streites und seiner allgemeinen Bedeutung, sowie eine treffliche Charakteristik der beiden grossen Gegner in einer besonderen Abhandlung gegeben, welche er erst wenige Tage vor seinem Tode, im März 1832, vollendete. Diese Abhandlung führt den Titel: „Principes de Philosophie zoologique par Mr. Geoffroy de Saint-Hilaire"; sie ist Goethe's letzte Arbeit, und bildet in der Gesammt-Ausgabe seiner Werke deren Schluss. Der Streit selbst war in mehrfacher Beziehung von höchstem Interesse. Er drehte sich wesentlich um die Berechtigung der Entwickelungs-Theorie. Dabei wurde er im Schoosse der französischen Academie von beiden Gegnern mit einer persönlichen Leidenschaftlichkeit geführt, welche in den würdevollen Sitzungen jener gelehrten Körperschaft fast unerhört war, und welche bewies, dass beide Natur-Forscher für ihre heiligsten und tiefsten Ueberzeugungen kämpften. Am 22. Februar 1830 fand der erste Conflict statt, welchem bald mehrere folgten, der heftigste am 30. Juli 1830. Geoffroy als das Haupt der französischen Natur-Philosophen vertrat die natürliche Entwickelungs-Theorie und die einheitliche (monistische) Natur-Auffassung. Er behauptete die Veränderlichkeit der organischen Species, die gemeinschaftliche Abstammung der einzelnen Arten von gemeinsamen Stammformen, und die Einheit der Organisation, oder die Einheit des Bauplanes, wie man sich damals ausdrückte. Cuvier war der entschiedenste Gegner dieser Anschauungen, wie es ja nach dem, was Sie gehört haben, nicht anders sein konnte. Er versuchte zu zeigen, dass die Natur-Philosophen kein Recht hätten, auf Grund des damals vorliegenden empirischen Materials so weitgehende Schlüsse zu ziehen, und dass die behauptete Einheit der Organisation oder des Bauplanes der Organismen nicht existire. Er vertrat die teleologische (dualistische) Natur-Auffassung und behauptete, dass „die Unveränderlichkeit der Species eine nothwendige Bedingung für die Existenz der wissenschaftlichen Naturgeschichte sei". Cuvier hatte den grossen Vortheil vor seinem Gegner voraus, für seine Behauptungen lauter unmittelbar vor Augen liegende Beweisgründe vorbringen zu können, welche allerdings nur aus dem Zusammenhang gerissene einzelne Thatsachen waren. Geoffroy dagegen war nicht im Stande, den von ihm verfochtenen allgemeinen Zusammenhang der einzelnen Erscheinungen mit so greifbaren Einzelheiten belegen zu können. Daher behielt Cuvier in den Augen der Mehrheit den Sieg, und entschied für die folgenden drei Jahrzehnte die Niederlage der Natur-

Philosophie und die Herrschaft der streng empirischen Richtung. Goethe dagegen nahm natürlich entschieden für Geoffroy Partei. Wie lebhaft ihn noch in seinem 81. Jahre dieser grosse Kampf beschäftigte, mag folgende, von Soret erzählte Anekdote bezeugen:

„Montag, 2. August 1830. Die Nachrichten von der begonnenen Juli-Revolution gelangten heute nach Weimar und setzten Alles in Aufregung. Ich ging im Laufe des Nachmittags zu Goethe. „Nun?“ rief er mir entgegen, „was denken Sie von dieser grossen Begebenheit? Der Vulcan ist zum Ausbruch gekommen; alles steht in Flammen, und es ist nicht ferner eine Verhandlung bei geschlossenen Thüren!“ Eine furchtbare Geschichte! erwiderte ich. Aber was liess sich bei den bekannten Zuständen und bei einem solchen Ministerium anders erwarten, als dass man mit der Vertreibung der bisherigen königlichen Familie endigen würde. „Wir scheinen uns nicht zu verstehen, mein Allerbester,“ erwiderte Goethe. „Ich rede gar nicht von jenen Leuten; es handelt sich bei mir um ganz andere Dinge. Ich rede von dem in der Academie zum öffentlichen Ausbruche gekommenen, für die Wissenschaft so höchst bedeutenden Streite zwischen Cuvier und Geoffroy de St. Hilaire.“ Diese Aeusserung Goethe's war mir so unerwartet, dass ich nicht wusste, was ich sagen sollte, und dass ich während einiger Minuten einen vollständigen Stillstand in meinen Gedanken verspürte. „Die Sache ist von der höchsten Bedeutung,“ fuhr Goethe fort, „und Sie können sich keinen Begriff davon machen, was ich bei der Nachricht von der Sitzung des 19. Juli empfinde. Wir haben jetzt an Geoffroy de Saint Hilaire einen mächtigen Alliirten auf die Dauer. Ich sehe aber zugleich daraus, wie gross die Theilnahme der französischen wissenschaftlichen Welt an dieser Angelegenheit sein muss, indem trotz der furchtbaren politischen Aufregung, die Sitzung des 19. Juli dennoch bei einem gefüllten Hause stattfand. Das Beste aber ist, dass die von Geoffroy in Frankreich eingeführte synthetische Behandlungsweise der Natur jetzt nicht mehr rückgängig zu machen ist. Diese Angelegenheit ist durch die freien

Discussionen in der Academie, und zwar in Gegenwart eines grossen Publicums jetzt öffentlich geworden, sie lässt sich nicht mehr an geheime Ausschüsse verweisen und bei geschlossenen Thüren abthun und unterdrücken."

Von den zahlreichen interessanten und bedeutenden Sätzen, in welchen sich Goethe klar über seine Auffassung der organischen Natur und ihrer beständigen Entwickelung ausspricht, habe ich in meiner generellen Morphologie der Organismen[4]) eine Auswahl als Leitworte an den Eingang der einzelnen Bücher und Capitel gesetzt. Hier führe ich Ihnen zunächst eine Stelle aus dem Gedichte an, welches die Ueberschrift trägt: „die Metamorphose der Thiere" (1819).

„Alle Glieder bilden sich aus nach ew'gen Gesetzen,
„Und die seltenste Form bewahrt im Geheimen das Urbild.
„Also bestimmt die Gestalt die Lebensweise des Thieres,
„Und die Weise zu leben, sie wirkt auf alle Gestalten
„Mächtig zurück. So zeiget sich fest die geordnete Bildung,
„Welche zum Wechsel sich neigt durch äusserlich wirkende Wesen."

Schon hier ist der Gegensatz zwischen zwei verschiedenen organischen Bildungskräften angedeutet, welche sich gegenüber stehen, und durch ihre Wechselwirkung die Form des Organismus bestimmen; einerseits ein gemeinsames inneres, fest sich erhaltendes Urbild, welches den verschiedensten Gestalten zu Grunde liegt; andrerseits der äusserlich wirkende Einfluss der Umgebung und der Lebensweise, welcher umbildend auf das Urbild einwirkt. Noch bestimmter tritt dieser Gegensatz in folgendem Ausspruch hervor.

„Eine innere ursprüngliche Gemeinschaft liegt aller Organisation zu Grunde; die Verschiedenheit der Gestalten dagegen entspringt aus den nothwendigen Beziehungs-Verhältnissen zur Aussenwelt, und man darf daher eine ursprüngliche, gleichzeitige Verschiedenheit und eine unaufhaltsam fortschreitende Umbildung mit Recht annehmen, um die ebenso constanten als abweichenden Erscheinungen begreifen zu können."

Das „Urbild" oder der „Typus", welcher als „innere ursprüngliche Gemeinschaft" allen organischen Formen zu Grunde liegt, ist die innere Bildungskraft, welche die ursprüngliche Bildungsrichtung erhält und durch Vererbung fortpflanzt. Die „unaufhaltsam fortschreitende Umbildung“ dagegen, welche „aus den nothwendigen Beziehungs-Verhältnissen zur Aussenwelt entspringt“, bewirkt als äussere Bildungskraft, durch Anpassung an die umgebenden Lebensbedingungen, die unendliche „Verschiedenheit der Gestalten“. Den inneren Bildungstrieb der Vererbung, welcher die Einheit des Urbildes erhält, nennt Goethe an einer anderen Stelle die Centripetalkraft des Organismus, seinen Specificationstrieb; im Gegensatz dazu nennt er den äusseren Bildungstrieb der Anpassung, welcher die Mannichfaltigkeit der organischen Gestalten hervorbringt, die Centrifugalkraft des Organismus, seinen Variationstrieb. Die betreffende Stelle, in welcher er ganz klar das „Gegengewicht“ dieser beiden äusserst wichtigen organischen Bildungskräfte bezeichnet, lautet folgendermassen: „Die Idee der Metamorphose ist gleich der Vis centrifuga und würde sich ins Unendliche verlieren, wäre ihr nicht ein Gegenwicht zugegeben: ich meine den Specificationstrieb, das zähe Beharrlichkeitsvermögen dessen, was einmal zur Wirklichkeit gekommen, eine Vis centripeta, welcher in ihrem tiefsten Grunde keine Aeusserlichkeit etwas anhaben kann.“

Unter Metamorphose versteht Goethe nicht allein, wie es heutzutage gewöhnlich aufgefasst wird, die Form-Veränderungen, welche das organische Individuum während seiner individuellen Entwickelung erleidet, sondern im weiteren Sinne überhaupt die Umbildung der organischen Formen. Die „Idee der Metamorphose“ ist beinahe gleichbedeutend mit unserer „Entwickelungs-Theorie“. Dies ergiebt sich unter Anderem auch aus folgendem Ausspruch: „Der Triumph der physiologischen Metamorphose zeigt sich da, wo das Ganze sich in Familien, Familien sich in Geschlechter, Geschlechter in Sippen, und diese wieder in andere Mannichfaltigkeiten bis zur Individualität scheiden, sondern und umbilden. Ganz ins Unendliche geht dieses Geschäft der Natur; sie kann nicht ruhen, noch beharren, aber auch nicht Alles, was sie hervorbrachte, bewahren und erhalten. Aus dem Samen entwickeln sich immer abweichende, die Verhältnisse ihrer Theile zu einander verändert bestimmende Pflanzen."

In den beiden organischen Bildungstrieben, in dem conservativen, centripetalen, innerlichen Bildungstriebe der Vererbung oder der Specification einerseits, in dem progressiven, centrifugalen, äusserlichen Bildungstriebe der Anpassung oder der Metamorphose andererseits, hatte Goethe bereits die beiden grossen mechanischen Naturkräfte entdeckt, welche die wirkenden Ursachen der organischen Gestaltungen sind. Diese tiefe biologische Erkenntniss musste ihn naturgemäss zu dem Grund-Gedanken der Abstammungs-Lehre führen, zu der Vorstellung, dass die formverwandten organischen Arten wirklich blutsverwandt sind, und dass dieselben von gemeinsamen ursprünglichen Stamm-Formen abstammen. Für die wichtigste von allen Thiergruppen, die Haupt-Abtheilung der Wirbelthiere, drückt dies Goethe in folgendem merkwürdigen Satz aus (1796!): „Dies also hätten wir gewonnen, ungescheut behaupten zu dürfen, dass alle vollkommneren organischen Naturen, worunter wir Fische, Amphibien, Vögel, Säugethiere und an der Spitze der letzten den Menschen sehen, alle nach einem Urbilde geformt seien, das nur in seinen sehr beständigen Theilen mehr oder weniger hin- und herweicht, und sich noch täglich durch Fortpflanzung aus- und umbildet."

Dieser Satz ist in mehrfacher Beziehung von Interesse. Die Theorie, dass „alle vollkommneren organischen Naturen", d. h. alle Wirbelthiere, von einem gemeinsamen Urbilde abstammen, dass sie aus diesem durch Fortpflanzung (Vererbung) und Umbildung (Anpassung) entstanden sind, ist daraus deutlich zu entnehmen. Besonders interessant aber ist, dass Goethe auch hier für den Menschen keine Ausnahme gestattet, ihn vielmehr ausdrücklich in den Stamm der übrigen Wirbelthiere hineinzieht. Die wichtigste specielle Folgerung der Abstammungs-Lehre, dass der Mensch von anderen Wirbelthieren abstammt, lässt sich hier im Keime erkennen [3]).

Noch klarer spricht Goethe diese überaus wichtige Grund-Idee an einer anderen Stelle (1807) in folgenden Worten aus: „Wenn man Pflanzen und Thiere in ihrem unvollkommensten

Zustande betrachtet, so sind sie kaum zu unterscheiden. So viel aber können wir sagen, dass die aus einer kaum zu sondernden Verwandtschaft als Pflanzen und Thiere nach und nach hervortretenden Geschöpfe nach zwei entgegengesetzten Seiten sich vervollkommnen, so dass die Pflanze sich zuletzt im Baume dauernd und starr, das Thier im Menschen zur höchsten Beweglichkeit und Freiheit sich verherrlicht.“ In diesem merkwürdigen Satze ist nicht allein das genealogische Verwandtschafts-Verhältniss des Pflanzenreichs zum Thierreiche höchst treffend beurtheilt, sondern auch bereits der Kern der einheitlichen oder monophyletischen Descendenz-Hypothese enthalten, deren Bedeutung ich Ihnen später auseinander zu setzen habe. (Vergl. über Goethe's Transformismus namentlich Kalischer's Schrift[9].)

Zu derselben Zeit, als Goethe in dieser Weise die Grundzüge der Descendenz-Theorie entwarf, finden wir bereits einen anderen deutschen Natur-Philosophen angelegentlich mit derselben beschäftigt, nämlich Gottfried Reinhold Treviranus aus Bremen (geb. 1776, gest. 1837). Wie zuerst Wilhelm Focke in Bremen gezeigt hat, entwickelte Trevianus schon in dem frühesten seiner grösseren Werke, in der „Biologie oder Philosophie der lebenden Natur“, bereits ganz im Anfange unseres Jahrhunderts, monistische Ansichten von der Einheit der Natur und von dem genealogischen Zusammenhang der Organismen-Arten, die ganz unserem jetzigen Standpunkte entsprechen. In den drei ersten Bänden der Biologie, die 1802, 1803 und 1805 erschienen, also schon mehrere Jahre vor den Hauptwerken von Oken und Lamarck, finden sich zahlreiche Stellen, welche in dieser Beziehung von Interesse sind. Ich will nur einige der wichtigsten hier anführen.

Ueber die Hauptfrage unserer Theorie, über den Ursprung der organischen Species, spricht sich Treviranus folgendermaassen aus: „Jede Form des Lebens kann durch physische Kräfte auf doppelte Art hervorgebracht sein: entweder durch Entstehung aus formloser Materie, oder durch Abänderung der Form bei dauernder Gestaltung. Im letzteren Falle kann die Ursache dieser Abänderung entweder in der Einwirkung eines ungleichartigen männlichen Zeugungs-Stoffes auf den weiblichen Keim, oder in dem erst nach der Erzeugung stattfindenden Einflusse anderer Potenzen liegen. — In jedem lebenden Wesen liegt die Fähigkeit zu einer endlosen Mannichfaltigkeit der Gestaltungen; jedes besitzt das Vermögen, seine Organisation den Veränderungen der äusseren Welt anzupassen, und dieses durch den Wechsel des Universums in Thätigkeit gesetzte Vermögen ist es, was die einfachen Zoophyten der Vorwelt zu immer höheren Stufen der Organisation gesteigert und eine zahllose Mannichfaltigkeit in die lebende Natur gebracht hat."

Unter Zoophyten versteht hier Treviranus die Organismen niedersten Ranges und einfachster Beschaffenheit, insbesondere jene neutralen zwischen Thier und Pflanze in der Mitte stehenden Urwesen, die im Ganzen unseren Protisten entsprechen. „Diese Zoophyten", sagt er an einer anderen Stelle, „sind die Urformen, aus welchen alle Organismen der höheren Classen durch allmähliche Entwickelung entstanden sind. Wir sind ferner der Meinung, dass jede Art, wie jedes Individuum, gewisse Perioden des Wachsthums, der Blüthe und des Absterbens hat, dass aber ihr Absterben nicht Auflösung, wie bei dem Individuum, sondern Degeneration ist. Und hieraus scheint uns zu folgen, dass es nicht, wie man gewöhnlich annimmt, die grossen Katastrophen der Erde sind, was die Thiere der Vorwelt vertilgt hat, sondern dass Viele diese überlebt haben, und dass sie vielmehr deswegen aus der jetzigen Natur verschwunden sind, weil die Arten, zu welchen sie gehörten, den Kreislauf ihres Daseins vollendet haben und in andere Gattungen übergegangen sind."

Wenn Treviranus an diesen und anderen Stellen Degeneration als die wichtigste Ursache der Umbildung der Thier- und Pflanzen-Arten ansieht, so versteht er darunter nicht „Entartung" oder Degeneration in dem heute gebräuchlichen Sinne. Vielmehr ist seine „Degeneration" ganz dasselbe, was wir heute Anpassung oder Abänderung durch den äusseren Bildungstrieb nennen. Dass Treviranus diese Umbildung der organischen Species durch Anpassung, und ihre Erhaltung durch Vererbung, die ganze Mannichfaltigkeit der organischen Formen aber durch die Wechselwirkung von Anpassung oder Vererbung erklärte, geht auch aus mehreren anderen Stellen klar hervor. Wie tief er dabei die gegenseitige Abhängigkeit aller lebenden Wesen von einander, und überhaupt den universalen Causalnexus, d. h. den einheitlichen ursächlichen Zusammenhang zwischen allen Gliedern und Theilen des Welt-Alls erfasste, zeigt unter andern noch folgender Satz der Biologie: „Das lebende Individuum ist abhängig von der Art, die Art von dem Geschlechte, dieses von der ganzen lebenden Natur, und die letztere von dem Organismus der Erde. Das Individuum besitzt zwar ein eigenthümliches Leben und bildet insofern eine eigene Welt. Aber eben weil das Leben desselben beschränkt ist, so macht es doch zugleich auch ein Organ in dem allgemeinen Organismus aus. Jeder lebende Körper besteht durch das Universum; aber das Universum besteht auch gegenseitig durch ihn."

Dass dieser grossartigen mechanischen Auffassung des Universums zufolge Treviranus auch für den Menschen keine privilegirte Ausnahme-Stellung in der Natur zuliess, vielmehr die allmähliche Entwickelung desselben aus niederen Thier-Formen annahm, ist bei einem so tief und klar denkenden Natur-Philosophen selbstverständlich. Und eben so selbstverständlich ist es andererseits, dass er keine Kluft zwischen organischer und anorgischer Natur anerkannte, vielmehr die absolute Einheit in der Organisation des ganzen Welt-Gebäudes behauptete. Dies bezeugt namentlich der folgende Satz: „Jede Untersuchung über den Einfluss der gesammten Natur auf die lebende Welt muss von dem Grundsatze ausgehen, dass alle lebenden Gestalten Producte physischer, noch in jetzigen Zeiten stattfindender, und nur dem Grade oder der Richtung nach veränderter Einflüsse sind." Hiermit ist, wie Treviranus selbst sagt, „das Grund-Problem der Biologie gelöst", und, fügen wir hinzu, in rein monistischem oder mechanischem Sinne gelöst.

Als der bedeutendste der deutschen Natur-Philosophen gilt gewöhnlich weder Treviranus, noch Goethe, sondern Lorenz Oken, welcher bei Begründung der Wirbel-Theorie des Schädels als Nebenbuhler Goethe's auftrat und Diesem nicht gerade freundlich gesinnt war. Bei der sehr verschiedenen Natur der beiden grossen Männer, welche eine Zeit lang in nachbarschaftlicher Nähe lebten, konnten sie sich doch gegenseitig nicht wohl anziehen. Oken's Lehrbuch der Natur-Philosophie, eines der bedeutendsten Erzeugnisse der damaligen naturphilosophischen Schule in Deutschland, erschien 1809, in demselben Jahre, in welchem auch Lamarck's fundamentales Werk, die „Philosophie zoologique“ erschien. Schon 1802 hatte Oken einen „Grundriss der Natur-Philosophie“ veröffentlicht. Wie schon früher angedeutet wurde, finden wir bei Oken, versteckt unter einer Fülle von irrigen, zum Theil sehr abenteuerlichen und phantastischen Vorstellungen, eine Anzahl von werthvollen und tiefen Gedanken. Einige von diesen Ideen haben erst in neuerer Zeit, viele Jahre nachdem sie von ihm ausgesprochen wurden, allmählich wissenschaftliche Geltung erlangt. Hier mögen nur zwei von diesen, fast prophetisch ausgesprochenen Gedanken erwähnt werden; beide stehen zu der Entwickelungs-Theorie in der innigsten Beziehung.

Eine der wichtigsten Theorien Oken's, welche früherhin sehr verschrieen, und namentlich von den sogenannten exacten Empirikern auf das stärkste bekämpft wurde, ist die Idee, dass die Lebens-Erscheinungen aller Organismen von einem gemeinschaftlichen chemischen Substrate ausgehen, gewissermassen einem allgemeinen, einfachen „Lebensstoff,“ welchen er mit dem Namen „Urschleim“ belegte. Er dachte sich darunter, wie der Name sagt, eine schleimartige Substanz, eine Eiweiss-Verbindung, die in festflüssigem Aggregat-Zustande befindlich ist, und das Vermögen besitzt, durch Anpassung an verschiedene Existenz-Bedingungen der Aussenwelt, und in Wechsel-Wirkung mit deren Materie, die verschiedensten Formen hervorzubringen. Nun brauchen Sie bloss das Wort Urschleim in das Wort Protoplasma oder Zellstoff umzusetzen, um zu einer der grössten Errungenschaften zu gelangen, welche wir den mikroskopischen Forschungen der letzten Decennien, insbesondere denjenigen von Max Schultze, verdanken. Durch diese Untersuchungen hat sich herausgestellt, dass in allen lebendigen Naturkörpern ohne

Ausnahme eine gewisse Menge einer schleimigen, eiweissartigen Materie in festflüssigem Dichtigkeitszustande sich vorfindet, und dass diese stickstoffhaltige Kohlenstoff-Verbindung ausschliesslich der ursprüngliche Träger und Bewirker aller Lebens-Erscheinungen und aller organischen Formbildung ist. Alle anderen Stoffe, welche ausserdem noch im Organismus vorkommen, werden erst von diesem activen Lebensstoff gebildet, oder von aussen aufgenommen. Das organische Ei, die ursprüngliche Zelle, aus welcher sich jedes Thier und jede Pflanze zuerst entwickelt, besteht wesentlich nur aus einem runden Klümpchen solcher eiweissartigen Materie. Auch der Eidotter ist nur Eiweiss, mit Fettkörnchen gemengt. Oken hatte also wirklich Recht, indem er, mehr ahnend als wissend, den Satz aussprach: „Alles Organische ist aus Schleim hervorgegangen, ist Nichts als verschieden gestalteter Schleim. Dieser Urschleim ist im Meere im Verfolge der Planeten-Entwickelung aus anorganischer Materie entstanden.“

An die Urschleim-Theorie Oken's, welche wesentlich mit der neuerlich erst fest begründeten, äusserst wichtigen Protoplasma-Theorie zusammenfällt, schliesst sich eine andere, eben so grossartige Idee desselben Natur-Philosophen eng an. Oken behauptete nämlich schon 1809, dass der durch Urzeugung im Meere entstehende Urschleim alsbald die Form von mikroskopisch kleinen Bläschen annehme, welche er Mile oder Infusorien nannte. „Die organische Welt hat zu ihrer Basis eine Unendlichkeit von solchen Bläschen.“ Die Bläschen entstehen aus den ursprünglichen festflüssigen Urschleimkugeln dadurch, dass die Peripherie derselben sich verdichtet. Die einfachsten Organismen sind einfache solche Bläschen oder Infusorien. Jeder höhere Organismus, jedes Thier und jede Pflanze vollkommnerer Art ist weiter Nichts als „eine Zusammenhäufung (Synthesis) von solchen infusorialen Bläschen, die durch verschiedene Combinationen sich verschieden gestalten und so zu höheren Organismen aufwachsen“. Sie brauchen nun wiederum das Wort Bläschen oder Infusorium nur durch das Wort Zelle zu ersetzen, um zu einer der grössten biologischen Theorien unseres Jahrhunderts, zur Zellen-Theorie, zu gelangen.

Schleiden und Schwann haben zuerst im Jahre 1838 den empirischen Beweis geliefert, dass alle Organismen entweder einfache Zellen oder Zusammenhäufungen (Synthesen) von solchen Zellen sind; und die neuere Protoplasma-Theorie hat nachgewiesen, dass der wesentlichste (und bisweilen der einzige!) Bestandtheil der echten Zelle das Protoplasma (der Urschleim) ist. Die Eigenschaften, die Oken seinen Infusorien zuschreibt, sind eben die Eigenschaften der Zellen, die Eigenschaften der elementaren Individuen, durch deren Zusammenhäufung, Verbindung und mannichfaltige Ausbildung die höheren Organismen entstanden sind.

Diese beiden, ausserordentlich fruchtbaren Gedanken Oken's wurden wegen der absurden Form, in der er sie aussprach, nur wenig berücksichtigt, oder gänzlich verkannt; und es war einer viel späteren Zeit vorbehalten, dieselben durch die Erfahrung zu begründen. Im engsten Zusammenhang mit diesen Vorstellungen standen auch andere Grundsätze seiner Entwickelungs-Lehre. Vom Ursprung des Menschengeschlechts sagte er: „Der Mensch ist entwickelt, nicht erschaffen.“ So viele willkürliche Verkehrtheiten und ausschweifende Phantasiesprünge sich auch in Oken's Natur-Philosophie finden mögen, so können sie uns doch nicht hindern, diesen grossen und ihrer Zeit weit vorauseilenden Ideen unsere gerechte Bewunderung zu zollen. So viel geht aus den angeführten Behauptungen Goethe's und Oken's, und aus den demnächst zu erörternden Ansichten Lamarck's und Geoffroy's mit Sicherheit hervor, dass in den ersten Decennien unseres Jahrhunderts Niemand der natürlichen, durch Darwin neu begründeten Entwickelungs-Theorie so nahe kam, als die vielverschrieene Natur-Philosophie.

Fünfter Vortrag.

Entwickelungs-Theorie von Kant und Lamarck.

Kant's Verdienste um die Entwickelungs-Theorie. Seine monistische Kosmologie und seine dualistische Biologie. Widerspruch von Mechanismus und Teleologie. Vergleichung der genealogischen Biologie mit der vergleichenden Sprachforschung. Ansichten zu Gunsten der Descendenz-Theorie von Leopold Buch, Baer, Schleiden, Unger, Schaaffhausen, Victor Carus, Büchner. Die französische Natur-Philosophie. Lamarck's Philosophie zoologique. Lamarck's monistisches (mechanisches) Natur-System. Seine Ansichten von der Wechselwirkung der beiden organischen Bildungskräfte, der Vererbung und Anpassung. Lamarck's Ansicht von der Entwickelung des Menschengeschlechts aus affenartigen Säugethieren. Vertheidigung der Descendenz-Theorie durch Geoffroy S. Hilaire, Naudin, Lecoq. Die englische Natur-Philosophie. Ansichten zu Gunsten der Descendenz-Theorie von Erasmus Darwin, W. Herbert, Grant, Freke, Herbert Spencer, Hooker, Huxley. Doppeltes Verdienst von Charles Darwin.

Meine Herren! Die teleologische Natur-Betrachtung, welche die Erscheinungen in der organischen Welt durch die zweckmässige Thätigkeit eines persönlichen Schöpfers oder einer zweckthätigen Endursache erklärt, führt nothwendig zuletzt zu ganz unhaltbaren Widersprüchen und Folgerungen. Diese zwiespältige, dualistische Natur-Auffassung steht zu der überall wahrnehmbaren Einheit und Einfachheit der obersten Natur-Gesetze im entschiedensten Gegensatz. Die Philosophen, welche dieser Teleologie huldigen, müssen nothwendiger Weise zwei grundverschiedene Naturen annehmen: eine **anorgische Natur**, welche durch **mechanisch** wirkende Ursachen (causae efficientes), und eine **organische** Natur, welche im Gegensatze zu ersterer durch **zweckmässig** thätige Ursachen (causae finales) erklärt werden muss. (Vergl. S. 31.)

Dieser Dualismus tritt uns auffallend entgegen, wenn wir die Naturanschauung eines der grössten deutschen Philosophen, Kant's betrachten, und die Vorstellungen in's Auge fassen, welche er sich von der Entstehung der Organismen bildete. Eine nähere Betrachtung dieser Vorstellungen ist hier schon deshalb geboten, weil wir in Immanuel Kant einen der wenigen Philosophen verehren, welche eine gediegene naturwissenschaftliche Bildung mit einer ausserordentlichen Klarheit und Tiefe der Speculation verbinden. Der Königsberger Philosoph erwarb sich nicht bloss durch Begründung der kritischen Philosophie den höchsten Ruhm unter den speculativen Philosophen, sondern auch durch seine mechanische Kosmogenie einen glänzenden Namen unter den Natur-Forschern. Schon im Jahre 1755 machte er in seiner „allgemeinen Natur-Geschichte und Theorie des Himmels[22])" den kühnen Versuch, „die Verfassung und den mechanischen Ursprung des ganzen Weltgebäudes nach Newton'schen Grundsätzen abzuhandeln", und mit Ausschluss aller Wunder aus dem natürlichen Entwickelungsgange der Materie mechanisch zu erklären. Diese Kantische Kosmogenie, welche wir nachher (im XV. Vortrage) kurz erörtern werden, wurde späterhin von dem französischen Mathematiker Laplace und von dem englischen Astronomen Herschel ausführlicher begründet; sie erfreut sich noch heute einer fast allgemeinen Anerkennung. Schon allein wegen dieses wichtigen Werkes, in welchem exactes physikalisches Wissen mit der geistvollsten Speculation gepaart ist, verdient Kant den Ehrennamen eines Natur-Philosophen im besten und reinsten Sinne des Wortes.

Nun findet sich aber in verschiedenen Schriften von Immanuel Kant, namentlich aus den jüngeren Jahren (von 1755 bis 1775) eine Anzahl von höchst wichtigen Aussprüchen zerstreut, welche uns dazu berechtigen, Kant neben Lamarck und Goethe als den ersten und bedeutendsten Vorläufer Darwin's hervorzuheben. Professor Fritz Schultze in Dresden hat sich das grosse Verdienst erworben, diese wichtigen, aber sehr versteckten und wenig bekannten Stellen aus den Werken des grossen Königsberger Philosophen zu sammeln und kritisch zu erläutern. (Fritz Schultze, „Kant und Darwin, ein Beitrag zur Geschichte der Entwickelungs-Lehre“ Jena, 1875.) Es geht daraus hervor, dass Kant bereits mit voller Klarheit den grossen Gedanken der Natur-Einheit (S. 32, 46) und der allumfassenden einheitlichen Entwickelung erfasst hatte. Nicht allein behauptet er in Folge dessen die Abstammung der verschiedenen Organismen von gemeinsamen Stammformen (Descendenz-Theorie!), die „Abartung von dem Urbilde der Stammgattung durch natürliche Wanderungen“ (Migrations-Theorie! S. 65); sondern er nimmt auch an (schon 1771!) „dass die ursprüngliche Gangart des Menschen die vierfüssige gewesen ist, dass die zweifüssige sich erst allmählich entwickelt und dass der Mensch erst allmählich sein Haupt über seine alten Kameraden, die Thiere, so stolz erhoben hat“ (a. a. O. S. 47—50). Ja Kant ist sogar der Erste, der das Princip des „Kampfes um's Dasein“ und der „Selections-Theorie“ entdeckt hat, wie wir nachher noch sehen werden (a. a. O. S. 25, 56, 57, 61, 140 u. s. w.).

Wir würden daher unbedingt in der Geschichte der Entwickelungs-Lehre unserem gewaltigen Königsberger Philosophen den ersten Platz einräumen müssen, wenn nicht leider diese bewunderungswürdigen monistischen Ideen des jungen Kant später durch den überwältigenden Einfluss der dualistischen christlichen Weltanschauung ganz zurückgedrängt worden wären. An ihre Stelle treten in den späteren Schriften Kant's theils ganz unhaltbare dualistische Vorstellungen, theils unklares Schwanken zwischen ersteren und letzteren. Wenn Sie Kant's Kritik der teleologischen Urtheilskraft, sein angesehenstes biologisches Werk, lesen, so gewahren Sie, dass er sich bei Betrachtung der organischen Natur wesentlich immer auf dem teleologischen oder dualistischen Standpunkt erhält, während er für die anorgische Natur unbedingt und ohne Rückhalt die mechanische oder monistische Erklärungs-Methode annimmt. Er behauptet, dass sich im Gebiete der anorgischen Natur sämmtliche Erscheinungen aus mechanischen Ursachen, aus den bewegenden Kräften der Materie selbst erklären lassen, im Gebiete der organischen Natur dagegen nicht. In der gesammten Anorgologie (in der Geologie und Mineralogie, in der Meteorologie und Astronomie, in der Physik und Chemie der anorganischen Naturkörper) sollen alle Erscheinungen bloss durch Mechanismus (causa efficiens), ohne Dazwischenkunft eines Endzweckes erklärbar sein, In der gesammten Biologie dagegen, in der Botanik, Zoologie und Anthropologie, soll der Mechanismus nicht ausreichend sein, uns alle Erscheinungen zu erklären; vielmehr können wir dieselben nur durch Annahme einer zweckmässig wirkenden Endursache (causo finalis) begreifen. An mehreren Stellen hebt Kant ausdrücklich hervor, dass man, von einem streng naturwissenschaftlich-philosophischen Standpunkt aus, für alle Erscheinungen ohne Ausnahme eine mechanische Erklärungsweise fordern müsse, und dass der Mechanismus allein eine wirkliche Erklärung einschliesse. Zugleich meint er aber, dass gegenüber den belebten Naturkörpern, den Thieren und Pflanzen unser menschliches Erkenntniss-Vermögen beschränkt sei, und nicht ausreiche, um hinter die eigentliche wirksame Ursache der organischen Vorgänge, insbesondere der Entstehung der organischen Formen, zu gelangen. Die Befugniss der menschlichen Vernunft zur mechanischen Erklärung aller Erscheinungen sei unbeschränkt, aber ihr Vermögen dazu begrenzt, indem man die organische Natur nur teleologisch betrachten könne.

Abweichend von diesem dualistischen Standpunkt behauptet Kant wieder an anderen Stellen die Nothwendigkeit einer genealogischen Auffassung des organischen Systems, wenn man überhaupt zu einem wissenschaftlichen Verständniss desselben gelangen wolle. Die wichtigste und merkwürdigste von diesen Stellen findet sich in der „Methoden-Lehre der teleologischen Urtheilskraft" (§ 79), welche 1790 in der „Kritik der Urtheilskraft" erschien. Bei dem ausserordentlichen Interesse, welches diese Stelle sowohl für die Beurtheilung der Kantischen Philosophie, als für die Geschichte der Descendenz-Theorie besitzt, erlaube ich mir, Ihnen dieselbe hier wörtlich mitzutheilen.

„Es ist rühmlich, mittelst einer comparativen Anatomie die grosse Schöpfung organisirter Naturen durchzugehen, um zu sehen: ob sich daran nicht etwas einem System Aehnliches, und zwar dem Erzeugungs-Princip nach, vorfinde, ohne dass wir nöthig haben, beim blossen Beurtheilungs-Princip, welches für die Einsicht ihrer Erzeugung keinen Aufschluss giebt, stehen zu bleiben, und muthlos allen Anspruch auf Natureinsicht in diesem Felde aufzugeben. Die Uebereinkunft so vieler Thiergattungen in einem gewissen gemeinsamen Schema, das nicht allein in ihrem Knochenbau, sondern auch in der Anordnung der übrigen Theile zum Grunde zu liegen scheint, wo bewunderungswürdige Einfalt des Grundrisses durch Verkürzung einer und Verlängerung anderer, durch Entwickelung dieser und Auswickelung jener Theile, eine so grosse Mannichfaltigkeit von Species hat hervorbringen können, lässt einen obgleich schwachen Strahl von Hoffnung ins Gemüth fallen, dass hier wohl Etwas mit dem Princip des Mechanismus der Natur, ohne das es ohnedies keine Naturwissenschaft geben kann, auszurichten sein möchte. Diese Analogie der Formen, sofern sie bei aller Verschiedenheit einem gemeinschaftlichen Urbilde gemäss erzeugt zu sein scheinen, verstärkt die Vermuthung einer wirklichen Verwandtschaft derselben in der Erzeugung von einer gemeinschaftlichen Urmutter durch die stufenartige Annäherung einer Thiergattung zur anderen, von derjenigen an, in welcher das Princip der Zwecke am meisten bewährt zu sein scheint, nämlich dem Menschen, bis zum Polyp, von diesem sogar bis zu Mosen und Flechten, und endlich zu der niedrigsten uns merklichen Stufe der Natur, zur rohen Materie: aus welcher und ihren Kräften nach mechanischen Gesetzen (gleich denen, danach sie in Krystall-Erzeugungen wirkt) die ganze Technik der Natur, die uns in organisirten Wesen so unbegreiflich ist, dass wir uns dazu ein anderes Princip zu denken genöthigt glauben, abzustammen scheint. Hier steht es nun dem Archäologen der Natur frei, aus den übrig gebliebenen Spuren ihrer ältesten Revolutionen, nach allem ihm bekannten oder gemuthmassten Mechanismen derselben, jene grosse Familie von Geschöpfen (denn so müsste man sie sich vorstellen, wenn die genannte, durchgängig zusammenhängende Verwandtschaft einen Grund haben soll) entspringen zu lassen."

Man muss darüber erstaunen, wie tief und klar der grosse Denker hier die innere Nothwendigkeit der Abstammungs-Lehre erkannte, und sie als den einzig möglichen Weg zur Erklärung der organischen Natur durch mechanische Gesetze, d. h. zu einer wahrhaft wissenschaftlichen Erkenntniss bezeichnete. Sobald man indessen diese Stelle im Zusammenhang mit dem übrigen Gedankengang der „Kritik der Urtheilskraft" betrachtet, und anderen geradezu widersprechenden Stellen gegenüber hält, zeigt sich deutlich, dass Kant in diesen und einigen ähnlichen Sätzen über sich selbst hinausging und seinen in der Biologie gewöhnlich eingenommenen teleologischen Standpunkt verliess. Selbst unmittelbar auf jenen wörtlich angeführten, bewunderungswürdigen Satz folgt ein Zusatz, welcher demselben die Spitze abbricht. Nachdem Kant so eben ganz richtig die „Entstehung der organischen Formen aus der rohen Materie nach mechanischen Gesetzen (gleich denen der Krystall-Erzeugung)", sowie eine stufenweise Entwickelung der verschiedenen Species durch Abstammung von einer gemeinschaftlichen Urmutter behauptet hat, fügt er hinzu: „Allein er (der Archäolog der Natur, d. h. der Paläontolog) muss gleichwohl zu dem Ende dieser allgemeinen Mutter eine auf alle diese Geschöpfe zweckmässig gestellte Organisation beilegen, widrigenfalls die Zweckform der Producte des Thier- und Pflanzen-Reichs ihrer Möglichkeit nach gar nicht zu denken ist." Offenbar hebt dieser Zusatz den wichtigsten Grundgedanken des vorhergehenden Satzes, dass durch die Descendenz-Theorie eine rein mechanische Erklärung der organischen Natur möglich werde, vollständig wieder auf. Und dass diese teleologische Betrachtung der organischen Natur bei Kant vorherrschte, zeigt schon die Ueberschrift des merkwürdigen § 79, welcher jene beiden widersprechenden Sätze enthält: „Von der nothwendigen Unterordnung des Princips des Mechanismus unter das teleologische in Erklärung eines Dinges als Naturzweck."

Am schärfsten spricht sich Kant gegen die mechanische Erklärung der organischen Natur in folgender Stelle aus (§ 74): „Es ist ganz gewiss, dass wir die organisirten Wesen und deren innere Möglichkeit nach bloss mechanischen Principien der Natur nicht einmal zureichend kennen lernen, viel weniger uns erklären können, und zwar so gewiss, dass man dreist sagen kann: Es ist für Menschen ungereimt, auch nur einen solchen Anschlag zu fassen, oder zu hoffen, dass noch etwa dereinst ein Newton aufstehen könne, der auch nur die Erzeugung eines Grashalms nach Natur-Gesetzen, die keine Absicht geordnet hat, begreiflich machen werde, sondern man muss diese Einsicht dem Menschen schlechterdings absprechen.“ Nun ist aber dieser unmögliche Newton siebenzig Jahre später in Darwin wirklich erschienen, und seine Selections-Theorie hat die Aufgabe thatsächlich gelöst, die Kant für absolut unlösbar hielt.

Im Anschluss an Kant und an die deutschen Natur-Philosophen, mit deren Entwickelungs-Theorie wir uns im vorhergehenden Vortrage beschäftigt haben, erscheint es gerechtfertigt, jetzt noch kurz einiger anderer deutscher Natur-Forscher und Philosophen zu gedenken, welche im Laufe unseres Jahrhunderts mehr oder minder bestimmt gegen die herrschenden teleologischen Schöpfungs-Vorstellungen sich auflehnten, und den mechanischen Grundgedanken der Abstammungs-Lehre geltend machten. Bald waren es mehr allgemeine philosophische Betrachtungen, bald mehr besondere empirische Wahrnehmungen, welche diese denkenden Männer auf die Vorstellung brachten, dass die einzelnen organischen Species von gemeinsamen Stamm-Formen abstammen müssten. Unter ihnen will ich zunächst den grossen deutschen Geologen Leopold Buch hervorheben. Wichtige Beobachtungen über die geographische Verbreitung der Pflanzen führten ihn in seiner trefflichen „physikalischen Beschreibung der canarischen Inseln“ zu folgendem merkwürdigen Ausspruch:

„Die Individuen der Gattungen auf Continenten breiten sich aus, entfernen sich weit, bilden durch Verschiedenheit der Standörter, Nahrung und Boden Varietäten welche, in ihrer Entfernung nie von anderen Varietäten gekreuzt und dadurch zum Haupt-Typus zurückgebracht, endlich constant und zur eignen Art werden. Dann erreichen sie vielleicht auf anderen Wegen auf das Neue die ebenfalls veränderte vorige Varietät, beide nun als sehr verschiedene und sich nicht wieder mit einander vermischende Arten. Nicht so auf Inseln. Gewöhnlich in enge Thäler, oder in den Bezirk schmaler Zonen gebannt, können sich die Individuen erreichen und jede gesuchte Fixirung einer Varietät wieder zerstören. Es ist dies ungefähr so, wie Sonderbarkeiten oder Fehler der Sprache zuerst durch das Haupt einer Familie, dann durch Verbreitung dieser selbst, über einen ganzen District einheimisch werden. Ist dieser abgesondert und isolirt, und bringt nicht die stete Verbindung mit andern die Sprache auf ihre vorherige Reinheit zurück, so wird aus dieser Abweichung ein Dialect. Verbinden natürliche Hindernisse, Wälder, Verfassung, Regierung, die Bewohner des abweichenden Districts noch enger, und trennen sie sich noch schärfer von den Nachbarn, so fixirt sich der Dialect, und es wird eine völlig verschiedene Sprache." (Uebersicht der Flora auf den Canarien, S. 133.)

Sie sehen, dass Buch hier auf den Grundgedanken der Abstammungs-Lehre durch die Erscheinungen der Pflanzen-Geographie geführt wird, ein biologisches Gebiet, welches in der That eine Masse von Beweisen zu Gunsten derselben liefert. Darwin hat diese Beweise in zwei besondern Capiteln seines Hauptwerkes (dem elften und zwölften) ausführlich erörtert. Buch's Bemerkung ist aber auch deshalb von Interesse, weil sie uns auf die äusserst lehrreiche Vergleichung der verschiedenen Sprach-Zweige und der Organismen-Arten führt, eine Vergleichung, welche sowohl für die vergleichende Sprach-Wissenschaft, als für die vergleichende Thier- und Pflanzen-Kunde vom grössten Nutzen ist. Gleichwie z. B. die verschiedenen Dialecte, Mundarten, Sprach-Aeste und Sprach-Zweige der deutschen, slavischen, griechisch-lateinischen und iranisch-indischen Grund-Sprache von einer einzigen gemeinschaftlichen indogermanischen Ur-Sprache abstammen, und gleichwie sich deren Unterschiede durch die Anpassung, ihre gemeinsamen Grundcharaktere durch die Vererbung erklären, so stammen auch die verschiedenen Arten, Gattungen, Familien, Ordnungen und Classen der Wirbelthiere von einer einzigen gemeinschaftlichen Wirbelthier-Form ab; auch hier ist die Anpassung die Ursache der Verschiedenheiten, die Vererbung die Ursache des gemeinsamen Grundcharakters. Dieser interessante Parallelismus in der divergenten Entwickelung der Sprach-Formen und der Organismen-Formen ist in sehr einleuchtender Weise von einem unserer ersten vergleichenden Sprach-Forscher, von dem genialen August Schleicher erörtert worden; derselbe hat namentlich den Stammbaum der indogermanischen Sprachen in der scharfsinnigsten Weise phylogenetisch entwickelt[6]).

Von anderen hervorragenden deutschen Naturforschern, die sich mehr oder minder bestimmt für die Descendenz-Theorie aussprachen, und die auf ganz verschiedenen Wegen zu derselben hingeführt wurden, habe ich zunächst Carl Ernst Baer zu nennen, den grossen Begründer der thierischen Entwickelungs-Geschichte. In einem 1834 gehaltenen Vortrage, betitelt: „Das allgemeinste Gesetz der Natur in aller Entwickelung“, erläutert derselbe vortrefflich, dass nur eine ganz kindische Natur-Betrachtung die organischen Arten als bleibende und unveränderliche Typen ansehen könne, und dass im Gegentheil dieselben nur vorübergehende Zeugungs-Reihen sein können, die durch Umbildung aus gemeinsamen Stamm-Formen sich entwickelt haben. Dieselbe Ansicht begründete Baer später (1859) durch die Gesetze der geographischen Verbreitung der Organismen.

J. M. Schleiden, welcher vor sechzig Jahren in Jena durch seine streng empirisch-philosophische und wahrhaft wissenschaftliche Methode eine neue Epoche für die Pflanzenkunde begründete, erläuterte in seinen Grundzügen der wissenschaftlichen Botanik die philosophische Bedeutung des organischen Species-Begriffes; er nahm an, dass derselbe nur in dem allgemeinen Gesetze der Specification seinen subjectiven Ursprung habe[7]). Die verschiedenen Pflanzen-Arten sind nur die specificirten Producte der Pflanzen-Bildungstriebe, welche durch die verschiedenen Combinationen der Grundkräfte der organischen Materie entstehen.

Der ausgezeichnete Wiener Botaniker Franz Unger wurde durch seine gründlichen und umfassenden Untersuchungen über die ausgestorbenen Pflanzen-Arten zu einer paläontologischen Entwickelungs-Geschichte des Pflanzen-Reichs geführt, welche den Grundgedanken der Abstammungs-Lehre klar ausspricht. In seinem „Versuch einer Geschichte der Pflanzenwelt“ (1852) behauptet er die Abstammung aller verschiedenen Pflanzen-Arten von einigen wenigen Stamm-Formen, und vielleicht von einer einzigen Urpflanze, einer einfachsten Pflanzen-Zelle. Er zeigt, dass diese Anschauungsweise von dem genetischen Zusammenhang aller Pflanzen-Formen nicht nur physiologisch nothwendig, sondern auch empirisch begründet sei[8]).

In der Einleitung zu dem 1853 erschienenen „System der thierischen Morphologie" von Victor Carus steht folgender Ausspruch: „Die in den ältesten geologischen Lagern begrabenen Organismen sind als die Urahnen zu betrachten, aus denen durch fortgesetzte Zeugung und Accommodation an progressiv sehr verschiedene Lebens-Verhältnisse der Formen-Reichthum der jetzigen Schöpfung entstand."

In demselben Jahre (1853) erklärte sich der Bonner Anthropologe Schaaffhausen in einem Aufsatze „über Beständigkeit und Umwandlung der Arten" entschieden zu Gunsten der Descendenz-Theorie. Die lebenden Pflanzen- und Thier-Arten sind nach ihm die umgebildeten Nachkommen der ausgestorbenen Species, aus denen sie durch allmähliche Abänderung entstanden sind. Das Auseinanderweichen (die Divergenz oder Sonderung) der nächstverwandten Arten geschieht durch Zerstörung der verbindenden Zwischenstufen. Auch für den thierischen Ursprung des Menschengeschlechts und seine allmähliche Entwickelung aus affenähnlichen Thieren, die wichtigste Consequenz der Abstammungs-Lehre, sprach sich Schaaffhausen (1857) aus.

Endlich ist von deutschen Natur-Philosophen noch besonders Louis Büchner hervorzuheben, welcher in seinem berühmten Buche „Kraft und Stoff" 1855 ebenfalls die Grundzüge der Descendenz-Theorie selbstständig entwickelte, und zwar vorzüglich auf Grund der unwiderleglichen empirischen Zeugnisse, welche uns die paläontologische und die individuelle Entwickelung der Organismen, sowie ihre vergleichende Anatomie, und der Parallelismus dieser Entwickelungs-Reihen liefert. Büchner zeigte sehr einleuchtend, dass schon hieraus eine Entwickelung der verschiedenen organischen Species aus gemeinsamen Stammformen nothwendig folge, und dass die Entstehung dieser ursprünglichen Stammformen nur durch Urzeugung denkbar sei[10]).

An der Spitze der französischen Natur-Philosophie steht Jean Lamarck, welcher in der Geschichte der Abstammungs-Lehre neben Darwin und Goethe den ersten Platz einnimmt. Ihm wird der unsterbliche Ruhm bleiben, zum ersten Male die Descendenz-Lehre als selbstständige wissenschaftliche Theorie ersten Ranges durchgeführt und als die naturphilosophische Grundlage der ganzen Biologie festgestellt zu haben. Obwohl Lamarck bereits 1744 geboren wurde, begann er doch mit Veröffentlichung seiner Theorie erst im Beginn unseres Jahrhunderts, im Jahre 1801, und begründete dieselbe erst ausführlicher 1809, in seiner classischen „Philosophie zoologique“ [2]). Dieses bewunderungswürdige Werk ist die erste zusammenhängende und streng bis zu allen Consequenzen durchgeführte Darstellung der Abstammungs-Lehre. Durch die rein mechanische Betrachtungsweise der organischen Natur und die streng philosophische Begründung von deren Nothwendigkeit erhebt sich Lamarck's Werk weit über die vorherrschend dualistischen Anschauungen seiner Zeit, und bis auf Darwin's Werk, welches gerade ein halbes Jahrhundert später erschien, finden wir kein zweites, welches wir in dieser Beziehung der Philosophie zoologique an die Seite setzen könnten. Wie weit dieselbe ihrer Zeit vorauseilte, geht wohl am besten daraus hervor, dass sie von den Meisten gar nicht verstanden und fünfzig Jahre hindurch todtgeschwiegen wurde. Lamarck's grösster Gegner, Cuvier, erwähnt in seinem Bericht über die Fortschritte der Naturwissenschaften, in welchem die unbedeutendsten anatomischen Untersuchungen Aufnahme fanden, dieses epochemachende Werk mit keinem Worte. Auch Goethe, welcher sich so lebhaft für die französische Natur-Philosophie, für „die Gedanken der verwandten Geister jenseits des Rheins“, interessirte, gedenkt Lamarck's nirgends und scheint die Philosophie zoologique gar nicht gekannt zu haben. Den hohen Ruf, welchen Lamarck sich als Naturforscher erwarb, verdankt derselbe nicht seinem höchst bedeutenden allgemeinen Werke, sondern zahlreichen speciellen Arbeiten über niedere Thiere, insbesondere Mollusken, sowie einer ausgezeichneten „Natur-Geschichte der wirbellosen Thiere“, welche 1815—1822 in sieben Bänden erschien. Der erste Band dieses berühmten Werkes (1815) enthält in der allgemeinen Einleitung ebenfalls eine ausführliche Darstellung seiner Abstammungs-Lehre. Von der ungemeinen Bedeutung der Philosophie zoologique kann ich Ihnen vielleicht keine bessere Vorstellung geben, als wenn ich hier daraus einige der wichtigsten Sätze wörtlich anführe:

„Die systematischen Eintheilungen, die Classen, Ordnungen, Familien, Gattungen und Arten, sowie deren Benennungen, sind willkürliche Kunsterzeugnisse des Menschen. Die Arten oder Species der Organismen sind von ungleichem Alter, nach einander entwickelt und zeigen nur relative, zeitweilige Beständigkeit; aus Varietäten gehen Arten hervor. Die Verschiedenheit in den Lebensbedingungen wirkt verändernd auf die Organisation, die allgemeine Form und die Theile der Thiere ein, ebenso der Gebrauch oder Nichtgebrauch der Organe. Im ersten Anfang sind nur die allereinfachsten und niedrigsten Thiere und Pflanzen entstanden und erst zuletzt diejenigen von der höchst zusammengesetzten Organisation. Der Entwickelungsgang der Erde und ihrer organischen Bevölkerung war ganz continuirlich, nicht durch gewaltsame Revolutionen unterbrochen. Das Leben ist nur ein physikalisches Phänomen. Alle Lebens-Erscheinungen beruhen auf mechanischen, auf physikalischen und chemischen Ursachen, die in der Beschaffenheit der organischen Materie selbst liegen. Die einfachsten Thiere und die einfachsten Pflanzen, welche auf der tiefsten Stufe der Organisations-Leiter stehen, sind entstanden und entstehen noch heute durch Urzeugung (Generatio spontanea). Alle lebendigen Naturkörper oder Organismen sind denselben Naturgesetzen wie die leblosen Naturkörper oder die Anorgane unterworfen. Die Ideen und Thätigkeiten des Verstandes sind Bewegungs-Erscheinungen des Centralnervensystems. Der Wille ist in Wahrheit niemals frei. Die Vernunft ist nur ein höherer Grad von Entwickelung und Verbindung der Urtheile."

Das sind nun in der That erstaunlich kühne, grossartige und weitreichende Ansichten, welche Lamarck bereits 1809 in diesen Sätzen niederlegte; zu einer Zeit, in welcher deren Begründung durch massenhafte Thatsachen nicht entfernt so, wie heutzutage, möglich war. Sie sehen, dass Lamarck's Werk eigentlich ein vollständiges, streng monistisches (oder „mechanisches") Natur-System ist, dass alle wichtigen allgemeinen Grundsätze der monistischen Biologie bereits von ihm vertreten werden: Die Einheit der wirkenden Ursachen in der organischen und anorganischen Natur, der letzte Grund dieser Ursachen in den chemischen und physikalischen Eigenschaften der Materie, der Mangel einer besonderen Lebenskraft oder einer organischen End-Ursache; die Abstammung aller Organismen von einigen wenigen, höchst einfachen Stamm-Formen oder Urwesen, welche durch Urzeugung aus anorgischer Materie entstanden sind; der zusammenhängende Verlauf der ganzen Erd-Geschichte, der Mangel der gewaltsamen und totalen Erd-Revolutionen, und überhaupt die Undenkbarkeit jedes Wunders, jedes übernatürlichen Eingriffs in den natürlichen Weltlauf.

Dass Lamarck's bewunderungswürdige Geistesthat fast gar keine Anerkennung fand, liegt theils in der ungeheuren Weite des Riesenschritts, mit welchem er dem folgenden halben Jahrhundert vorauseilte, theils aber auch in der mangelhaften empirischen Begründung derselben, und in der oft etwas einseitigen Art seiner Beweisführung. Als die nächsten mechanischen Ursachen, welche die beständige Umbildung der organischen Formen bewirken, erkennt Lamarck ganz richtig die Verhältnisse der Anpassung an, während er die Form-Aehnlichkeit der verschiedenen Arten, Gattungen, Familien u. s. w. mit vollem Rechte auf ihre Bluts-Verwandtschaft zurückführt, also durch die Vererbung erklärt. Die Anpassung besteht nach ihm darin, dass die beständige langsame Veränderung der Aussenwelt eine entsprechende Veränderung in den Thätigkeiten und dadurch auch weiter in den Formen der Organismen bewirkt. Das grösste Gewicht legt er dabei auf die Wirkung der Gewohnheit, auf den Gebrauch und Nichtgebrauch der Organe. Allerdings ist diese, wie Sie später sehen werden, für die Umbildung der organischen Formen von der höchsten Bedeutung. Allein in der Weise, wie Lamarck hieraus allein oder doch vorwiegend die Veränderung der Formen erklären wollte, ist das meistens doch nicht möglich. Er sagt z. B., dass der lange Hals der Giraffe entstanden sei durch das beständige Hinaufrecken des Halses nach hohen Bäumen, und das Bestreben die Blätter von deren Aesten zu pflücken; da die Giraffe meistens in trockenen Gegenden lebt, wo nur das Laub der Bäume ihr Nahrung gewährt, war sie zu dieser Thätigkeit gezwungen. Ebenso sind die langen Zungen der Spechte, Colibris und Ameisen-Fresser durch die Gewohnheit entstanden, ihre Nahrung aus engen, schmalen und tiefen Spalten oder Canälen herauszuholen. Die Schwimm-Häute zwischen den Zehen der Schwimm-Füsse bei Fröschen und anderen Wasser-Thieren sind lediglich durch das fortwährende Bemühen zu schwimmen, durch das Schlagen der Füsse in das Wasser, durch die Schwimm-Bewegungen selbst entstanden. Durch Vererbung auf die Nachkommen wurden diese Gewohnheiten befestigt und durch weitere Ausbildung derselben schliesslich die Organe ganz umgebildet. So richtig im Ganzen dieser Grundgedanke ist, so legt doch Lamarck zu ausschliesslich das Gewicht auf die Gewohnheit (Gebrauch und Nichtgebrauch der Organe), allerdings eine der wichtigsten, aber nicht die einzige Ursache der Form-Veränderung. Dies kann uns jedoch nicht hindern, anzuerkennen, dass Lamarck die Wechselwirkung der beiden organischen Bildungstriebe, der Anpassung und Vererbung, ganz richtig begriff. Nur fehlte ihm dabei das äusserst wichtige Princip der „natürlichen Züchtung im Kampfe um das Dasein", welches Darwin" erst 50 Jahre später aufstellte.

Als ein besonderes Verdienst Lamarck's ist nun noch hervorzuheben, dass er bereits versuchte, die Entwickelung des Menschen-Geschlechts aus anderen, zunächst affenartigen Säugethieren darzuthun. Auch hier war es wieder in erster Linie die Gewohnheit, der er den umbildenden, veredelnden Einfluss zuschrieb. Er nahm also an, dass die niedersten, ursprünglichen Urmenschen entstanden seien aus den menschen-, ähnlichen Affen, indem die letzteren sich angewöhnt hätten aufrecht zu gehen. Die Erhebung des Rumpfes, das beständige Streben, sich aufrecht zu erhalten, führte zunächst zu einer Umbildung der Gliedmassen, zu einer stärkeren Differenzirung oder

Sonderung der vorderen und hinteren Extremitäten, welche mit Recht als einer der wesentlichsten Unterschiede zwischen Menschen und Affen gilt. Hinten entwickelten sich Waden und platte Fusssohlen, vorn Greifarme und Hände. Der aufrechte Gang hatte zunächst eine freiere Umschau über die Umgebung zur Folge, und damit einen bedeutenden Fortschritt in der geistigen Entwickelung. Die Menschen-Affen erlangten dadurch bald ein grosses Uebergewicht über die anderen Affen und weiterhin überhaupt über die umgebenden Organismen. Um die Herrschaft über diese zu behaupten, thaten sie sich in Gesellschaften zusammen, und es entwickelte sich, wie bei allen gesellig lebenden Thieren, das Bedürfniss einer Mittheilung ihrer Bestrebungen und Gedanken. So entstand das Bedürfniss der Sprache, deren anfangs rohe, ungegliederte Laute bald mehr und mehr in Verbindung gesetzt, ausgebildet und artikulirt wurden. Die Entwickelung der artikulirten Sprache war nun wieder der stärkste Hebel für eine weiter fortschreitende Entwickelung des Organismus und vor Allem des Gehirns, und so verwandelten sich allmählich und langsam die Affenmenschen in echte Menschen. Die wirkliche Abstammung der niedersten und rohesten Urmenschen von den höchst entwickelten Affen wurde also von Lamarck bereits auf das Bestimmteste behauptet, und durch eine Reihe der wichtigsten Beweisgründe unterstützt.

Als der bedeutendste der französischen Natur-Philosophen gilt gewöhnlich nicht Lamarck, sondern Etienne Geoffroy St. Hilaire (der Aeltere), geb. 1771, derjenige, für welchen auch Goethe sich besonders interessirte, und den wir oben bereits als den entschiedensten Gegner Cuvier's kennen gelernt haben. Er entwickelte seine Ideen von der Umbildung der organischen Species bereits gegen Ende des vorigen Jahrhunderts, veröffentlichte dieselben aber erst im Jahre 1828, und vertheidigte sie dann in den folgenden Jahren, besonders 1830, tapfer gegen Cuvier. Geoffroy S. Hilaire nahm im Wesentlichen die Descendenz-Theorie Lamarck's an, glaubte jedoch, dass die Umbildung der Thier- und Pflanzen-Arten weniger durch die eigene Thätigkeit des Organismus, durch Gewohnheit, Uebung,

Gebrauch oder Nichtgebrauch der Organe bewirkt werde, als vielmehr durch den „Monde ambiant“, d. h. durch die beständige Veränderung der Aussenwelt, insbesondere der Atmosphäre. Er fasst den Organismus gegenüber den Lebens-Bedingungen der Aussenwelt mehr passiv oder leidend auf, Lamarck dagegen mehr activ oder handelnd. Geoffroy glaubt z. B., dass bloss durch Verminderung der Kohlensäure in der Atmosphäre aus eidechsenartigen Reptilien die Vögel entstanden seien, indem durch den grösseren Sauerstoff-Gehalt der Athmungs-Process lebhafter und energischer wurde. Dadurch entstand eine höhere Blut-Temperatur, eine gesteigerte Nerven- und Muskel-Thätigkeit, aus den Schuppen der Reptilien wurden die Federn der Vögel u. s. w. Auch dieser Vorstellung liegt ein richtiger Gedanke zu Grunde. Aber wenn auch gewiss die Veränderung der Atmosphäre, wie die Veränderung jeder anderen äusseren Existenz-Bedingung auf den Organismus direct oder indirect umgestaltend einwirkt, so ist dennoch diese einzelne Ursache an sich viel zu unbedeutend, um ihr solche Wirkungen zuzuschreiben. Sie ist selbst unbedeutender, als die von Lamarck zu einseitig betonte Uebung und Gewohnheit. Das Haupt-Verdienst von Geoffroy besteht darin, dem mächtigen Einflusse von Cuvier gegenüber die einheitliche Natur-Anschauung, die Einheit der organischen Form-Bildung und den tiefen genealogischen Zusammenhang der verschiedenen organischen Gestalten geltend gemacht zu haben. Die berühmten Streitigkeiten zwischen den beiden grossen Gegnern in der Pariser Academie, insbesondere die beiden heftigen Conflicte am 22. Februar und am 19. Juli 1830, an denen Goethe den lebendigsten Antheil nahm, habe ich bereits in dem vorhergehenden Vortrage erwähnt (S. 77, 78). Damals blieb Cuvier der anerkannte Sieger, und seit jener Zeit ist in Frankreich Wenig für die weitere Entwickelung der Abstammungs-Lehre, und für den Ausbau einer monistischen Entwickelungs-Theorie geschehen. Offenbar ist dies vorzugsweise dem hinderlichen Einflusse znzuschreiben, welchen Cuvier's grosse Autorität ausübte. In keinem wissenschaftlich gebildeten Lande Europa's hat Darwin's Lehre zunächst so wenig gewirkt und ist so wenig verstanden

Taf. XXIX

Heliog. Meisenbach Riffarth & Co

PITHECANTHROPUS ALALUS

worden, wie in Frankreich. Die Academie der Wissenschaften in Paris hat sogar den Vorschlag, Darwin zu ihrem Mitgliede zu ernennen, mehrmals verworfen, ehe sie sich selbst dieser höchsten Ehre für würdig erklärte. Unter den neueren französischen Naturforschern (vor Darwin!) sind nur noch zwei angesehene Botaniker hervorzuheben, Naudin (1852) und Lecoq (1854), welche sich zu Gunsten der Veränderlichkeit und Umbildung der Arten auszusprechen wagten.

Nachdem wir die älteren Verdienste der deutschen und französischen Natur-Philosophie um die Begründung der Abstammungs-Lehre erörtert haben, wenden wir uns zu England, welches seit dem Jahre 1859 der eigentliche Ausgangs-Heerd für die weitere Ausbildung und die definitive Feststellung der Entwickelungs-Theorie geworden ist. Im Anfange unseres Jahrhunderts haben die Engländer an der festländischen Natur-Philosophie und an deren bedeutendstem Fortschritte, der Descendenz-Theorie, nur wenig Antheil genommen. Fast der einzige ältere englische Naturforscher, den wir hier zu nennen haben, ist Erasmus Darwin, der Grossvater des Reformators der Descendenz-Theorie. Er veröffentlichte im Jahre 1794 unter dem Titel „Zoonomia“ ein naturphilosophisches Werk, in welchem er ganz ähnliche Ansichten, wie Goethe und Lamarck, ausspricht, ohne jedoch von diesen Männern damals irgend Etwas gewusst zu haben. Die Descendenz-Theorie lag schon damals gleichsam in der Luft. Auch Erasmus Darwin legt grosses Gewicht auf die Umgestaltung der Thier- und Pflanzen-Arten durch ihre eigene Lebens-Thätigkeit, durch die Angewöhnung an veränderte Existenz-Bedingungen u. s. w. Sodann spricht sich im Jahre 1822 W. Herbert dahin aus, dass die Arten oder Species der Thiere und Pflanzen Nichts weiter seien, als beständig gewordene Varietäten oder Spiel-Arten. Ebenso erklärte 1826 Grant in Edinburg, dass neue Arten durch fortdauernde Umbildung aus bestehenden Arten hervorgehen. 1841 behauptete Freke, dass alle organischen Wesen von einer einzigen Urform abstammen müssten. Ausführlicher und in sehr klarer philosophischer Form bewies 1852 Herbert Spencer die Nothwendigkeit der Abstammungs-Lehre und begründete dieselbe näher in seinen 1858 erschienenen vortrefflichen „Essays“ und in den später veröffentlichten „Principles of Biology“[65]). Derselbe hat zugleich das grosse Verdienst, die Entwickelungs-Theorie auf die Psychologie angewandt und gezeigt zu haben, dass auch die Seelen-Thätigkeiten und die Geistes-Kräfte nur stufenweise erworben und allmählich entwickelt werden konnten. Endlich ist noch hervorzuheben, dass 1859 der Erste unter den englischen Zoologen, Huxley, die Descendenz-Theorie als die einzige Schöpfungs-Hypothese bezeichnete, welche mit der wissenschaftlichen Physiologie vereinbar sei. In demselben Jahre erschien die „Einleitung in die Tasmanische Flora“, worin der berühmte englische Botaniker Hooker die Descendenz-Theorie annimmt und durch wichtige eigene Beobachtungen unterstützt.

Sämmtliche Naturforscher und Philosophen, welche Sie in dieser kurzen historischen Uebersicht als Anhänger der Entwickelungs-Theorie kennen gelernt haben, gelangten im besten Falle zu der Anschauung, dass alle verschiedenen Thier- und Pflanzen-Arten, die zu irgend einer Zeit auf der Erde gelebt haben und noch jetzt leben, die allmählich veränderten und umgebildeten Nachkommen von der einzigen, oder von einigen wenigen, ursprünglichen, höchst einfachen Stamm-Formen sind; und dass letztere einst durch Urzeugung (Generatio spontanea) aus anorgischer Materie entstanden. Aber keiner von jenen Natur-Philosophen gelangte dazu, diesen Grund-Gedanken der Abstammungs-Lehre ursächlich zu begründen, und die Umbildung der organischen Species durch den wahren Nachweis ihrer mechanischen Ursachen wirklich zu erklären. Diese schwierigste Aufgabe vermochte erst Charles Darwin zu lösen, und hierin liegt die weite Kluft, welche denselben von seinen Vorgängern trennt.

Das ausserordentliche Verdienst Darwin's ist nach meiner Ansicht ein doppeltes: er hat erstens die Abstammungs-Lehre, deren Grund-Gedanken schon Goethe und Lamarck klar aussprachen, viel umfassender entwickelt, viel eingehender verfolgt und viel strenger im Zusammenhang durchgeführt, als alle seine Vorgänger; und er hat zweitens eine neue Theorie aufgestellt, welche uns die natürlichen Ursachen der organischen Entwickelung, die wahren, bewirkenden Ursachen der organischen Form-Bildung, der Veränderungen und Umformungen der Thier- und Pflanzen-Arten enthüllt. Das ist die Theorie von der natürlichen Züchtung (Selectio naturalis).

Um die Bedeutung dieses doppelten Verdienstes richtig zu würdigen, muss man bedenken, dass fast die gesammte Biologie vor Darwin den entgegengesetzten Anschauungen huldigte, und dass fast bei allen Zoologen und Botanikern die absolute Selbstständigkeit der organischen Species als selbstverständliche Voraussetzung aller Form-Betrachtungen galt. Das falsche Dogma von der Beständigkeit und unabhängigen Erschaffung der einzelnen Arten hatte eine so hohe Autorität und eine so allgemeine Geltung gewonnen, und wurde ausserdem durch den trügenden Augenschein bei oberflächlicher Betrachtung so sehr begünstigt, dass wahrlich kein geringer Grad von Muth, Kraft und Verstand dazu gehörte, sich reformatorisch dagegen zu erheben und das künstlich darauf errichtete Lehr-Gebäude zu zertrümmern. Ausserdem brachte uns aber Darwin noch den neuen und höchst wichtigen Grund-Gedanken der „natürlichen Züchtung“.

Man muss diese beiden Punkte scharf unterscheiden, — freilich geschieht es häufig nicht, — man muss scharf unterscheiden erstens die Abstammungs-Lehre oder Descendenz-Theorie von Lamarck, welche bloss behauptet, dass alle Thier- und Pflanzen-Arten von gemeinsamen, einfachsten, spontan entstandenen Urformen abstammen — und zweitens die Züchtungs-Lehre oder Selections-Theorie von Darwin, welche uns zeigt, warum diese fortschreitende Umbildung der organischen Gestalten stattfand, welche physiologischen, mechanisch wirkenden Ursachen die ununterbrochene Neubildung und die immer wachsende Mannichfaltigkeit der Thiere und Pflanzen bedingen.

Eine volle und gerechte Würdigung kann Darwin's unsterbliches Verdienst erst später erwarten, wenn die Entwickelungs-Theorie, nach Ueberwindung aller entgegengesetzten Schöpfungs-Theorien, als das oberste Erklärungs-Princip der Anthropologie, und dadurch aller anderen Wissenschaften, anerkannt sein wird.

Gegenwärtig, wo in dem heiss entbrannten Kampfe um die Wahrheit Darwin's Name den Anhängern der natürlichen Entwickelungs-Theorie als Losung dient, wird sein Verdienst oft in entgegengesetzter Richtung verkannt. Die Einen sind nicht selten ebenso geneigt, es zu überschätzen, als die Anderen es herabzusetzen.

Ueberschätzt wird Darwin's Verdienst, wenn man ihn als den Begründer der Descendenz-Theorie oder gar der gesammten Entwickelungs-Lehre bezeichnet. Wie Sie aus der historischen Darstellung dieses und der vorhergehenden Vorträge bereits entnommen haben, ist die Entwickelungs-Theorie als solche nicht neu; alle Natur-Philosophen, welche sich nicht dem blinden Glauben an das Dogma einer übernatürlichen Schöpfung gebunden überliefern wollten, mussten eine natürliche Entwickelung annehmen. Aber auch die Descendenz-Theorie, als der umfassende biologische Theil der universalen Entwickelungs-Lehre, wurde von Lamarck bereits so klar ausgesprochen, und bis zu den wichtigsten Consequenzen ausgeführt, dass wir ihn als den eigentlichen Begründer derselben verehren müssen. Daher darf nicht die Descendenz-Theorie als Darwinismus bezeichnet werden, sondern nur die Selections-Theorie.

Unterschätzt wird Darwin's Verdienst natürlich von allen seinen Gegnern. Doch kann man von wissenschaftlichen Gegnern desselben, die durch gründliche biologische Bildung zur Abgabe eines Urtheils berechtigt wären, eigentlich nicht mehr reden. Denn unter allen gegen Darwin und die Descendenz-Theorie veröffentlichten Schriften kann mit Ausnahme derjenigen von Agassiz keine einzige Anspruch überhaupt auf Berücksichtigung, geschweige denn Widerlegung erheben; so offenbar sind sie alle entweder ohne gründliche Kenntniss der biologischen Thatsachen, oder ohne klares philosophisches Verständniss derselben geschrieben. Um die Angriffe von Theologen und anderen Laien aber, die überhaupt Nichts von der Natur wissen, brauchen sich die Natur-Forscher nicht weiter zu kümmern.

Der berühmteste und entschiedenste wissenschaftliche Gegner Darwin's war Louis Agassiz. Er verwarf überhaupt die ganze

Entwickelungs-Theorie. Seine principielle Opposition verdient Beachtung, wenn auch nur als philosophische Curiosität. In der 1869 in Paris erschienenen französischen Uebersetzung seines vorher von uns betrachteten „Essay on classification“ hat Agassiz seinen schon früher vielfach geäusserten Gegensatz gegen den „Darwinismus“ in die entschiedenste Form gebracht. Er hat dieser Uebersetzung einen besonderen, 16 Seiten langen Abschnitt angehängt, welcher den Titel führt: „Le Darwinisme. Classification de Haeckel“. In diesem sonderbaren Capitel stehen die wunderlichsten Dinge zu lesen, wie z. B.: „Die Darwin'sche Idee ist eine Conception a priori. — Der Darwinismus ist eine Travestie der Thatsachen. — Der Darwinismus schliesst fast die ganze Masse der erworbenen Kenntnisse aus, um nur das zurückzubehalten und sich zu assimiliren, was seiner Doctrin dienen kann!“

Das heisst denn doch die ganze Sachlage vollständig auf den Kopf stellen! Der Biologe, der die Thatsachen kennt, muss über den Muth erstaunen, mit dem Agassiz solche Sätze ausspricht, Sätze, an denen kein wahrer Buchstabe ist, und die er selbst nicht glauben kann! Die unerschütterliche Stärke der Descendenz-Theorie liegt gerade darin, dass sämmtliche biologische Thatsachen eben nur durch sie erklärbar sind, ohne sie dagegen unverständliche Wunder bleiben. Alle unsere „erworbenen Kenntnisse“ in der vergleichenden Anatomie und Physiologie, in der Embryologie und Paläontologie, in der Lehre von der geographischen und topographischen Verbreitung der Organismen u. s. w., sie alle sind unwiderlegliche Zeugnisse für die Wahrheit der Descendenz-Theorie.

Mit Louis Agassiz ist im December 1873 der letzte Gegner des Darwinismus in's Grab gestiegen, der überhaupt wissenschaftliche Beachtung verdiente. Seine letzte Schrift (erst nach seinem Tode in dem „Atlantic Monthly“ vom Januar 1874 erschienen) behandelt die „Entwickelung und Permanenz des Typus“; sie ist speciell gegen Darwin's Ideen und gegen meine phylogenetischen Theorien gerichtet. Allein der eigentliche Kern der Sache wird darin gar nicht berührt. Die ausserordentliche Schwäche dieses letzten Versuches beweist deutlicher, als alles Andere, dass das Arsenal unserer Gegner völlig erschöpft ist.

Ich habe in meiner generellen Morphologie[1]) und besonders im sechsten Buche derselben (in der generellen Phylogenie) den „Essay on classification" von Agassiz in allen wesentlichen Punkten eingehend widerlegt. In meinem 24sten Capitel habe ich demjenigen Abschnitte, den er selbst für den wichtigsten hielt (über die Gruppenstufen oder Kategorien des Systems) eine sehr ausführliche und streng wissenschaftliche Erörterung gewidmet; ich glaube gezeigt zu haben, dass dieser ganze Abschnitt ein reines Luftschloss, ohne jede Spur von realer Begründung ist. Agassiz hat sich aber wohl gehütet, auf diese Widerlegung irgendwie einzugehen; er war auch nicht im Stande, irgend etwas Stichhaltiges dagegen vorzubringen. Er kämpfte nicht mit Beweisgründen, sondern mit Phrasen! Eine derartige Gegnerschaft wird aber den vollständigen Sieg der Entwickelungs-Theorie nicht aufhalten, sondern nur beschleunigen!

Unter den berühmten Naturforschern der Gegenwart gilt nur ein einziger noch in weitesten Kreisen als mächtigster Gegner des Darwinismus und insbesondere seines wichtigsten Folgeschlusses, der „Affen-Abstammung des Menschen"; das ist der einflussreiche Pathologe Rudolf Virchow in Berlin. Indessen beschränken sich die Reden, welche derselbe seit 30 Jahren gegen die moderne Entwickelungslehre alljährlich hält, nur auf allgemeine Proteste; niemals hat er den Versuch gemacht, dieselbe eingehend zu widerlegen oder etwas Besseres an ihre Stelle zu setzen. Die mächtig fortschreitende Wissenschaft ist über diese leeren Proteste zur Tagesordnung übergegangen.

Sechster Vortrag.

Entwickelungs-Theorie von Lyell und Darwin.

Charles Lyell's Grundsätze der Geologie. Seine natürliche Entwickelungs-Geschichte der Erde. Entstehung der grössten Wirkungen durch Summirung der kleinsten Ursachen. Unbegrenzte Länge der geologischen Zeit-Räume. Lyell's Widerlegung der Cuvier'schen Schöpfungs-Geschichte. Begründung des ununterbrochenen Zusammenhangs der geschichtlichen Entwickelung durch Lyell und Darwin. Biographische Notizen über Charles Darwin. Seine wissenschaftlichen Werke. Seine Korallenriff-Theorie. Entwickelung der Selections-Theorie. Ein Brief von Darwin. Gleichzeitige Veröffentlichung der Selections-Theorie von Charles Darwin und Alfred Wallace. Darwin's Studium der Hausthiere und Culturpflanzen. Andreas Wagner's Ansicht von der besonderen Schöpfung der Cultur-Organismen für den Menschen. Der Baum des Erkenntnisses im Paradies. Vergleichung der wilden und der Cultur-Organismen. Darwin's Studium der Haustauben. Bedeutung der Taubenzucht. Gemeinsame Abstammung aller Taubenrassen.

Meine Herren! In den letzten drei Jahrzehnten, welche vor dem Erscheinen von Darwin's Werk verflossen, vom Jahre 1830 bis 1859, blieben in den organischen Natur-Wissenschaften die Schöpfungs-Vorstellungen Cuvier's herrschend. Man bequemte sich zu der unwissenschaftlichen Annahme, dass im Verlaufe der Erd-Geschichte eine Reihe von unerklärlichen Erd-Revolutionen periodisch die ganze Thier- und Pflanzen-Welt vernichtet habe, und dass am Ende jeder Revolution, beim Beginne einer neuen Periode, eine neue, vermehrte und verbesserte Auflage der organischen Bevölkerung erschienen sei. Freilich war die Anzahl dieser Schöpfungs-Auflagen durchaus streitig und in Wahrheit gar nicht festzustellen; auch wiesen die zahlreichen Fortschritte, welche in allen Gebieten der Zoologie und Botanik während dieser

Zeit gemacht wurden, immer dringender auf die Unhaltbarkeit jener bodenlosen Hypothese Cuvier's, und auf die Wahrheit der natürlichen Entwickelungs-Theorie Lamarck's hin; allein trotzdem blieb die erstere fast allgemein bei den Biologen in Geltung. Dies ist vor Allem der hohen Autorität zuzuschreiben, welche sich Cuvier erworben hatte; hier zeigt sich wieder schlagend, — ähnlich wie heute bei Virchow — der schädliche Einfluss, welchen der Glaube an eine bestimmte Autorität auf das Entwickelungs-Leben der Menschen ausübt; — jene Autorität, von der Goethe einmal treffend sagt: dass sie im Einzelnen verewigt, was einzeln vorübergehen sollte, dass sie ablehnt und an sich vorübergehen lässt, was festgehalten werden sollte, und dass sie hauptsächlich Schuld ist, wenn die Menschheit nicht vom Flecke kommt.

Ausser dem grossen Gewicht von Cuvier's Autorität war auch die gewaltige Macht der menschlichen Trägheit hinderlich, welche sich nur schwer entschliesst, von dem breitgetretenen Wege der alltäglichen Vorstellungen abzugehen und neue, noch nicht bequem gebahnte Pfade zu betreten; durch sie lässt es sich begreifen, dass Lamarck's Descendenz-Theorie erst 1859 zur Geltung gelangte, nachdem Darwin ihr ein neues Fundament gegeben hatte. Der empfängliche Boden für dieselbe war längst vorbereitet, ganz besonders durch das Verdienst eines anderen englischen Naturforschers, des 1875 gestorbenen Charles Lyell; auf seine hohe Bedeutung für die „natürliche Schöpfungs-Geschichte“ müssen wir hier nothwendig einen Blick werfen.

Unter dem Titel: Grundsätze der Geologie (Principles of geology) [11]) veröffentlichte Charles Lyell 1830 ein classisches Werk, welches die Entwickelungs-Geschichte der Erde von Grund aus umgestaltete; es reformirte dieselbe in ähnlicher Weise wie 30 Jahre später Darwin's Werk die Biologie. Lyell's epochemachendes Buch, welches Cuvier's Schöpfungs-Hypothese an der Wurzel zerstörte, erschien in demselben Jahre, in welchem Cuvier seine grossen Triumphe über die Natur-Philosophie feierte, und seine Oberherrschaft über das morphologische Gebiet auf drei Jahrzehnte hinaus befestigte. Cuvier hatte durch seine künstliche Schöpfungs-Hypothese und die damit verbundene Katastrophen-Theorie einer natürlichen Entwickelungs-Theorie geradezu den Weg verlegt und den Faden der natürlichen Erklärung abgeschnitten. Lyell brach derselben wieder freie Bahn, und führte einleuchtend den geologischen Beweis, dass jene dualistischen Vorstellungen Cuvier's ebensowohl ganz unbegründet, als auch ganz überflüssig seien. Diejenigen Veränderungen der Erdoberfläche, welche noch jetzt unter unsern Augen vor sich gehen, erklären nach Lyell vollkommen hinreichend Alles, was wir von der Entwickelung der Erdrinde überhaupt wissen; es ist daher unzulässig, in räthselhaften Revolutionen die unerklärlichen Ursachen dafür zu suchen. Man braucht weiter Nichts zu Hülfe zu nehmen als ausserordentlich lange Zeiträume, um die Entstehung des Baues der Erdrinde auf die einfachste und natürlichste Weise aus denselben Ursachen zu erklären, welche noch heutzutage wirksam sind. Wie Johannes Walther kürzlich in seiner vortrefflichen „Einleitung in die Geologie“ zeigte[74]), hatte schon acht Jahre vor Lyell ein Deutscher Forscher dieselbe „Ontologische Methode“ oder das Princip des Actualismus angewendet, Karl von Hoff, in seiner originellen „Geschichte der durch Ueberlieferung nachgewiesenen natürlichen Veränderungen der Erdoberfläche“ (1822). Aber erst Lyell vermochte Hoff's Anschauungen zur vollen Geltung zu bringen.

Früher dachte man sich, dass die höchsten Gebirgsketten der Erde ihren Ursprung nur ungeheuren, einen grossen Theil der Erd-Oberfläche umgestaltenden Revolutionen, insbesondere colossalen vulkanischen Ausbrüchen verdanken könnten. Solche Bergketten z. B. wie die Alpen, oder wie die Cordilleren, sollten auf einmal aus dem feuerflüssigen Erd-Innern durch einen ungeheuren Spalt der weit geborstenen Erdrinde emporgestiegen sein. Lyell zeigte dagegen, dass wir uns die Entwickelung solcher ungeheuren Gebirgsketten ganz natürlich aus denselben langsamen, unmerklichen Hebungen und Senkungen der Erd-Oberfläche erklären können, die noch jetzt fortwährend vor sich gehen, und deren Ursachen keineswegs wunderbar sind. Wenn diese Senkungen und Hebungen auch vielleicht im Jahrhundert nur ein paar Zoll oder höchstens einige Fuss betragen, so können sie doch bei einer Dauer von einigen Jahr-Millionen vollständig genügen, um die höchsten Gebirgsketten hervortreten zu lassen. Auch die meteorologische Thätigkeit der Atmosphäre, die Wirksamkeit des Regens und des Schnees, ferner die Brandung der Küste, welche an und für sich nur unbedeutend zu wirken scheinen, müssen die grössten Veränderungen hervorbringen, wenn man nur hinlänglich grosse Zeiträume dafür in Anspruch nimmt. Die Summirung der kleinsten Ursachen bringt die grössten Wirkungen hervor. Der Wassertropfen höhlt den Stein aus.

Auf die unermessliche Länge der geologischen Zeit-Räume, welche hierzu erforderlich sind, müssen wir nothwendig später noch einmal zurückkommen; denn auch für Darwin's Theorie, ebenso wie für diejenige Lyell's, bleibt die Annahme ungeheurer Zeit-Maasse ganz unentbehrlich. Wenn die Erde und ihre Organismen sich wirklich auf natürlichem Wege entwickelt haben, so muss diese langsame und allmähliche Entwickelung jedenfalls eine Zeit-Dauer in Anspruch genommen haben, deren Vorstellung unser Fassungs-Vermögen gänzlich übersteigt. Da Viele aber gerade hierin eine Haupt-Schwierigkeit jener Entwickelungs-Theorien erblicken, so will ich jetzt schon vorausgreifend bemerken, dass wir in der That nicht einen einzigen vernünftigen Grund haben, uns die hierzu erforderliche Zeit irgend wie beschränkt zu denken. Denn wir wissen ja längst schon aus dem Bau und der Dicke der geschichteten Erdrinde, dass die Entstehung derselben, der Absatz der neptunischen Gesteine aus dem Wasser, allermindestens mehrere Millionen Jahre gedauert haben muss. Ob wir aber hypothetisch für diesen Process zehn Millionen oder zehntausend Billionen Jahre annehmen, ist vom Standpunkte der kritischen Natur-Philosophie gänzlich gleichgültig. Vor uns und hinter uns liegt die Ewigkeit. Wenn sich bei Vielen gegen die Annahme von so ungeheuren Zeiträumen das Gefühl sträubt, so ist das die Folge der falschen Vorstellungen, welche uns von frühester Jugend an über die angeblich kurze, nur wenige Jahrtausende umfassende Geschichte der Erde eingeprägt werden. Wie Albert Lange in seiner vortrefflichen Geschichte des Materialismus[12]) schlagend beweist, ist es vom streng kritischen Standpunkte aus jeder naturwissenschaftlichen Hypothese viel eher erlaubt, die Zeit-Räume zu gross, als zu klein anzunehmen. Jeder Entwickelungs-Vorgang lässt sich um so eher begreifen, je längere Zeit er dauert; ein kurzer und beschränkter Zeit-Raum für denselben ist von vornherein das Unwahrscheinlichste.

Wir haben hier nicht Zeit, auf Lyell's vorzügliches Werk näher einzugehen, und wollen daher bloss das wichtigste Resultat desselben hervorheben, dass es nämlich Cuvier's Schöpfungs-Geschichte mit ihren mythischen Revolutionen gründlich widerlegte; an ihre Stelle trat einfach die beständige Umbildung der Erd-Rinde durch die fortdauernde Thätigkeit der noch jetzt auf die Erd-Oberfläche wirkenden Kräfte, die Thätigkeit des Wassers und des vulkanischen Erd-Innern. Lyell wies also einen continuirlichen, ununterbrochenen Zusammenhang der ganzen Erd-Geschichte nach, und er bewies denselben so unwiderleglich, er begründete so einleuchtend die Herrschaft der „existing causes“, der noch heute wirksamen, dauernden Ursachen in der Umbildung der Erd-Rinde, dass in kurzer Zeit die Geologie Cuvier's Hypothese vollkommen aufgab.

Nun ist es aber merkwürdig, dass die Paläontologie, die Wissenschaft von den Versteinerungen, soweit sie von den Botanikern und Zoologen betrieben wurde, von diesem grossen Fortschritte der Geologie scheinbar unberührt blieb. Die Biologie nahm fortwährend noch jene wiederholte neue Schöpfung der gesammten Thier- und Pflanzen-Bevölkerung im Beginne jeder neuen Periode der Erd-Geschichte an, obwohl diese Hypothese von den einzelnen, schubweise in die Welt gesetzten Schöpfungen ohne die Annahme der Revolutionen reiner Unsinn wurde und gar keinen Halt mehr hatte. Offenbar ist es vollkommen ungereimt, eine besondere neue Schöpfung der ganzen Thier- und Pflanzen-Welt zu bestimmten Zeit-Abschnitten anzunehmen, ohne dass die Erd-Rinde selbst dabei irgend eine beträchtliche allgemeine Umwälzung erfährt. Trotzdem aber jene Vorstellung auf das Engste mit der Katastrophen-Theorie Cuvier's zusammenhing, blieb sie doch nach deren Zerstörung noch herrschend.

Es war nun dem grossen englischen Natur-Forscher Charles Darwin vorbehalten, diesen Zwiespalt völlig zu beseitigen; er bewies klar, dass auch die Lebewelt der Erde eine ebenso continuirlich zusammenhängende Geschichte hat, wie die anorgische Rinde der Erde; dass auch die Thiere und Pflanzen ebenso allmählich durch Umwandlung oder Transformation auseinander hervorgegangen sind, wie die wechselnden Formen der Erd-Rinde, der Continente und der sie umschliessenden und trennenden Meere aus früheren, ganz davon verschiedenen Formen entstanden sind. Wir können in dieser Beziehung wohl sagen; dass Darwin auf dem Gebiete der Zoologie und Botanik den gleichen Fortschritt herbeiführte, wie Lyell, sein grosser Landsmann, auf dem Gebiete der Geologie. Durch beide wurde der ununterbrochene Zusammenhang der geschichtlichen Entwickelung bewiesen, und eine allmähliche Umänderung der verschiedenen auf einander folgenden Zustände dargethan.

Das besondere Verdienst Darwin's ist nun, wie bereits in dem vorigen Vortrage bemerkt wurde, ein doppeltes. Er hat erstens die von Lamarck und Goethe aufgestellte Descendenz-Theorie in viel umfassenderer Weise als Ganzes behandelt und im Zusammenhang durchgeführt, als es von allen seinen Vorgängern geschehen war. Zweitens aber hat er dieser Abstammungs-Lehre durch seine, ihm eigenthümliche Züchtungs-Lehre (die Selections-Theorie) das causale Fundament gegeben, d. h. er hat die wirkenden Ursachen der Veränderungen nachgewiesen, welche von der Abstammungs-Lehre nur als Thatsachen behauptet werden. Die von Lamarck 1809 in die Biologie eingeführte Descendenz-Theorie behauptet, dass alle verschiedenen Thier- und Pflanzen-Arten von einer einzigen oder einigen wenigen, höchst einfachen, spontan entstandenen Urformen abstammen. Die von Darwin 1859 begründete Selections-Theorie zeigt uns, warum dies der Fall sein musste, sie weist uns die wirkenden Ursachen so nach, wie es Kant nur wünschen konnte; Darwin ist in der That auf dem Gebiete der organischen Natur-Wissenschaft der neue Newton geworden, dessen Kommen Kant prophetisch verneinen zu können glaubte. (Vergl. S. 95.)

Ehe wir nun an Darwin's Theorie herantreten, wollen wir Einiges über die Persönlichkeit dieses grossen Naturforschers vorausschicken, über sein Leben und die Wege, auf denen er zur Aufstellung seiner Lehre gelangte. Seine ausführliche Lebens-Geschichte (in drei Bänden) ist 1887 von einem seiner Söhne, Francis Darwin, herausgegeben worden[21]). Charles Robert Darwin ist am 12. Februar 1809 zu Shrewsbury am Severn-Fluss geboren, und am 19. April 1882 auf seinem Landgute Down in Kent, 73 Jahre alt, gestorben. Im siebzehnten Jahre (1825) bezog er die Universität Edinburg, und zwei Jahre später Christ's College zu Cambridge. Kaum 22 Jahre alt, wurde er 1831 zur Theilnahme an einer wissenschaftlichen Expedition berufen, welche von den Engländern ausgeschickt wurde, vorzüglich um die Südspitze Süd-Amerikas genauer zu erforschen und verschiedene Punkte der Südsee zu untersuchen. Diese Expedition hatte, gleich vielen anderen, rühmlichen, von England ausgerüsteten Forschungs-Reisen, sowohl wissenschaftliche, als auch practische, auf die Schifffahrt bezügliche Aufgaben zu erfüllen. Das Schiff, von Capitän Fitzroy commandirt, führte in treffend symbolischer Weise den Namen „Beagle" oder Spürhund. Die Reise des Beagle, welche fünf Jahre dauerte, wurde für Darwin's ganze Entwickelung von der grössten Bedeutung: Schon im ersten Jahre, als er zum ersten Mal den Boden Süd-Amerikas betrat, keimte in ihm der Gedanke der Abstammungs-Lehre auf, den er dann späterhin zu so vollendeter Blüthe entwickelte. Die Reise selbst hat Darwin in einem von Dieffenbach in das Deutsche übersetzten Werke beschrieben, sie ist sehr anziehend geschildert und wirft ein helles Licht auf die vielseitigen Talente des jungen Naturforschers[18]). In dieser Reise-Beschreibung tritt Ihnen nicht allein die liebenswürdige Persönlichkeit Darwin's in sehr anziehender Weise entgegen, sondern Sie können auch vielfach die Spuren der Wege erkennen, auf denen er zu seinen Vorstellungen gelangte. Als Resultat dieser Reise erschien zunächst ein grosses wissenschaftliches Reise-Werk, an dessen zoologischem und geologischem Theil sich Darwin bedeutend betheiligte; ferner eine ausgezeichnete Arbeit desselben über die Bildung der Korallen-Riffe, welche allein genügt haben würde, seinen Namen mit bleibendem Ruhme zu krönen. Bekanntlich bestehen die Inseln der Südsee grösstentheils aus Korallen-Riffen oder sind von solchen umgeben. Die verschiedenen merkwürdigen Formen derselben und ihr Verhältniss zu den nicht aus Korallen gebildeten Inseln vermochte man sich früher nicht befriedigend zu erklären. Erst Darwin war es vorbehalten, diese schwierige Aufgabe zu lösen, indem er ausser der aufbauenden Thätigkeit der Korallen-Thiere auch geologische Hebungen und Senkungen des Meeres-Bodens für die Entstehung der verschiedenen Riff-Gestalten in Anspruch nahm. Darwin's Theorie von der Entstehung der Korallen-Riffe ist, ebenso wie seine spätere Theorie von der Entstehung der organischen Arten, eine Theorie, welche die Erscheinungen vollkommen erklärt, und dafür nur die einfachsten natürlichen Ursachen in Anspruch nimmt, ohne sich hypothetisch auf irgend welche unbekannten Vorgänge zu beziehen. Unter den übrigen früheren Arbeiten Darwin's ist noch seine ausgezeichnete Monographie der Cirripedien hervorzuheben, einer merkwürdigen Classe von See-Thieren, welche im äusseren Ansehen den Muscheln gleichen und von Cuvier in der That für zweischalige Mollusken gehalten wurden, während dieselben in Wahrheit zu den Krebs-Thieren (Crustaceen) gehören.

Nach der Rückkehr von seiner grossen Reise lebte Darwin sechs Jahre (von 1836—1842) theils in London, theils in Cambridge. Im Winter 1839 verheirathete er sich mit seiner Cousine Emma Wedgewood. Die ausserordentlichen Strapazen, denen er während der fünfjährigen Reise des Beagle ausgesetzt war, hatten seine Gesundheit dergestalt zerrüttet, dass er sich bald aus dem unruhigen Treiben Londons zurückziehen musste. Er kaufte sich im Herbst 1842 ein Landgut in dem kleinen Dorfe Down in der Nähe von Bromley in Kent (mit der Eisenbahn kaum eine Stunde von London entfernt). Hier verbrachte er in stiller Zurückgezogenheit vierzig Jahre, bis zum Ende seines Lebens unermüdlich mit wissenschaftlicher Arbeit beschäftigt. Die Abgeschiedenheit von dem unruhigen Getreibe der grossen Weltstadt, der stille Verkehr mit der einsamen Natur, und das glückliche Leben im Schoosse seiner

Familie erhielten seine Lust und Kraft zur Arbeit stets frisch, trotz seiner schwächlichen Gesundheit. Unbehelligt durch die verschiedenen Geschäfte, welche in London seine Kräfte zersplittert haben würden, konnte er seine ganze Thätigkeit auf das Studium des grossen Problems concentriren, auf welches er durch jene Reise hingelenkt worden war. Um Ihnen zu zeigen, welche Wahrnehmungen während seiner Welt-Umsegelung vorzüglich den Grundgedanken der Selections-Theorie in ihm anregten, und in welcher Weise er denselben dann weiter entwickelte, erlauben Sie mir, Ihnen eine Stelle aus einem Briefe mitzutheilen, welchen Darwin am 8. October 1864 an mich richtete:

„In Süd-Amerika traten mir besonders drei Classen von Erscheinungen sehr lebhaft vor die Seele: Erstens die Art und Weise, in welcher nahe verwandte Species einander vertreten und ersetzen, wenn man von Norden nach Süden geht; — Zweitens die nahe Verwandtschaft derjenigen Species, welche die Süd-Amerika nahe gelegenen Inseln bewohnen, und derjenigen Species, welche diesem Festland eigenthümlich sind; dies setzte mich in tiefes Erstaunen, besonders die Verschiedenheit derjenigen Species, welche die nahe gelegenen Inseln des Galopagos-Archipels bewohnen; — Drittens die nahe Beziehung der lebenden zahnlosen Säugethiere (Edentata) und Nagethiere (Rodentia) zu den ausgestorbenen Arten. Ich werde niemals mein Erstaunen vergessen, als ich ein riesengrosses Panzerstück ausgrub, ähnlich demjenigen eines lebenden Gürtel-Thieres.

„Als ich über diese Thatsachen nachdachte und einige ähnliche Erscheinungen damit verglich, schien es mir wahrscheinlich, dass nahe verwandte Species von einer gemeinsamen Stammform abstammen könnten. Aber einige Jahre lang konnte ich nicht begreifen, wie eine jede Form so ausgezeichnet ihren besonderen Lebens-Verhältnissen angepasst werden konnte. Ich begann darauf systematisch die Hausthiere und die Garten-Pflanzen zu studiren, und sah nach einiger Zeit deutlich ein, dass die wichtigste umbildende Kraft in des Menschen Zuchtwahl-Vermögen liege, in seiner Benutzung auserlesener Individuen zur Nachzucht. Dadurch, dass ich vielfach die Lebensweise und

Sitten der Thiere studirt hatte, war ich darauf vorbereitet, den Kampf ums Dasein richtig zu würdigen; und meine geologischen Arbeiten gaben mir eine Vorstellung von der ungeheuren Länge der verflossenen Zeiträume. Als ich dann durch einen glücklichen Zufall das Buch von Malthus „über die Bevölkerung“ las, tauchte der Gedanke der natürlichen Züchtung in mir auf. Unter allen den untergeordneten Punkten war der letzte, den ich schätzen lernte, die Bedeutung und Ursache des Divergenz-Princips.“

Während der Musse und Zurückgezogenheit, in der Darwin nach der Rückkehr von seiner Reise lebte, beschäftigte er sich, wie aus dieser Mittheilung hervorgeht, zunächst vorzugsweise mit dem Studium der Organismen im Cultur-Zustande, der Haus-Thiere und Garten-Pflanzen. Unzweifelhaft war dies der nächste und richtigste Weg, um zur Selections-Theorie zu gelangen. Wie in allen seinen Arbeiten, verfuhr Darwin dabei äusserst sorgfältig und genau. Er hat mit bewunderungswürdiger Vorsicht und Selbst-Verleugnung vom Jahre 1837—1858, also 21 Jahre lang, über diese Sache Nichts veröffentlicht, selbst nicht eine vorläufige Skizze seiner Theorie, welche er schon 1844 niedergeschrieben hatte. Er wollte immer noch mehr sicher begründete empirische Beweise sammeln, um so die Theorie ganz vollständig auf möglichst breiter Erfahrungs-Grundlage festgestellt, mittheilen zu können. Dieses Streben nach möglichster Vervollkommnung barg in sich die Gefahr, dass die Theorie überhaupt niemals veröffentlicht würde. Zum Glück wurde Darwin aber darin durch einen Landsmann gestört, welcher unabhängig von ihm die Selections-Theorie sich ausgedacht und aufgestellt hatte; dieser sendete 1858 die Grundzüge derselben an Darwin selbst ein mit der Bitte, sie an Lyell zur Veröffentlichung in einem englischen Journale zu übergeben. Dieser Engländer war Alfred Wallace, einer der kühnsten und verdientesten naturwissenschaftlichen Reisenden der neueren Zeit[36]). Viele Jahre war Wallace allein in den Wildnissen von Süd-Amerika und in den Urwäldern des indischen Archipels umhergestreift; und bei diesem unmittelbaren und umfassenden Studium der reichsten und interessantesten

Natur, mit einer höchst mannichfaltigen Thier- und Pflanzen-Welt, war er genau zu denselben allgemeinen Anschauungen über die Entstehung der organischen Arten wie Darwin gelangt. Lyell und Hooker, welche Beide Darwin's Arbeit seit langer Zeit kannten, veranlassten ihn nun, einen kurzen Auszug aus seinen Manuscripten gleichzeitig mit dem eingesandten Manuscript von Wallace zu veröffentlichen, was auch im August 1858 im „Journal of the Linnean Society" geschah.

Im November 1859 erschien dann das epochemachende Werk Darwin's „Ueber die Entstehung der Arten", in welchem die Selections-Theorie ausführlich begründet ist. Jedoch bezeichnete Darwin selbst dieses Buch, von welchem 1872 die sechste Auflage und bereits 1860 eine deutsche Uebersetzung von Bronn erschien[1]), nur als einen vorläufigen Auszug aus einem grösseren und ausführlicheren Werke, welches in umfassender empirischer Beweisführung eine Masse von Thatsachen zu Gunsten seiner Theorie enthalten sollte. Der erste Theil dieses von Darwin in Aussicht gestellten Hauptwerkes erschien 1868 unter dem Titel: „Das Variiren der Thiere und Pflanzen im Zustande der Domestication"; er wurde, gleich den späteren Schriften, von Victor Carus ins Deutsche übersetzt[14]). Er enthält eine reiche Fülle der trefflichsten Belege für die ausserordentlichen Veränderungen der organischen Formen, welche der Mensch durch seine Cultur und künstliche Züchtung hervorbringen kann. So sehr wir auch Darwin für diesen Ueberfluss an beweisenden Thatsachen verbunden sind, so theilen wir doch keineswegs die Meinung jener Naturforscher, welche glauben, dass durch diese weiteren Ausführungen die Selections-Theorie eigentlich erst fest begründet werden musste. Nach unserer Ansicht enthält bereits Darwin's erstes, 1859 erschienenes Werk diese Begründung in völlig ausreichendem Maasse. Die unangreifbare Stärke seiner Theorie liegt nicht in der Unmasse von einzelnen Thatsachen, welche man als Beweise dafür anführen kann, sondern in dem harmonischen Zusammenhang aller grossen und allgemeinen Erscheinungs-Reihen der organischen Natur; sie alle legen übereinstimmend für die Wahrheit der Selections-Theorie Zeugniss ab.

Den wichtigsten Folge-Schluss der Descendenz-Theorie, die Abstammung des Menschen-Geschlechts von anderen Säugethieren, musste Darwin natürlich bald ziehen, nachdem er sich von der Wahrheit der ersteren überzeugt hatte. Allein in seinem Hauptwerke ging er absichtlich darauf nicht ein. Erst nachdem dieser bedeutungsvolle Schluss von anderen Naturforschern entschieden als nothwendige Consequenz der Abstammungs-Lehre festgestellt war, hat Darwin denselben ausdrücklich anerkannt, und damit „die Krönung seines Gebäudes“ vollzogen. Dies geschah in dem höchst interessanten, erst 1871 erschienenen Werke über „die Abstammung des Menschen und die geschlechtliche Zucht-Wahl“ (ebenfalls von Victor Carus in das Deutsche übersetzt)[48]). Als ein Nachtrag zu diesem Buche kann das geistreiche physiognomische Werk angesehen werden, welches Darwin 1872 „über den Ausdruck der Gemüths-Bewegungen bei dem Menschen und den Thieren“ veröffentlicht hat[49]).

Von der grössten Bedeutung für die Begründung der Selections-Theorie war das eingehende Studium, welches Darwin den Hausthieren und Cultur-Pflanzen widmete. Die unendlich mannichfaltigen Form-Veränderungen, welche der Mensch an diesen domesticirten Organismen durch künstliche Züchtung ererzeugt hat, sind für das richtige Verständniss der Thier- und Pflanzen-Formen von der allergrössten Wichtigkeit; und dennoch ist ihr Studium in kaum glaublicher Weise von den Zoologen und Botanikern bis in die neueste Zeit vernachlässigt worden. Nicht allein dicke Bände, sondern ganze Bibliotheken sind mit Beschreibungen der einzelnen Arten oder Species angefüllt worden, und mit höchst kindischen Streitigkeiten darüber, ob diese Species gute oder ziemlich gute, schlechte oder ziemlich schlechte Arten seien; ohne dass dem Artbegriff selbst darin zu Leibe gegangen ist. Die wichtigste Vorfrage, was denn eigentlich eine Species sei, wurde dabei nicht berührt. Wenn die Naturforscher, statt auf jene unnützen Spielereien Zeit zu verwenden, die Cultur-Organismen gehörig studirt und nicht die einzelnen todten Formen, sondern die Umbildung der lebendigen Gestalten in das Auge gefasst hätten, so würden sie nicht so lange in den Fesseln des Cuvierschen Dogmas befangen geblieben sein. Weil nun aber diese Cultur-Organismen gerade der dogmatischen Auffassung von der Beharrlichkeit der Art, von der Constanz der Species so äusserst unbequem sind, so hat man sich grossen Theils absichtlich nicht um dieselben bekümmert; vielfach ist sogar, selbst von berühmten Naturforschern, der Gedanke ausgesprochen wurden, diese Cultur-Organismen, die Haus-Thiere und Garten-Pflanzen, seien Kunst-Producte des Menschen; ihre Bildung und Umbildung könne gar nicht über das Wesen der Species und über die Entstehung der Formen bei den wilden, im Natur-Zustande lebenden Arten entscheiden.

Diese verkehrte Auffassung ging so weit, dass z. B. ein Münchener Zoologe, Andreas Wagner, alles Ernstes die lächerliche Behauptung aufstellte: Die Thiere und Pflanzen im wilden Zustande sind vom Schöpfer als bestimmt unterschiedene und unveränderliche Arten erschaffen worden; allein bei den Haus-Thieren und Cultur-Pflanzen war dies deshalb nicht nöthig, weil er dieselben von vornherein für den Gebrauch des Menschen einrichtete. Der Schöpfer machte also den Menschen aus einem Erden-Kloss, blies ihm lebendigen Odem in seine Nase und schuf dann für ihn die verschiedenen nützlichen Hausthiere und Garten-Pflanzen, bei denen er sich in der That die Mühe der Species-Unterscheidung sparen konnte. Ob der Baum des Erkenntnisses im Paradies-Garten eine „gute“ wilde Species, oder als Cultur-Pflanze überhaupt „keine Species“ war, erfahren wir leider durch Andreas Wagner nicht. Da der Baum des Erkenntnisses vom Schöpfer mitten in den Paradies-Garten gesetzt wurde, möchte man eher glauben, dass er eine höchst bevorzugte Cultur-Pflanze, also überhaupt keine Species war. Da aber andrerseits die Früchte vom Baume des Erkenntnisses dem Menschen verboten waren, und viele Menschen, wie Wagner's eignes Beispiel klar zeigt, niemals von diesen Früchten genossen haben, so ist er offenbar nicht für den Gebrauch des Menschen erschaffen, also wahrscheinlich eine wirkliche Species! Wie Schade, dass uns Wagner über diese wichtige und schwierige Frage nicht belehrt hat!

Wie lächerlich Ihnen diese Ansicht auch vorkommen mag, so ist dieselbe doch nur ein folgerichtiger Auswuchs einer falschen, in der That aber weit verbreiteten Ansicht von dem besonderen Wesen der Cultur-Organismen, und Sie können bisweilen von ganz angesehenen Naturforschern ähnliche Einwürfe hören. Gegen diese grundfalsche Auffassung muss ich mich von vornherein ganz bestimmt wenden; sie ist ebenso verkehrt, wie die Ansicht mancher Aerzte, welche behaupten, die Krankheiten seien künstliche Erzeugnisse der Cultur, keine Natur-Erscheinungen. Es hat viel Mühe gekostet, dieses Vorurtheil zu bekämpfen; erst in neuerer Zeit ist die Ansicht zur allgemeinen Anerkennung gelangt, dass die Krankheiten weiter nichts sind, als natürliche Veränderungen des Organismus, wirklich natürliche Lebens-Erscheinungen, hervorgebracht durch veränderte, abnorme Existenz-Bedingungen. Die Krankheit ist also nicht, wie die älteren Aerzte oft sagten, ein Leben ausserhalb der Natur (vita praeter naturam), sondern ein natürliches Leben unter bestimmten, schädlichen, den Körper mit Gefahr bedrohenden Bedingungen. Gleicherweise sind auch die Kultur-Organismen nicht künstliche Producte des Menschen, sondern sie sind Natur-Producte, welche unter eigenthümlichen Lebens-Bedingungen entstanden. Der Mensch vermag durch seine Cultur niemals unmittelbar eine neue organische Form zu erzeugen; sondern er kann nur die Organismen unter neuen Lebens-Bedingungen züchten, welche umbildend auf sie einwirken. Alle Hausthiere und alle Garten-Pflanzen stammen ursprünglich von wilden Arten ab, welche erst durch die Cultur allmählich umgebildet worden sind.

Die eingehende Vergleichung der Cultur-Formen (Rassen und Spielarten) mit den wilden, nicht durch Cultur veränderten Organismen (Arten und Varietäten) ist für die Selections-Theorie von der grössten Wichtigkeit. Was Ihnen bei dieser Vergleichung zunächst am Meisten auffällt, das ist die kurze Zeit, in welcher der Mensch im Stande ist, eine neue Form hervorzubringen, und die auffallende Verschiedenheit der Gestalt, durch welche diese vom Menschen producirte Form von der ursprünglichen Stamm-Form abweichen kann. Die wilden Thiere und

Pflanzen, im freien Zustande, erscheinen Jahr aus, Jahr ein dem sammelnden Zoologen und Botaniker annähernd in derselben Form, so dass eben hieraus das falsche Dogma der Species-Constanz entstehen konnte. Hingegen zeigen uns die Hausthiere und die Garten-Pflanzen oft innerhalb weniger Jahre die grössten Veränderungen. Die Vervollkommnung, welche die Züchtungs-Kunst der Gärtner und der Landwirthe erreicht hat, gestattet jetzt in sehr kurzer Zeit, in wenigen Jahren, eine ganz neue Thier- und Pflanzen-Form willkürlich zu schaffen. Man braucht zu diesem Zwecke bloss den Organismus unter dem Einflusse der besonderen Bedingungen zu erhalten und fortzupflanzen, welche neue Bildungen zu erzeugen im Stande sind; und man kann schon nach Verlauf von wenigen Generationen neue Arten erhalten, welche von der Stamm-Form in viel höherem Grade abweichen, als die sogenannten guten Arten im wilden Zustande von einander verschieden sind. Diese Thatsache ist äusserst wichtig und kann nicht genug hervorgehoben werden. Zwar wird noch oft behauptet, die Cultur-Formen, die von einer und derselben Form abstammen, seien nicht so sehr von einander verschieden, wie die wilden Thier- und Pflanzen-Arten unter sich. Allein das ist nicht wahr. Wenn man nur unbefangen Vergleiche anstellt, so überzeugt man sich leicht vom Gegentheil. Eine Menge von Rassen oder Spiel-Arten, die wir in einer kurzen Reihe von Jahren von einer einzigen Cultur-Form abgeleitet haben, sind in viel höherem Grade von einander unterschieden, als sogenannte gute Arten („bonae species") oder selbst verschiedene Gattungen einer Familie im wilden Zustande.

Um diese äusserst wichtige Thatsache möglichst fest empirisch zu begründen, beschloss Darwin, eine einzelne Gruppe von Hausthieren eingehend in dem ganzen Umfang ihrer Formen-Mannichfaltigkeit zu studiren. Er wählte dazu die Haus-Tauben, weil diese in mehrfacher Beziehung dafür ganz besonders geeignet sind. Er hielt sich lange Zeit hindurch auf seinem Gute alle möglichen Rassen und Spiel-Arten von Tauben, welche er bekommen konnte, und wurde mit reichlichen Zusendungen aus allen Weltgegenden unterstützt. Ferner liess er sich in zwei

Londoner Tauben-Clubs aufnehmen, welche die Züchtung der verschiedenen Tauben-Formen mit wahrhaft künstlerischer Virtuosität und unermüdlicher Leidenschaft betreiben. Endlich setzte er sich noch mit einigen der berühmtesten Tauben-Liebhaber in Verbindung. So stand ihm das reichste empirische Material zur Verfügung.

Die Kunst und Liebhaberei der Tauben-Züchtung ist uralt. Schon mehr als 3000 Jahre vor Christus wurde sie von den Aegyptern betrieben. Die Römer der Kaiserzeit gaben ungeheure Summen dafür aus und führten genaue Stammbaum-Register über ihre Abstammung, ebenso wie die Araber über ihre Pferde und die mecklenburgischen Edelleute über ihre eigenen Ahnen sehr sorfältige genealogische Register führen. Auch in Asien war die Tauben-Zucht eine uralte Liebhaberei der reichen Fürsten, und zur Hofhaltung des Akber Khan, um das Jahr 1600, gehörten mehr als 20,000 Tauben. So entwickelten sich denn im Laufe mehrerer Jahrtausende, und in Folge der mannichfaltigen Züchtungs-Methoden, welche in den verschiedensten Weltgegenden geübt wurden, aus einer einzigen ursprünglich gezähmten Stamm-Form eine ungeheure Menge verschiedenartiger Rassen und Spiel-Arten; ihre extremen Formen sind ausserordentlich verschieden.

Eine der auffallendsten Tauben-Rassen ist die bekannte Pfauen-Taube, bei der sich der Schwanz ähnlich entwickelt wie beim Truthahn und eine Anzahl von 30—40 radartig gestellten Federn trägt; während die anderen Tauben eine viel geringere Anzahl von Schwanzfedern, fast immer 12, besitzen. Hierbei mag erwähnt werden, dass die Anzahl der Schwanzfedern bei den Vögeln als systematisches Merkmal von den Natur-Forschern sehr hoch geschätzt wird, so dass man ganze Ordnungen danach unterscheiden könnte. So besitzen z. B. die Singvögel fast ohne Ausnahme 12 Schwanzfedern, die Schrillvögel (Strisores) 10 u. s. w. Besonders ausgezeichnet sind ferner mehrere Tauben-Rassen durch einen Busch von Nackenfedern, welcher eine Art Perrücke bildet; andere durch abenteuerliche Umbildung des Schnabels und der Füsse, durch eigenthümliche, oft sehr auffallende Verzierungen, z. B. Hautlappen, die sich am Kopf entwickeln; durch einen grossen Kropf, welcher eine starke Hervortreibung der Speiseröhre am Hals bildet u. s. w. Merkwürdig sind auch die sonderbaren Gewohnheiten, welche viele Tauben erworben haben, z. B. die Lach-Tauben und die Trommel-Tauben in ihren musikalischen Leistungen, die Brief-Tauben in ihrem topographischen Instinct. Die Purzel-Tauben haben die seltsame Gewohnheit, nachdem sie in grosser Schaar in die Luft gestiegen sind, sich zu überschlagen und aus der Luft wie todt herabzufallen. Die Sitten und Gewohnheiten dieser unendlich verschiedenen Tauben-Rassen, die Form, Grösse und Färbung der einzelnen Körpertheile, die Proportionen derselben unter einander, sind in erstaunlich hohem Maasse von einander verschieden, in viel höherem Maasse, als es bei den sogenannten guten Arten oder selbst bei ganz verschiedenen Gattungen unter den wilden Tauben der Fall ist. Und, was das Wichtigste ist, es beschränken sich jene Unterschiede nicht bloss auf die Bildung der äusserlichen Form, sondern erstrecken sich selbst auf die wichtigsten innerlichen Theile; es kommen sogar sehr bedeutende Abänderungen des Skelets und der Muskulatur vor. So finden sich z. B. grosse Verschiedenheiten in der Zahl der Wirbel und Rippen, in der Grösse und Form der Lücken im Brustbein, in der Gestalt und Grösse des Gabelbeins, des Unterkiefers, der Gesichtsknochen u. s. w. Kurz das knöcherne Skelet, das die Morphologen für einen sehr beständigen Körpertheil halten, zeigt sich so sehr verändert, dass man viele Tauben-Rassen als besondere Gattungen aufführen könnte. Zweifelsohne würde dies geschehen, wenn man alle diese verschiedenen Formen getrennt in wildem Natur-Zustande auffände.

Wie weit die Verschiedenheit der Tauben-Rassen geht, zeigt am Besten der Umstand, dass fast alle Tauben-Züchter einstimmig der Ansicht sind, jede eigenthümliche oder besonders ausgezeichnete Tauben-Rasse müsse von einer besonderen wilden Stamm-Art abstammen. Freilich nimmt Jeder eine verschiedene Zahl von Stamm-Arten an. Und dennoch hat Darwin mit überzeugendem Scharfsinn den schwierigen Beweis geführt, dass dieselben ohne Ausnahme sämmtlich von einer einzigen wilden Stamm-Art, der blauen Fels-Taube (Columba livia) abstammen müssen. In gleicher

Weise lässt sich bei den meisten übrigen Hautshieren und bei den meisten Cultur-Pflanzen der Beweis führen, dass alle verschiedenen Rassen Nachkommen einer einzigen ursprünglichen wilden Art sind, die vom Menschen in den Cultur-Zustand übergeführt wurde.

Ein ähnliches Beispiel, wie die Haus-Taube, liefert unter den Säugethieren unser zahmes Kaninchen. Alle Zoologen ohne Ausnahme halten es schon seit langer Zeit für erwiesen, dass alle Rassen und Spiel-Arten desselben von dem gewöhnlichen wilden Kaninchen, also von einer einzigen Stamm-Art, abstammen. Und dennoch sind die extremsten Formen dieser Rassen in einem ganz erstaunlichen Grade von einander verschieden; jeder Zoologe, welcher dieselben in wildem Zustande anträfe, würde sie unbedenklich nicht allein für ganz verschiedene „gute Species“, sondern sogar für Arten von ganz verschiedenen Gattungen der Leporiden-Familie erklären. Nicht nur ist die Färbung, Haarlänge und sonstige Beschaffenheit des Pelzes bei den verschiedenen zahmen Kaninchen-Rassen ausserordentlich mannichfaltig und in den extremen Gegensätzen äusserst abweichend, sondern auch, was noch viel wichtiger ist, die typische Form des Skelets und seiner einzelnen Theile, besonders die Form des Schädels und des für die Systematik so wichtigen Gebisses, ferner das relative Längenverhältniss der Ohren, der Beine u. s. w. In allen diesen Beziehungen weichen die Rassen des zahmen Kaninchens unbestritten viel weiter von einander ab, als alle die verschiedenen Formen von wilden Kaninchen und Hasen, die als anerkannt „gute Species“ der Gattung Lepus über die ganze Erde zerstreut sind. Und dennoch behaupten Angesichts dieser klaren Thatsache die Gegner der Entwickelungs-Theorie, dass die letzteren, die wilden Arten, nicht von einer gemeinsamen Stamm-Form abstammen können, während sie dies bei den ersteren, den zahmen Rassen, ohne Weiteres zugeben. Mit Gegnern, welche so absichtlich ihre Augen vor dem sonnenklaren Lichte der Wahrheit verschliessen, lässt sich dann freilich nicht weiter streiten.

Während so für die Haus-Taube, für das zahme Kaninchen, für das Pferd u. s. w. trotz der merkwürdigen Verschiedenheit

Rassen der Haustaube. Taf. XXVI.

Lith.Anst.v.A. Giltsch, Jena.

ihrer Spiel-Arten die Abstammung von einer einzigen wilden sogenannten „Species“ gesichert erscheint, so ist es dagegen für andere Hausthiere, namentlich die Hunde, Schweine und Rinder, allerdings wahrscheinlicher, dass die mannichfaltigen Rassen derselben von mehreren wilden Stamm-Arten abzuleiten sind, welche sich nachträglich im Cultur-Zustande mit einander vermischt haben. Indessen ist die Zahl dieser ursprünglichen wilden Stamm-Arten immer gering und viel kleiner als die Zahl der aus ihrer Vermischung und Züchtung hervorgegangenen Cultur-Formen. Natürlich stammen auch jene ersteren ursprünglich alle von einer einzigen gemeinsamen Stamm-Form der ganzen Gattung ab. Auf keinen Fall aber stammt jede besondere Cultur-Rasse von einer eigenen wilden Art ab.

Im Gegensatz hierzu behaupten die meisten Landwirthe und Gärtner mit der grössten Bestimmtheit, dass jede einzelne, von ihnen gezüchtete Rasse von einer besonderen wilden Stamm-Art abstammen müsse, weil sie die Unterschiede der Rassen scharf erkennen, die Vererbung ihrer Eigenschaften sehr hochschätzen, und nicht bedenken, dass dieselben erst durch langsame Häufung kleiner, kaum merklicher Abänderungen entstanden sind. Auch in dieser Beziehung ist die Vergleichung der Cultur-Rassen mit den wilden Species äusserst lehrreich.

Von vielen Seiten, und namentlich von den Gegnern der Entwickelungs-Theorie, ist die grösste Mühe aufgewendet worden, irgend ein morphologisches oder physiologisches Merkmal, irgend eine charakteristische Eigenschaft aufzufinden, durch welche man die künstlich gezüchteten, cultivirten „Rassen“ von den natürlich entstandenen, wilden „Arten“ scharf und durchgreifend trennen könne. Alle diese Versuche sind gänzlich fehlgeschlagen und haben nur mit um so grösserer Sicherheit zu dem entgegengesetzten Resultate geführt; sie haben klar gelehrt, dass eine solche Trennung gar nicht möglich ist. Ich habe dieses Verhältniss in meiner Kritik des Species-Begriffes ausführlich erörtert und durch Beispiele erläutert. (Gen. Morph. II, 323—364.)

Nur eine Seite dieser Frage mag hier noch kurz berührt werden, weil dieselbe nicht allein von den Gegnern, sondern selbst von einigen der bedeutendsten Anhänger des Darwinismus, z. B. von Huxley[17]), als eine der schwächsten Seiten desselben angesehen worden ist, nämlich das Verhältniss der Bastardzeugung oder des Hybridismus. Zwischen cultivirten Rassen und wilden Arten sollte der Unterschied bestehen, dass die ersteren der Erzeugung fruchtbarer Bastarde fähig sein sollten, die letzteren nicht. Je zwei verschiedene cultivirte Rassen oder wilde Varietäten einer Species sollten in allen Fällen die Fähigkeit besitzen, mit einander Bastarde zu erzeugen, welche sich unter einander oder mit einer ihrer Eltern-Formen fruchtbar vermischen und fortpflanzen könnten. Dagegen sollten zwei wirklich verschiedene Species, zwei cultivirte oder wilde Arten einer Gattung, niemals die Fähigkeit besitzen, mit einander Bastarde zu zeugen, die unter einander oder mit einer der elterlichen Arten sich fruchtbar kreuzen könnten.

Was zunächst die erste Behauptung betrifft, so wird sie einfach durch die Thatsache widerlegt, dass es Organismen giebt, die sich mit ihren nachweisbaren Vorfahren überhaupt nicht mehr vermischen, also auch keine fruchtbare Nachkommenschaft erzeugen können. So paart sich z. B. unser cultivirtes Meerschweinchen nicht mehr mit seinem wilden brasilianischen Stammvater. Umgekehrt geht die Hauskatze von Paraguay, welche von unserer europäischen Hauskatze abstammt, keine Verbindung mehr mit dieser ein. Zwischen verschiedenen Rassen unserer Haushunde, z. B. zwischen den grossen Neufundländern und den zwerghaften Schoosshündchen, ist schon aus einfachen mechanischen Gründen eine Paarung unmöglich. Ein besonderes interessantes Beispiel aber bietet das Porto-Santo-Kaninchen dar (Lepus Huxleyi). Auf der kleinen Insel Porto-Santo bei Madeira wurden im Jahre 1419 einige Kaninchen ausgesetzt, die an Bord eines Schiffes von einem zahmen spanischen Kaninchen geboren worden waren. Diese Thierchen vermehrten sich in kurzer Zeit, da keine Raubthiere dort waren, so massenhaft, dass sie zur Landplage wurden und sogar eine dortige Colonie zur Aufhebung zwangen. Noch gegenwärtig bewohnen sie die Insel in Menge, haben sich aber im Laufe von 480 Jahren zu einer ganz eigenthümlichen Spiel-Art —

oder wenn man will „guten Art“ — entwickelt, ausgezeichnet durch eigenthümliche Färbung, rattenähnliche Form, geringe Grösse, nächtliche Lebensweise und ausserordentliche Wildheit. Das Wichtigste jedoch ist, dass sich diese neue Art, die ich Lepus Huxleyi nenne, mit dem europäischen Kaninchen, von dem sie abstammt, nicht mehr kreuzt und keine Bastarde mehr damit erzeugt.

Auf der andern Seite kennen wir jetzt zahlreiche Beispiele von fruchtbaren echten Bastarden, d. h. von Mischlingen, die aus der Kreuzung von zwei ganz verschiedenen Arten hervorgegangen sind, und trotzdem sowohl unter einander, als auch mit einer ihrer Stamm-Arten sich fortpflanzen. Den Botanikern sind solche „Bastard-Arten“ (Species hybridae) längst in Menge bekannt, z. B. aus den Gattungen der Distel (Cirsium), des Goldregen (Cytisus), der Brombeere (Rubus) u. s. w. Aber auch unter den Thieren sind dieselben keineswegs selten, und vielleicht sogar sehr häufig. Man kennt fruchtbare Bastarde, die aus der Kreuzung von zwei verschiedenen Arten einer Gattung entstanden sind, aus mehreren Gattungen der Schmetterlings-Ordnung (Zygaena, Saturnia), der Karpfen-Familie, der Finken, Hühner, Hunde, Katzen u. s. w. Zu den interessantesten gehört das Hasen-Kaninchen (Lepus Darwinii), der Bastard von unsern einheimischen Hasen und Kaninchen, welcher in Frankreich schon seit 1850 zu gastronomischen Zwecken in vielen Generationen gezüchtet worden ist. Ich besitze selbst durch die Güte des Professor Conrad, welcher diese Züchtungs-Versuche auf seinem Gute wiederholt hat, solche Bastarde, welche aus reiner Inzucht hervorgegangen sind, d. h. deren beide Eltern selbst Bastarde von einem Hasenvater und einer Kaninchenmutter sind. Der so erzeugte Halbblut-Bastard, welchen ich Darwin zu Ehren benannt habe, scheint sich in reiner Inzucht so gut wie jede „echte Species“ durch viele Generationen fortzupflanzen. Obwohl im Ganzen mehr seiner Kaninchenmutter ähnlich, besitzt derselbe doch in der Bildung der Ohren und der Hinterbeine bestimmte Eigenschaften seines Hasenvaters. Das Fleisch schmeckt vortrefflich, mehr hasenartig, obwohl die Farbe mehr kaninchenartig ist. Nun sind aber Hase (Lepus timidus) und Kaninchen (Lepus cuniculus) zwei so verschiedene Species der Gattung Lepus, dass kein Systematiker sie als Varietäten einer Art betrachten wird. Auch haben beide Arten so verschiedene Lebensweise und im wilden Zustande so grosse Abneigung gegen einander, dass sie sich aus freien Stücken nicht vermischen. Wenn man jedoch die neugeborenen Jungen beider Arten zusammen aufzieht, so kommt diese Abneigung nicht zur Entwickelung; sie vermischen sich mit einander und erzeugen den Lepus Darwinii.

Ein anderes ausgezeichnetes Beispiel von Kreuzung verschiedener Arten (wobei die beiden Species sogar verschiedenen Gattungen angehören!) liefern die fruchtbaren Bastarde von Schafen und Ziegen, die in Chile seit langer Zeit zu industriellen Zwecken gezogen werden. Welche unwesentlichen Umstände bei der geschlechtlichen Vermischung die Fruchtbarkeit der verschiedenen Arten bedingen, das zeigt der Umstand, dass Ziegenböcke und Schafe bei ihrer Vermischung fruchtbare Bastarde erzeugen, während Schafbock und Ziege sich überhaupt selten paaren, und dann ohne Erfolg. So sind also die Erscheinungen des Hybridismus, auf welche man irrthümlicherweise ein ganz übertriebenes Gewicht gelegt hat, für den Species-Begriff gänzlich bedeutungslos. Die Bastard-Zeugung setzt uns eben so wenig, als irgend eine andere Erscheinung, in den Stand, die cultivirten Rassen von den wilden Arten durchgreifend zu unterscheiden. Dieser Umstand ist aber von der grössten Bedeutung für die Selections-Theorie.

Siebenter Vortrag.

Die Züchtungs-Lehre oder Selections-Theorie. (Der Darwinismus.)

Darwinismus (Selections-Theorie) und Lamarckismus (Descendenz-Theorie). Der Vorgang der künstlichen Züchtung: Auslese (Selection) der verschiedenen Einzelwesen zur Nachzucht. Die wirkenden Ursachen der Umbildung: Abänderung, mit der Ernährung zusammenhängend, und Vererbung, mit der Fortpflanzung zusammenhängend. Mechanische Natur dieser beiden physiologischen Functionen. Der Vorgang der natürlichen Züchtung: Auslese (Selection) durch den Kampf um's Dasein. Malthus' Bevölkerungs-Theorie. Missverhältniss zwischen der Zahl der möglichen (potentiellen) und der wirklichen (actuellen) Individuen jeder Organismen-Art. Allgemeiner Wettkampf um die Existenz. Umbildende und züchtende Kraft dieses Kampfes um's Dasein. Vergleichung der natürlichen und der künstlichen Züchtung. Selections-Princip bei Kant und Wells. Zuchtwahl im Menschenleben. Medicinische und clericale Züchtung.

Meine Herren! Wenn heutzutage häufig die gesammte Entwickelungs-Lehre, mit der wir uns in diesen Vorträgen beschäftigen, als Darwinismus bezeichnet wird, so geschieht dies eigentlich nicht mit Recht. Denn wie Sie aus der geschichtlichen Einleitung der letzten Vorträge gesehen haben werden, ist schon zu Anfang unseres Jahrhunderts der wichtigste Theil der organischen Entwickelungs-Theorie, nämlich die Abstammungs-Lehre oder Descendenz-Theorie, ganz deutlich ausgesprochen, und insbesondere durch Lamarck in die Naturwissenschaft eingeführt worden. Man könnte daher diesen Theil der Entwickelungs-Theorie, welcher die gemeinsame Abstammung aller Thier- und Pflanzen-Arten von einfachsten gemeinsamen Stamm-Formen behauptet, seinem verdientesten Begründer zu Ehren mit vollem

Rechte Lamarckismus nennen, wenn man einmal an den Namen eines einzelnen hervorragenden Naturforschers das Verdienst knüpfen will, eine solche Grund-Lehre zuerst durchgeführt zu haben. Dagegen würden wir mit Recht als Darwinismus die Selections-Theorie oder Züchtungs-Lehre zu bezeichnen haben, denjenigen Theil der Entwickelungs-Theorie, welcher uns zeigt, auf welchem Wege und warum die verschiedenen Organismen-Arten aus jenen einfachsten Stamm-Formen sich entwickelt haben.

Diese Selections-Theorie oder der Darwinismus im eigentlichen Sinne beruht wesentlich (wie bereits in dem letzten Vortrage angedeutet wurde) auf der Vergleichung derjenigen Thätigkeit, welche der Mensch bei der Züchtung der Hausthiere und Garten-Pflanzen ausübt, mit denjenigen Vorgängen, welche in der freien Natur, ausserhalb des Cultur-Zustandes, zur Entstehung neuer Arten und neuer Gattungen führen. Wir müssen uns, um diese letzten Vorgänge zu verstehen, also zunächst zur künstlichen Züchtung des Menschen wenden, wie es auch von Darwin selbst geschehen ist. Wir müssen untersuchen, welche Erfolge der Mensch durch seine künstliche Züchtung erzielt, und welche Mittel er anwendet, um diese Erfolge hervorzubringen; und dann müssen wir uns fragen: „Giebt es in der Natur ähnliche Kräfte, ähnlich wirkende Ursachen, wie sie der Mensch hier anwendet?"

Was nun zunächst die künstliche Züchtung betrifft, so gehen wir von der zuletzt erörterten Thatsache aus, dass deren Producte in nicht seltenen Fällen viel mehr von einander verschieden sind, als die Erzeugnisse der natürlichen Züchtung. In der That weichen die Rassen oder Spiel-Arten oft in viel höherem Grade und in viel wichtigeren Eigenschaften von einander ab, als es viele sogenannte „gute Arten" oder Species, ja bisweilen sogar mehr, als es sogenannte „gute Gattungen" im Naturzustande thun. Vergleichen Sie z. B. die verschiedenen Aepfel-Sorten, welche die Gartenkunst von einer und derselben ursprünglichen Apfel-Form gezogen hat, oder vergleichen Sie die verschiedenen Pferde-Rassen, welche die Thier-Züchter aus einer und derselben ursprünglichen Form des Pferdes abgeleitet haben, so finden Sie leicht, dass die Unterschiede der am meisten verschiedenen Formen ausserordentlich bedeutend sind, viel bedeutender, als die sogenannten „specifischen Unterschiede“, welche die Zoologen und Botaniker bei Vergleichung der wilden Arten anwenden, um dadurch verschiedene sogenannte „gute Arten“ zu unterscheiden.

Wodurch bringt nun der Mensch diese ausserordentliche Verschiedenheit oder Divergenz mehrerer Formen hervor, die erwiesenermaassen von einer und derselben Stamm-Form abstammen? Lassen Sie uns zur Beantwortung dieser Frage einen Gärtner verfolgen, der eine neue, durch besonders schöne Blumenfarbe ausgezeichnete Pflanzen-Form züchten will. Derselbe wird zunächst unter einer grossen Anzahl von Pflanzen, welche Sämlinge einer und derselben Pflanze sind, eine Auswahl oder Selection treffen. Er wird diejenigen Pflanzen heraussuchen, welche die ihm erwünschte Blüthenfarbe am meisten ausgeprägt zeigen. Gerade die Blüthenfarbe ist ein sehr veränderlicher Gegenstand. Zum Beispiel zeigen Pflanzen, welche in der Regel eine weisse Blüthe besitzen, sehr häufig Abweichungen in's Blaue oder Rothe hinein. Wenn nun der Gärtner eine solche, gewöhnlich weiss blühende Pflanze in rother Farbe zu erhalten wünscht, so wird er sehr sorgfältig unter den mancherlei verschiedenen Abkömmlingen einer und derselben Samen-Pflanze diejenigen heraussuchen, die am deutlichsten einen rothen Anflug zeigen; diese wird er ausschliesslich aussäen, um neue Individuen derselben Art zu erzielen. Er wird die übrigen Samen-Pflanzen, die weisse oder weniger deutlich rothe Farbe zeigen, ausfallen lassen und nicht weiter cultiviren. Ausschliesslich diejenigen Pflanzen, deren Blüthen das stärkste Roth zeigen, wird er fortpflanzen, und die Samen, welche diese auserlesenen Pflanzen bringen, wieder aussäen. Die Blüthen von den Samen-Pflanzen dieser zweiten Generation werden durchschnittlich schon mehr röthlich gefärbt sein. Unter diesen wird der Gärtner wiederum diejenigen sorgfältig herauslesen, die das Rothe am deutlichsten ausgeprägt haben. Wenn eine solche Auslese durch eine Reihe von sechs oder zehn Generationen hindurch geschieht, wenn immer mit grosser Sorgfalt diejenige Blüthe ausgesucht wird, die das tiefste Roth zeigt, so wird der

Gärtner schliesslich die gewünschte Pflanze mit rein rother Blüthenfarbe bekommen.

Ebenso verfährt der Landwirth, welcher eine besondere Thier-Rasse züchten will, also z. B. eine Schaf-Sorte, welche sich durch besonders feine Wolle auszeichnet. Die einfache, bei der Vervollkommnung der Wolle angewandte Kunst besteht darin, dass der Landwirth mit der grössten Sorgfalt und Ausdauer unter der ganzen Schafheerde diejenigen Individuen aussucht, welche die feinste Wolle haben. Diese allein werden zur Nachzucht verwandt, und unter der Nachkommenschaft dieser Auserwählten werden abermals diejenigen herausgesucht, die sich durch die beste Wolle auszeichnen u. s. f. Wenn diese sorgfältige Auslese eine Reihe von Generationen hindurch fortgesetzt wird, so zeigen die auserlesenen Zuchtschafe schliesslich eine sehr feine Wolle welche sehr auffallend, und zwar nach dem Wunsche und zu Gunsten des Züchters, von der Wolle des ursprünglichen Stammvaters verschieden ist.

Die Unterschiede der einzelnen Individuen, auf die es bei dieser künstlichen Auslese ankommt, sind sehr klein. Ein gewöhnlicher ungeübter Mensch ist nicht im Stande, die ungemein feinen Unterschiede der Einzelwesen zu erkennen, welche ein geübter Züchter auf den ersten Blick wahrnimmt. Das Geschäft des Züchters ist keine leichte Kunst; dasselbe erfordert einen ausserordentlich scharfen Blick, eine grosse Geduld, eine äusserst sorgsame Behandlungsweise der zu züchtenden Organismen. Bei jeder einzelnen Generation fallen die Unterschiede der Individuen dem Laien vielleicht gar nicht in das Auge; aber durch die Häufung dieser feinen Unterschiede während einer Reihe von Generationen wird die Abweichung von der Stamm-Form zuletzt sehr bedeutend. Sie wird so auffallend, dass endlich die künstlich erzeugte Form von der ursprünglichen Stamm-Form in weit höherem Grade abweichen kann, als zwei sogenannte gute Arten im Natur-Zustande thun. Die Züchtungskunst ist jetzt so weit gediehen, dass der Mensch oft willkürlich bestimmte Eigenthümlichkeiten bei den cultivirten Arten der Thiere und Pflanzen erzeugen kann. Man kann an die geübtesten Züchter bestimmte Aufträge geben, und z. B. sagen: Ich wünsche diese Nelken-Art, oder diese Tauben-Rasse, in der und der Farbe, mit der und der Zeichnung zu haben. Wo die Züchtung so vervollkommnet ist, wie in England, sind die Gärtner und Landwirthe häufig im Stande, innerhalb einer bestimmten Zeitdauer, nach Verlauf einer Anzahl von Generationen, das verlangte Resultat auf Bestellung zu liefern. Einer der erfahrensten englischen Züchter, Sir John Sebright, konnte sagen „er wolle eine ihm aufgegebene Feder in drei Jahren hervorbringen, er bedürfe aber sechs Jahre, um eine gewünschte Form des Kopfes und Schnabels zu erlangen". Bei der Zucht der Merinoschafe in Sachsen werden die Thiere dreimal wiederholt neben einander auf Tische gelegt und auf das Sorgfältigste vergleichend studirt. Jedesmal werden nur die besten Schafe, mit der feinsten Wolle, ausgelesen, so dass zuletzt von einer grossen Menge nur einzelne wenige, aber ganz auserlesen feine Thiere übrig bleiben. Nur diese letzten werden zur Nachzucht verwandt. Es sind also eigentlich ungemein einfache Ursachen, mittelst welcher die künstliche Züchtung zuletzt grosse Wirkungen hervorbringt; und diese grossen Wirkungen werden nur erzielt durch Summirung der einzelnen an sich sehr unbedeutenden Unterschiede, welche die fortwährend wiederholte Auslese oder Selection vergrössert.

Ehe wir nun zur Vergleichung dieser künstlichen Züchtung mit der natürlichen übergehen, wollen wir uns klar machen, welche natürlichen Eigenschaften und Kräfte der Organismen der künstliche Züchter oder Cultivateur benutzt. Man kann alle verschiedenen, hierbei in das Spiel kommenden Kräfte schliesslich auf zwei physiologische Grund-Eigenschaften des Organismus zurückführen, die sämmtlichen Thieren und Pflanzen gemeinschaftlich sind, und die mit den beiden Thätigkeiten der Fortpflanzung und Ernährung auf das Innigste zusammenhängen. Diese beiden Grund-Eigenschaften sind die Erblichkeit oder die Fähigkeit der Vererbung, und die Veränderlichkeit oder die Fähigkeit der Anpassung. Der Züchter geht von der Thatsache aus, dass alle Individuen einer und derselben Art verschieden sind, wenn auch in sehr geringem Grade; eine Thatsache, die sowohl von den Organismen im wilden wie im Culturzustande gilt. Wenn Sie sich in einem Walde umsehen, der nur aus einer einzigen Baumart, z. B. Buche, besteht, werden Sie ganz gewiss im ganzen Walde nicht zwei Bäume dieser Art finden, die absolut gleich sind, die in der Form der Verästelung, in der Zahl der Zweige und Blätter, der Blüthen und Früchte, sich vollkommen gleichen. Es finden sich individuelle Unterschiede überall, gerade so wie bei den Menschen. Es giebt nicht zwei Menschen, welche absolut identisch sind, vollkommen gleich in Grösse, Gesichtsbildung, Zahl der Haare, Temperament, Charakter u. s. w. Ganz dasselbe gilt aber auch von den Einzelwesen aller verschiedenen Thier- und Pflanzen-Arten. Bei den meisten Organismen erscheinen allerdings die Unterschiede für den Laien sehr geringfügig. Es kommt aber hierbei wesentlich auf die Uebung in der Erkenntniss dieser oft sehr feinen Form-Charaktere an. Ein Schafhirt z. B. kennt in seiner Heerde jedes einzelne Individuum bloss durch genaue Beobachtung der Eigenschaften, während ein Laie nicht im Stande ist, alle die verschiedenen Individuen einer und derselben Heerde zu unterscheiden.

Die Thatsache der individuellen Verschiedenheit ist die äusserst wichtige Grundlage, auf welche sich das ganze Züchtungsvermögen des Menschen gründet. Wenn nicht überall jene individuellen Unterschiede wären, so könnte er nicht aus einer und derselben Stamm-Form eine Masse verschiedener Spiel-Arten oder Rassen erziehen. Nun ist aber in der That diese Erscheinung ganz allgemein. Wir müssen nothwendig dieselbe auch da voraussetzen, wo wir mit unseren groben sinnlichen Hülfsmitteln nicht im Stande sind, die Unterschiede zu erkennen. Bei den höheren Pflanzen, bei den Phanerogamen oder Blüthenpflanzen, wo die einzelnen individuellen Stöcke so zahlreiche Unterschiede in der Zahl der Aeste und Blätter, in der Bildung des Stammes und der Aeste zeigen, können wir fast immer jene Differenzen leicht wahrnehmen. Aber bei den niederen Pflanzen, z. B. Mosen, Algen, Pilzen, und bei den meisten Thieren, namentlich den niederen Thieren, ist dies nicht der Fall. Die individuelle Unterscheidung aller Einzelwesen einer Art ist hier meistens äusserst schwierig oder ganz unmöglich. Es liegt jedoch kein Grund vor, bloss denjenigen Organismen eine individuelle Verschiedenheit zuzuschreiben, bei denen wir sie sogleich erkennen können. Vielmehr können wir dieselbe mit voller Sicherheit als allgemeine Eigenschaft aller Organismen annehmen. Wir dürfen dies um so mehr, da wir im Stande sind, die Veränderlichkeit der Individuen auf die mechanischen Verhältnisse der Ernährung zurückzuführen. Wir können allein durch verschiedene Ernährung auffallende individuelle Unterschiede da hervorbringen, wo sie unter nicht veränderten Ernährungs-Verhältnissen nicht wahrzunehmen sein würden. Die vielen verwickelten Bedingungen der Ernährung sind aber niemals bei zwei Individuen einer Art absolut gleich.

Ebenso nun, wie wir die Veränderlichkeit oder Anpassungsfähigkeit in ursächlichem Zusammenhang mit den allgemeinen Ernährungs-Verhältnissen der Thiere und Pflanzen sehen, ebenso finden wir die zweite fundamentale Lebenserscheinung, mit der wir es hier zu thun haben, nämlich die Vererbungsfähigkeit oder Erblichkeit, in unmittelbarem Zusammenhang mit den Erscheinungen der Fortpflanzung. Nachdem der Landwirth und der Gärtner bei der künstlichen Züchtung die bevorzugten Individuen ausgesucht, also die Veränderlichkeit benutzt hat, sucht er die veränderten Formen durch Vererbung festzuhalten und auszubilden. Er geht von der allgemeinen Thatsache aus, dass die Kinder ihren Eltern ähnlich sind; „Der Apfel fällt nicht weit vom Stamm". Diese Erscheinung der Erblichkeit ist bisher in sehr geringem Maasse wissenschaftlich untersucht worden; das mag zum Theil daran liegen, dass die Erscheinung zu alltäglich ist. Jedermann findet es ganz natürlich, dass eine jede Art ihres Gleichen erzeugt, dass nicht plötzlich ein Pferd eine Gans oder eine Gans einen Frosch erzeugt. Man ist gewöhnt, diese alltäglichen Vorgänge der Erblichkeit als selbstverständlich anzusehen. Nun ist aber diese Erscheinung nicht so selbstverständlich einfach, wie sie auf den ersten Blick erscheint; namentlich wird sehr häufig bei Betrachtung der Erblichkeit übersehen, dass die verschiedenen Nachkommen eines und desselben Elternpaares in der That niemals einander ganz gleich, auch niemals absolut gleich den Eltern, sondern immer ein wenig verschieden sind. Wir können den Grundsatz der Erblichkeit nicht dahin formuliren: „Gleiches erzeugt Gleiches“, sondern wir müssen ihn vielmehr bedingter dahin aussprechen: „Aehnliches erzeugt Aehnliches“. Der Gärtner wie der Landwirth benutzt in dieser Beziehung die Thatsache der Vererbung im weitesten Umfang, und zwar mit besonderer Rücksicht darauf, dass nicht allein diejenigen Eigenschaften von den Organismen vererbt werden, die sie bereits von den Eltern ererbt haben, sondern auch diejenigen, die sie selbst erworben haben. Das ist ein höchst wichtiger Punkt, auf den sehr Viel ankommt. Der Organismus vermag nicht allein auf seine Nachkommen diejenigen Eigenschaften, diejenige Gestalt, Farbe, Grösse zu übertragen, die er selbst von seinen Eltern ererbt hat; er vermag auch Abänderungen dieser Eigenschaften zu vererben, die er erst während seines Lebens durch den Einfluss äusserer Umstände, des Klimas, der Nahrung u. s. w., sowie durch Uebung und Erziehung erworben hat.

Das sind die beiden Grund-Eigenschaften der Thiere und Pflanzen, welche die Züchter benutzen, um neue Formen zu erzeugen. So ausserordentlich einfach das theoretische Princip der Züchtung ist, so schwierig und ungeheuer verwickelt ist im Einzelnen die practische Verwerthung dieses einfachen Princips. Der denkende, planmässig arbeitende Züchter muss die Kunst verstehen, die allgemeine Wechselwirkung zwischen den beiden Grund-Eigenschaften der Erblichkeit und Veränderlichkeit richtig in jedem einzelnen Falle zu verwerthen.

Wenn wir nun die eigentliche Natur jener beiden wichtigen Lebens-Eigenschaften untersuchen, so finden wir, dass wir sie, gleich allen physiologischen Functionen, auf physikalische und chemische Ursachen zurückführen können; auf Eigenschaften und Bewegungs-Erscheinungen der materiellen Theilchen, aus denen der Körper der Thiere und Pflanzen besteht. Wie wir später bei einer genaueren Betrachtung dieser beiden Functionen zu begründen haben werden, ist ganz allgemein ausgedrückt die Vererbung wesentlich bedingt durch die materielle Continuität, durch die theilweise stoffliche Gleichheit des erzeugenden und des gezeugten Organismus, der Eltern und des Kindes. Bei jedem Zeugungs-Acte wird eine gewisse Menge von Plasma oder eiweissartiger Materie, das Keimplasma, von den Eltern auf das Kind übertragen; und mit diesem Protoplasma wird zugleich die demselben individuell eigenthümliche Molekular-Bewegung übertragen. Diese molekularen Bewegungs-Erscheinungen des Plasma, welche die Lebens-Erscheinungen hervorrufen und als die wahre Ursache derselben wirken, sind aber bei allen lebenden Individuen mehr oder weniger verschieden; sie sind unendlich mannichfaltig.

Anderseits ist die Anpassung oder Abänderung lediglich die Folge der materiellen Einwirkungen, welche die Materie des Organismus durch die denselben umgebende Materie erfährt, in der weitesten Bedeutung des Wortes durch die Lebens-Bedingungen. Die äusseren Einwirkungen der letzteren werden vermittelt durch die molekularen Ernährungs-Vorgänge in den einzelnen Körpertheilen. Bei jedem Anpassungs-Acte wird im ganzen Individuum oder in einem Theile desselben die individuelle, jedem Theile eigenthümliche Molekular-Bewegung des Protoplasma durch mechanische, durch physikalische oder chemische Einwirkungen anderer Körper gestört oder verändert. Es werden also die angeborenen, ererbten Lebens-Bewegungen des Plasma, die molekularen Bewegungs-Erscheinungen der kleinsten eiweissartigen Körpertheilchen dadurch mehr oder weniger modificirt. Die Erscheinung der Anpassung oder Abänderung beruht mithin auf der materiellen Einwirkung, welche der Organismus durch seine Umgebung oder seine Existenz-Bedingungen erleidet, während die Vererbung in der theilweisen Identität des zeugenden und des erzeugten Organismus begründet ist. Das sind die eigentlichen, einfachen, mechanischen Grundlagen des künstlichen Züchtungs-Processes.

Darwin frug sich nun: Kommt ein ähnlicher Züchtungs-Process in der Natur vor, und giebt es in der Natur Kräfte, welche die Thätigkeit des Menschen bei der künstlichen Züchtung ersetzen können? Giebt es ein natürliches Verhältniss unter den wilden Thieren und Pflanzen, welches züchtend wirken kann, welches auslesend wirkt in ähnlicher Weise, wie bei der künstlichen Zuchtwahl oder Züchtung der planmässige Wille des

Menschen eine Auswahl übt? Auf die Entdeckung eines solchen Verhältnisses kam hier alles an und sie gelang Darwin in so befriedigender Weise, dass wir eben deshalb seine Züchtungs-Lehre oder Selections-Theorie als vollkommen ausreichend betrachten, um die Entstehung der wilden Thier- und Pflanzen-Arten mechanisch zu erklären. Dasjenige Verhältniss, welches im freien Natur-Zustande züchtend und umbildend auf die Formen der Thiere und Pflanzen einwirkt, bezeichnet Darwin mit dem Ausdruck: „Kampf um's Dasein“ (Struggle for life).

Der „Kampf um's Dasein“ ist rasch ein Stichwort des Tages geworden. Trotzdem ist diese Bezeichnung vielleicht in mancher Beziehung nicht ganz glücklich gewählt, und würde wohl schärfer gefasst werden können als „Mitbewerbung um die nothwendigen Existenz-Bedürfnisse“. Man hat nämlich unter dem „Kampfe um das Dasein“ manche Verhältnisse begriffen, die eigentlich im strengen Sinne nicht hierher gehören. Zu der Idee des „Struggle for life“ gelangte Darwin, wie aus dem im letzten Vortrage mitgetheilten Briefe ersichtlich ist, durch das Studium des Buches von Malthus „über die Bedingungen und die Folgen der Volks-Vermehrung“. In diesem wichtigen Werke wurde behauptet, dass die Zahl der Menschen im Ganzen durchschnittlich in geometrischer Progression wächst, während die Menge ihrer Nahrungs-Mittel nur in arithmetischer Progression zunimmt. Aus diesem Missverhältnisse entspringen eine Masse von Uebelständen in der menschlichen Gesellschaft, welche einen beständigen Wettkampf der Menschen um die Erlangung der nothwendigen, aber nicht für Alle ausreichenden Unterhalts-Mittel veranlassen.

Darwin's Theorie vom Kampfe um das Dasein ist gewissermaassen eine allgemeine Anwendung der Bevölkerungs-Theorie von Malthus auf die Gesammtheit der organischen Natur. Sie geht von der Erwägung aus, dass die Zahl der möglichen organischen Individuen, welche aus den erzeugten Keimen hervorgehen könnten, viel grösser ist, als die Zahl der wirklichen Individuen, welche thatsächlich gleichzeitig auf der Erd-Oberfläche leben. Die Zahl der möglichen oder potentiellen Individuen wird uns gegeben durch die Zahl der Eier und der ungeschlechtlichen Keime, welche die Organismen erzeugen. Die Zahl dieser Keime, aus deren jedem unter günstigen Verhältnissen ein Individuum entstehen könnte, ist unendlich grösser, als die Zahl der wirklichen oder actuellen Individuen, d. h. derjenigen, welche wirklich aus diesen Keimen entstehen, zur vollen Reife gelangen und sich fortpflanzen. Die bei weitem grösste Zahl aller Keime geht in der frühesten Lebenszeit zu Grunde, und es sind immer nur einzelne bevorzugte Organismen, welche sich ausbilden können, welche namentlich die erste Jugendzeit glücklich überstehen und schliesslich zur Fortpflanzung gelangen. Diese wichtige Thatsache wird einfach bewiesen durch die Vergleichung der Eierzahl bei den einzelnen Arten mit der Zahl der Individuen, die von diesen Arten existiren. Diese Zahlen-Verhältnisse zeigen die auffallendsten Widersprüche. Es giebt z. B. Hühner-Arten, welche sehr zahlreiche Eier legen, und die dennoch zu den seltensten Vögeln gehören; aber derjenige Vogel, der der gemeinste von allen sein soll, der Eissturm-Vogel (Procellaria glacialis), legt nur ein einziges Ei. Ebenso ist das Verhältniss bei anderen Thieren. Es giebt viele, sehr seltene, wirbellose Thiere, welche eine ungeheure Masse von Eiern legen; und wieder andere, die nur sehr wenige Eier produciren und doch zu den gemeinsten Thieren gehören. Denken Sie z. B. an das Verhältniss, welches sich bei den menschlichen Bandwürmern findet. Jeder Bandwurm erzeugt binnen kurzer Zeit Millionen von Eiern, während der Mensch, der den Bandwurm beherbergt, eine viel geringere Zahl Eier in sich bildet; und dennoch ist glücklicher Weise die Zahl der Bandwürmer viel geringer, als die der Menschen. Unter den Pflanzen sind viele prachtvolle Orchideen, die Tausende von Samen erzeugen, sehr selten, und einige asterähnliche Compositen, die nur wenige Samen bilden, äusserst gemein.

Diese wichtige Thatsache liesse sich noch durch eine ungeheure Masse anderer Beispiele erläutern. Offenbar bedingt nicht die Zahl der wirklich vorhandenen Keime die Zahl der später in's Leben tretenden und sich am Leben erhaltenden Individuen. Die Zahl dieser letzteren wird vielmehr durch ganz andere Verhältnisse bedingt, zumal durch die Wechsel-Beziehungen, in denen sich jeder Organismus zu seiner organischen, wie anorgischen Umgebung befindet. Jeder Organismus kämpft von Anbeginn seiner Existenz an mit einer Anzahl von feindlichen Einflüssen, er kämpft mit Thieren, welche von diesem Organismus leben, denen er als natürliche Nahrung dient, mit Raubthieren und mit Schmarotzer-Thieren; er kämpft mit anorgischen Einflüssen der verschiedensten Art, mit Temperatur, Witterung und anderen Umständen; er kämpfte aber (und das ist viel wichtiger!) vor allem mit den ihm ähnlichsten, gleichartigen Organismen. Jedes Individuum einer jeden Thier- und Pflanzen-Art ist im heftigsten Wettstreit mit den anderen Individuen derselben Art begriffen, die mit ihm an demselben Orte leben. Die Mittel zum Lebens-Unterhalt sind in der Oeconomie der Natur nirgends in Fülle ausgestreut, vielmehr im Ganzen sehr beschränkt, und nicht entfernt für die Masse von Individuen ausreichend, die sich aus den Keimen entwickeln könnte. Daher müssen bei den meisten Thier- und Pflanzen-Arten die jugendlichen Individuen es sich recht sauer werden lassen, um die nöthigen Mittel zum Lebens-Unterhalte zu erlangen. Nothwendiger Weise entwickelt sich daraus ein Wettkampf zwischen denselben um die Erlangung dieser unentbehrlichen Existenz-Bedingungen.

Dieser grosse Wettkampf um die Lebens-Bedürfnisse findet überall und jederzeit statt, ebenso bei den Menschen und Thieren, wie bei den Pflanzen, obgleich bei diesen auf den ersten Blick das Wechsel-Verhältniss nicht so klar am Tage zu liegen scheint. Wenn ein kleines Ackerfeld übermässig reichlich mit Weisen besäet ist, so kann von den zahlreichen jungen Weizen-Pflanzen (vielleicht von einigen Tausenden), die auf einem ganz beschränkten Raume emporkeimen, nur ein ganz kleiner Bruchtheil sich am Leben erhalten. Da findet ein Wettkampf um den Bodenraum statt, den jede Pflanze zur Befestigung ihrer Wurzel braucht; ein Wettkampf um Luft, Sonnenlicht und Feuchtigkeit. Ebenso finden Sie bei jeder Thier-Art, dass alle Individuen einer und derselben Art mit einander um die Erlangung der unentbehrlichen Lebens-Bedingungen im weiteren Sinne des Worts kämpfen. Allen sind sie gleich unentbehrlich; aber nur wenigen werden sie wirklich zu Theil. Alle sind berufen; aber wenige sind auserwählt! Die Thatsache dieses grossen Wettkampfes oder der Concurrenz ist ganz allgemein. Sie brauchen bloss Ihren Blick auf die menschliche Gesellschaft zu lenken; überall, in allen verschiedenen Fächern der menschlichen Thätigkeit, ist dieselbe wirksam. Auch hier werden die Verhältnisse des Wettkampfes wesentlich durch die freie Concurrenz der verschiedenen Arbeiter einer und derselben Classe bestimmt. Auch hier, wie überall, schlägt dieser Wettkampf zum Vortheil der Sache aus, zum Vortheil der Arbeit, welche der Gegenstand der Concurrenz ist. Je grösser und allgemeiner der Wettkampf, desto schneller häufen sich die Verbesserungen und Erfindungen auf diesem Arbeits-Gebiete, desto mehr vervollkommnen sich die Arbeiter.

Nun ist offenbar die Stellung der verschiedenen Individuen in diesem Kampfe um das Dasein sehr ungleich. Ausgehend von der thatsächlichen Ungleichheit der Einzelwesen, müssen wir nothwendig annehmen, dass nicht alle Individuen einer und derselben Art gleich günstige Aussichten haben. Schon von vornherein sind dieselben durch ihre verschiedenen Kräfte und Fähigkeiten verschieden im Wettkampfe gestellt, abgesehen davon, dass die Existenz-Bedingungen an jedem Punkte der Erd-Oberfläche verschieden sind und verschieden einwirken. Offenbar waltet hier ein unendlich verwickeltes Getriebe von Einwirkungen, die im Vereine mit der ursprünglichen Ungleichheit der Individuen während des bestehenden Wettkampfes um die Erlangung der Existenz-Bedingungen einzelne Individuen bevorzugen, andere benachtheiligen. Die bevorzugten Individuen werden über die anderen den Sieg erlangen, und während die letzteren in mehr oder weniger früher Zeit zu Grunde gehen, ohne Nachkommen zu hinterlassen, werden die ersteren allein jene überleben können und schliesslich zur Fortpflanzung gelangen. Indem also voraussichtlich oder doch vorwiegend die im Kampfe um das Dasein begünstigten Einzel-Wesen zur Fortpflanzung gelangen, werden wir (schon allein in Folge dieses Verhältnisses) in der nächsten Generation, die von dieser erzeugt wird, Unterschiede von der vorhergehenden wahrnehmen. Es werden schon die Individuen dieser zweiten Generation, wenn auch nicht alle, doch zum Theil, durch Vererbung den individuellen Vortheil überkommen haben, durch welchen ihre Eltern über deren Nebenbuhler den Sieg davon trugen.

Nun wird aber — und das ist ein sehr wichtiges Vererbungs-Gesetz! — wenn eine Reihe von Generationen hindurch eine solche Uebertragung eines günstigen Charakters stattfindet, derselbe nicht einfach in der ursprünglichen Weise erhalten, sondern er wird fortwährend gehäuft und gestärkt; schliesslich gelangt er in einer späteren Generation zu einer Stärke, welche diese Generation schon sehr wesentlich von der ursprünglichen Stamm-Form unterscheidet. Lassen Sie uns zum Beispiel eine Anzahl von Pflanzen einer und derselben Art betrachten, die an einem sehr trocknen Standort zusammenwachsen; sie haben direct mit dem Mangel an Wasser zu kämpfen und dann noch einen Wettkampf unter einander um die Erlangung des Wassers zu bestehen. Da die Haare der Blätter für die Aufnahme von Feuchtigkeit aus der Luft sehr nützlich sind, und da die Behaarung der Blätter sehr veränderlich ist, so werden an diesem ungünstigen Standorte die Individuen mit den dichtest behaarten Blättern bevorzugt sein. Diese werden allein aushalten, während die anderen, mit kahleren Blättern, zu Grunde gehen; die behaarteren werden sich fortpflanzen, und die Abkömmlinge derselben werden sich durchschnittlich durch dichte und starke Behaarung mehr auszeichnen, als es bei den Individuen der ersten Generation der Fall war. Geht dieser Process, verbunden mit anderen Wachsthums-Veränderungen, an einem und demselben Orte mehrere Generationen fort, so entsteht schliesslich eine solche Häufung der neu erworbenen Eigenschaften, dass die Pflanze uns als eine ganz neue Art erscheint.

Dabei ist zu berücksichtigen, dass in Folge der Wechsel-Beziehungen aller Theile zu einander in der Regel nicht ein einzelner Theil des Organismus sich verändern kann, ohne zugleich Aenderungen in anderen Theilen nach sich zu ziehen. Wenn also im letzten Beispiel die Zahl der Haare auf den Blättern bedeutend zunimmt, so wird dadurch anderen Theilen eine gewisse Menge von Nahrungs-Material entzogen; das Material, welches zur Blüthen-Bildung oder Samen-Bildung verwendet werden könnte, wird verringert, und es wird dann die geringere Grösse der Blüthe oder des Samens die mittelbare oder indirecte Folge des Kampfes um's Dasein werden, welcher zunächst nur eine Veränderung der Blätter bewirkte. Der Kampf um das Dasein wirkt also in diesem Falle züchtend und umbildend. Das Ringen der verschiedenen Individuen um die Erlangung der nothwendigen Existenz-Bedingungen, oder im weitesten Sinne gefasst, die Wechsel-Beziehungen der Organismen zu ihrer gesammten Umgebung, bewirken Form-Veränderungen wie sie im Cultur-Zustande durch die Thätigkeit des züchtenden Menschen hervorgebracht werden.

Auf den ersten Blick wird Ihnen dieser Gedanke vielleicht sehr unbedeutend und kleinlich erscheinen, und Sie werden nicht geneigt sein, der Thätigkeit jenes Verhältnisses ein solches Gewicht einzuräumen, wie dieselbe in der That besitzt. Ich muss mir daher vorbehalten, in einem späteren Vortrage an weiteren Beispielen das ungeheuer weit reichende Umgestaltungs-Vermögen der natürlichen Züchtung Ihnen vor Augen zu führen. Vorläufig beschränke ich mich darauf, nochmals die beiden Vergänge der künstlichen und natürlichen Züchtung neben einander zu stellen, und Uebereinstimmung und Unterschied in beiden Züchtungs-Processen scharf gegen einander zu halten.

Natürliche sowohl als künstliche Züchtung sind ganz einfache natürliche, mechanische Lebens-Verhältnisse, welche auf der Wechsel-Wirkung zweier allgemeiner Lebens-Thätigkeiten oder physiologischer Functionen beruhen, nämlich der Anpassung und der Vererbung; diese beiden Functionen sind als solche wieder auf physikalische und chemische Eigenschaften der organischen Materie zurückzuführen. Ein Unterschied beider Züchtungs-Formen besteht darin, dass bei der künstlichen Züchtung der Wille des Menschen planmässig die Auswahl oder Auslese betreibt, während bei der natürlichen Züchtung der Kampf um das Dasein (jenes allgemeine Wechsel-Verhältniss der Organismen) planlos wirkt, aber übrigens ganz dasselbe Resultat erzeugt, nämlich eine Auswahl oder Selection besonders gearteter Individuen zur Nachzucht. Die Veränderungen, welche durch die Züchtung hervorgebracht werden, schlagen bei der künstlichen

10*

Züchtung zum Vortheil des züchtenden Menschen aus, bei der natürlichen Züchtung dagegen zum Vortheil des gezüchteten Organismus selbst, wie es in der Natur der Sache liegt.

Das sind die wesentlichsten Unterschiede und Uebereinstimmungen zwischen beiderlei Züchtungs-Arten. Dann ist aber noch zu berücksichtigen, dass ein weiterer Unterschied in der Zeitdauer besteht, welche für den Züchtungs-Process in beiderlei Arten erforderlich ist. Der Mensch vermag bei der künstlichen Zucht-Wahl in viel kürzerer Zeit sehr bedeutende Veränderungen hervorzubringen, während bei der natürlichen Zucht-Wahl Aehnliches erst in viel längerer Zeit zu Stande gebracht wird. Das beruht darauf, dass der Mensch die Auslese viel sorgfältiger betreiben kann. Der Mensch kann unter einer grossen Anzahl von Individuen mit der grössten Sorgfalt einzelne herauslesen, die übrigen ganz fallen lassen, und bloss die bevorzugten zur Fortpflanzung verwenden, während das bei der natürlichen Zucht-Wahl nicht der Fall ist. Da werden sich eine Zeit lang neben den bevorzugten, zuerst zur Fortpflanzung gelangenden Individuen auch noch einzelne oder viele von den übrigen, weniger ausgezeichneten Individuen fortpflanzen. Ferner ist der Mensch im Stande, die Kreuzung zwischen der ursprünglichen und der neuen Form zu verhüten, die bei der natürlichen Züchtung oft nicht zu vermeiden ist. Wenn aber eine solche Kreuzung, d. h. eine geschlechtliche Verbindung der neuen Abart mit der ursprünglichen Stamm-Form stattfindet, so schlägt die dadurch erzeugte Nachkommenschaft leicht in die letztere zurück. Bei der natürlichen Züchtung kann eine solche Kreuzung nur dann sicher vermieden werden, wenn die neue Abart sich durch Wanderung von der alten Stamm-Form absondert und isolirt.

Die natürliche Züchtung wirkt daher sehr viel langsamer; sie erfordert viel längere Zeiträume, als der künstliche Züchtungs-Process. Aber eine wesentliche Folge dieses Unterschiedes ist, dass dann auch das Product der künstlichen Zucht-Wahl viel leichter wieder verschwindet und die neu erzeugte Form in die ältere zurückschlägt, während das bei der natürlichen Züchtung nicht der Fall ist. Die neuen Arten oder Species, welche durch die natürliche Züchtung entstehen, erhalten sich viel constanter, schlagen viel weniger leicht in die Stamm-Form zurück, als es bei den künstlichen Züchtungs-Producten der Fall ist, und sie erhalten sich auch demgemäss eine viel längere Zeit hindurch beständig, als die künstlichen Rassen, die der Mensch erzeugt. Aber das sind nur untergeordnete Unterschiede, die sich durch die verschiedenen Bedingungen der natürlichen und der künstlichen Auslese erklären, und die auch wesentlich nur die Zeitdauer betreffen. Das Wesen und die Mittel der Form-Veränderung sind bei der künstlichen und natürlichen Züchtung ganz dieselben.

Die gedankenlosen und unwissenden Gegner Darwin's werden nicht müde zu behaupten, dass seine Selections-Theorie eine bodenlose Vermuthung oder wenigstens eine Hypothese sei, welche erst bewiesen werden müsse. Dass diese Behauptung vollkommen unbegründet ist, können Sie schon aus den so eben erörterten Grundzügen der Züchtungs-Lehre selbst entnehmen. Darwin nimmt als wirkende Ursachen für die Umbildung der organischen Gestalten keinerlei unbekannte Naturkräfte oder hypothetische Verhältnisse an, sondern einzig und allein die allgemein bekannten Lebens-Thätigkeiten aller Organismen, welche wir als Vererbung und Anpassung bezeichnen. Jeder physiologisch gebildete Naturforscher weiss, dass diese beiden Functionen unmittelbar mit den Thätigkeiten der Fortpflanzung und Ernährung zusammenhängen, und gleich allen anderen Lebens-Erscheinungen mechanische Natur-Processe sind, d. h. auf molekularen Bewegungs-Erscheinungen der organischen Materie beruhen. Dass die Wechsel-Wirkung dieser beiden Functionen an einer beständigen langsamen Umbildung der organischen Formen arbeitet, und dass diese zur Entstehung neuer Arten führt, wird mit Nothwendigkeit durch den Kampf um's Dasein bedingt. Dieser ist aber eben so wenig ein hypothetisches oder des Beweises bedürftiges Verhältniss, als jene Wechsel-Wirkung der Vererbung und Anpassung. Vielmehr ist der Kampf um's Dasein eine mathematische Nothwendigkeit, welche aus dem Missverhätniss zwischen der beschränkten Zahl der Stellen im Natur-Haushalt und der übermässigen Zahl der organischen Keime entspringt.

Durch die activen und passiven Wanderungen der Thiere und Pflanzen, welche überall und zu jeder Zeit stattfinden, wird ausserdem noch die Entstehung neuer Arten in hohem Maasse begünstigt und gefördert. Die Entstehung neuer Species durch die natürliche Züchtung, oder was dasselbe ist, durch die Wechsel-Wirkung der Vererbung und Anpassung im Kampfe um's Dasein, ist mithin eine mathematische Natur-Nothwendigkeit, welche keines weiteren Beweises bedarf. Wer auch bei dem gegenwärtigen Zustande unseres Wissens immer noch nach Beweisen für die Selections-Theorie verlangt, der beweist dadurch nur, dass er entweder dieselbe nicht vollständig versteht, oder mit den biologischen Thatsachen, mit dem empirischen Wissensschatz der Anthropologie, Zoologie und Botanik nicht hinreichend vertraut ist.

Wie fast jede grosse und bahnbrechende Idee, so hat auch Darwin's Selections-Theorie schon in früherer Zeit ihre Vorläufer gehabt; und zwar ist es wieder unser grosser Königsberger Philosoph Immanuel Kant, bei dem wir schon ein Jahrhundert vor Darwin die ersten Keime jener Theorie vorfinden. Wie Fritz Schultze in seiner früher (S. 90) hervorgehobenen Schrift über „Kant und Darwin" (1875) zuerst gezeigt hat, erhebt sich Kant schon um das Jahr 1757 (also mehr als hundert Jahre vor dem Erscheinen von Darwin's Hauptwerk) in seiner „physischen Geographie" zu verschiedenen Aussprüchen, „in denen sowohl der Gedanke einer Entwickelungs-Geschichte der organischen Arten, als auch der Hinweis auf die Wichtigkeit der Zucht-Wahl, der Anpassung und der Vererbung deutlich niedergelegt sind"; so z. B. in folgendem Satze: „Es ist aus der Verschiedenheit der Kost, der Luft und der Erziehung zu erklären, warum einige Hühner ganz weiss werden; und wenn man unter den vielen Küchlein, die von denselben Eltern geboren werden, nur die aussucht, die weiss sind, und sie zusammenthut, bekommt man endlich eine weisse Rasse, die nicht leicht anders ausschlägt." Ferner sagt er in der Abhandlung „von den verschiedenen Rassen der Menschen" (1775): „Auf der Möglichkeit, durch sorgfältige Aussonderung der ausartenden Geburten von den einschlagenden endlich einen dauerhaften Familien-Schlag zu errichten, beruht die Meinung, einen von Natur edlen Schlag Menschen zu ziehen, worin Verstand, Tüchtigkeit und Rechtschaffenheit erblich wären." Und wie wichtig dabei für Kant das Princip des „Kampfes um's Dasein" war, geht u. A. aus folgender Stelle der „pragmatischen Anthropologie" hervor: „Die Natur hat den Keim der Zwietracht in die Menschen-Gattung gelegt, und diese ist das Mittel, die Perfectionirung des Menschen durch fortschreitende Cultur zu bewirken. Der innere oder äussere Krieg ist die Triebfeder, aus dem rohen Natur-Zustande in den bürgerlichen überzugehen, als ein Maschinen-Wesen, wo die einander entgegenstrebenden Kräfte zwar durch Reibung einander Abbruch thun, aber doch durch den Stoss oder Zug anderer Triebfedern im Gange erhalten werden."[47])

Nächst diesen ältesten Spuren der Selections-Theorie bei Kant finden wir die ersten Andeutungen derselben in einer 1818 erschienenen (bereits 1813 vor der Royal Society gelesenen) Abhandlung von Dr. W. C. Wells, betitelt: „Nachricht über eine Frau der weissen Rasse, deren Haut zum Theil der eines Negers gleicht." Der Verfasser derselben führt an, dass Neger und Mulatten sich durch Immunität gegen gewisse Tropen-Krankheiten vor der weissen Rasse auszeichnen. Bei dieser Gelegenheit bemerkt er, dass alle Thiere bis zu einem gewissen Grade abzuändern streben, dass die Landwirthe durch Benutzung dieser Eigenschaft und durch Zucht-Wahl ihre Haus-Thiere veredeln, und fährt dann fort: „Was aber im letzten Falle durch Kunst geschieht, scheint mit gleicher Wirksamkeit, wenn auch langsamer, bei der Bildung der Menschen-Rassen, die für die von ihnen bewohnten Gegenden eingerichtet sind, durch die Natur zu geschehen. Unter den zufälligen Varietäten von Menschen, die unter den wenigen und zerstreuten Einwohnern der mittleren Gegenden von Afrika auftreten, werden einige besser als andere die Krankheiten des Landes überstehen. In Folge davon wird sich diese Rasse vermehren, während die anderen abnehmen, und zwar nicht bloss weil sie unfähig sind, die Erkrankungen zu überstehen, sondern weil sie nicht im Stande sind, mit ihren kräftigeren Nachbarn zu concurriren. Ich nehme als ausgemacht an, dass die Farbe dieser kräftigeren Rasse dunkel sein wird. Da aber die Neigung Varietäten zu bilden noch besteht, so wird sich eine immer dunklere Rasse im Laufe der Zeit ausbilden; und da die dunkelste am besten für das Klima passt, so wird diese zuletzt in ihrer Heimath, wenn nicht die einzige, doch die herrschende werden."

Obwohl in diesem Aufsatze von Wells das Princip der natürlichen Züchtung deutlich ausgesprochen und anerkannt ist, so wird es doch bloss in sehr beschränkter Ausdehnung auf die Entstehung der Menschen-Rassen angewendet und nicht weiter für den Ursprung der Thier- und Pflanzen-Arten verwerthet. Das hohe Verdienst Darwin's, die Selections-Theorie selbstständig ausgebildet und zur vollen und verdienten Geltung gebracht zu haben, wird durch jene früheren, verborgen gebliebenen Bemerkungen von Kant und von Wells eben so wenig geschmälert, als durch einige fragmentarische Bemerkungen über natürliche Züchtung von Patrick Matthew, die in einem 1831 erschienenen Buche über „Schiffs-Bauholz und Baum-Cultur" versteckt sind. Auch der berühmte Reisende Alfred Wallace der unabhängig von Darwin die Selections-Theorie ausgebildet und 1858 gleichzeitig mit dessen erster Mittheilung veröffentlicht hatte, steht sowohl hinsichtlich der tiefen Auffassung, als der ausgedehnten Anwendung derselben, weit hinter seinem grösseren und älteren Landsmanne zurück. Darwin hat durch seine höchst umfassende und geniale Ausbildung der ganzen Lehre sich gerechten Anspruch erworben, die Theorie mit seinem Namen verbunden zu sehen.

Wenn die natürliche Züchtung, wie wir behaupten, die wichtigste unter den bewirkenden Ursachen ist, welche die wundervolle Mannichfaltigkeit des organischen Lebens auf der Erde hervorgebracht haben, so müssen auch die interessanten Erscheinungen des Menschenlebens zum grössten Theile aus derselben Ursache erklärbar sein. Denn der Mensch ist ja nur ein höher entwickeltes Wirbelthier, und alle Seiten des Menschenlebens finden ihre Parallelen, oder richtiger ihre niederen Entwickelungszustände, im Thierreiche vorgebildet. Die Völkergeschichte oder die sogenannte „Welt-Geschichte" muss dann grösstentheils durch „natürliche Züchtung" erklärbar sein, muss ein physikalisch-chemischer Process sein, der auf der Wechsel-Wirkung der Anpassung und Vererbung in dem Kampfe der Menschen um's Dasein beruht. Und das ist in der That der Fall. Indessen ist nicht nur die natürliche, sondern auch die künstliche Züchtung vielfach in der Welt-Geschichte wirksam.

Ein ausgezeichnetes Beispiel von künstlicher Züchtung der Menschen in grossem Maassstabe liefern die alten Spartaner, bei denen auf Grund eines besonderen Gesetzes schon die neugeborenen Kinder einer sorgfältigen Musterung und Auslese unterworfen werden mussten. Alle schwächlichen, kränklichen oder mit irgend einem körperlichen Gebrechen behafteten Kinder wurden getödtet. Nur die vollkommen gesunden und kräftigen Kinder durften am Leben bleiben, und sie allein gelangten später zur Fortpflanzung. Dadurch wurde die spartanische Rasse nicht allein beständig in auserlesener Kraft und Tüchtigkeit erhalten, sondern mit jeder Generation wurde ihre körperliche Vollkommenheit gesteigert. Gewiss verdankt das Volk von Sparta dieser künstlichen Auslese oder Züchtung zum grossen Theil seinen seltenen Grad von männlicher Kraft und rauher Heldentugend.

Auch manche Stämme unter den rothen Indianern Nord-Amerika's, die gegenwärtig im Kampfe um's Dasein den übermächtigen Eindringlingen der weissen Rasse trotz der tapfersten Gegenwehr erliegen, verdanken ihren besonderen Grad von Körperstärke und kriegerischer Tapferkeit einer ähnlichen sorgfältigen Auslese der neugeborenen Kinder. Auch hier werden alle schwachen oder mit irgend einem Fehler behafteten Kinder sofort getödtet und nur die vollkommen kräftigen Individuen bleiben am Leben und pflanzen die Rasse fort. Dass durch diese künstliche Züchtung die Rasse im Laufe zahlreicher Generationen bedeutend gekräftigt wird, ist an sich nicht zu bezweifeln und wird durch viele bekannte Thatsachen genügend bewiesen.

Das Gegentheil von der künstlichen Züchtung der wilden Rothhäute und der alten Spartaner bildet die individuelle Auslese, welche in unseren modernen Cultur-Staaten durch die vervollkommnete Heilkunde der Neuzeit ausgeübt wird. Denn obwohl immer noch wenig im Stande, innere Krankheiten wirklich zu heilen, besitzt und übt dieselbe doch mehr als früher die Kunst, schleichende, chronische Krankheiten auf lange Jahre hinauszuziehen. Gerade solche verheerende Uebel, wie Schwindsucht, Scrophel-Krankheit, Syphilis, ferner viele Formen der Geistes-Krankheiten, sind in besonderem Maasse erblich und werden von den siechen Eltern auf einen Theil ihrer Kinder oder gar auf die ganze Nachkommenschaft übertragen. Je länger nun die kranken Eltern mit Hülfe der ärztlichen Kunst ihre sieche Existenz hinausziehen, desto zahlreichere Nachkommenschaft kann von ihnen die unheilbaren Uebel erben, desto mehr Individuen werden dann auch wieder in der folgenden Generation, Dank jener künstlichen „medicinischen Züchtung“, von ihren Eltern mit dem schleichenden Erbübel angesteckt.

Viel gefährlicher und verheerender als diese medicinische ist die clericale Züchtung, jener folgenschwere Selections-Process, der von jeder mächtigen und einheitlich organisirten Hierarchie ausgeübt wird. In allen Staaten, in welchen ein solcher centralisirter Clerus seinen verderblichen Einfluss auf die Erziehung der Jugend, auf das Familienwesen und somit auf die wichtigsten Grundlagen des ganzen Volkslebens Jahrhunderte hindurch ausgeübt hat, sind die traurigen Folgen der demoralisirenden „clericalen Selection“ deutlich im Verfalle der gesammten Bildung und Sitte sichtbar. Man denke nur an Spanien, an das „allerchristlichste“ Land Europa's! Bei der römisch-katholischen Kirche, deren höchste Machtentfaltung im Mittelalter mit dem tiefsten Sinken der wissenschaftlichen Forschung und der allgemeinen Sittlichkeit zusammenfällt, ist das ganz besonders offenbar. Denn hier sind die Priester durch die raffinirt-unmoralische Einrichtung des Cölibats gezwungen, sich in das innerste Heiligthum des Familienwesens einzudrängen; und indem sie hier besondere Fruchtbarkeit entwickeln, vererben sie ihre unsittlichen Charakterzüge auf eine unverhältnissmässig zahlreiche Nachkommenschaft. Mächtig unterstützt wurde dieser katholische Züchtungs-Process durch die Inquisition, welche alle edleren und besseren Charaktere sorgfältig aus dem Wege räumte.

Auf der anderen Seite ist hervorzuheben, dass andere Formen der künstlichen Züchtung im Culturleben der Menschheit auch einen sehr günstigen Einfluss ausüben. Wie sehr das bei vielen Verhältnissen unserer vorgeschrittenen Civilisation und namentlich der verbesserten Schulbildung und Erziehung der Fall ist, liegt auf der Hand. Direct wohlthätig wirkt als künstlicher Selections-Process auch die Todesstrafe. Zwar wird von Vielen gegenwärtig noch die Abschaffung der Todesstrafe als eine „liberale Maasregel" gepriesen, und im Namen einer falschen „Humanität" eine Reihe der albernsten Gründe dafür geltend gemacht. Allein in Wahrheit ist die Todesstrafe für die grosse Menge der unverbesserlichen Verbrecher und Taugenichtse nicht nur die gerechte Vergeltung, sondern auch eine grosse Wohlthat für den besseren Theil der Menschheit; dieselbe Wohlthat, welche für das Gedeihen eines wohl cultivirten Gartens die Ausrottung des wuchernden Unkrauts ist. Wie durch sorgfältiges Ausjäten des Unkrauts nur Licht, Luft und Bodenraum für die edlen Nutz-Pflanzen gewonnen wird, so würde durch unnachsichtliche Ausrottung aller unverbesserlichen Verbrecher nicht allein dem besseren Theile der Menschheit der „Kampf um's Dasein" sehr erleichtert, sondern auch ein vortheilhafter künstlicher Züchtungs-Process ausgeübt werden; denn es würde dadurch jenem entarteten Auswurfe der Menschheit die Möglichkeit benommen, seine schlimmen Eigenschaften durch Vererbung zu übertragen.

Gegen den verderblichen Einfluss vieler künstlichen Züchtungs-Processe finden wir glücklicher Weise ein heilsames Gegengewicht in dem überall waltenden und unüberwindlichen Einflusse der viel stärkeren natürlichen Züchtung. Denn diese ist überall auch im Menschenleben, wie im Thier- und Pflanzenleben, das wichtigste umgestaltende Princip und der kräftigste Hebel des Fortschritts und der Vervollkommnung. Der Kampf um's Dasein oder die „Concurrenz" bringt es mit sich, dass im Grossen und Ganzen der Bessere, weil der Vollkommnere, über den Schwächeren und Unvollkommneren siegt. Im Menschenleben aber wird dieser Kampf um's Dasein immer mehr zu einem Kampfe des Geistes werden, nicht zu einem Kampfe der Mordwaffen. Dasjenige Organ, welches beim Menschen vor allen anderen durch den veredelnden Einfluss der natürlichen Zuchtwahl vervollkommnet wird, ist das Gehirn. Der Mensch mit dem vollkommensten Verstande bleibt zuletzt Sieger und vererbt auf seine Nachkommen die Eigenschaften des Gehirns, die ihm zum Sieg verholfen hatten. So dürfen wir denn mit Fug und Recht hoffen, dass trotz aller Anstrengungen der rückwärts strebenden Gewalten der Fortschritt des Menschen-Geschlechts zur freien Bildung — und dadurch zur möglichsten Vervollkommnung — unter dem segensreichen Einflusse der natürlichen Züchtung immer mehr und mehr zur Wahrheit werden wird.

Achter Vortrag.

Vererbung und Fortpflanzung.

Allgemeinheit der Erblichkeit und der Vererbung. Auffallende besondere Aeusserungen derselben. Menschen mit vier, sechs oder sieben Fingern und Zehen. Stachelschwein-Menschen. Vererbung von Krankheiten, namentlich von Geistes-Krankheiten. Erbsünde. Erbliche Monarchie. Erbadel. Erbliche Talente und Seeleneigenschaften. Materielle Ursachen der Vererbung. Zusammenhang der Vererbung mit der Fortpflanzung. Urzeugung und Fortpflanzung. Ungeschlechtliche oder monogene Fortpflanzung. Fortpflanzung durch Selbsttheilung. Moneren und Amoeben. Fortpflanzung durch Knospenbildung, durch Keim-Knospenbildung und durch Keim-Zellenbildung. Geschlechtliche oder amphigone Fortpflanzung. Zwitterbildung oder Hermaphroditismus. Geschlechtstrennung oder Gonochorismus. Jungfräuliche Zeugung oder Parthenogenesis. Materielle Uebertragung der Eigenschaften beider Eltern auf das Kind bei der geschlechtlichen Fortpflanzung.

Meine Herren! Als die formbildende Naturkraft, welche die verschiedenen Gestalten der Thier- und Pflanzen-Arten erzeugt, haben Sie in dem letzten Vortrage nach Darwin's Theorie die natürliche Züchtung kennen gelernt. Wir verstanden unter diesem Ausdruck die allgemeine Wechsel-Wirkung, welche im Kampfe um das Dasein zwischen der Erblichkeit und der Veränderlichkeit der Organismen stattfindet; zwischen zwei physiologischen Eigenschaften, welche allen Thieren und Pflanzen eigenthümlich sind, und welche sich auf andere Lebens-Thätigkeiten, auf die Functionen der Fortpflanzung und Ernährung zurückführen lassen. Alle die verschiedenen Formen der Organismen, welche man gewöhnlich geneigt ist als Producte einer zweckmässig thätigen Schöpferkraft anzusehen, konnten wir nach jener Züchtungs-Theorie auffassen als die nothwendigen Producte der zwecklos wirkenden natürlichen Züchtung, entstanden durch die unbewusste Wechsel-Wirkung zwischen jenen beiden Eigenschaften der Veränderlichkeit und der Erblichkeit. Bei der ausserordentlichen Wichtigkeit, welche diesen Lebens-Eigenschaften der Organismen demgemäss zukommt, müssen wir zunächst dieselben etwas näher in das Auge fassen, und wir wollen uns heute mit der Vererbung eingehender beschäftigen.

Genau genommen müssen wir unterscheiden zwischen der Erblichkeit und der Vererbung. Die Erblichkeit ist die Vererbungskraft, die Fähigkeit der Organismen, ihre Eigenschaften auf ihre Nachkommen durch die Fortpflanzung zu übertragen. Die Vererbung oder Heredität dagegen bezeichnet die wirkliche Ausübung dieser Fähigkeit, die thatsächlich stattfindende Uebertragung.

Erblichkeit und Vererbung sind so allgemeine, alltägliche Erscheinungen, dass die meisten Menschen dieselben überhaupt nicht beachten, und dass die wenigsten geneigt sind, besondere Reflexionen über den Werth und die Bedeutung dieser Lebens-Erscheinungen anzustellen. Man findet es allgemein ganz natürlich und selbstverständlich, dass jeder Organismus seines Gleichen erzeugt, und dass die Kinder den Eltern im Ganzen wie im Einzelnen ähnlich sind. Gewöhnlich pflegt man die Erblichkeit nur in jenen Fällen hervorzuheben und zu besprechen, wo sie eine besondere Eigenthümlichkeit betrifft, die an einem menschlichen Individuum, ohne ererbt zu sein, zum ersten Male auftrat und von diesem auf seine Nachkommen übertragen wurde. In besonders auffallendem Grade zeigt sich so die Vererbung bei bestimmten Krankheiten und bei ganz ungewöhnlichen, monströsen Abweichungen von der gewöhnlichen Körperbildung.

Unter diesen Fällen von Vererbung monströser Abänderungen sind besonders lehrreich diejenigen, welche eine abnorme Vermehrung oder Verminderung der Fünfzahl der menschlichen Finger und Zehen betreffen. Nicht selten kommen menschliche Familien vor, in denen mehrere Generationen hindurch sechs Finger an jeder Hand oder sechs Zehen an jedem Fusse beobachtet werden. Seltener sind Beispiele von Siebenzahl oder von Vierzahl der Finger und Zehen. Die ungewöhnliche Bildung geht immer zuerst von einem einzigen Individuum aus, welches aus unbekannten Ursachen mit einem Ueberschuss über die gewöhnliche Fünfzahl der Finger und Zehen geboren wird und diesen durch Vererbung auf einen Theil seiner Nachkommen überträgt. In einer und derselben Familie kann man die Sechszahl der Finger und Zehen nun drei, vier und mehr Generationen hindurch verfolgen. In einer spanischen Familie waren nicht weniger als vierzig Individuen durch diese Ueberzahl ausgezeichnet. In allen Fällen ist die Vererbung der sechsten überzähligen Zehe oder des sechsten Fingers nicht bleibend und durchgreifend, weil die sechsfingerigen Menschen sich immer wieder mit fünffingerigen vermischen. Würde eine sechsfingerige Familie sich in reiner Inzucht fortpflanzen, würden sechsfingerige Männer immer nur sechsfingerige Frauen heirathen, so könnte durch Fixirung dieses Charakters eine besondere sechsfingerige Menschenart entstehen. Da aber die sechsfingeringen Männer immer fünffingerige Frauen heirathen, und umgekehrt, so zeigt ihre Nachkommenschaft meistens sehr gemischte Zahlen-Verhältnisse und schlägt endlich nach Verlauf einiger Generationen wieder in die normale Fünfzahl zurück. So können z. B. von 8 Kindern eines sechsfingerigen Vaters und einer fünffingerigen Mutter 2 Kinder an allen Händen und Füssen 6 Finger und 6 Zehen haben, 4 Kinder gemischte Zahlen-Verhältnisse und 2 Kinder überall die gewöhnliche Fünfzahl. In einer spanischen Familie hatten sämmtliche Kinder bis auf das jüngste an Händen und Füssen die Sechszahl; nur das jüngste hatte überall fünf Finger und Zehen, und der sechsfingerige Vater des Kindes wollte dieses letzte daher nicht als das seinige anerkennen.

Sehr auffallend zeigt sich ferner die Vererbungskraft in der Bildung und Färbung der menschlichen Haut und Haare. Es ist allbekannt, wie genau in vielen menschlichen Familien eine eigenthümliche Beschaffenheit des Hautsystems, z. B. eine besonders weiche oder spröde Haut, eine auffallende Ueppigkeit des Haarwuchses, eine besondere Farbe und Grösse der Augen u. s. w. viele Generationen hindurch forterbt. Ebenso werden besondere locale Auswüchse und Flecke der Haut, sogenannte Muttermale,

Leberflecke und andere Pigment-Anhäufungen, die an bestimmten Stellen vorkommen, gar nicht selten mehrere Generationen hindurch so genau vererbt, dass sie bei den Nachkommen an den selben Stellen sich zeigen, an denen sie bei den Eltern vorhanden waren. Besonders berühmt geworden sind die Stachelschwein-Menschen aus der Familie Lambert, welche im vorigen Jahrhundert in London lebte. Edward Lambert, der 1717 geboren wurde, zeichnete sich durch eine ganz ungewöhnliche und monströse Bildung der Haut aus. Der ganze Körper war mit einer zolldicken hornartigen Kruste bedeckt, welche sich in Form zahlreicher stachelförmiger und schuppenförmiger Fortsätze (bis über einen Zoll lang) erhob. Diese monströse Bildung der Oberhaut oder Epidermis vererbte Lambert auf seine Söhne und Enkel, aber nicht auf Enkelinnen. Die Uebertragung blieb also hier in der männlichen Linie, wie es auch sonst oft der Fall ist. Ebenso vererbt sich übermässige Fett-Entwickelung an gewissen Körperstellen oft nur innerhalb der weiblichen Linie. Wie genau sich die charakteristische Gesichts-Bildung erblich überträgt, braucht wohl kaum erinnert zu werden; bald bleibt dieselbe in der männlichen, bald innerhalb der weiblichen Linie; bald vermischt sic sich in beiden Linien.

Sehr lehrreich und allbekannt sind ferner die Vererbungs-Erscheinungen pathologischer Zustände, besonders gewisser menschlicher Krankheits-Formen. So wird die Anlage zu Krankheiten der Athmungs-Organe, der Drüsen und des Nerven-Systems leicht erblich übertragen. Sehr häufig tritt plötzlich in einer sonst gesunden Familie eine derselben bisher unbekannte Erkrankung auf; sie wird erworben durch äussere Ursachen, durch gewisse schädliche, krankmachende Lebens-Bedingungen. Diese Krankheit pflanzt sich nun von dem befallenen Individuum auf seine Nachkommen fort, und diese haben alle oder zum Theil an demselben Uebel zu leiden. Bei Lungen-Krankheiten ist dieses traurige Verhältniss der Erblichkeit allbekannt, ebenso bei Leber-Krankheiten, bei Syphilis, bei Geistes-Krankheiten. Diese letzteren sind von ganz besonderem Interesse. Ebenso wie gewisse Charakterzüge des Menschen, Stolz, Ehrgeiz, Leichtsinn u. s. w.

durch die Vererbung auf die Nachkommenschaft übertragen werden, so gilt das auch von den besonderen, abnormen Aeusserungen der Seelenthätigkeit, welche man als fixe Ideen, Schwermuth, Blödsinn und überhaupt als Geistes-Krankheiten bezeichnet. Es zeigt sich hier deutlich und unwiderleglich, dass die Seele des Menschen, ebenso wie die Seele der Thiere, eine rein mechanische Thätigkeit der Nervenzellen ist, die Summe von molekularen Bewegungs-Erscheinungen der Gehirntheilchen; sie wird mit ihrem Substrate, ebenso wie jede andere Körper-Eigenschaft, durch die Fortpflanzung materiell übertragen, d. h. also vererbt.

Diese äusserst wichtige und unleugbare Thatsache erregt, wenn man sie ausspricht, gewöhnlich grosses Aergerniss, und doch wird sie eigentlich stillschweigend allgemein anerkannt. Denn worauf beruhen die Vorstellungen von der „Erb-Sünde“, der „Erb-Weisheit“, dem „Erb-Adel“ u. s. w. anders, als auf der Ueberzeugung, dass die menschliche Geistes-Beschaffenheit durch die Fortpflanzung — also durch einen rein materiellen Vorgang! — körperlich von den Eltern auf die Nachkommen übertragen wird? — Die Anerkennung dieser grossen Bedeutung der Erblichkeit äussert sich in einer Menge von menschlichen Einrichtungen, wie z. B. in der Kasten-Eintheilung vieler Völker in Krieger-Kasten, Priester-Kasten, Arbeiter-Kasten u. s. w. Offenbar beruht ursprünglich die Einrichtung solcher Kasten auf der Vorstellung von der hohen Wichtigkeit erblicher Vorzüge, welche gewissen Familien beiwohnten, und von denen man voraussetzte, dass sie immer wieder von den Eltern auf die Nachkommen übertragen werden würden. Die Einrichtung des erblichen Adels und der erblichen Monarchie ist auf die Vorstellung einer solchen Vererbung besonderer Tugenden zurückzuführen. Allerdings sind es leider nicht nur die Tugenden, sondern auch die Laster, welche durch Vererbung übertragen und gehäuft werden; und wenn Sie in der Welt-Geschichte die verschiedenen Individuen der einzelnen Dynastien vergleichen, so werden Sie zwar überall eine grosse Anzahl von Beweisen für die Erblichkeit auffinden können, aber oft weniger für die Erblichkeit der Tugenden, als der entgegengesetzten Eigenschaften. Denken Sie z. B. nur an die römischen Kaiser, an die Julier und die Claudier, oder an die Bourbonen in Frankreich, Spanien und Italien!

In der That dürfte kaum irgendwo eine solche Fülle von schlagenden Beispielen für die merkwürdige Vererbung der feinsten körperlichen und geistigen Züge gefunden werden, als in der Geschichte der regierenden Häuser in den erblichen Monarchien. Ganz besonders gilt dies mit Bezug auf die vorher erwähnten, in ungewöhnlichem Maasse erblichen Geistes-Krankheiten. Schon der berühmte Irrenarzt Esquirol wies nach, dass die Zahl der Geisteskranken in den regierenden Häusern zu ihrer Anzahl in der gewöhnlichen Bevölkerung sich verhält, wie 60 zu 1, d. h. dass Geistes-Krankheit in den bevorzugten Familien der regierenden Häuser sechzig mal so häufig vorkommt, als in der gewöhnlichen Menschheit. Würde eine gleiche genaue Statistik auch für den erblichen Adel durchgeführt, so dürfte sich leicht herausstellen, dass auch dieser ein ungleich höheres Contingent von Geisteskranken stellt, als die nichtadelige Menschheit. Diese Erscheinung wird uns kaum mehr wundern, wenn wir bedenken, welchen Nachtheil sich meistens diese privilegirten Kasten durch ihre unnatürliche einseitige Erziehung und durch ihre künstliche Absperrung von der übrigen Menschheit selbst zufügen. Manche dunkle Schattenseiten der menschlichen Natur werden dadurch besonders entwickelt, gleichsam künstlich gezüchtet, und pflanzen sich nun nach den Vererbungs-Gesetzen mit immer verstärkter Kraft und Einseitigkeit durch die Reihe der Generationen fort.

Wie sich in der Generations-Folge mancher Dynastien die edle Vorliebe für Wissenschaft und Kunst, in anderen das Pflichtgefühl des tugendhaften Herrschers, als des ersten Staatsdieners, durch viele Generationen erblich überträgt und erhält, wie dagegen in anderen Dynastien Jahrhunderte hindurch eine besondere Neigung für sinnlichen Lebensgenuss, oder für das Kriegshandwerk, oder für rohe Gewaltthätigkeiten vererbt wird, ist aus der Völker-Geschichte Ihnen hinreichend bekannt. Ebenso vererben sich in manchen Familien viele Generationen hindurch ganz bestimmte Anlagen für einzelne Geistes-Thätigkeiten, z. B. Dichtkunst, Tonkunst, bildende Kunst, Mathematik, Naturforschung, Philosophie u. s. w. In der Familie Bach hat es nicht weniger als zweiundzwanzig hervorragende musikalische Talente gegeben. Natürlich beruht die Vererbung solcher Seelen-Eigenthümlichkeiten, wie die Vererbung aller Eigenschaften überhaupt, nur auf dem materiellen Vorgang der Zeugung. Auch hier ist die Lebens-Erscheinung, die Kraft-Aeusserung, unmittelbar (wie überall in der Natur) verbunden mit verschiedenen Mischungs-Verhältnissen des Stoffes. Die Mischung und Molekular-Bewegung des Stoffes ist es, welche bei der Zeugung übertragen wird.

Bevor wir nun die verschiedenen, zum Theil sehr interessanten Gesetze der Vererbung näher untersuchen, wollen wir über die eigentliche Natur dieses Vorganges uns verständigen. Man pflegt vielfach die Erblichkeits-Erscheinungen als etwas ganz Räthselhaftes anzusehen, als eigenthümliche wunderbare Processe, welche durch die Natur-Wissenschaft nicht ergründet, in ihren Ursachen und eigentlichem Wesen nicht erfasst werden könnten. Noch im Jahre 1876 konnte der Physiologe (!) Hensen in Kiel die Erblichkeit als eine „mysteriöse“ Erscheinung bezeichnen, die nur „störend sich aufdrängt“, und die man am besten von der Entwickelungs-Geschichte ganz ausschliesst. Man pflegt gerade hier noch heute sehr allgemein übernatürliche Einwirkungen anzunehmen. Es lässt sich aber schon jetzt, bei dem heutigen Zustande der Physiologie, mit vollkommener Sicherheit nachweisen, dass alle Erblichkeits-Erscheinungen durchaus natürliche Vorgänge sind, dass sie durch mechanische Ursachen bewirkt werden, und dass sie auf materiellen Bewegungs-Erscheinungen im Körper der Organismen beruhen, welche wir als Theilerscheinungen der Fortpflanzung betrachten können. Alle Erblichkeits-Erscheinungen und Vererbungs-Gesetze lassen sich auf die materiellen Vorgänge der Fortpflanzung zurückführen.

Jeder einzelne Organismus, jedes lebendige Individuum verdankt sein Dasein entweder einem Acte der elternlosen Zeugung oder Urzeugung (Generatio spontanea, Archigonia), oder einem Acte der elterlichen Zeugung oder Fortpflanzung (Generatio parentalis, Tocogonia). Auf die Urzeugung oder Archigonie, durch welche bloss Organismen der allereinfachsten Art, Moneren, entstehen können, werden wir in einem späteren Vortrage zurückkommen. Jetzt haben wir uns nur mit der Fortpflanzung oder Tocogonie zu beschäftigen, deren nähere Betrachtung für das Verständniss der Vererbung von der grössten Wichtigkeit ist. Die Meisten von Ihnen werden von den Fortpflanzungs-Erscheinungen wahrscheinlich nur diejenigen kennen, welche Sie allgemein bei den höheren Pflanzen und Thieren beobachten, die Vorgänge der geschlechtlichen Fortpflanzung oder der Amphigonie. Viel weniger allgemein bekannt sind die Vorgänge der ungeschlechtlichen Fortpflanzung oder der Monogonie. Gerade diese sind aber bei weitem mehr als die vorhergehenden geeignet, ein erklärendes Licht auf die Natur der mit der Fortpflanzung zusammenhängenden Vererbung zu werfen.

Aus diesem Grunde ersuche ich Sie, jetzt zunächst bloss die Erscheinungen der ungeschlechtlichen oder monogonen Fortpflanzung (Monogonia) in das Auge zu fassen. Diese tritt in mannichfach verschiedener Form auf, als Selbsttheilung, Knospen-Bildung und Keimzellen- oder Sporen-Bildung. Am lehrreichsten ist es hier, zunächst die Fortpflanzung bei den einfachsten Organismen zu betrachten, welche wir kennen, und auf welche wir später bei der Frage von der Urzeugung zurückkommen müssen. Diese allereinfachsten uns bis jetzt bekannten, und zugleich die denkbar einfachsten Organismen sind die wasserbewohnenden Moneren: sehr kleine lebendige Körperchen, welche eigentlich streng genommen den Namen des Organismus gar nicht verdienen. Denn die Bezeichnung „Organismus“ für die lebenden Wesen beruht auf der Vorstellung, dass jeder belebte Naturkörper aus Organen zusammengesetzt ist, aus verschiedenartigen Theilen, die als Werkzeuge, ähnlich den verschiedenen Theilen einer künstlichen Maschine, in einander greifen und zusammenwirken, um die Thätigkeit des Ganzen hervorzubringen. Nun haben wir aber in den Moneren seit dreissig Jahren kleine Organismen kennen gelernt, welche in der That nicht aus Organen zusammengesetzt sind, sondern ganz und gar aus einer structurlosen gleichartigen Materie bestehen, aus homogenem Plasma.

Der ganze Körper dieser Moneren ist zeitlebens weiter Nichts, als ein bewegliches Schleimklümpchen ohne beständige Form, ein kleines lebendiges Stück einer eiweissartigen Kohlenstoff-Verbindung. Wir nehmen an, dass diese gleichartige Masse eine sehr verwickelte feine Molekular-Structur besitzt; allein anatomisch oder mikroskopisch nachweisbar ist dieselbe nicht. Einfachere, unvollkommenere Organismen sind nicht denkbar[15]).

Die ersten vollständigen Beobachtungen über die Natur-Geschichte eines Moneres (Protogenes primordialis) habe ich 1864 bei Nizza angestellt. Andere sehr merkwürdige Moneren habe ich später (1866) auf der canarischen Insel Lanzarote und (1867) an der Meerenge von Gibraltar beobachtet. Die vollständige Lebens-Geschichte eines dieser canarischen Moneren, der orangerothen Protomyxa aurantiaca, ist auf Tafel I (S. 168) dargestellt und in deren Erklärung beschrieben (im Anhang). Auch in der Nordsee, an der norwegischen Küste bei Bergen, habe ich (1869) einige eigenthümliche Moneren aufgefunden. Ein interessantes Moner des süssen Wassers hat Cienkowski unter dem Namen Vampyrella beschrieben, ein anderes Sorokin unter dem Namen Gloidium, ein drittes Leidy als Biomyxa, ein viertes Mereschkowski als Haeckelina u. s. w. Neuerdings sind solche echte, kernlose Moneren auch von zahlreichen anderen Naturforschern (Gruber, Trinchese, Maggi, Bütschli u. s. w.) beobachtet worden. Ich lege deshalb auf diese vielseitige Bestätigung meiner oft angezweifelten Entdeckung grossen Werth, weil der Nachweis kernloser Plastiden für mehrere Grundfragen unserer Entwickelungs-Lehre höchst bedeutungsvoll ist. In der That besteht ihr Körper einzig und allein aus structurlosem Plasma oder Protoplasma, d. h. aus derselben eiweissartigen Kohlenstoff-Verbindung, welche in unendlich vielen Modificationen als der wesentlichste und nie fehlende Träger der Lebens-Erscheinungen in allen Organismen sich findet. Eine ausführlichere Beschreibung und Abbildung jener Moneren habe ich 1870 in meiner „Monographie der Moneren“[15]) gegeben. Wahrscheinlich sind auch die Bacterien echte Moneren.

Im Ruhezustande erscheinen die meisten Moneren als kleine

Schleimkügelchen, für das unbewaffnete Auge nicht sichtbar oder eben sichtbar, höchstens von der Grösse eines Stecknadelkopfes. Wenn das Moner sich bewegt, bilden sich an der Oberfläche der kleinen Schleimkugel formlose fingerartige Fortsätze oder sehr feine strahlende Fäden, sogenannte Scheinfüsse oder Pseudopodien. Diese Scheinfüsse sind einfache, unmittelbare Fortsetzungen der structurlosen eiweissartigen Masse, aus der der ganze Körper besteht. Wir sind nicht im Stande, verschiedenartige Theile in demselben wahrzunehmen, und wir können den directen Beweis für die absolute Einfachheit der festflüssigen Eiweissmasse dadurch führen, dass wir die Nahrungs-Aufnahme der Moneren unter dem Mikroskope verfolgen. Wenn kleine Körperchen, die zur Ernährung derselben tauglich sind, z. B. kleine Theilchen von zerstörten organischen Körpern oder mikroskopische Pflänzchen und Infusions-Thierchen, zufällig in Berührung mit den Moneren kommen, so bleiben sie an der klebrigen Oberfläche des festflüssigen Schleimklümpchens hängen, erzeugen hier einen Reiz, welcher stärkeren Zufluss der schleimigen Körpermasse zur Folge hat und werden endlich ganz von dieser umschlossen, oder sie werden durch Verschiebungen der einzelnen Eiweiss-Theilchen des Moneren-Körpers in diesen hineingezogen und dort verdaut, durch einfache Diffusion (Endosmose) ausgezogen.

Ebenso einfach wie die Ernährung ist die Fortpflanzung dieser Urwesen, die man eigentlich weder Thiere noch Pflanzen

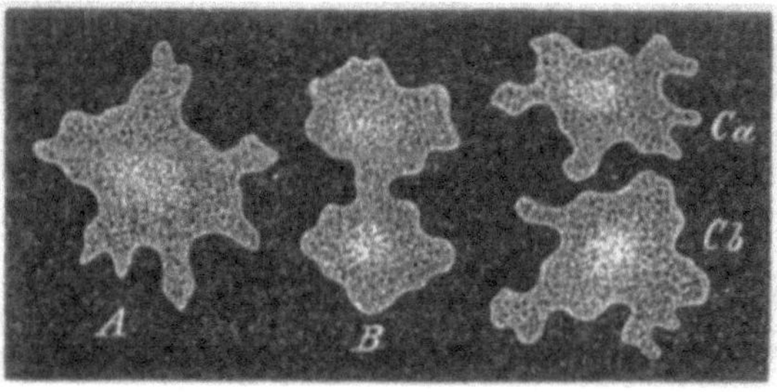

Fig. 1. Fortpflanzung eines einfachsten Organismus, eines Moneres, durch Selbsttheilung. *A.* Das ganze Moner, eine Protamoeba. *B.* Dieselbe zerfällt durch eine mittlere Einschnürung in zwei Hälften. *C.* Jede der beiden Hälften hat sich von der andern getrennt und stellt nun ein selbstständiges Individuum dar.

nennen kann. Alle Moneren pflanzen sich nur auf dem ungeschlechtlichen Wege fort, durch Monogonie; und zwar im einfachsten Falle durch diejenige Art der Spaltung, welche wir an die Spitze der verschiedenen Fortpflanzungs-Formen stellen, durch Selbsttheilung. Wenn ein solches Klümpchen, z. B. eine Protamoeba oder ein Protogenes, eine gewisse Grösse durch Aufnahme fremder Eiweissmaterie erlangt hat, so zerfällt es in zwei Stücke; es bildet sich eine Einschnürung, welche ringförmig herumgeht, und schliesslich zur Trennung der beiden Hälften führt. (Vergl. Fig. 1.) Jede Hälfte rundet sich alsbald ab und erscheint nun als ein selbstständiges Individuum, welches das einfache Spiel der Lebens-Erscheinungen, Ernährung und Fortpflanzung, von Neuem beginnt. Indem die abgetrennte Hälfte allmählich durch Wachsthum wieder ersetzt wird, erhebt diese Regeneration den Theil zum Werth des Ganzen. Bei anderen Moneren (Vampyrella und Gloidium) zerfällt der Körper bei der Fortpflanzung nicht in zwei, sondern in vier gleiche Stücke, und bei noch anderen (Protomonas, Protomyxa, Myxastrum) sogleich in eine grosse Anzahl von kleinen Schleimkügelchen, deren jedes durch einfaches Wachsthum dem elterlichen Körper wieder gleich wird (Tafel I). Es zeigt sich hier deutlich, dass der Vorgang der **Fortpflanzung weiter Nichts ist als ein Wachsthum des Organismus über sein individuelles Maass hinaus.**

Die einfache Fortpflanzungs-Weise der Moneren durch Selbsttheilung ist eigentlich die allgemeinste und weitest verbreitete von allen verschiedenen Fortpflanzungs-Arten; denn durch denselben einfachen Process der Theilung pflanzen sich auch die **Zellen** fort, diejenigen einfachen organischen Individuen, welche in sehr grosser Zahl den Körper der allermeisten Organismen, den menschlichen Körper nicht ausgenommen, zusammensetzen. Abgesehen von den Organismen niedersten Ranges, welche noch nicht einmal den Formwerth einer Zelle haben (Moneren), oder zeitlebens eine einfache Zelle darstellen (wie die meisten Protisten), ist der Körper jedes organischen Individuums aus einer grossen Anzahl von Zellen zusammengesetzt. Jede organische Zelle ist bis zu einem gewissen Grade ein selbstständiger Organismus, ein sogenannter „Elementar-Organismus" oder ein „Individuum erster Ordnung". Jeder höhere Organismus ist gewissermaassen eine Gesellschaft oder ein Staat von solchen vielgestaltigen, durch Arbeitstheilung mannichfaltig ausgebildeten Elementar-Individuen[41]). Ursprünglich ist jede organische Zelle auch nur ein einfaches Schleimklümpchen, gleich einem Moner, jedoch von diesem dadurch verschieden, dass die gleichartige Eiweiss-Masse in zwei verschiedene Bestandtheile sich gesondert hat: ein inneres, festeres Eiweiss-Körperchen, den Zellkern (Nucleus), und einen äusseren, weicheren Eiweiss-Körper, den Zellenleib (Protoplasma). Ausserdem bilden viele Zellen späterhin noch einen dritten (jedoch häufig fehlenden) Formbestandtheil, indem sie sich einkapseln, eine äussere Hülle oder Zellhaut (Membrana) ausschwitzen. Alle übrigen Formbestandtheile, die sonst noch in den Zellen vorkommen, sind von untergeordneter Bedeutung und interessiren uns hier nicht.

Ursprünglich ist auch jeder mehrzellige Organismus eine einfache Zelle; er wird dadurch mehrzellig, dass jene Zelle sich durch Theilung fortpflanzt, und dass die so entstehenden neuen Zellen-Individuen beisammen bleiben und durch Arbeitstheilung eine Gemeinde oder einen Zellen-Staat bilden. Die Formen und Lebenserscheinungen aller mehrzelligen Organismen sind lediglich die Wirkung oder der Ausdruck der gesammten Formen und Lebenserscheinungen aller einzelnen sie zusammensetzenden Zellen. Das Ei, aus welchem sich die meisten Thiere und Pflanzen entwickeln, ist eine einfache Zelle.

Die einzelligen Organismen, d. h. diejenigen, welche zeitlebens den Formwerth einer einzigen Zelle beibehalten, z. B. die Amoeben (Fig. 2), pflanzen sich in der Regel auf die einfachste Weise durch Theilung fort. Dieser Process unterscheidet sich von der vorher bei den Moneren beschriebenen Selbsttheilung nur dadurch, dass zunächst aus dem festeren Zellkern (Nucleus) sich zwei neue Kerne bilden. Die beiden jungen Kerne entfernen sich von einander und wirken nun wie zwei verschiedene Anziehungs-Mittelpunkte auf die umgebende weichere Eiweiss-Masse des Zellenleibes (Protoplasma). Dadurch zerfällt schliesslich auch dieser

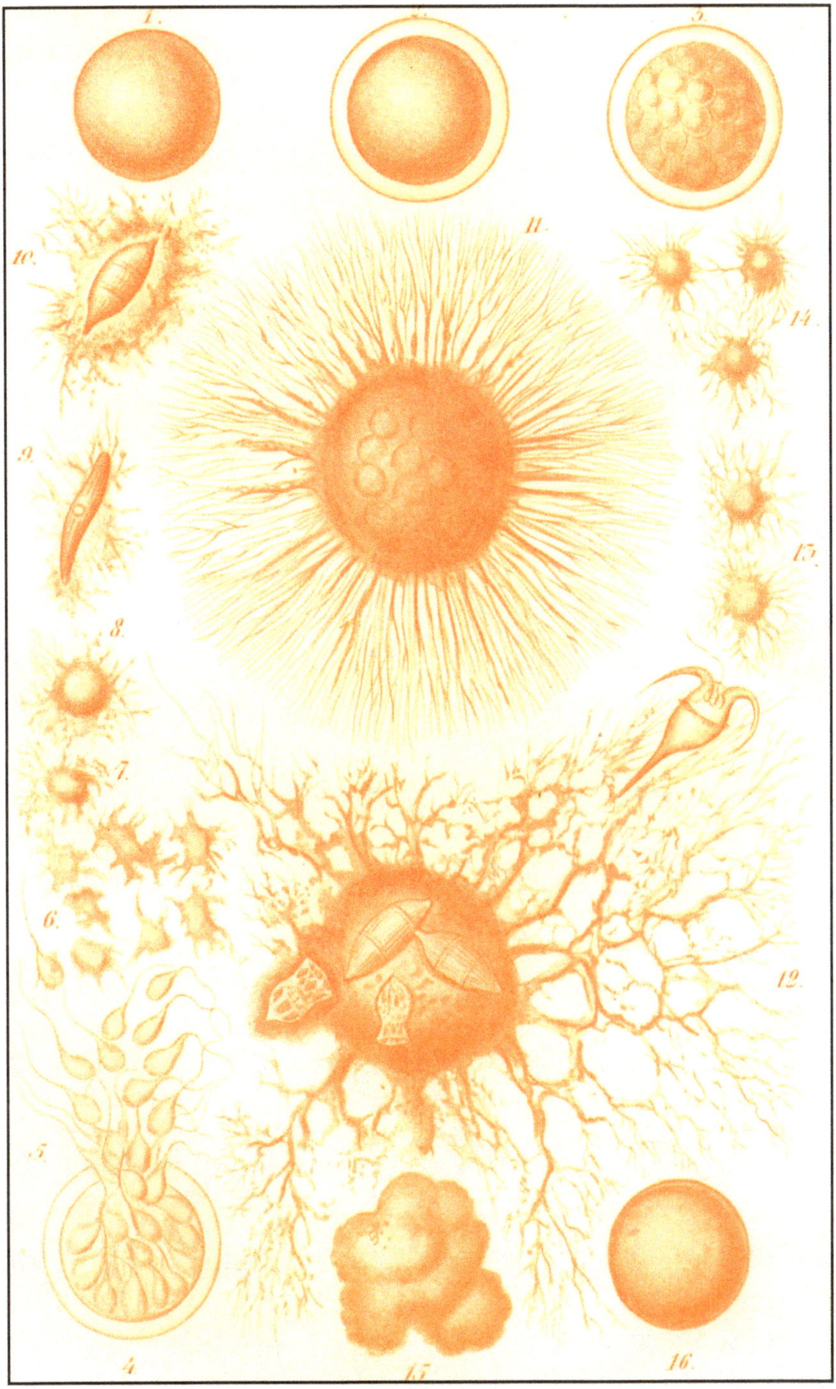

E. Haeckel del. W. Grohmann sc.

Protomyxa aurantiaca.

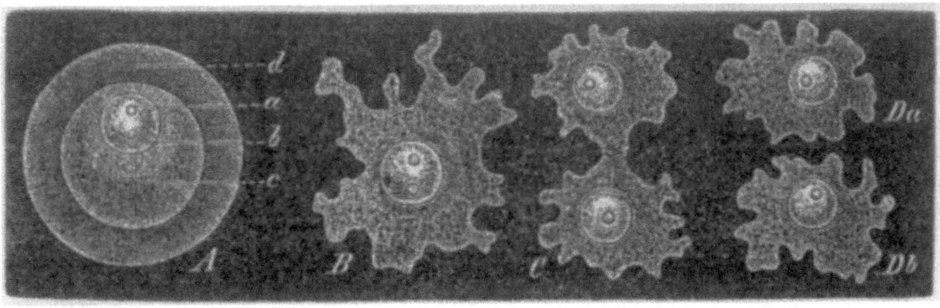

Fig. 2. Fortpflanzung eines einzelligen Organismus, einer Amoeba sphaerococcus, durch Selbsttheilung. *A.* Die eingekapselte Amoebe, eine einfache kugelige Zelle, bestehend aus einem Protoplasma-Klumpen *(c)*, welcher einen Kern *(b)* und ein Kernkörperchen *(a)* einschliesst und von einer Zellhaut oder Kapsel umgeben ist. *B.* Die freie Amoebe, welche die Cyste oder Zellhaut gesprengt und verlassen hat. *C.* Dieselbe beginnt sich zu theilen, indem ihr Kern in zwei Kerne zerfällt und der Zellenleib zwischen beiden sich einschnürt. *D.* Die Theilung ist vollendet, indem auch der Zellenleib vollständig in zwei Hälften zerfallen ist *(Da* und *Db).*

in zwei Hälften, und es sind nun zwei neue Zellen vorhanden, welche der Mutter-Zelle gleich sind. War die Zelle von einer Membran umgeben, so theilt sich diese entweder nicht, wie bei der Eifurchung (Fig. 3, 4), oder sie folgt passiv der activen Einschnürung des Protoplasma, oder es wird von jeder jungen Zelle eine neue Haut ausgeschwitzt.

Ganz ebenso wie die selbstständigen einzelligen Organismen, z. B. Amoeba (Fig. 2) pflanzen sich nun auch die unselbstständigen Zellen fort, welche in Gemeinden oder Staaten vereinigt bleiben und so den Körper der höheren Organismen zusammensetzen. Ebenso vermehrt sich auch durch einfache Theilung die Zelle, mit welcher die meisten Thiere und Pflanzen ihre indivi-

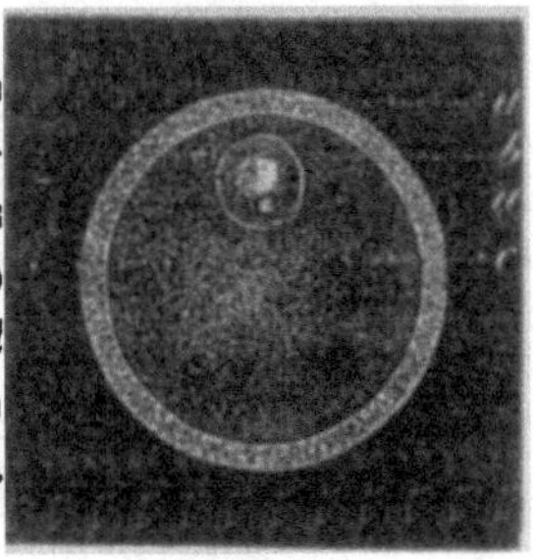

Fig. 3. Ei eines Säugethieres (eine einfache Zelle). *a* Kernkörperchen oder Nucleolus (sogenannter Keimfleck des Eies); *b* Kern oder Nucleus (sogenanntes Keimbläschen des Eies); *c* Zellenleib oder Protoplasma (sogenannter Dotter des Eies); *d* Zellhaut oder Membrana (Dotterhaut) des Eies, beim Säugethier wegen ihrer Durchsichtigkeit Membrana pellucida genannt.

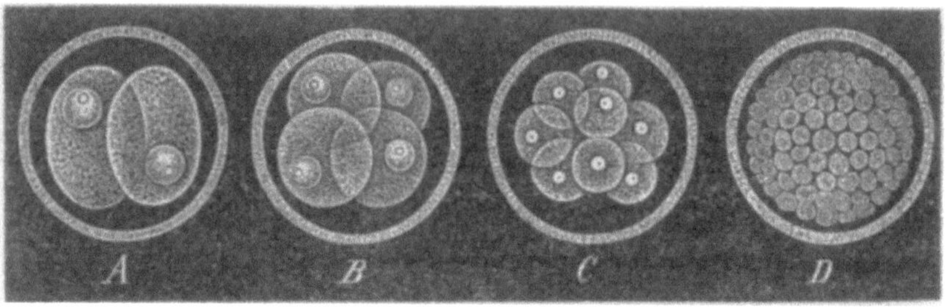

Fig. 4. Erster Beginn der Entwickelung des Säugethier-Eies, sogenannte „Eifurchung" (Fortpflanzung der Eizelle durch wiederholte Selbsttheilung). Fig. 4*A*. Das Ei zerfällt durch Bildung der ersten Furche in zwei Zellen. Fig. 4*B*. Diescs zerfallen durch Halbirung in 4 Zellen. Fig. 4*C*. Diese letzteren sind in 8 Zellen zerfallen. Fig. 4*D*. Durch fortgesetzte Theilung ist ein kugeliger Haufen von zahlreichen Zellen entstanden (Morula).

duelle Existenz beginnen, nämlich das Ei. Wenn sich aus einem Ei ein Thier, z. B. ein Säugethier (Fig. 3, 4) entwickelt, so beginnt dieser Entwickelungs-Process stets damit, dass die einfache Ei-Zelle (Fig. 3) durch fortgesetzte Selbsttheilung einen Zellenhaufen bildet (Fig. 4). Die äussere Hülle oder Zellhaut des kugeligen Eies bleibt ungetheilt. Zuerst zerfällt nach Eintritt der Befruchtung der Zellenkern des Eies durch Selbsttheilung in zwei Kerne, dann folgt der Zellenleib (der Dotter des Eies) nach (Fig. 4A). In gleicher Weise zerfallen durch die fortgesetzte Selbsttheilung die zwei Zellen in vier (Fig. 4B), diese in acht (Fig. 4C), in sechzehn, zweiunddreissig u. s. w., und es entsteht schliesslich ein kugeliger Haufe von sehr zahlreichen kleinen Zellen (Fig. 4D). Diese bauen nun durch weitere Vermehrung und ungleichartige Ausbildung (Arbeitstheilung) allmählich den zusammengesetzten mehrzelligen Organismus auf. Joder von uns hat im Beginne seiner individuellen Entwickelung denselben, in Fig. 4 dargestellten Process durchgemacht. Das in Fig. 3 abgebildete Säugethier-Ei und die in Fig. 4 dargestellte Entwickelung desselben könnte eben so gut vom Menschen, als vom Affen, vom Hunde, vom Pferde oder von irgend einem anderen placentalen Säugethier herrühren. (Vergl. auch Taf. V, S. 300).

Wenn Sie nun zunächst nur diese einfachste Form der Fortpflanzung, die Selbsttheilung, betrachten, so werden Sie es gewiss nicht wunderbar finden, dass die Theilungs-Producte des ursprünglichen Organismus dieselben Eigenschaften besitzen, wie das elterliche Individuum. Sie sind ja Theilhälften des elterlichen Organismus, und da die Materie, der Plasma-Stoff, in beiden Hälften derselbe ist, da die beiden jungen Individuen gleich viel und gleich beschaffene Materie von dem elterlichen Individuum überkommen haben, so müssen natürlich auch die Lebens-Erscheinungen, die physiologischen Eigenschaften, in den beiden Kindern dieselben sein. In der That sind in jeder Beziehung, sowohl hinsichtlich ihrer Form und ihres Stoffes, als hinsichtlich ihrer Lebens-Erscheinungen, die beiden Tochter-Zellen nicht von einander und von der Mutter-Zelle zu unterscheiden. Sie haben von ihr die gleiche Natur geerbt.

Nun findet sich aber dieselbe einfache Fortpflanzung durch Theilung nicht bloss bei den einfachen Zellen, sondern auch bei höher stehenden mehrzelligen Organismen, z. B. bei den Korallen-Thieren. Viele derselben, welche schon einen höheren Grad von Zusammensetzung und Organisation zeigen, pflanzen sich dennoch einfach durch Theilung fort. Hier zerfällt der ganze Organismus mit allen seinen Organen in zwei gleiche Hälften, sobald er durch Wachsthum ein gewisses Maass der Grösse erreicht hat. Jede Hälfte ergänzt sich alsbald wieder durch Wachsthum zu einem vollständigen Individuum. Auch hier finden Sie es gewiss selbstverständlich, dass die beiden Theilungs-Producte die Eigenschaften des elterlichen Organismus theilen; denn sie sind ja selbst gleiche Substanzhälften desselben.

An die Vermehrung durch Theilung schliesst sich zunächst die Fortpflanzung durch Knospen-Bildung an. Diese Art der Monogonie findet bei den einfachen Zellen selten statt; dagegen ist sie ausserordentlich weit verbreitet bei den Histonen, den aus vielen Zellen zusammengesetzten höheren Organismen. Ganz allgemein verbreitet ist die Knospen-Bildung im Pflanzen-Reich, weniger im Thier-Reich. Jedoch kommt sie auch hier im Stamme der Nessel-Thiere, insbesondere bei den Korallen und bei einem grossen Theile der Medusen sehr häufig vor, ferner bei einem Theile der Plattenthiere, Wurmthiere, Mantelthiere und Anderen.

Die meisten verzweigten Thier-Stöcke, welche auch äusserlich den verzweigten Pflanzen-Stöcken so ähnlich sind, entstehen gleich diesen durch Knospen-Bildung.

Die Fortpflanzung durch Knospen-Bildung (Gemmatio) ist von der Fortpflanzung durch Theilung wesentlich verschieden. Die beiden durch Knospung entstandenen Organismen sind nicht von gleichem Alter und daher anfänglich auch nicht von gleichem Werthe, wie es bei der Theilung der Fall ist. Bei der letzteren können wir offenbar keines der beiden neu erzeugten Individuen als das elterliche, als das erzeugende ansehen, weil beide ja gleichen Antheil an der Zusammensetzung des ursprünglichen, elterlichen Individuums haben. Wenn dagegen ein Organismus eine Knospe treibt, so ist die letztere das Kind des ersteren. Beide Individuen sind von ungleichem Alter und daher zunächst auch von ungleicher Grösse und ungleichem Formenwerth. Wenn z. B. eine Zelle durch Knospen-Bildung sich fortpflanzt, so sehen wir nicht, dass die Zelle in zwei gleiche Hälften zerfällt, sondern es bildet sich an einer Stelle eine Hervorragung, welche grösser und grösser wird, und welche sich mehr oder weniger von der elterlichen Zelle absondert und nun selbstständig wächst. Ebenso bemerken wir bei der Knospen-Bildung einer Pflanze oder eines Thieres, dass an einer Stelle des ausgebildeten Individuums eine kleine locale Wucherung entsteht, welche grösser und grösser wird, und ebenfalls durch selbstständiges Wachsthum sich mehr oder weniger von dem elterlichen Organismus absondert. Die Knospe kann später, nachdem sie eine gewisse Grösse erlangt hat, entweder vollkommen von dem Eltern-Individuum sich ablösen, oder sie kann mit diesem im Zusammenhang bleiben und einen Stock bilden, dabei aber doch ganz selbstständig weiter leben. Während das Wachsthum, welches die Fortpflanzung einleitet, bei der Theilung ein totales ist und den ganzen Körper betrifft, ist dasselbe dagegen bei der Knospen-Bildung ein partielles und betrifft nur einen Theil des elterlichen Organismus. Aber auch hier behält die Knospe, das neu erzeugte Individuum, welches mit dem elterlichen Organismus so lange im unmittelbarsten Zusammenhang steht und aus diesem hervorgeht, dessen wesentliche Eigenschaften und dessen ursprüngliche, für die Art characteristische Bildungsrichtung bei.

An die Knospen-Bildung schliesst sich unmittelbar eine dritte Art der ungeschlechtlichen Fortpflanzung an, diejenige durch Keimknospen-Bildung (Polysporogonia). Bei niederen unvollkommenen Organismen, so bei sehr vielen Cryptogamen, und bei manchen Niederthieren, sondert sich in einem aus vielen Zellen zusammengesetzten Individuum eine kleine Zellen-Gruppe von den umgebenden Zellen ab, so z. B. die „Gemmula" des Süsswasser-Schwammes (Spongilla). Später wächst diese isolirte Zellen-Gruppe allmählich zu einem Individuum heran, welches dem elterlichen ähnlich und selbstständig wird.

Offenbar ist die Keimknospen-Bildung von der echten Knospen-Bildung nur wenig verschieden. Andrerseits aber berührt sie sich mit einer vierten Form der ungeschlechtlichen Fortpflanzung, welche beinahe schon zur geschlechtlichen Zeugung hinüberführt, nämlich mit der Keimzellen-Bildung (Monosporogonia), oft auch schlechtweg Sporen-Bildung (Sporogonia) genannt. Hier ist es nicht mehr eine Zellen-Gruppe, sondern eine einzelne Zelle, welche sich im Innern des zeugenden Organismus von den umgebenden Zellen absondert, und sich erst weiter entwickelt, nachdem sie aus jenem ausgetreten ist. Nachdem diese Keimzelle oder Spore das Eltern-Individuum verlassen hat, vermehrt sie sich durch Theilung und bildet so einen vielzelligen Organismus, welcher durch Wachsthum und allmähliche Ausbildung die erblichen Eigenschaften des elterlichen Organismus wieder erlangt. So geschieht es sehr häufig bei Algen, Mosen, Farnen und anderen niederen Pflanzen.

Obwohl die Keimzellen-Bildung der Keimknospen-Bildung sehr nahe steht, entfernt sie sich doch offenbar von dieser, wie von den vorher angeführten anderen Formen der ungeschlechtlichen Fortpflanzung sehr wesentlich dadurch, dass nur ein ganz kleiner Theil des zeugenden Organismus die Fortpflanzung und somit auch die Vererbung vermittelt. Bei der Selbsttheilung, wo der ganze Organismus in zwei Hälften zerfällt, bei der Knospen-Bildung, wo ein ansehnlicher und bereits mehr oder minder entwickelter Körpertheil von dem zeugenden Individuum sich absondert, finden wir es sehr begreiflich, dass Formen und Lebens-Erscheinungen in dem zeugenden und erzeugten Organismus dieselben sind. Viel schwieriger ist schon bei der Keimknospen-Bildung, und noch schwerer bei der Keimzellen-Bildung zu begreifen, wie dieser ganz kleine, ganz unentwickelte Körper-Theil, diese Zellen-Gruppe oder einzelne Zelle nicht bloss gewisse elterliche Eigenschaften unmittelbar mit in ihre selbstständige Existenz hinübernimmt, sondern auch nach ihrer Trennung vom elterlichen Individuum sich zu einem vielzelligen Körper entwickelt, und in diesem die Formen und die Lebens-Erscheinungen des ursprünglichen, zeugenden Organismus wieder zu Tage treten lässt. Diese letzte Form der monogonen Fortpflanzung, die Keimzellen- oder Sporen-Bildung, führt uns hierdurch bereits unmittelbar zu der am schwierigsten zu erklärenden Form der Fortpflanzung, zur geschlechtlichen Zeugung, hinüber.

Die geschlechtliche (amphigone oder sexuelle) Zeugung (Amphigonia) ist die gewöhnliche Fortpflanzungs-Art bei allen höheren Thieren und Pflanzen. Offenbar hat sich dieselbe im Verlaufe der Erd-Geschichte erst später aus der ungeschlechtlichen Fortpflanzung, und zwar zunächst aus der Keimzellen-Bildung entwickelt. In den frühesten Perioden der organischen Erd-Geschichte pflanzten sich alle Organismen nur auf ungeschlechtlichem Wege fort, wie es gegenwärtig noch zahlreiche niedere Organismen thun, insbesondere viele von jenen einzelligen Wesen, welche auf der niedrigsten Stufe der Organisation stehen. Man kann dieselben weder als Thiere noch als Pflanzen mit vollem Rechte betrachten, und vielleicht am besten als Urwesen oder Protisten aus dem Thier- und Pflanzen-Reich ausscheiden. Indessen erfolgt bei vielen Protisten die Vermehrung durch Theilung oder Sporen-Bildung erst dann, wenn die Verschmelzung von zwei individuellen Zellen vorausgegangen ist. Diese Conjugation oder Copulation ist der Anfang der geschlechtlichen Fortpflanzung, welche bei den höheren Thieren und Pflanzen gegenwärtig die Vermehrung der Individuen in der Regel allein vermittelt.

Während bei allen vorhin erwähnten Haupt-Formen der ungeschlechtlichen Fortpflanzung, bei der Theilung, Knospen-Bildung, Keimknospen-Bildung und Keimzellen-Bildung, die abgesonderte Zelle oder Zellen-Gruppe für sich allein im Stande ist, sich zu einem neuen Individuum auszubilden, so muss dieselbe bei der geschlechtlichen Fortpflanzung erst durch einen anderen Zeugungs-Stoff befruchtet werden. Zwei verschiedene Zellen, die männliche Samen-Zelle (Spermidium) und die weibliche Ei-Zelle (Ovulum) müssen mit einander verschmelzen; und aus der neuen durch diese Copulation entstandenen Zelle (der Stamm-Zelle, Cytula) entwickelt sich der vielzellige Organismus. Diese beiden verschiedenen Zeugungs-Elemente, der männliche Samen und das weibliche Ei, werden entweder von einem und demselben Individuum erzeugt (Zwitter-Bildung, *Hermaphroditismus*), oder von zwei verschiedenen Individuen (Geschlechts-Trennung, *Gonochorismus*).

Die einfachere und niedere Form der geschlechtlichen Fortpflanzung ist die Zwitter-Bildung (Hermaphroditismus). Sie findet sich bei der grossen Mehrzahl der Pflanzen, aber nur bei einer grossen Minderzahl der Thiere, z. B. bei den Garten-Schnecken, Blut-Egeln, Regen-Würmern und vielen anderen Würmern. Jedes einzelne Individuum erzeugt als Zwitter (Hermaphroditus) in sich beiderlei Geschlechts-Stoffe, Eier und Samen. Bei den meisten höheren Pflanzen enthält jede Blüthe sowohl die männlichen Organe (Staubfäden und Staubbeutel) als die weiblichen Organe (Griffel und Fruchtknoten). Die Garten-Schnecke erzeugt an einer Stelle ihrer Geschlechts-Drüse Eier, an einer anderen Sperma. Der Blut-Egel hat ein Paar Eierstöcke und neun Paar Samendrüsen. Viele Zwitter können sich selbst befruchten; bei anderen ist eine Copulation und gegenseitige Befruchtung zweier Individuen nothwendig, um die Eier zur Entwickelung zu veranlassen. Durch diese Wechsel-Kreuzung werden die Nachtheile der Inzucht vermieden. Das ist schon der Uebergang zur Geschlechts-Trennung.

Die Geschlechts-Trennung (Gonorchorismus) ist die höhere und verwickeltere von beiden Arten der geschlechtlichen

Zeugung. Sie ist gegenwärtig die allgemeine Fortpflanzungs-Art der höheren Thiere, findet sich dagegen nur bei einer geringeren Anzahl von Pflanzen (z. B. manchen Wasser-Pflanzen: Hydrocharis, Vallisneria; vielen Bäumen: Weiden, Pappeln). Jedes organische Individuum als Nicht-Zwitter (Gonochoristus) erzeugt in sich nur einen von beiden Zeugungs-Stoffen, entweder männlichen oder weiblichen. Die weiblichen Individuen bilden sowohl bei den Thieren, als bei den Pflanzen Eier oder Eizellen. Die Eier der Pflanzen wurden gewöhnlich bei den Blüthenpflanzen (Phanerogamen) „Embryo-Bläschen“, bei den Blüthenlosen (Cryptogamen) „Befruchtungs-Kugeln“ genannt. Die männlichen Individuen sondern bei den Thieren den befruchtenden Samen (Sperma) ab, bei den Pflanzen dem Sperma entsprechende Körperchen: Pollen-Körner oder Blüthen-Staub bei den Phanerogamen; bei den Cryptogamen ein Sperma, welches gleich demjenigen der meisten Thiere aus lebhaft beweglichen, in einer Flüssigkeit schwimmenden Geissel-Zellen besteht, den Spermidien (auch Zoospermien, Spermatozoen oder Sperma-Zellen genannt).

Eine interessante Uebergangs-Form von der geschlechtlichen Zeugung zu der (nächststehenden) ungeschlechtlichen Keimzellen-Bildung bietet die sogenannte jungfräuliche Zeugung dar (Parthenogenesis). Diese ist in neuerer Zeit bei den Insecten, besonders durch Siebold's verdienstvolle Untersuchungen vielfach nachgewiesen worden; Keimzellen, die sonst den gewöhnlichen Ei-Zellen ganz ähnlich erscheinen und ebenso entstehen, können sich zu neuen Individuen entwickeln, ohne des befruchtenden Samens zu bedürfen. Die merkwürdigsten und lehrreichsten von den verschiedenen parthenogenetischen Erscheinungen bieten uns diejenigen Fälle, in denen dieselben Keimzellen, je nachdem sie befruchtet werden oder nicht, verschiedene Individuen erzeugen. Bei unseren gewöhnlichen Honig-Bienen entsteht aus den Eiern der Königin ein männliches Individuum (eine Drohne), wenn das Ei nicht befruchtet wird; ein weibliches (eine Königin oder Arbeiterin), wenn das Ei befruchtet wird. Es zeigt sich hier deutlich, dass in der That eine tiefe Kluft zwischen geschlechtlicher und geschlechtsloser Zeugung nicht existirt, dass beide Formen vielmehr unmittelbar zusammenhängen. Uebrigens ist die Parthenogenesis der Insecten keine ursprüngliche, primäre Erscheinung, vielmehr erst secundär durch Ausfall des männlichen Geschlechts entstanden; aus irgend einem Grunde sind die Männchen überflüssig geworden!

Jedenfalls ist sowohl bei Pflanzen als bei Thieren die geschlechtliche Zeugung, die als ein so wunderbarer Vorgang erscheint, erst in späterer Zeit aus der älteren ungeschlechtlichen Zeugung hervorgegangen. In beiden Fällen ist die Vererbung eine nothwendige Theilerscheinung der Fortpflanzung. Die Verschmelzung von zwei gleichartigen Zellen, welche bei zahlreichen Protisten die ungeschlechtliche Vermehrung durch Theilung oder Sporen-Bildung einleitet (— bald als vorübergehende Conjugation, bald als bleibende Copulation —) ist der erste Schritt zur Amphigonie. Der zweite Schritt ist die ungleichartige Ausbildung oder Divergenz der beiden Zellen, ihre Arbeits-Theilung und Form-Spaltung. Die kleinere und beweglichere Zelle gestaltet sich zur männlichen Sperma-Zelle, die grössere und trägere Zelle hingegen zur weiblichen Ei-Zelle. Innerhalb der Algen-Classe können wir die phyletische Ausbildung dieser Divergenz stufenweise verfolgen. Während bei niederen Algen (z. B. Ulothrix) die beiden copulirenden Zellen noch gleich sind, unterscheiden sie sich bei den meisten schon durch ihre Grösse; aus den kleinen (Microgonidien) werden später männliche Spermidien; die grösseren (Macrogonidien) verwandeln sich in Eizellen. Beide Geschlechtszellen übertragen bei ihrer Verschmelzung ihre besonderen Eigenschaften erblich auf das gemeinsame Product. Diese Vererbung wird uns begreiflich, wenn wir die ganze Kette der angeführten Fortpflanzungs-Erscheinungen vergleichend im Zusammenhang überblicken.

Neunter Vortrag.

Vererbungs-Gesetze und Vererbungs-Theorien.

Unterschied der Vererbung bei der geschlechtlichen und bei der ungeschlechtlichen Fortpflanzung. Unterscheidung der erhaltenden und fortschreitenden Vererbung. Gesetze der erhaltenden oder conservativen Erblichkeit: Vererbung ererbter Charaktere. Ununterbrochene oder continuirliche Vererbung. Unterbrochene oder latente Vererbung. Generations-Wechsel. Rückschlag. Verwilderung. Geschlechtliche oder sexuelle Vererbung. Secundäre Sexual-Charaktere. Gemischte oder amphigone Vererbung. Bastardzeugung. Abgekürzte oder vereinfachte Vererbung. Gesetze der fortschreitenden oder progressiven Erblichkeit: Vererbung erworbener Charaktere. Angepasste oder erworbene Vererbung. Befestigte oder constituirte Vererbung. Gleichzeitige (homochrone) Vererbung. Rückläufige (retorsive) Vererbung. Gleichörtliche (homotope) Vererbung. Molekulare Vererbungs-Theorien. Pangenesis (Darwin). Perigenesis (Haeckel). Idioplasma (Nägeli). Keimplasma (Weismann). Intracellulare Pangenesis (Vries).

Meine Herren! Zu den wichtigsten Fortschritten, welche durch die Entwickelungs-Lehre seit vierzig Jahren in die allgemeine Naturgeschichte eingeführt worden sind, gehört sicher das tiefere Verständniss der beiden grossen organischen Gestaltungskräfte, der V e r e r b u n g einerseits, der A n p a s s u n g anderseits. Ihre vielfach verwickelte Wechselwirkung reicht aus, um unter den stets wechselnden Verhältnissen des Kampfes um's Dasein die ganze Mannichfaltigkeit der organischen Formenwelt hervorzubringen. Die ältere Natur-Philosophie, im Anfange unseres Jahrhunderts, erkannte zwar auch schon die hohe Bedeutung dieser Wechselwirkung, vermochte aber in den räthselvollen Charakter der beiden gestaltenden „B i l d u n g s t r i e b e“ nicht tiefer einzudringen. Jetzt hingegen, wo die grossartigen Fortschritte der Morphologie und Physiologie, der Histologie und

Ontogenie, uns einen viel tieferen Einblick in ihr wahres Wesen gestatten, erkennen wir in ihnen echte physiologische Functionen, d. h. allgemeine Lebensthätigkeiten der Organismen selbst; und wie alle anderen Lebensthätigkeiten, beruhen auch diese beiden fundamentalen Gestaltungskräfte zuletzt auf physikalischen und chemischen Verhältnissen. Allerdings erscheinen diese bisweilen äusserst verwickelt, lassen sich aber doch im Grunde auf einfache, mechanische Ursachen, auf Anziehungs- und Abstossungs-Verhältnisse der Stofftheilchen, der Molekeln und Atome zurückführen.

Wie ich zuerst in meiner generellen Morphologie (1866) eingehend zu zeigen versuchte, ergiebt sich das Verständniss der Vererbung aus den verwickelten Erscheinungen der Fortpflanzung, während die Erscheinungen der Anpassung aus den elementaren Verhältnissen der Ernährung sich erklären; insbesondere aus den trophischen Reizen, welche einerseits der unmittelbare Einfluss der äusseren Existenz-Bedingungen, anderseits die eigene Thätigkeit der Organe und der sie zusammensetzenden Zellen ausübt.

Im letzten Vortrage hatte ich zu zeigen versucht, dass bei allen verschiedenen Formen der Fortpflanzung (— und also auch der Vererbung —) das Wesentlichste immer die Ablösung eines Theiles des elterlichen Organismus und die Befähigung desselben zur individuellen, selbstständigen Existenz ist. In allen Fällen dürfen wir daher von vornherein schon erwarten, dass die kindlichen Individuen dieselben Lebens-Erscheinungen und Form-Eigenschaften erlangen werden, welche die elterlichen Individuen besitzen; denn sie sind ja „Fleisch und Bein der Eltern"! Immer ist es nur eine grössere oder geringere Quantität von der elterlichen Materie, und zwar von dem eiweissartigen Plasma des Zell-Körpers, welche auf das kindliche Individuum übergeht. Mit der Materie werden aber auch deren Lebens-Eigenschaften, die molekularen Bewegungen des Plasma, übertragen, welche sich dann in ihrer Gestaltung äussern. Wenn Sie sich die angeführte Kette von verschiedenen Fortpflanzungs-Formen in ihrem Zusammenhange vor Augen stellen, so verliert die Vererbung durch geschlechtliche

Zeugung sehr Viel von dem Räthselhaften und Wunderbaren, das sie auf den ersten Blick für den Laien besitzt. Anfänglich erscheint es freilich höchst wunderbar, dass bei der geschlechtlichen Fortpflanzung des Menschen, wie aller höheren Thiere, das kleine Ei, eine winzige, für das blosse Auge oft nicht sichtbare Zelle, im Stande ist, alle Eigenschaften des mütterlichen Organismus auf den kindlichen zu übertragen; und nicht weniger räthselhaft muss es erscheinen, dass zugleich die wesentlichen Eigenschaften des väterlichen Organismus auf den kindlichen übertragen werden vermittelst des männlichen Sperma, welches die Ei-Zelle befruchtete; vermittelst einer einzigen von jenen feinen mikroskopischen Geissel-Zellen oder Spermidien, welche in der schleimigen Masse des Samens sich umherbewegen. Sobald Sie aber jene zusammenhängende Stufenleiter der verschiedenen Fortpflanzungs-Arten vergleichen, bei welcher der kindliche Organismus als überschüssiges Wachsthums-Product des Eltern-Individuums sich immer mehr von ersterem absondert und immer frühzeitiger die selbstständige Laufbahn betritt; sobald Sie zugleich erwägen, dass auch das Wachsthum und die Ausbildung jedes höheren Organismus bloss auf der Vermehrung der ihn zusammensetzenden Zellen, auf deren einfacher Fortpflanzung durch Theilung beruht, so wird es Ihnen klar, dass alle diese merkwürdigen Vorgänge in eine Reihe gehören.

Das Leben jedes organischen Individuums ist Nichts weiter, als eine zusammenhängende Kette von sehr verwickelten materiellen Bewegungs-Erscheinungen. Diese Bewegungen sind als Veränderungen in der Lage und Zusammensetzung der Molekeln zu denken, der kleinsten (aus Atomen in höchst mannichfaltiger Weise zusammengesetzten) Theilchen der belebten Materie. Die specifisch bestimmte Richtung dieser gleichartigen, anhaltenden, immanenten Lebensbewegung wird in jedem Organismus durch die chemische Mischung des eiweissartigen Zeugungsstoffes bedingt, welcher ihm den Ursprung gab. Bei dem Menschen, wie bei den höheren Thieren, welche geschlechtlich sich fortpflanzen, beginnt die individuelle Lebensbewegung in dem Momente, in welchem die Ei-Zelle von der Samen-Zelle befruchtet wird, in welchem beide Zeugungsstoffe sich thatsächlich vermischen; von da an wird nun die Richtung der Lebensbewegung durch die specifische, oder richtiger individuelle Beschaffenheit sowohl des Samens als des Eies bestimmt. Ueber die rein mechanische, materielle Natur dieses Vorganges kann kein Zweifel sein. Aber staunend und bewundernd müssen wir hier vor der unendlich verwickelten Molekular-Structur der eiweissartigen Materie still stehen. Staunen müssen wir über die unleugbare Thatsache, dass die einfache Ei-Zelle der Mutter, der einzige Samenfaden oder die flimmernde Sperma-Zelle des Vaters, so genau die molekulare individuelle Lebensbewegung im Plasma dieser beiden Individuen auf das Kind überträgt, dass nachher die feinsten körperlichen und geistigen Eigenthümlichkeiten der beiden Eltern an diesem wieder in die lebendige Erscheinung treten.

Hier stehen wir vor einer mechanischen Naturerscheinung, von welcher Virchow, der berühmte Begründer der „Cellular-Pathologie", mit vollem Rechte sagt: „Wenn der Naturforscher dem Gebrauche der Geschichtschreiber und Kanzelredner zu folgen liebte, ungeheure und in ihrer Art einzige Erscheinungen mit dem hohlen Gepränge schwerer und tönender Worte zu überziehen, so wäre hier der Ort dazu; denn wir sind an eines der grossen Mysterien der thierischen Natur getreten, welche die Stellung des Thieres gegenüber der ganzen übrigen Erscheinungswelt enthalten. Die Frage von der Zellen-Bildung, die Frage von der Erregung anhaltender gleichartiger Bewegung, endlich die Fragen von der Selbständigkeit des Nervensystems und der Seele — das sind die grossen Aufgaben, an denen der Menschengeist seine Kraft misst. Die Beziehung des Mannes und des Weibes zur Ei-Zelle zu erkennen, heisst fast so viel, als alle jene Mysterien lösen. Die Entstehung und Entwickelung der Ei-Zelle im mütterlichen Körper, die Uebertragung körperlicher und geistiger Eigenthümlichkeiten des Vaters durch den Samen auf dieselbe, berühren alle Fragen, welche der Menschengeist je über des Menschen Sein aufgeworfen hat." Und, fügen wir hinzu, sie lösen diese höchsten Fragen mittelst der Descendenz-Theorie in rein mechanischem, rein monistischem Sinne!

Dass also auch bei der geschlechtlichen Fortpflanzung des Menschen und aller höheren Organismen die Vererbung, ein rein mechanischer Vorgang, unmittelbar durch den materiellen Zusammenhang des zeugenden und des gezeugten Organismus bedingt ist, ebenso wie bei der einfachsten ungeschlechtlichen Fortpflanzung der niederen Organismen, darüber kann kein Zweifel mehr sein. Doch will ich Sie bei dieser Gelegenheit sogleich auf einen wichtigen Unterschied aufmerksam machen, welchen die Vererbung bei der geschlechtlichen und bei der ungeschlechtlichen Fortpflanzung darbietet. Längst bekannt ist die Thatsache, dass die individuellen Eigenthümlichkeiten des zeugenden Organismus viel genauer durch die ungeschlechtliche als durch die geschlechtliche Fortpflanzung auf das erzeugte Individuum übertragen werden. Die Gärtner machen von dieser Thatsache schon lange vielfach Gebrauch. Wenn z. B. von einer Baumart mit steifen, aufrecht stehenden Aesten zufällig ein einzelnes Individuum herabhängende Zweige bekömmt, so kann der Gärtner in der Regel diese Eigenthümlichkeit nicht durch geschlechtliche, sondern nur durch ungeschlechtliche Fortpflanzung vererben. Die von einem solchen Trauerbaum abgeschnittenen Zweige, als Stecklinge gepflanzt, bilden späterhin Bäume, welche ebenfalls hängende Aeste haben, wie z. B. die Trauerweiden, Trauerbuchen. Samenpflanzen dagegen, welche man aus den Samen eines solchen Trauerbaumes zieht, erhalten in der Regel wieder die ursprüngliche, steife und aufrechte Zweigform der Voreltern. In sehr auffallender Weise kann man dasselbe auch an den sogenannten „Blutbäumen" wahrnehmen, d. h. Spielarten von Bäumen, welche sich durch rothe oder rothbraune Farbe der Blätter auszeichnen. Abkömmlinge von solchen Blutbäumen (z. B. Blutbuchen), welche man durch ungeschlechtliche Fortpflanzung, durch Stecklinge erzeugt, zeigen die eigenthümliche Farbe und Beschaffenheit der Blätter, welche das elterliche Individuum auszeichnet, während andere, aus den Samen der Blutbäume gezogene Individuen in die grüne Blattfarbe zurückschlagen.

Dieser Unterschied in der Vererbung wird Ihnen sehr natürlich vorkommen, sobald Sie erwägen, dass der materielle Zusammenhang zwischen zeugenden und erzeugten Individuen bei der ungeschlechtlichen Fortpflanzung viel inniger ist und viel länger dauert, als bei der geschlechtlichen. Die individuelle Richtung der molekularen Lebensbewegung kann sich daher bei der ungeschlechtlichen Fortpflanzung viel länger und gründlicher in dem kindlichen Organismus befestigen und viel strenger vererben. Alle diese Erscheinungen im Zusammenhang betrachtet bezeugen klar, dass die Vererbung der körperlichen und geistigen Eigenschaften ein rein materieller, mechanischer Vorgang ist. Durch die Fortpflanzung wird eine grössere oder geringere Quantität eiweissartiger Stofftheilchen, und damit zugleich die diesen Plasma-Molekeln anhaftende individuelle Bewegungsform vom elterlichen Organismus auf den kindlichen übertragen. Indem diese Bewegungsform sich beständig erhält, müssen auch die feineren Eigenthümlichkeiten, die am elterlichen Organismus haften, früher oder später am kindlichen Organismus wieder erscheinen.

Die wichtigste Aufgabe der Vererbungs-Physiologie würde es nun sein, tiefer in die Erkenntniss dieser molekularen Bewegungs-Vorgänge einzudringen, und die damit verknüpften physikalisch-chemischen Vorgänge genauer, und womöglich experimentell, zu untersuchen. Indessen ist diese Aufgabe so aussserordentlich schwierig, dass nicht einmal eine von den bisher aufgestellten molekularen Vererbungs-Theorien genügend erscheint. Bevor wir auf diese eingehen, erscheint es zweckmässig, noch erst einen Blick auf die verschiedenen Aeusserungsweisen der Erblichkeit zu werfen, welche man vielleicht schon jetzt als „Vererbungs-Gesetze“ aufstellen kann. Leider ist auch für diesen so ausserordentlich wichtigen Gegenstand sowohl in der Zoologie, als auch in der Botanik, bisher nur sehr Wenig geschehen, und namentlich die eigentlichen Physiologen haben sich darum fast gar nicht gekümmert. Fast Alles, was man von den verschiedenen Vererbungs-Gesetzen weiss, beruht auf den Erfahrungen der Landwirthe und der Gärtner. Daher ist es nicht zu verwundern, dass im Ganzen diese äusserst interessanten und wichtigen Erscheinungen nicht mit der wünschenswerthen wissenschaftlichen Schärfe untersucht und als physiologische Gesetze erkannt sind.

Wir können zunächst alle verschiedenen Erblichkeits-Erscheinungen in zwei Gruppen bringen, welche wir als Vererbung ererbter Charaktere und Vererbung erworbener Charaktere unterscheiden; und wir können die erstere als die erhaltende (conservative) Vererbung, die zweite als die fortschreitende (progressive) Vererbung bezeichnen. Diese Unterscheidung beruht auf der äusserst wichtigen Thatsache, dass die Einzel-Wesen einer jeden Art von Thieren und Pflanzen nicht allein diejenigen Eigenschaften auf ihre Nachkommen vererben können, welche sie selbst von ihren Vorfahren ererbt haben, sondern auch die individuellen Eigenschaften, die sie erst während ihres Lebens erworben haben. Diese letzteren werden durch die fortschreitende, die ersteren durch die erhaltende Erblichkeit übertragen. Zunächst haben wir nun hier die Erscheinungen der conservativen oder erhaltenden Vererbung zu untersuchen; d. h. der Vererbung solcher Eigenschaften, welche der betreffende Organismus von seinen Eltern oder Vorfahren schon erhalten hat.

Unter den Erscheinungen der conservativen Vererbung tritt uns zunächst als das allgemeinste Gesetz dasjenige entgegen, welches wir das Gesetz der ununterbrochenen oder continuirlichen Vererbung nennen können. Dasselbe hat unter den höheren Thieren und Pflanzen so allgemeine Gültigkeit, dass der Laie zunächst seine Wirksamkeit überschätzen und es für das einzige, allein maassgebende Vererbungs-Gesetz halten dürfte. Dieses Gesetz drückt einfach die Thatsache aus, dass bei den meisten Thier- und Pflanzen-Arten jede Generation im Ganzen der andern gleich ist, dass die Eltern ebenso den Gross-Eltern, wie den Kindern ähnlich sind. „Gleiches erzeugt Gleiches", sagt man gewöhnlich, richtiger aber: „Aehnliches erzeugt Aehnliches". Denn in der That sind die Nachkommen oder Descendenten eines jeden Organismus demselben niemals in allen Stücken absolut gleich, sondern immer nur in einem mehr oder weniger hohen Grade ähnlich. Dieses Gesetz ist so allgemein bekannt, dass ich keine Beispiele anzuführen brauche.

In einem gewissen Gegensatz zu demselben steht das Gesetz der unterbrochenen oder latenten Vererbung, welche man auch als abwechselnde oder alternirende Vererbung bezeichnen könnte. Dieses wichtige Gesetz erscheint hauptsächlich in Wirksamkeit bei vielen niederen Thieren und Pflanzen, und äussert sich hier im Gegensatz zu dem ersteren darin, dass die Kinder den Eltern nicht gleich, sondern sehr unähnlich sind, und dass erst die dritte oder eine spätere Generation der ersten wieder ähnlich wird. Die Enkel sind den Gross-Eltern gleich, den Eltern aber ganz unähnlich. Diese merkwürdige Erscheinung tritt bekanntermaassen in geringerem Grade auch in den menschlichen Familien sehr häufig auf. Zweifelsohne wird Jeder von Ihnen einzelne Familienglieder kennen, welche in dieser oder jener Eigenthümlichkeit vielmehr dem Grossvater oder der Grossmutter, als dem Vater oder der Mutter gleichen. Bald sind es körperliche Eigenschaften, z. B. Gesichtszüge, Haarfarbe, Körpergrösse, bald geistige Eigenheiten, z. B. Temperament, Energie, Verstand, welche in dieser Art sprungweise vererbt werden. Ebenso wie beim Menschen können Sie diese Thatsache bei den Hausthieren beobachten. Bei den am meisten veränderlichen Hausthieren, beim Hund, Pferd, Rind, machen die Thierzüchter sehr häufig die Erfahrung, dass ihr Züchtungsproduct mehr dem grosselterlichen, als dem elterlichen Organismus ähnlich ist. Wollen Sie dies Gesetz allgemein ausdrücken und die Reihe der Generationen mit den Buchstaben des Alphabets bezeichnen, so wird A = C = E, ferner B = D = F u. s. f.

Noch viel auffallender als bei den höheren, tritt uns bei den niederen Thieren und Pflanzen diese merkwürdige Thatsache entgegen, und zwar in dem berühmten Phänomen des Generations-Wechsels (Metagenesis). Diese Art der Fortpflanzung ist sehr verbreitet bei den Nesselthieren, Plattenthieren, Mantelthieren u. A.; im Pflanzenreiche bei den Cryptogamen (Farnen und Mosen). Hier erzeugt das organische Individuum zunächst eine Form, die gänzlich von der Elternform verschieden ist, und erst die Nachkommen dieser zweiten Generation werden der ersten wieder ähnlich. Dieser regelmässige Generations-Wechsel wurde 1819 von dem Dichter Chamisso auf seiner Welt-Umsegelung bei den Salpen entdeckt, cylindrischen und glasartig durchsichtigen Mantelthieren, welche scharenweis an der Oberfläche des Meeres schwimmen. Hier erzeugt die grössere Generation, welche als Einsiedler lebt und ein hufeisenförmiges Auge besitzt, auf ungeschlechtlichem Wege (durch Knospen-Bildung) eine gänzlich verschiedene kleinere Generation. Die Individuen dieser zweiten kleineren Generation leben in Ketten vereinigt und besitzen ein kegelförmiges Auge. Jedes Individuum einer solchen Kette erzeugt auf geschlechtlichem Wege (als Zwitter) wiederum einen geschlechtslosen Einsiedler der ersten, grösseren Generation. Es sind also hier bei den Salpen immer die erste, dritte, fünfte Generation, und ebenso die zweite, vierte, sechste Generation einander ganz ähnlich. Nun ist es aber nicht immer bloss eine Generation, die so überschlagen wird, sondern in anderen Fällen auch mehrere, so dass also die erste Generation der vierten und siebenten u. s. w. gleicht, die zweite der fünften und achten, die dritte der sechsten und neunten, und so weiter fort. Drei in dieser Weise verschiedene Generationen wechseln z. B. bei den zierlichen Seetönnchen (Doliolum) mit einander ab, kleinen Mantelthieren, welche den Salpen nahe verwandt sind. Hier ist A = D = G, ferner B = E = H, und C = F = I. Bei den Blattläusen folgt auf jede geschlechtliche Generation eine Reihe von acht bis zehn bis zwölf ungeschlechtlichen Generationen, die unter sich ähnlich und von der geschlechtlichen verschieden sind. Dann tritt erst wieder eine geschlechtliche Generation auf, die der längst verschwundenen gleich ist.

Wenn Sie dieses merkwürdige Gesetz der latenten oder unterbrochenen Vererbung weiter verfolgen und alle dahin gehörigen Erscheinungen zusammenfassen, so können Sie auch die bekannten Erscheinungen des Rückschlags darunter begreifen. Unter Rückschlag oder Atavismus versteht man die allen Thier-Züchtern bekannte merkwürdige Thatsache, dass bisweilen einzelne Thiere eine Form annehmen, welche schon seit vielen Generationen nicht vorhanden war und einer längst entschwundenen Generation angehört. Eines der merkwürdigsten hierher gehörigen Beispiele ist die Thatsache, dass bei einzelnen Pferden bisweilen ganz charakteristische dunkle Streifen auftreten, ähnlich denen des Zebra, Quagga und anderer wilder Pferde-Arten Afrika's. Hauspferde von den verschiedensten Rassen und von allen Farben zeigen bisweilen solche dunkle Streifen, z. B. einen Längsstreifen des Rückens, Querstreifen der Schultern und der Beine u. s. w. Die plötzliche Erscheinung dieser Streifen lässt sich nur erklären als eine Wirkung der latenten Vererbung, als ein Rückschlag in die längst verschwundene uralte gemeinsame Stammform aller Pferde-Arten, welche zweifelsohne gleich den Zebras, Quaggas u. s. w. gestreift war. Ebenso erscheinen auch bei anderen Hausthieren oft plötzlich gewisse Eigenschaften wieder, welche ihre längst ausgestorbenen wilden Stamm-Eltern auszeichneten. Auch unter den Pflanzen kann man den Rückschlag sehr häufig beobachten. Sie kennen wohl alle das wilde gelbe Löwenmaul (Linaria vulgaris), eine auf unseren Aeckern und Wegen sehr gemeine Pflanze. Die rachenförmige gelbe Blüthe derselben enthält zwei lange und zwei kurze Staubfäden. Bisweilen aber erscheint eine einzelne Blüthe (Peloria), welche trichterförmig und ganz regelmässig aus fünf einzelnen gleichen Abschnitten zusammengesetzt ist, mit fünf gleichartigen Staubfäden. Diese Peloria können wir nur erklären als einen Rückschlag in die längst entschwundene uralte gemeinsame Stammform aller derjenigen Pflanzen, welche gleich dem Löwenmaul eine rachenförmige zweilippige Blüthe mit zwei langen und zwei kurzen Staubfäden besitzen. Jene Stammform besass gleich der Peloria eine regelmässige fünftheilige Blüthe mit fünf gleichen, später erst allmählich ungleich werdenden Staubfäden.

Wenn Kulturpflanzen oder Hausthiere verwildern, wenn sie den Bedingungen des Culturlebens entzogen werden, so gehen sie Veränderungen ein, welche nicht bloss als Anpassung an die neuerworbene Lebensweise erscheinen, sondern auch theilweise als Rückschlag in die uralte Stammform, aus welcher die Culturformen erzogen worden sind. So kann man z. B. die verschiedenen Sorten des Kohls durch absichtliche Verwilderung allmählich auf die ursprüngliche Stammform zurückführen. Ebenso schlagen die verwilderten Hunde, Pferde, Rinder u. s. w. oft mehr oder weniger in eine längst ausgestorbene Generation zurück.

Als ein drittes Gesetz der erhaltenden oder conservativen Vererbung können wir das Gesetz der geschlechtlichen oder sexuellen Vererbung bezeichnen, nach welchem jedes Geschlecht auf seine Nachkommen desselben Geschlechts Eigenthümlichkeiten überträgt, welche es nicht auf die Nachkommen des andern Geschlechts vererbt. Die sogenannten „secundären Sexual-Charaktere", welche in mehrfacher Beziehung von ausserordentlichem Interesse sind, liefern für dieses Gesetz überall zahlreiche Beispiele. Als untergeordnete oder secundäre Sexual-Charaktere bezeichnet man solche Eigenthümlichkeiten des einen der beiden Geschlechter, welche nicht unmittelbar mit den Geschlechts-Organen selbst zusammenhängen. Solche Charaktere, welche bloss dem männlichen Geschlecht zukommen, sind z. B. das Geweih des Hirsches, die Mähne des Löwen, der Sporn des Hahns. Hierher gehört auch der menschliche Bart, eine Zierde, welche gewöhnlich dem weiblichen Geschlecht versagt ist. Aehnliche Charaktere, welche bloss das weibliche Geschlecht auszeichnen, sind z. B. die entwickelten Brüste mit den Milchdrüsen der weiblichen Säugethiere, der Beutel der weiblichen Beutelthiere. Auch Körpergrösse und Hautfärbung ist bei den weiblichen Thieren vieler Arten abweichend. Alle diese secundären Geschlechts-Eigenschaften werden, ebenso wie die Geschlechts-Organe selbst, vom männlichen Organismus nur auf den männlichen vererbt, nicht auf den weiblichen und umgekehrt. Entgegengesetzte Thatsachen sind Ausnahmen von der Regel.

Ein viertes hierher gehöriges Vererbungs-Gesetz steht in gewissem Sinne im Widerspruch mit dem letzterwähnten, und beschränkt dasselbe, nämlich das Gesetz der gemischten oder beiderseitigen (amphigonen) Vererbung. Nach diesem Gesetze kann jedes organische Individuum, welches auf geschlechtlichem Wege erzeugt wird, von beiden Eltern Eigenthümlichkeiten annehmen, sowohl vom Vater als von der Mutter. Diese Thatsache, dass von jedem der beiden Geschlechter persönliche Eigenschaften auf alle, sowohl männliche als weibliche Kinder übergehen, ist sehr wichtig. Goethe drückt sie von sich selbst in dem bekannten hübschen Verse aus:

„Vom Vater hab' ich die Statur, des Lebens ernstes Führen,
„Vom Mütterchen die Frohnatur und Lust zu fabuliren."

Diese Erscheinung wird Ihnen allen so bekannt sein, dass ich hier darauf nicht näher einzugehen brauche. Durch den verschiedenen Antheil ihres Charakters, welchen Vater und Mutter auf ihre Kinder vererben, werden vorzüglich die individuellen Verschiedenheiten der Geschwister bedingt. Dabei finden wir bekanntlich sehr häufig eine kreuzweise Vererbung der beiden Geschlechter, so dass der Sohn mehr der Mutter gleicht, hingegen die Tochter mehr dem Vater. Diese grössere Aehnlichkeit mit dem Elter des anderen Geschlechts zeigt sich oft auffallend nicht allein in der äusseren Körperform und besonders der Gesichtsbildung, sondern auch in den feineren Charakterzügen der Seele, mithin der molekularen Gehirn-Structur.

Eine ganz ausserordentliche Bedeutung hat neuerdings der amphigonen Vererbung Weismann zugeschrieben, indem er sie bei allen vielzelligen Organismen (Metazoën und Metaphyten) als die allgemeine Ursache der individuellen Variabilität betrachtet. Diese einseitige Auffassung hängt zusammen mit der eigenthümlichen Theorie von der Continuität des Keim-Plasma, welche dieser Naturforscher allzu sehr überschätzt; in Folge dessen leugnet er die Vererbung erworbener Eigenschaften überhaupt ganz (vergl. unten S. 192 u. f.).

Unter dieses Gesetz der gemischten oder amphigonen Vererbung gehört auch die sehr wichtige und interessante Erscheinung der Bastard-Zeugung (Hybridismus). Richtig gewürdigt, genügt sie allein schon vollständig, um das herrschende Dogma von der Constanz der Arten zu widerlegen. Pflanzen sowohl als Thiere, welche zwei ganz verschiedenen Species angehören, können sich mit einander geschlechtlich vermischen und eine Nachkommenschaft erzeugen, die in vielen Fällen sich selbst wieder fortpflanzen kann, und zwar entweder (häufiger) durch Vermischung mit einem der beiden Stamm-Eltern, oder aber (seltener) durch reine Inzucht, indem Bastard sich mit Bastard vermischt. Das letztere ist z. B. bei den Bastarden von Hasen und Kaninchen festgestellt (Lepus Darwinii, S. 131). Allbekannt sind die Bastarde zwischen Pferd und Esel, zwei ganz verschiedenen Arten einer Gattung (Equus). Diese Bastarde sind verschieden, je nachdem der Vater oder die Mutter zu der einen oder zu der anderen Art, zum Pferd oder zum Esel gehört. Das Maulthier (Mulus), welches von einer Pferdestute und einem Eselhengst erzeugt ist, hat ganz andere Eigenschaften als der Maulesel (Hinnus), der Bastard vom Pferdehengst und der Eselstute. In jedem Fall ist der Bastard (Hybrida), der aus der Kreuzung zweier verschiedener Arten erzeugte Organismus, eine Mischform, welche Eigenschaften von beiden Eltern angenommen hat; allein die Eigenschaften des Bastards sind ganz verschieden, je nach der Form der Kreuzung. So zeigen auch die Mulatten-Kinder, welche von einem Europäer mit einer Negerin erzeugt werden, eine andere Mischung der Charaktere, als diejenigen Bastarde, welche ein Neger mit einer Europäerin erzeugt. Bei diesen Erscheinungen der Bastard-Zeugung sind wir (wie bei den anderen vorher erwähnten Vererbungs-Gesetzen) jetzt noch nicht im Stande, die bewirkenden Ursachen im Einzelnen nachzuweisen. Aber kein Naturforscher zweifelt daran, dass die Ursachen hier überall rein mechanisch in der Natur der organischen Materie selbst begründet sind. Leider sind nur unsere groben Sinnes-Organe ungenügende Hülfsmittel zu deren Erkenntniss.

Als ein fünftes Gesetz müssen wir nun unter den Erscheinungen der conservativen oder erhaltenden Vererbung noch das Gesetz der abgekürzten oder vereinfachten Vererbung anführen. Dieses Gesetz ist sehr wichtig für die Keimes-Geschichte oder Ontogenie, d. h. für die Entwickelungs-Geschichte der organischen Individuen. Wie ich bereits im ersten Vortrage (S. 10) erwähnte und später noch ausführlich zu erläutern habe, ist die Ontogenie oder die Entwickelungs-Geschichte der Individuen weiter nichts als eine kurze und schnelle, durch die Gesetze der Vererbung und Anpassung bedingte Wiederholung der Phylogenie, d. h. der paläontologischen Entwickelungs-Geschichte des ganzen organischen Stammes oder Phylum, zu welchem der betreffende Organismus gehört. Wenn Sie z. B. die individuelle Entwickelung des Menschen, des Affen, oder irgend eines anderen höheren Säugethieres innerhalb des Mutterleibes vom Ei an verfolgen, so finden Sie, dass der aus dem Ei entstehende Keim oder Embryo eine Reihe von sehr verschiedenen Formen durchläuft, welche im Ganzen übereinstimmt oder wenigsten parallel ist mit der Formenreihe, welche die historische Vorfahrenkette der höheren Säugethiere uns darbietet. Zu diesen Vorfahren gehören gewisse Fische, Amphibien, Beutelthiere u. s. w. Allein der Parallelismus oder die Uebereinstimmung dieser beiden Entwickelungsreihen ist niemals ganz vollständig. Vielmehr sind in der Ontogenie immer Lücken und Sprünge, welche dem Ausfall einzelner Stadien der Phylogenie entsprechen. Wie Fritz Müller in seiner ausgezeichneten Schrift „Für Darwin"[16]) an dem Beispiel der Crustaceen oder Krebse vortrefflich erläuter hat, „wird die in der individuellen Entwickelungs-Geschichte erhaltene geschichtliche Urkunde allmählich verwischt, indem die Entwickelung einen immer geraderen Weg vom Ei zum fertigen Thiere einschlägt". Diese Verwischung oder Abkürzung wird durch das Gesetz der abgekürzten Vererbung bedingt; es ist von grosser Bedeutung für das Verständniss der Keimesgeschichte und erklärt die wichtige Thatsache, dass nicht alle Entwickelungs-Formen, welche unsere Stamm-Eltern durchlaufen haben, in der Formenreihe unserer eigenen individuellen Entwickelung noch sichtbar sind.

Den bisher erörterten Gesetzen der erhaltenden oder conservativen Vererbung stehen gegenüber die Vererbungs-Erscheinungen der zweiten Reihe, die Gesetze der fortschreitenden oder progressiven Vererbung. Sie beruhen, wie erwähnt, darauf, dass der Organismus nicht allein diejenigen Eigenschaften auf seine Nachkommen überträgt, die er bereits von den Voreltern ererbt hat, sondern auch eine Anzahl von denjenigen individuellen Eigenthümlichkeiten, welche er selbst erst während seines Lebens erworben hat. Die Anpassung verbindet sich hier bereits mit der Vererbung und wirkt mit ihr zusammen.

Die grundlegende Bedeutung, welche die Vererbung erworbener Eigenschaften für die Abstammungs-Lehre besitzt, ist bereits im Anfange unseres Jahrhunderts von Lamarck und von Darwin's Grossvater Erasmus klar erkannt worden. Sowohl die neuen Eigenschaften, welche im Organismus durch den Einfluss der äusseren Existenz-Bedingungen, als diejenigen, welche durch seine eigenen Lebens-Thätigkeiten (Gebrauch oder Nichtgebrauch der Organe) entstehen, können durch Vererbung auf die Nachkommen übertragen werden, und somit die ursprüngliche Gestaltung mehr oder weniger verändern. Einige neuere Autoren haben freilich das Gewicht dieser bedeutungsvollen Erscheinung sehr gering angeschlagen, und schliesslich hat sogar August Weismann sie ganz geleugnet. Er behauptet, dass „bis jetzt noch keine Thatsache vorliegt, welche wirklich bewiese, dass erworbene Eigenschaften vererbt werden können“, und dass „nur solche Charaktere auf die folgende Generation übertragen werden können, welche der Anlage nach schon im Keim enthalten waren“. Weismann verlangt neue und überzeugende Beweise für die Vererbung von Anpassungen, und vergisst dabei, dass derartige Beweise seiner eigenen, entgegengesetzten Hypothese vollständig fehlen, ja in dem gewünschten Sinne wohl überhaupt nicht zu liefern sind.

Nach meiner eigenen Ueberzeugung, wie nach derjenigen vieler anderen Transformisten, besitzt hingegen die directe Vererbung von neuen Anpassungen, im Sinne von Lamarck, die grösste Bedeutung, und Tausende von Beweisen dafür liefert die vergleichende Anatomie und Ontogenie, Physiologie und Pathologie. Für Tausende von speciellen Einrichtungen bleibt ohne jene Annahme die Entstehung rein unbegreiflich; so z. B. für die functionelle und mimetische Anpassung, für die Instincte (erbliche psychische Gewohnheiten) u. s. w. Bezüglich der Vererbung von pathologischen Veränderungen sind namentlich die Gründe, welche Virchow gegen Weismann geltend macht, beachtenswerth.

Unter den wichtigen Erscheinungen der fortschreitenden oder progressiven Vererbung können wir an die Spitze als das allgemeinste das Gesetz der angepassten oder erworbenen Vererbung stellen. Dasselbe besagt eigentlich weiter Nichts, als was ich eben schon aussprach, dass unter bestimmten Umständen der Organismus fähig ist, Eigenschaften auf seine Nachkommen zu vererben, welche er selbst erst während seines Lebens durch Anpassung erworben hat. Am deutlichsten zeigt sich diese Erscheinung natürlich dann, wenn die neu erworbene Eigenthümlichkeit die ererbte Form bedeutend abändert. Das war in den Beispielen der Fall, welche ich Ihnen in dem vorigen Vortrage von der Vererbung überhaupt angeführt habe, bei den Menschen mit sechs Fingern und Zehen, den Stachelschwein-Menschen, den Blutbuchen, Trauerweiden u. s. w. Auch die Vererbung erworbener Krankheiten, z. B. der Schwindsucht, des Wahnsinns, beweist dies Gesetz sehr auffällig, ebenso die Vererbung des Albinismus. Albinos oder Kakerlaken nennt man solche Individuen, welche sich durch Mangel der Farbstoffe oder Pigmente in der Haut auszeichnen. Solche kommen bei Menschen, Thieren und Pflanzen sehr verbreitet vor. Bei Thieren, welche eine bestimmte dunkle Farbe haben, werden nicht selten einzelne Individuen geboren, welche der Farbe gänzlich entbehren, und bei den mit Augen versehenen Thieren ist dieser Pigmentmangel auch auf die Augen ausgedehnt, so dass die gewöhnlich lebhaft oder dunkel gefärbte Regenbogenhaut, die Iris des Auges farblos ist, aber wegen der durchschimmernden Blutgefässe roth erscheint. Bei manchen Thieren, z. B. den Kaninchen, Mäusen, sind solche Albinos mit weissem Fell und rothen Augen so beliebt, dass man sie in grosser Menge als besondere Rasse fortpflanzt. Dies wäre nicht möglich ohne das Gesetz der angepassten Vererbung.

Welche von einem Organismus erworbenen Abänderungen sich auf seine Nachkommen übertragen werden, welche nicht, ist von vornherein nicht zu bestimmen, und wir kennen leider die bestimmten Bedingungen nicht, unter denen die Vererbung erfolgt. Wir wissen nur im Allgemeinen, dass gewisse erworbene Eigenschaften sich viel leichter vererben als andere, z. B. als die durch Verwundung entstehenden Verstümmelungen. Diese letzteren werden in der Regel nicht erblich übertragen; sonst müssten die Descendenten von Menschen, die ihre Arme oder Beine verloren haben, auch mit dem Mangel des entsprechenden Armes oder Beines geboren werden. Ausnahmen sind aber auch hier vorhanden; man soll z. B. eine schwanzlose Hunderasse dadurch gezogen haben, dass man mehrere Generationen hindurch beiden Geschlechtern des Hundes consequent den Schwanz abschnitt. Nach

Stöckhardt kam hier in der Nähe von Jena auf einem Gute der Fall vor, dass beim unvorsichtigen Zuschlagen des Stallthores einem Zuchtstier der Schwanz an der Wurzel abgequetscht wurde, und die von diesem Stiere erzeugten Kälber wurden sämmtlich schwanzlos geboren. Neuerdings sind bestätigende Beobachtungen über dieselbe Erscheinung bei Hunden, Katzen und Mäusen von fünf verschiedenen Beobachtern mitgetheilt worden. Allerdings scheinen dies seltene Ausnahmen zu sein. Es ist aber sehr wichtig, die Thatsache festzustellen, dass unter gewissen uns unbekannten Bedingungen auch gewaltsame Veränderungen bisweilen erblich übertragen werden, in gleicher Weise wie viele Krankheiten.

In sehr vielen Fällen ist die Abänderung, welche durch angepasste Vererbung übertragen und erhalten wird, angeboren, so bei dem vorher erwähnten Albinismus. Dann beruht die Abänderung auf derjenigen Form der Anpassung, welche wir die indirecte oder potentielle nennen. Ein sehr auffallendes Beispiel dafür liefert das hornlose Rindvieh von Paraguay in Südamerika. Daselbst wird eine besondere Rindviehrasse gezogen, die ganz der Hörner entbehrt. Sie stammt von einem einzigen Stiere ab, welcher im Jahre 1770 von einem gewöhnlichen gehörnten Elternpaare geboren wurde, und bei welchem der Mangel der Hörner durch irgend welche unbekannte Ursache veranlasst worden war. Alle Nachkommen dieses Stieres, welche er mit einer gehörnten Kuh erzeugte, entbehrten der Hörner vollständig. Man fand diese Eigenschaft vortheilhaft, und indem man die ungehörnten Rinder unter einander fortpflanzte, erhielt man eine hornlose Rindviehrasse, welche gegenwärtig die gehörnten Rinder in Paraguay fast verdrängt hat. Ein ähnliches Beispiel liefern die nordamerikanischen Otterschafe. Im Jahre 1791 lebte in Massachusetts in Nordamerika ein Landwirth, Seth Wright mit Namen. In seiner wohlgebildeten Schafheerde wurde auf einmal ein Lamm geboren, welches einen auffallend langen Leib und ganz kurze und krumme Beine hatte. Es konnte daher keine grossen Sprünge machen und namentlich nicht über den Zaun in des Nachbars Garten springen; eine Eigenschaft, welche dem Besitzer wegen der Abgrenzung des dortigen Gebietes durch Hecken sehr vortheilhaft erschien. Er kam also auf den Gedanken, diese Eigenschaft auf die Nachkommen zu übertragen, und in der That erzeugte er durch Kreuzung dieses Schafbocks mit wohlgebildeten Mutter-Schafen eine ganze Rasse von Schafen, die alle die Eigenschaften des Vaters hatten, kurze und gekrümmte Beine und einen langen Leib. Sie konnten alle nicht über die Hecken springen und wurden deshalb in Massachusetts damals sehr beliebt.

Ein zweites Gesetz, welches ebenfalls unter die Reihe der progressiven oder fortschreitenden Vererbung gehört, können wir das Gesetz der befestigten oder constituirten Vererbung nennen. Danach werden Eigenschaften, die von einem Organismus während seines individuellen Lebens erworben wurden, um so sicherer auf seine Nachkommen erblich übertragen, je längere Zeit hindurch die Ursachen jener Abänderung einwirkten; und diese Abänderung wird um so sicherer Eigenthum auch aller folgenden Generationen, je längere Zeit hindurch auch auf diese die abändernde Ursache einwirkt. Die durch Anpassung oder Abänderung neu erworbene Eigenschaft muss in der Regel erst bis zu einem gewissen Grade befestigt oder constituirt sein, ehe mit Wahrscheinlichkeit darauf zu rechnen ist, dass sich dieselbe auch auf die Nachkommenschaft erblich überträgt. In dieser Beziehung verhält sich die Vererbung ähnlich wie die Anpassung. Je längere Zeit hindurch eine neu erworbene Eigenschaft bereits durch Vererbung übertragen ist, desto sicherer wird sie auch in den kommenden Generationen sich erhalten. Wenn also z. B. ein Gärtner durch methodische Behandlung eine neue Aepfelsorte gezüchtet hat, so kann er um so sicherer darauf rechnen, die erwünschte Eigenthümlichkeit dieser Sorte zu erhalten, je länger er dieselbe bereits vererbt hat. Dasselbe zeigt sich deutlich in der Vererbung von Krankheiten. Je länger bereits in einer Familie Schwindsucht oder Wahnsinn erblich ist, desto tiefer gewurzelt ist das Uebel, desto wahrscheinlicher werden auch alle folgenden Generationen davon ergriffen werden.

Endlich können wir die Betrachtung der Erblichkeits-Erscheinungen schliessen mit den beiden ungemein wichtigen Gesetzen der gleichörtlichen und der gleichzeitlichen Vererbung. Wir verstehen darunter die Thatsache, dass Veränderungen, welche von einem Organismus während seines Lebens erworben und erblich auf seine Nachkommen übertragen wurden, bei diesen an derselben Stelle des Körpers hervortreten, an welcher der elterliche Organismus zuerst von ihnen betroffen wurde, und dass sie bei den Nachkommen auch im gleichen Lebensalter erscheinen, wie bei dem ersteren.

Das Gesetz der gleichzeitlichen oder homochronen Vererbung, welches Darwin das Gesetz der „Vererbung in correspondirendem Lebensalter“ nennt, lässt sich wiederum sehr deutlich an der Vererbung von Krankheiten nachweisen, zumal von solchen, die wegen ihrer Erblichkeit sehr verderblich werden. Diese treten im kindlichen Organismus in der Regel zu einer Zeit auf, welche derjenigen entspricht, in welcher der elterliche Organismus die Krankheit erwarb. Erbliche Erkrankungen der Lunge, der Leber, der Zähne, des Gehirns, der Haut u. s. w. erscheinen bei den Nachkommen gewöhnlich in der gleichen Zeit oder nur wenig früher, als sie beim elterlichen Organismus eintraten oder von diesem überhaupt erworben wurden. Das Kalb bekommt seine Hörner in demselben Lebensalter wie seine Eltern. Ebenso erhält das junge Hirschkalb sein Geweih in derselben Lebenszeit, in welcher es bei seinem Vater und Grossvater hervorgesprosst war. Bei jeder der verschiedenen Weinsorten reifen die Trauben zur selben Zeit, wie bei ihren Voreltern. Bekanntlich ist diese Reifzeit bei den verschiedenen Sorten sehr verschieden; da aber alle von einer einzigen Art abstammen, ist diese Verschiedenheit von den Stamm-Eltern der einzelnen Sorten erst erworben worden und hat sich dann erblich fortgepflanzt.

Die erbliche Reihenfolge, in welcher die einzelnen Organe im Embryo nach einander auftreten, wird aber nicht immer durch das Gesetz der homochronen Vererbung bestimmt. Vielmehr erleidet dasselbe öfter Ausnahmen. Eine solche bildet die merkwürdige Erscheinung der phylogenetischen Retorsion: besondere Stammes-Eigenschaften, welche erst spät durch Anpassung erworben waren, erscheinen nicht erst im entsprechenden Lebensalter, sondern werden in eine frühere Jugend-Stufe zurückverlegt. Dieses Gesetz der rückläufigen oder retorsiven Vererbung zeigt sich z. B. in der characteristischen Veliger-Larve der Mollusken (Taf. XXII, Fig. 7,13) und der Nauplius-Larve der Crustaceen (Taf. X). Beide gleichen im Ganzen der Trochophora-Larve der Würmer, von denen diese Thier-Stämme ihren Ursprung herleiten; sie unterscheiden sich aber von ihr dadurch, dass in ihre Bildung später erworbene Organe zurückverlegt worden sind (Mantel und Schale der Mollusken, gegliederte Beine der Crustaceen). Vergl. Taf. XX, Fig. 2.

Das Gesetz der gleichörtlichen oder homotopen Vererbung, welches man auch „das Gesetz der Vererbung an correspondirender Körperstelle“ nennen könnte, offenbart sich besonders in pathologischen Erblichkeitsfällen sehr deutlich. Grosse Muttermale z. B. oder Pigment-Anhäufungen an einzelnen Hautstellen, ebenso Haarbüschel und Geschwülste der Haut, erscheinen oft Generationen hindurch nicht allein in demselben Lebensalter, sondern auch an derselben Stelle der Haut. Ebenso ist übermässige Fettentwickelung an einzelnen Körperstellen erblich. Eigentlich aber sind für dieses Gesetz, wie für das vorige, zahllose Beispiele überall in der Embryologie zu finden. Sowohl das Gesetz der gleichzeitlichen als das Gesetz der gleichörtlichen Vererbung sind Grund-Gesetze der Embryologie oder Ontogenie. Denn wir erklären uns durch diese Gesetze die merkwürdige Thatsache, dass die verschiedenen auf einander folgenden Formzustände während der individuellen Entwickelung bei allen Generationen einer und derselben Art in derselben Reihenfolge auftreten, und dass die Umbildungen des Körpers immer an denselben Stellen erfolgen. Diese scheinbar einfache und selbstverständliche Erscheinung ist doch überaus wunderbar und merkwürdig; wir können die näheren Ursachen derselben nicht erklären, aber mit Sicherheit behaupten, dass sie auf der unmittelbaren Uebertragung der organischen Materie vom elterlichen auf den kindlichen Organismus beruhen.

Die verschiedenen Gesetze der erhaltenden und der fortschreitenden Vererbung, welche ich zuerst im XIX. Capitel meiner „Generellen Morphologie“ aufgestellt, und vorstehend kurz erörtert habe, wirken in der mannichfaltigsten Weise mit einander und durch einander, und daraus ergiebt sich ihre ausserordentliche Bedeutung für den Transformismus, zugleich aber auch die grosse Schwierigkeit, theoretisch tiefer in das Wesen dieser physiologischen Vorgänge einzudringen. Zwar sind seit Darwin mehrfach verschiedene Versuche gemacht worden, zu ihrer Erklärung molekulare Hypothesen aufzustellen; aber keine dieser sogenannten „Vererbungs-Theorien" hat das darüber liegende Dunkel befriedigend aufgehellt und sich allgemeine Anerkennung erworben.

Wenn wir schliesslich noch einen Blick auf diese, neuerdings viel besprochenen Vererbungs-Theorien werfen, so müssen wir vor Allem im Sinne behalten, dass dieselben sämmtlich nur den Werth von provisorischen Molekular-Hypothesen besitzen; sie lassen sich weder morphologisch durch mikroskopische oder anatomische Beobachtung begründen, noch physiologisch durch physikalische und chemische Versuche. Das Plasma oder die eiweissartige Materie der Zellen, welche allein die Vererbung vermittelt (— sowohl das Karyoplasma des Zell-Kerns, als das Protoplasma des Zellenleibes —) besitzt jedenfalls eine äusserst verwickelte feinere Molekular-Structur; d. h. die kleineren und kleinsten Theilchen, welche das Plasma zusammensetzen, sind nach höchst complicirten Gesetzen gruppenweise geordnet. Aber leider sind unsere mikroskopischen Hülfsmittel viel zu schwach, um uns in diese Anordnung irgend einen Einblick zu gestatten; und ebenso wenig ist bisher die Physik und Chemie im Stande gewesen, eine befriedigende physiologische Vorstellung von der molekularen Zusammensetzung und Umbildung des Plasma zu gewinnen. Alle Ansichten, welche darüber aufgestellt und in den folgenden Vererbungs-Theorien erörtert sind, beruhen auf reiner Muthmaassung und sind — strenggenommen — metaphysische Speculationen. Wir betrachten sie nach der Reihenfolge ihres Erscheinens, die Pangenesis-Theorie (Darwin, 1868), die Perigenesis-Theorie (Haeckel, 1876), die Idioplasma-Theorie (Naegeli, 1884), die Keimplasma-Theorie (Weismann, 1885), die Theorie der intracellularen Pangenesis (Vries, 1889).

I. Die Pangenesis-Theorie wurde 1868 von Darwin in seinem inhaltreichen Werke über „das Variiren der Thiere und Pflanzen im Zustande der Domestication“ aufgestellt und 1875 in der zweiten Auflage desselben (im 27. Capitel) weiter ausgeführt. Darwin nimmt an, dass alle Zellen des Organismus (als Lebens-Einheiten) sich nicht allein durch Theilung vermehren und differenziren, sondern auch kleinste Körnchen abgeben, welche sich in allen Theilen des Körpers zerstreuen; diese unermesslich kleinen Körnchen nennt er Keimchen oder Gemmulae; sie sammeln sich in den Geschlechts-Elementen und setzen in der nächsten Generation das neue Wesen zusammen; aber sie können auch in schlummerndem Zustande an künftige Generationen überliefert und dann erst entwickelt werden. Auch kann jede Zelle während ihrer ganzen Entwickelungs-Dauer Körnchen abgeben; und diese Körnchen besitzen in schlummerndem Zustande eine gegenseitige Verwandtschaft, welche zu ihrer Anhäufung in den Geschlechts-Elementen führt.

Diese „provisorische Hypothese“ der Pangenesis, wie sie Darwin selbst vorsichtig bezeichnet, scheint mir unter den zahlreichen weittragenden Theorien des grossen Meisters die schwächste und haltloseste zu sein. Ich habe sie von Anfang an für verfehlt gehalten, und in der sogleich zu erwähnenden Schrift über Perigenesis (S. 32—72) ausführlich die Gründe entwickelt, welche mir ihre Annahme unmöglich machen. Sie scheint mir unvereinbar mit den fundamentalsten Thatsachen der Histologie und Ontogenie; sowohl der Aufbau der Gewebe aus den Zellen, als die Entstehung der differenzirten Zellen aus den Keimblättern, und deren Entwickelung aus der befruchteten Eizelle, scheinen mir in unlösbarem Widerspruch mit der Pangenesis-Hypothese zu stehen; consequent ausgeführt, leitet dieselbe zu der Praeformations-Theorie von Haller u. A. Dasselbe gilt auch von der Modification, welche W. K. Brooks derselben 1883 in seinem Werke über das Vererbungs-Gesetz gegeben hat. Seine Pangenesis unterscheidet sich von derjenigen Darwin's wesentlich nur durch eine Annahme; die Zellen sollen die Keimchen oder Gemmulae nicht beständig abwerfen, sondern nur dann, wenn sie unter neue ungewohnte Bedingungen gerathen. Auch soll die männliche Samen-Zelle viel mehr mit Gemmulae angefüllt sein, als die weibliche Ei-Zelle; daher soll jene mehr das progressive, diese das conservative Element bei der Fortpflanzung und Vererbung darstellen.

II. Die Perigenesis-Theorie wurde von mir 1876 in einer Abhandlung „über die Wellenzeugung der Lebenstheilchen, oder die Perigenesis der Plastidule“ begründet und als ein „provisorischer Versuch zur mechanischen Erklärung der elementaren Entwickelungs-Vorgänge“ und besonders der Vererbung bezeichnet (im II. Hefte meiner „Gesammelten populären Vorträge, Bonn, 1879, p. 25—80). Die Perigenesis-Hypothese sucht das Wesen der Vererbung durch ein einfaches mechanisches Princip zu erklären, nämlich durch das bekannte Princip der übertragenen Bewegung. Ich nehme an, dass bei jedem Fortpflanzungs-Vorgang nicht allein die besondere chemische Zusammensetzung des Plasson oder Plasma vom Zeugenden auf das Erzeugte übertragen wird, sondern auch die besonder Form der Molekular-Bewegung, welche mit seiner physikalisch-chemischen Natur verknüpft ist. In Uebereinstimmung mit den Grundsätzen der heutigen Histologie und Histogenie nehme ich an, dass nur jenes Plasma (entweder das Karyoplasma des Zell-Kerns, oder das Cytoplasma des Zellenleibes) der ursprüngliche Träger aller activen Lebens-Thätigkeit, also auch der Vererbung und Fortpflanzung ist. Dieses Plasma oder Plasson ist bei allen Plastiden (sowohl den kernlosen Cytoden als der echten kernhaltigen Zellen) aus Plastidulen oder Plasma-Molekülen zusammengesetzt; und diese sind „wahrscheinlich stets von Wasserhüllen umgeben; die grössere oder geringere Dicke dieser Wasserhüllen, welche zugleich die benachbarten Plastidule scheiden und verbinden, bedingt den weicheren oder festeren Zustand des gequollenen Plasson“ (a. a. O. S. 48). „Die Vererbung ist Uebertragung der Plastidul-Bewegung, die Anpassung hingegen Abänderung derselben“ (S. 55). Man kann sich diese Bewegung im Grossen und Ganzen unter dem Bilde einer verzweigten Wellen-Bewegung vorstellen. Bei allen Protisten oder einzelligen

Organismen (Protophyten und Protozoen) verläuft diese periodische Massen-Bewegung in verhältnissmässig einfacher Form, während sie sich bei allen Histonen oder vielzelligen Lebe-Wesen (Metaphyten und Metazoen) mit einer Wechselzeugung der Plastiden und einer Arbeits-Theilung der Plastidule verbindet; diese hatte ich schon 1866 im 17. Capitel der generellen Morphologie als Generationsfolge oder Strophogenesis erläutert (Bd. II, S. 104).

Die monistische Philosophie wird die Perigenesis-Hypothese um so eher als Grundlage einer mechanischen Vererbungs-Theorie annehmen dürfen, als ich zugleich die Plastidule als beseelte Moleküle (ähnlich den „Monaden“ von Leibnitz) betrachte und annehme, dass die Bewegungen derselben (Anziehung und Abstossung) ebenso mit Empfindungen (Lust und Unlust) verknüpft sind, wie die Bewegungen der Atome, aus welchen sie zusammengesetzt sind. Ohne die Annahme einer derartigen niederen (unbewussten) Empfindung und Willens-Bewegung in aller Materie bleiben mir die einfachsten chemischen und physikalischen Processe unverständlich; beruht doch auf ihrer Annahme die ganze Vorstellung von der Wahl-Verwandtschaft, oder der chemischen Affinität (a. a. O. S. 49). Die Plastidule unterscheiden sich aber von allen anderen Molekülen durch die Fähigkeit der Reproduction oder des Gedächtnisses. Wie schon 1870 der Physiologe Ewald Hering in seiner ausgezeichneten Abhandlung „über das Gedächtniss, als eine allgemeine Function der organisirten Materie“ gezeigt hat, bleiben uns ohne die Annahme eines solchen (unbewussten) Gedächtnisses die wichtigsten Lebens-Erscheinungen, und vor allen diejenigen der Fortpflanzung und Vererbung, ganz unerklärlich (S. 51). Mit Bezug darauf kann man auch „die Erblichkeit als das Gedächtniss der Plastidule und die Variabilität als die Fassungskraft der Plastidule“ bezeichnen.

III. Die Idioplasma-Theorie ist 1884 von Carl Naegeli in seinem umfangreichen Werke: Mechanisch-physiologische Theorie der Abstammungs-Lehre aufgestellt worden. Dieser ausgezeichnete Botaniker betrachtet als wesentlichen Factor der Vererbung und als Träger der erblichen Anlagen das Idioplasma, d. h.

nur jenen Theil des Plasma oder Plasson, welcher als Keim alle erblichen Anlagen überträgt, im Gegensatze zum blossen Ernährungs-Plasma. Die kleinsten Theile desselben, welche durch ihre eigenthümliche Zusammenordnung die Beschaffenheit des Idioplasma bestimmen, nennt Naegeli Micellen; sie entsprechen im Wesentlichen meinen Plastidulen und werden auch als umgeben von Wasserhüllen gedacht. Die specifische Natur des Idioplasma, welches meinem Plasson analog ist, soll nun „in der Configuration des Querschnitts von Strängen paralleler Micell-Reihen bestehen". Die Idioplasma-Stränge sind durch den ganzen Organismus in Gestalt eines grossen zusammenhängenden (unsichtbaren) Netzwerkes ausgespannt. Dieses verändert sich von Generation zu Generation aus inneren Ursachen, während es dem Einflusse der äusseren Existenz-Bedingungen gar nicht oder nur in sehr geringem Maasse unterworfen ist. Daher haben auch äussere Ursachen (insbesondere Veränderungen des Klimas, der Nahrung, der Umgebung u. s. w.) keinen oder nur sehr unbedeutenden Einfluss auf die Umbildung der Arten. Vielmehr wird diese durch ein inneres eigenthümliches Vervollkommnungs-Princip geleitet. Dieses bewirkt die Umformung der kleineren oder grösseren Formen-Gruppen in einer bestimmten fortschreitenden Richtung, dabei übt die Selection nur eine ganz geringe oder gar keine Wirkung aus.

Wie man sieht, führt Naegeli zur Erklärung der Vererbung und der organischen Entwickelung ein rein teleologisches Princip in die Biologie wieder ein. Sein „inneres Vervollkommnungs-Princip", das die ganze Entwickelung bedingt, ist nichts Anderes als die alte Lebenskraft in neuer Form, ein y statt eines x; und diese unbekannte Grösse wird uns dadurch nicht begreiflicher, dass sie Naegeli als eine immanente Eigenschaft seines Idioplasma hinstellt. Schwer begreiflich ist, wie ein so scharfsinniger Naturforscher (— der sich selbst für einen streng exacten Physiologen hält —) sich über das wahre Wesen seiner naturphilosophischen Molekular-Hypothese so vollkommen täuschen konnte. Er verwirft sowohl die Pangenesis Darwin's als meine Perigenesis vollständig, und erklärt sie für „Producte der Naturphilosophie, und als solche so gut wie jedes andere aus der gleichen Quelle erflossene Product". Er merkt dabei nicht, dass von seiner eigenen Hypothese ganz dasselbe gilt, und dass man von ihr mit denselben Worten sagen könnte: „Ihr Fehler ist wie bei jeder natur-philosophischen Lehre der, dass sie ihre Ahnungen als Thatsachen ausgiebt, und für dieselben unpassende naturwissenschaftliche Bezeichnungen braucht, und in unberechtigter Weise naturwissenschaftliche Bedeutung in Anspruch nimmt" (a. a. O. S. 81). Ganz dasselbe gilt auch von dem metaphysischen letzten Abschnitt seines Werkes: „Kräfte und Gestaltungen im molekularen Gebiet", und insbesondere von seiner Hypothese der Isagitaet (S. 807). Kein exacter Physiker erkennt in denselben etwas Anderes als phantasiereiche metaphysische Speculationen. Abgesehen von seiner ganz unbewiesenen Vererbungs-Theorie und vielen davon ausgehenden Irrthümern, enthält übrigens Naegeli's Werk eine Anzahl von sehr werthvollen Beiträgen zur Theorie der Abstammungs-Lehre, leider nur nicht ihre „mechanisch-physiologische Begründung". Vortrefflich sind insbesondere die Capitel über Phylogenetische Entwickelungs-Geschichte und Generationswechsel (VII, VIII), über Morphologie und Systematik als phylogenetische Wissenschaften (IX), und Urzeugung (II). Viele darin enthaltenen Ausführungen decken sich mit denjenigen, welche ich zuerst 1866 in meiner generellen Morphologie entwickelt hatte.

IV. Die Keimplasma-Theorie wurde 1885 von August Weismann begründet, in einer Abhandlung über „die Continuität des Keimplasma's als Grundlage einer Theorie der Vererbung". Diese Theorie stimmt mit den beiden vorhergehenden in der Annahme überein, dass die unmittelbare Ursache der individuellen Entwickelung und die materielle Grundlage der Vererbung in den Molekülen der plasmatischen Keimsubstanz zu suchen ist, entweder im Kerne oder im Protoplasma der Fortpflanzungszellen. Während aber meine Perigenesis-Hypothese das mechanische Princip der übertragenen Bewegung auf die Plasma-Moleküle oder Plastidule anwendet und deren Richtung durch Anpassung abändern lässt; während ferner Naegeli eine innere unbekannte

Vervollkommnungs-Tendenz, als rein teleologisches Princip, in seine Idioplasma-Moleküle oder Micellen hineinlegt und diese sich zu netzförmigen Strängen verbinden lässt, erblickt Weismann die eigentliche Ursache der Vererbung in der Continuität des Keimplasma, und diejenige der Abänderung in der Mischung der beiden verschiedenen Keimplasmen bei der geschlechtlichen Zeugung. Er nimmt an, dass im Organismus zwei vollkommen getrennte Plasma-Arten neben einander existiren, das Keimplasma als Zeugungsstoff, und das somatische Plasma als die Substanz, aus der sich alle Gewebe des Körpers entwickeln (— schon früher von Rauber als Germinal-Theil und Personal-Theil des Individuums unterschieden —). Weismann behauptet ferner, dass bei jeder Fortpflanzung ein Theil des elterlichen Keimplasma nicht zum Aufbau des kindlichen Organismus verwendet wird, sondern unverändert zurückbleibt und für die Bildung der Keimzellen der folgenden Generation verbraucht wird. Auf dieser ununterbrochenen Continuität des Keimplasma, durch die ganze Reihe der Generationen, beruht die Vererbung; hingegen die Anpassung oder Variation auf der individuellen Verschiedenheit der beiden Keimplasma-Arten (des weiblichen Eiplasma und männlichen Spermplasma), welche beim sexuellen Zeugungs-Process vermischt werden. Als eine wichtige Consequenz seiner Theorie betrachtet Weismann die Annahme, dass erworbene Eigenschaften nicht vererbt werden können. Er verwirft also das wesentlichste Princip der älteren Lamarck'schen Descendenz-Theorie, während er dem Darwin'schen Selections-Princip die weiteste Wirksamkeit zugesteht.

Die vielen morphologischen und physiologischen Gründe, welche gegen die Keimplasma-Lehre von Weismann sprechen, sind bereits von Virchow, Kölliker, Detmer, Hertwig, Eimer, Herbert Spencer u. A. ausführlich dargelegt worden. Indem ich mich ihnen anschliesse, möchte ich noch besonders hervorheben, dass die permanente Trennung der beiden Plasma-Arten in den Keim-Zellen nicht nur nicht durch mikroskopische Untersuchung bewiesen wird, sondern durch die Thatsachen der Eifurchung und Gastrulation höchst unwahrscheinlich gemacht wird. Ausserdem wird dadurch Weismann genöthigt, innere unbekannte Ursachen für die Entwickelung seines Keim-Plasma anzunehmen, welche ebenso metaphysisch und teleologisch sind wie das innere Vervollkommnungs-Princip im Idioplasma von Naegeli; nur der Name der unbekannten Ursache ist verschieden. Indem schliesslich Weismann nur die Erblichkeit der indirecten oder potentiellen Variation anerkennt, die Vererbung der directen oder actuellen Anpassung hingegen ganz verwirft, verzichtet er nach meiner Ueberzeugung auf eine mechanische Erklärung der wichtigsten Transformations-Erscheinungen.

V. Die Theorie der intracellularen Pangenesis (1889) ist kürzlich von dem Botaniker Hugo de Vries erörtert worden, in unmittelbarem Anschluss an Darwin's Hypothese (S. 199), aber mit dem wesentlichen Unterschiede, dass der von ihm angenommene Keimchen-Transport durch den Körper wegfällt. Vries nimmt einen solchen Transport nur innerhalb jeder einzelnen Zelle an, er giebt eine genauere Definition den Keimchen oder Gemmulae (welche er Pangene nennt) und nimmt an, dass jede einzelne erbliche Anlage an einen solchen stofflichen Träger, an ein unsichtbares Pangen, gebunden ist. Das ganze lebendige Protoplasma ist nur aus Pangenen zusammengesetzt und im Zellen-Kerne sind alle Arten von Pangenen des betreffenden Individuums vertreten.

Die lesenswerthe Abhandlung von Vries ist vortrefflich geschrieben und enthält viele lehrreiche Gedanken über Vererbung. Allein eine wirkliche Erklärung derselben, oder auch nur eine fassbare Vorstellung ihres Molekular-Processes, giebt sie ebensowenig, als eine der vier vorhergehenden Hypothesen. Die „einzelnen erblichen Anlagen" führen wieder zur Praeformations-Theorie zurück. Auch bietet der Bau und die Entwickelung der thierischen Gewebe ihrer Annahme unüberwindliche Schwierigkeiten, welche dem Botaniker Vries bei Betrachtung der viel einfacheren und relativ selbstständigen Pflanzenzelle nicht aufstiessen.

Ausser den angeführten fünf Vererbungs-Theorien sind neuerdings auch noch von anderen Naturforschern Versuche zu einer Erklärung dieser wunderbaren Erscheinungen gemacht worden.

Diese stellen aber entweder nur untergeordnete Modificationen von einer jener fünf Hypothesen dar, oder sie entfernen sich so sehr von den bekannten Grundlagen unserer empirischen Kenntnisse, dass wir sie nicht hervorzuheben brauchen. Die weitere Frage, ob bei der Fortpflanzung bloss der Kern der Zellen, oder auch ihr Protoplasma Träger der erblichen Eigenschaften ist, wird jetzt meistens zu Gunsten des ersteren bejaht. Ich hatte schon 1866 in meiner Generellen Morphologie (Bd. I, S. 288) behauptet, „dass der innere Kern die Vererbung der erblichen Charaktere, das äussere Plasma dagegen die Anpassung an die Verhältnisse der Aussenwelt zu besorgen hat". Neuerdings sind namentlich durch die ausgezeichneten Untersuchungen der Gebrüder Hertwig, E. Strasburger und Anderer sehr überzeugende Wahrscheinlichkeits-Gründe für diese Ansicht geliefert worden.

Unsere Kenntniss von der Vererbung und Fortpflanzung ist durch diese und zahlreiche andere Untersuchungen in den letzten drei Decennien ausserordentlich gefördert worden. Freilich erklärt uns keine von den fünf angeführten Molekular-Hypothesen das Räthsel dieser wunderbaren Vorgänge vollständig; eher haben sie dazu gedient, uns die ausserordentliche Verwickelung der hier stattfindenden unsichtbaren Processe, und unsere Unfähigkeit, sie zu begreifen, uns zum klaren Bewusstsein zu bringen. Aber trotzdem haben wir dadurch die früheren mystischen Vorstellungen über ihre Natur abgestreift, und allgemein die Ueberzeugung gewonnen, dass es sich dabei um physiologische Functionen handelt, um Lebensthätigkeiten der Zellen, welche gleich allen andern Lebens-Erscheinungen auf chemisch-physikalische Processe zurückzuführen, mithin mechanisch zu erklären sind.

Zehnter Vortrag.

Anpassung und Ernährung. Anpassungs-Gesetze.

Anpassung (Adaptation) und Veränderlichkeit (Variation). Zusammenhang der Anpassung mit der Ernährung (Stoffwechsel und Wachsthum). Unterscheidung der indirecten und directen Anpassung. Gesetze der indirecten oder potentiellen Anpassung. Individuelle Anpassung. Monströse oder sprungweise Anpassung. Geschlechtliche oder sexuelle Anpassung. Gesetze der directen oder actuellen Anpassung. Allgemeine oder universelle Anpassung. Gehäufte oder cumulative Anpassung. Gehäufte Einwirkung der äusseren Existenzbedingungen und gehäufte Gegenwirkung des Organismus. Der freie Wille. Gebrauch und Nichtgebrauch der Organe. Uebung und Gewohnheit. Functionelle Anpassung. Wechselbezügliche oder correlative Anpassung. Wechselbeziehungen der Entwickelung. Correlation der Organe. Erklärung der indirecten oder potentiellen Anpassung durch die Correlation der Geschlechtsorgane und der übrigen Körpertheile. Nachäffung oder mimetische Anpassung (Mimicry). Abweichende oder divergente Anpassung. Unbeschränkte oder unendliche Anpassung.

Meine Herren! Nachdem wir in den beiden letzten Vorträgen die wichtigsten Gesetze und Theorien der Vererbung erörtert haben, wenden wir uns nunmehr zu der zweiten grossen Reihe von Erscheinungen, welche bei der natürlichen Züchtung in Betracht kommen, nämlich zu denen der Anpassung oder Abänderung. Diese Erscheinungen stehen, im Grossen und Ganzen betrachtet, in einem gewissen Gegensatze zu den Vererbungs-Erscheinungen, und die Schwierigkeit, welche die Betrachtung beider darbietet, besteht zunächst darin, dass beide sich auf das Vollständigste durchkreuzen und verweben. Daher sind wir nur selten im Stande, bei den Form-Veränderungen, die unter unsern Augen geschehen, mit Sicherheit zu sagen, wieviel davon auf die Vererbung, wieviel auf die Abänderung zu beziehen ist. Alle

Form-Charaktere, durch welche sich die Organismen unterscheiden, sind entweder durch die Vererbung oder durch die Anpassung verursacht; da aber beide Functionen beständig in Wechselwirkung zu einander stehen, ist es für den Systematiker ausserordentlich schwer, den Antheil jeder der beiden Functionen an der speciellen Bildung der einzelnen Formen zu erkennen. Dies ist gegenwärtig um so schwieriger, als man sich noch kaum der ungeheuren Bedeutung dieser Thatsache bewusst geworden ist, und als die meisten Naturforscher die Theorie der Anpassung ebenso wie der Vererbung vernachlässigt haben. Die vorher aufgestellten Vererbungs-Gesetze, wie die sogleich anzuführenden Gesetze der Anpassung, bilden wahrscheinlich nur einen Bruchtheil der vorhandenen, meist noch nicht untersuchten Erscheinungen dieses Gebietes; und da jedes dieser Gesetze mit jedem anderen in Wechselbeziehung treten kann, so geht daraus die unendliche Verwickelung von physiologischen Thätigkeiten hervor, die bei der Formbildung der Organismen in der That wirksam sind.

Was nun die Erscheinung der Abänderung oder Anpassung im Allgemeinen betrifft, so müssen wir dieselbe, ebenso wie die Thatsache der Vererbung, als eine ganz allgemeine physiologische Grundeigenschaft aller Organismen ohne Ausnahme hinstellen, als eine Lebensäusserung, welche von dem Begriffe des Organismus gar nicht zu trennen ist. Streng genommen müssen wir auch hier, wie bei der Vererbung, zwischen der Anpassung selbst und der Anpassungsfähigkeit unterscheiden. Unter Anpassung (Adaptatio) oder Abänderung (Variatio) verstehen wir die Thatsache, dass der Organismus in Folge von Einwirkungen der umgebenden Aussenwelt gewisse neue Eigenthümlichkeiten in seiner Lebensthätigkeit, Mischung und Form annimmt, welche er nicht von seinen Eltern geerbt hat; diese erworbenen individuellen Eigenschaften stehen den ererbten gegenüber, welche seine Eltern und Voreltern auf ihn übertragen haben. Dagegen nennen wir Anpassungs-Fähigkeit (Adaptabilitas) oder Veränderlichkeit (Variabilitas) die allen Organismen inne wohnende Fähigkeit, derartige neue Eigenschaften unter dem Einflusse der Aussenwelt zu erwerben.

Die unleugbare Thatsache der organischen Anpassung oder Abänderung ist allbekannt und an tausend uns umgebenden Erscheinungen jeden Augenblick wahrzunehmen. Allein gerade deshalb, weil die Erscheinungen der Abänderung durch äussere Einflüsse selbstverständlich erscheinen, hat man dieselben bisher noch fast gar nicht einer genaueren wissenschaftlichen Untersuchung unterzogen. Es gehören dahin alle Erscheinungen, welche wir als die Folgen der Angewöhnung und Abgewöhnung, der Uebung und Nichtübung betrachten, oder als Folgen der Dressur, der Erziehung, der Acclimatisation, der Gymnastik u. s. w. Auch viele bleibende Veränderungen durch krankmachende Ursachen, viele Krankheiten sind weiter nichts als gefährliche Anpassungen des Organismus an verderbliche Lebensbedingungen. Bei den Cultur-Pflanzen und Hausthieren tritt die Erscheinung der Abänderung so auffallend und mächtig hervor, dass eben darauf der Thierzüchter und Gärtner seine ganze Thätigkeit gründet, oder vielmehr auf die Wechselbeziehung, in welche er diese Erscheinungen mit denen der Vererbung setzt. Ebenso ist von den Pflanzen und Thieren im wilden Zustande allbekannt, dass sie abändern oder variiren. Jede systematische Bearbeitung einer Thier- oder Pflanzen-Gruppe müsste, wenn sie ganz vollständig und erschöpfend sein wollte, bei jeder einzelnen Art eine Menge von Abänderungen anführen, welche mehr oder weniger von der herrschenden oder typischen Hauptform der Species abweichen. In der That finden Sie in jedem genauer gearbeiteten systematischen Specialwerk bei den meisten Arten eine Anzahl von solchen Variationen und Umbildungen angeführt, welche bald als individuelle Abweichungen, bald als sogenannte Spielarten, Rassen, Varietäten, Abarten oder Unterarten bezeichnet werden. Oft entfernen sich dieselben ausserordentlich weit von der Stammart, und doch sind sie meistens nur durch die Anpassung des Organismus an die äusseren Lebensbedingungen entstanden.

Wenn wir nun zunächst die allgemeinen Ursachen dieser Anpassungs-Erscheinungen zu begründen suchen, so kommen wir zu dem Resultate, dass dieselben in Wirklichkeit so einfach sind, als die Ursachen der Erblichkeits-Erscheinungen. Wie wir für die Vererbungs-Thatsachen die Fortpflanzung als allgemeine Grundursache nachwiesen, die Uebertragung der elterlichen Materie auf den kindlichen Körper, so können wir für die Thatsachen der Anpassung oder Abänderung, die physiologische Thätigkeit der Ernährung oder des Stoffwechsels als die allgemeine Grundursache hinstellen. Wenn ich hier die „Ernährung" als bewirkende Ursache der Abänderung und Anpassung anführe, so nehme ich dieses Wort im weitesten Sinne, und verstehe darunter die gesammten trophischen Veränderungen, welche der Organismus in allen seinen Theilen durch die Einflüsse der ihn umgebenden Aussenwelt erleidet. Es gehört also zur Ernährung nicht allein die Aufnahme der wirklich nährenden Stoffe und der Einfluss der verschiedenartigen Nahrung; sondern auch z. B. die Einwirkung, welche das Wasser und die Atmosphäre, das Sonnenlicht und die Temperatur auf die chemisch-physikalische Beschaffenheit des Körpers ausüben; kurz der Einfluss aller derjenigen meteorologischen Erscheinungen, welche man unter dem Begriff „Klima" zusammenfasst. Auch der mittelbare und unmittelbare Einfluss der Bodenbeschaffenheit und des Wohnorts gehört hierher, ferner der äusserst wichtige und vielseitige Einfluss, welchen die umgebenden Organismen, die Freunde und Nachbarn, die Feinde und Räuber, die Schmarotzer oder Parasiten u. s. w. auf jedes Thier und auf jede Pflanze ausüben. Alle diese und noch viele andere höchst wichtige Einwirkungen, welche alle die Gewebe des Organismus mehr oder weniger in ihrer materiellen Zusammensetzung verändern, müssen hier beim Stoffwechsel in Betracht gezogen werden. Demgemäss wird die Anpassung die Folge aller jener materiellen Veränderungen sein, welche die äusseren Existenz-Bedingungen in der Ernährung der Elementartheile, die Einflüsse der umgebenden Aussenwelt im Stoffwechsel und im Wachsthum des Organismus hervorbringen.

Wie sehr jeder Organismus von seiner gesammten äusseren Umgebung abhängt und durch deren Wechsel verändert wird, ist Ihnen Allen im Allgemeinen bekannt. Denken Sie bloss daran, wie die menschliche Thatkraft von der Temperatur der Luft abhängig ist, oder die Gemüthsstimmung von der Farbe des Himmels. Je nachdem der Himmel wolkenlos und sonnig ist, oder mit trüben, schweren Wolken bedeckt, ist unsere Stimmung heiter oder trübe. Wie anders empfinden und denken wir im Walde während einer stürmischen Winternacht und während eines heitern Sommertages! Alle diese verschiedenen Stimmungen unserer Seele beruhen auf rein materiellen Veränderungen unseres Gehirns, auf molekularen Plasma-Bewegungen, welche mittelst der Sinne durch die verschiedene Einwirkung des Lichtes, der Wärme, der Feuchtigkeit u. s. w. hervorgebracht werden. „Wir sind ein Spiel von jedem Druck der Luft!"

Nicht minder wichtig und tiefgreifend sind die Einwirkungen, welche unser Geist und unser Körper durch die verschiedene Qualität und Quantität der Nahrungsmittel im engeren Sinne erfährt. Unsere Geistesarbeit, die Thätigkeit unseres Verstandes und unserer Phantasie ist gänzlich verschieden, je nachdem wir vor und während derselben Thee und Kaffee, oder Wein und Bier genossen haben. Unsere Stimmungen, Wünsche und Gefühle sind ganz anders, wenn wir hungern und wenn wir gesättigt sind. Der Nationalcharakter der Engländer und der Gauchos in Südamerika, welche vorzugsweise von Fleisch, von stickstoffreicher Nahrung leben, ist gänzlich verschieden von demjenigen der kartoffelessenden Irländer und der reisessenden Chinesen, welche vorwiegend stickstofflose Nahrung geniessen. Auch lagern die letzteren viel mehr Fett ab, als die ersteren. Hier wie überall gehen die Veränderungen des Geistes mit entsprechenden Umbildungen des Körpers Hand in Hand; beide sind durch rein materielle Ursachen bedingt. Ganz ebenso wie der Mensch, werden aber auch alle anderen Organismen durch die verschiedenen Einflüsse der Ernährung abgeändert und umgebildet. Wir können z. B. willkürlich die Form, Grösse, Farbe u. s. w. unserer Cultur-Pflanzen abändern, indem wir sie einem verschiedenen Grade von Sonnenlicht und Feuchtigkeit aussetzen. Da diese Erscheinungen ganz allgemein verbreitet und bekannt sind, gehen wir sogleich zur Betrachtung der verschiedenen Variations- und Anpassungs-Gesetze über.

Gleichwie die verschiedenen Vererbungs-Gesetze sich naturgemäss in die beiden Reihen der conservativen und der progressiven Vererbung sondern lassen, so kann man unter den Anpassungs-Gesetzen ebenfalls zwei verschiedene Reihen unterscheiden, nämlich erstens die Reihe der indirecten oder mittelbaren, und zweitens die Reihe der directen oder unmittelbaren Anpassungs-Gesetze. Letztere kann man auch als actuelle, erstere als potentielle Anpassungs-Gesetze bezeichnen.

Die erste Reihe, die Erscheinungen der unmittelbaren oder indirecten (potentiellen) Anpassung, waren früher im Ganzen sehr wenig berücksichtigt worden; es bleibt das Verdienst Darwin's, auf diese Reihe von Veränderungen ganz besonders hingewiesen zu haben. In jüngster Zeit hat namentlich August Weismann dieselben sehr eingehend untersucht, und ihnen zuletzt, als einzig erblichen Abartungen, eine so ausschliessliche Geltung zugeschrieben, dass er die Vererbung von directen Anpassungen überhaupt leugnet. Es ist etwas schwierig, diesen Gegenstand gehörig klar darzustellen; ich werde versuchen, Ihnen denselben nachher durch Beispiele deutlich zu machen. Ganz allgemein ausgedrückt besteht die indirecte oder potentielle Anpassung in der Thatsache, dass gewisse chemische, durch veränderte Ernährung hervorgerufene Veränderungen des Organismus, nicht seine eigene individuelle Form-Beschaffenheit abändern, sondern nur diejenige seiner Nachkommen. So wird namentlich bei den Organismen, welche sich auf geschlechtlichem Wege fortpflanzen, das Reproductions-System oder der Geschlechts-Apparat oft durch äussere Wirkungen unmerklich dergestalt beeinflusst, dass ihre Nachkommenschaft eine ganz veränderte Bildung zeigt. Sehr auffällig kann man das an den künstlich erzeugten Monstrositäten sehen. Man kann Monstrositäten oder Missgeburten dadurch erzeugen, dass man den elterlichen Organismus einer bestimmten, ausserordentlichen Lebensbedingung unterwirft. Diese ungewohnte Lebensbedingung erzeugt aber nicht eine Veränderung des Organismus selbst, sondern eine Veränderung seiner Nachkommen. Man kann das nicht als Vererbung bezeichnen, weil ja nicht eine im elterlichen Organismus vorhandene Eigenschaft als solche erblich auf die Nachkommen übertragen wird. Vielmehr tritt eine Abänderung, welche den elterlichen Organismus betraf, aber nicht wahrnehmbar afficirte, erst in der eigenthümlichen Bildung seiner Nachkommen wirksam zu Tage. Bloss der Anstoss zu dieser neuen Bildung wird durch das Ei der Mutter oder durch den Samenfaden des Vaters bei der Fortpflanzung übertragen. Die Neubildung ist im elterlichen Organismus bloss der Möglichkeit nach (potentia) vorhanden; im kindlichen wird sie zur Wirklichkeit (actu).

Indem man diese sehr wichtige und sehr allgemeine Erscheinung bisher ganz vernachlässigt hatte, war man geneigt, alle wahrnehmbaren Abänderungen und Umbildungen der organischen Formen als Anpassungs-Erscheinungen der zweiten Reihe zu betrachten, derjenigen der unmittelbaren oder directen (actuellen) Anpassung. Das Wesen dieser Anpassungs-Gesetze liegt darin, dass die den Organismus betreffende Veränderung (in der Ernährung u. s. w.) bereits in dessen eigener Umbildung und nicht erst in derjenigen seiner Nachkommen sichtbar wird. Hierher gehören alle die bekannten Erscheinungen, bei denen wir den umgestaltenden Einfluss des Klimas, der Nahrung, der Erziehung, Dressur u. s. w. unmittelbar an den betroffenen Individuen selbst in seiner Wirkung verfolgen können.

Wie die beiden Erscheinungs-Reihen der conservativen und der progressiven Vererbung trotz ihres principiellen Unterschiedes vielfach in einander greifen und sich gegenseitig modificiren, vielfach zusammenwirken und sich durchkreuzen, so gilt das in noch höherem Maasse von den beiden entgegengesetzten und doch innig zusammenhängenden Erscheinungs-Reihen der indirecten und der directen Anpassung. Einige Naturforscher, namentlich Darwin, Carl Vogt und Weismann, schreiben den indirecten oder potentiellen Anpassungen eine viel bedeutendere oder selbst eine fast ausschliessliche Wirksamkeit zu. Die Mehrzahl der Naturforscher aber war bisher geneigt, umgekehrt das Hauptgewicht auf die Wirkung der directen oder actuellen Anpassungen zu legen, oder auch diese allein gelten zu lassen, im Anschlusse an die Lehren von Lamarck. Eigentlich ist dieser Streit vorläufig ziemlich unnütz. Nur selten sind wir in der Lage, im einzelnen Abänderungs-Falle beurtheilen zu können, wie viel davon auf Rechnung der directen, wieviel auf Rechnung der indirecten Anpassung kömmt. Wir kennen im Ganzen diese ausserordentlich wichtigen und verwickelten Verhältnisse noch viel zu wenig, und können daher nur im Allgemeinen die Behauptung aufstellen, dass die Umbildung der organischen Formen entweder bloss der directen oder bloss der indirecten, oder endlich drittens dem Zusammenwirken der directen und der indirecten Anpassung zuzuschreiben ist. Die Physiologie der Ernährung wird die wichtige Aufgabe zu lösen haben, die verschiedenen Wirkungen dieser Abänderungen näher (— womöglich experimentell —) zu untersuchen, und auf ihre elementaren Ursachen, auf die physikalisch-chemischen Vorgänge im Stoffwechsel und im Wachsthum der Organe zurückzuführen.

Lassen Sie uns nun etwas näher die verschiedenen Erscheinungs-Formen der Variation betrachten, welche man vorläufig als „Gesetze der Anpassung" unterscheiden kann. Zunächst wenden wir uns zu den Abänderungen der ersten Reihe, der indirecten oder potentiellen Anpassung. Wenn diese merkwürdigen Erscheinungen auch noch sehr dunkel in ihrem Wesen und sehr wenig erforscht in ihren elementaren Ursachen sind, so steht doch allgemein und unzweifelhaft die Thatsache fest, dass alle organischen Individuen Umbildungen erleiden und neue Formen annehmen können in Folge von Ernährungs-Veränderungen, welche nicht sie selbst, sondern ihren elterlichen Organismus betrafen. Der umgestaltende Einfluss der äusseren Existenz-Bedingungen, des Klimas, der Nahrung etc. äussert hier seine Wirkung nicht direct, in der Umbildung des Organismus selbst, sondern indirect, in derjenigen seiner Nachkommen.

Als das oberste und allgemeinste von den Gesetzen der indirecten Abänderung können wir das Gesetz der individuellen Anpassung hinstellen, nämlich den wichtigen Satz, dass alle organischen Individuen von Anbeginn ihrer individuellen Existenz an ungleich, wenn auch oft höchst ähnlich sind. Zum Beweise dieses Satzes können wir zunächst auf die Thatsache hinweisen, dass beim Menschen allgemein alle Geschwister, alle

Kinder eines Elternpaares von Geburt an ungleich sind. Es wird Niemand behaupten, dass zwei Geschwister bei der Geburt noch vollkommen gleich sind, dass die Grösse aller einzelnen Körpertheile, die Zahl der Kopfhaare, der Oberhaut-Zellen, der Blut-Zellen in beiden Geschwistern ganz gleich sei, dass beide dieselben Anlagen und Talente mit auf die Welt gebracht haben. Ganz besonders beweisend für dieses Gesetz der individuellen Verschiedenheit ist aber die Thatsache, dass bei denjenigen Thieren, welche mehrere Junge werfen, z. B. bei den Hunden und Katzen, alle Jungen eines jeden Wurfes von einander verschieden sind, bald durch geringere, bald durch auffallendere Differenzen in der Grösse, Färbung, Länge der einzelnen Körpertheile, Stärke u. s. w. Nun gilt aber dieses Gesetz ganz allgemein. Alle organischen Individuen sind von Anfang an durch gewisse, wenn auch oft höchst feine Unterschiede ausgezeichnet, und die Ursache dieser individuellen Unterschiede, wenn auch im Einzelnen uns gewöhnlich ganz unbekannt, liegt theilweise oder ausschliesslich in gewissen Einwirkungen, welche die Fortpflanzungs-Organe des elterlichen Organismus erfahren haben.

Manche Naturforscher betrachten die individuelle Variation als die wichtigste oder selbst die ausschliessliche Ursache der Transformation; so namentlich August Weisman, welcher sie als die unmittelbare Folge der geschlechtlichen Fortpflanzung hinstellt. Die amphigone Vererbung bewirkt nach ihm unmittelbar die individuelle Anpassung. So hoch wir aber auch ihren Werth schätzen mögen, so können wir ihr doch nicht diese ausschliessliche Bedeutung zugestehen.

Weniger wichtig und allgemein, als dieses Gesetz der individuellen Abänderung, ist ein zweites Gesetz der indirecten Anpassung, welches wir das Gesetz der monströsen oder sprungweisen Anpassung nennen wollen. Hier sind die Abweichungen des kindlichen Organismus von der elterlichen Form so auffallend, dass wir sie in der Regel als Missgeburten oder Monstrositäten bezeichnen können. Diese werden in vielen Fällen, wie es durch Experimente nachgewiesen ist, dadurch erzeugt, dass man den elterlichen Organismus einer bestimmten Behandlung unterwirft, in eigenthümliche Ernährungs-Verhältnisse versetzt, z. B. Luft und Licht ihm entzieht oder andere auf seine Ernährung mächtig einwirkende Einflüsse in bestimmter Weise abändert. Die neue Existenz-Bedingung bewirkt eine starke und auffallende Abänderung der Gestalt, aber nicht an dem unmittelbar davon betroffenen Organismus, sondern erst an dessen Nachkommenschaft. Die Art und Weise dieser Einwirkung im Einzelnen zu erkennen, ist uns auch hier nicht möglich, und wir können nur ganz im Allgemeinen den ursächlichen Zusammenhang zwischen der monströsen Bildung des Kindes und einer gewissen Veränderung in den Existenz-Bedingungen seiner Eltern, sowie deren Einfluss auf die Fortpflanzungs-Organe der letzteren, feststellen. In diese Reihe der monströsen oder sprungweisen Abänderungen gehören wahrscheinlich die früher erwähnten Erscheinungen des Albinismus, sowie die einzelnen Fälle von Menschen mit sechs Fingern und Zehen, von ungehörnten Rindern, sowie von Schafen und Ziegen mit vier oder sechs Hörnern. Wahrscheinlich verdankt in allen diesen Fällen die monströse Abänderung ihre Entstehung einer Ursache, welche zunächst nur das Reproductions-System des elterlichen Organismus, das Ei der Mutter oder das Sperma des Vaters afficirte.

Als eine dritte eigenthümliche Aeusserung der indirecten Anpassung können wir das Gesetz der geschlechtlichen oder sexuellen Anpassung bezeichnen. So nennen wir die merkwürdige Thatsache, dass bestimmte Einflüsse, welche auf die männlichen Fortpflanzungs-Organe einwirken, nur in der Formbildung der männlichen Nachkommen, und ebenso andere Einflüsse, welche die weiblichen Geschlechts-Organe betreffen, nur in der Gestalt-Veränderung der weiblichen Nachkommen ihre Wirkung äussern. Diese merkwürdige Erscheinung ist noch sehr dunkel und wenig beachtet, wahrscheinlich aber von grosser Bedeutung für die Entstehung der früher betrachteten „secundären Sexual-Charaktere“.

Alle die angeführten Erscheinungen der geschlechtlichen, der sprungweisen und der individuellen Anpassung, welche wir als „Gesetze der indirecten oder mittelbaren (potentiellen) Anpassung“ zusammenfassen können, sind uns in ihrem eigentlichen Wesen, in ihrem tieferen ursächlichen Zusammenhang noch äusserst wenig bekannt. Nur soviel lässt sich schon jetzt mit Sicherheit behaupten, dass sehr zahlreiche und wichtige Umbildungen der organischen Formen diesem Vorgange ihre Entstehung verdanken. Viele und auffallende Form-Veränderungen sind lediglich bedingt durch Ursachen, welche zunächst nur auf die Ernährung des elterlichen Organismus und dadurch auf dessen Fortpflanzungs-Organe einwirkten. Offenbar sind hierbei die wichtigen Wechselbeziehungen, in denen die Geschlechts-Organe zu den übrigen Körpertheilen stehen, von der grössten Bedeutung. Von diesen werden wir sogleich bei dem Gesetze der wechselbezüglichen Anpassung noch mehr zu sagen haben. Wie mächtig überhaupt Veränderungen in den Lebensbedingungen, in der Ernährung auf die Fortpflanzung der Organismen einwirken, beweist allein schon die merkwürdige Thatsache, dass zahlreiche wilde Thiere, die wir in unseren zoologischen Gärten halten, und ebenso viele in unsere botanischen Gärten verpflanzte exotische Gewächse nicht mehr im Stande sind, sich fortzupflanzen, so z. B. die meisten Raubvögel, Papageien und Affen. Auch der Elephant und die bärenartigen Raubthiere werfen in der Gefangenschaft fast niemals Junge. Ebenso werden viele Pflanzen im Culturzustande unfruchtbar. Es erfolgt zwar die Verbindung der beiden Geschlechter, aber keine Befruchtung oder keine Entwicklung der befruchteten Keime. Hieraus ergiebt sich unzweifelhaft, dass die durch den Culturzustand veränderte Ernährungsweise die Fortpflanzungs-Fähigkeit gänzlich aufzuheben, also den grössten Einfluss auf die Geschlechts-Organe auszuüben im Stande ist. Ebenso können andere Anpassungen oder Ernährungs-Veränderungen des elterlichen Organismus zwar nicht den gänzlichen Ausfall der Nachkommenschaft, wohl aber bedeutende Umbildungen in deren Structur und Form veranlassen.

Viel bekannter als die Erscheinungen der indirecten oder potentiellen Anpassung sind diejenigen der directen oder actuellen Anpassung, zu deren näherer Betrachtung wir uns jetzt wenden. Es gehören hierher alle diejenigen Abänderungen der

Organismen, welche man als die Folgen der Uebung, Gewohnheit, Dressur, Erziehung u. s. w. betrachtet, ebenso diejenigen Umbildungen der organischen Formen, welche unmittelbar durch den Einfluss der Nahrung, des Klimas und anderer äusserer Existenz-Bedingungen bewirkt werden. Wie schon vorher bemerkt, tritt hier bei der directen oder unmittelbaren Anpassung der umbildende Einfluss der äusseren Ursache in der individuellen Form oder Structur des betroffenen Organismus selbst, und nicht erst in derjenigen seiner Nachkommenschaft wirksam zu Tage.

Unter den verschiedenen Gesetzen der directen oder actuellen Anpassung können wir als das oberste und umfassendste das Gesetz der allgemeinen oder universellen Anpassung an die Spitze stellen. Dasselbe lässt sich kurz in dem Satze aussprechen: „Alle organischen Individuen werden im Laufe ihres Lebens durch Anpassung an verschiedene Lebensbedingungen einander ungleich, obwohl die Individuen einer und derselben Art sich meistens sehr ähnlich bleiben.“ Eine gewisse Ungleichheit aller Einzelwesen wurde ja schon durch das Gesetz der individuellen (indirecten) Anpassung bedingt. Allein diese ursprüngliche Ungleichheit der Einzelwesen wird späterhin dadurch noch gesteigert, dass jedes Individuum sich während seines selbstständigen Lebens seinen eigenthümlichen Existenz-Bedingungen unterwirft und anpasst. Alle verschiedenen Einzelwesen einer jeden Art, so ähnlich sie in ihren ersten Lebensstadien auch sein mögen, werden im weiteren Verlaufe der Existenz einander mehr oder minder ungleich. In geringeren oder bedeutenderen Eigenthümlichkeiten entfernen sie sich von einander, und das ist eine natürliche Folge der verschiedenen Bedingungen, unter denen alle Individuen leben. Es giebt nicht zwei einzelne Wesen irgend einer Art, die unter ganz gleichen äusseren Umständen ihr Leben vollbringen. Die Lebensbedingungen der Nahrung, der Feuchtigkeit, der Luft, des Lichtes, ferner die Lebensbedingungen der Gesellschaft, die Wechselbeziehungen zu den umgebenden Individuen derselben Art und anderer Arten, sind bei allen Einzelwesen verschieden; diese Verschiedenheit wirkt zunächst auf die Functionen, weiterhin auf die Formen jedes einzelnen Organismus umbildend ein.

Wenn Geschwister einer menschlichen Familie schon von Anfang an gewisse individuelle Ungleichheiten zeigen, die wir als Folge der individuellen (indirecten) Anpassung betrachten können, so erscheinen uns dieselben noch weit mehr verschieden in späterer Lebenszeit, wo die einzelnen Geschwister verschiedene Erfahrungen durchgemacht, und sich verschiedenen Lebensverhältnissen angepasst haben. Die ursprünglich angelegte Verschiedenheit des individuellen Entwickelungsganges wird offenbar um so grösser, je länger das Leben dauert, je mehr verschiedenartige äussere Bedingungen auf die einzelnen Individuen Einfluss erlangen. Das können Sie am einfachsten an den Menschen selbst, sowie an den Hausthieren und Cultur-Pflanzen nachweisen, bei denen Sie willkürlich die Lebensbedingungen modificiren können. Zwei Brüder, von denen der eine zum Arbeiter, der andere zum Priester erzogen wird, entwickeln sich in körperlicher und geistiger Beziehung ganz verschieden; ebenso zwei Hunde eines und desselben Wurfes, von denen der eine zum Jagdhund, der andere zum Kettenhund erzogen wird. Dasselbe gilt aber auch von den organischen Individuen im Naturzustande. Wenn Sie z. B. in einem Kiefern- oder in einem Buchenwalde sorgfältig alle Bäume mit einander vergleichen, so finden Sie immer, dass von allen hundert oder tausend Bäumen einer und derselben Art nicht zwei Individuen in der Grösse des Stammes und der einzelnen Theile, in der Zahl der Zweige, Blätter, Früchte u. s. w. völlig übereinstimmen. Ueberall finden Sie individuelle Ungleichheiten, welche zum Theil wenigstens bloss die Folge der verschiedenen Lebensbedingungen sind, unter denen sich alle Bäume entwickelten. Freilich lässt sich niemals mit Bestimmtheit sagen, wie viel von dieser Ungleichheit aller Einzelwesen jeder Art ursprünglich (durch die indirecte individuelle Anpassung bedingt), wie viel davon erworben (durch die directe universelle Anpassung bewirkt) sein mag.

Nicht minder wichtig und allgemein als die universelle Anpassung ist eine zweite Erscheinungsreihe der directen Anpassung, welche wir das Gesetz der gehäuften oder cumulativen Anpassung nennen können. Unter diesem Namen fasse ich eine grosse Anzahl von sehr wichtigen Erscheinungen zusammen, die man gewöhnlich in zwei ganz verschiedene Gruppen bringt. Man unterscheidet in der Regel erstens solche Veränderungen der Organismen, welche unmittelbar durch den anhaltenden Einfluss äusserer Bedingungen (durch die dauernde Einwirkung der Nahrung, des Klimas, der Umgebung u. s. w.) erzeugt werden, und zweitens solche Veränderungen, welche mittelbar durch Gewohnheit und Uebung, durch Angewöhnung an bestimmte Lebensbedingungen, durch Gebrauch oder Nichtgebrauch der Organe entstehen. Diese letzteren Einflüsse sind insbesondere von Lamarck als wichtige Ursachen der Umbildung der organischen Formen hervorgehoben, während man die ersteren schon sehr lange in weiteren Kreisen als solche anerkannt hat.

Die scharfe Unterscheidung, welche man zwischen diesen beiden Gruppen der gehäuften oder cumulativen Anpassung gewöhnlich macht, und welche auch Darwin noch sehr hervorhebt, verschwindet, sobald man eingehender und tiefer über das eigentliche Wesen und den ursächlichen Grund der beiden scheinbar sehr verschiedenen Anpassungsreihen nachdenkt. Man gelangt dann zu der Ueberzeugung, dass man es in beiden Fällen immer mit zwei verschiedenen wirkenden Ursachen zu thun hat, nämlich einerseits mit der äusseren Einwirkung oder Action der anpassend wirkenden Lebensbedingung, und andrerseits mit der inneren Gegenwirkung oder Reaction des Organismus, welcher sich jener Lebensbedingung unterwirft und anpasst. Wenn man die gehäufte Anpassung in ersterer Hinsicht für sich betrachtet, indem man die umbildenden Wirkungen der andauernden äusseren Existenzbedingungen auf diese letzteren allein bezieht, so legt man einseitig das Hauptgewicht auf die äussere Einwirkung, und man vernachlässigt die nothwendig eintretende innere Gegenwirkung des Organismus. Wenn man umgekehrt die gehäufte Anpassung einseitig in der zweiten Richtung verfolgt, indem man die umbildende Selbstständigkeit des Organismus, seine Gegenwirkung gegen den äusseren Einfluss, seine Veränderung durch Uebung, Gewohnheit, Gebrauch oder Nichtgebrauch der Organe hervorhebt, so vergisst man, dass diese Gegenwirkung oder Reaction erst durch die Einwirkung der äusseren Existenzbedingung hervorgerufen wird. Es ist also nur ein Unterschied der Betrachtungsweise, auf welchem die Unterscheidung jener beiden verschiedenen Gruppen beruht, und ich glaube, dass man sie mit vollem Rechte zusammenfassen kann. Das Wesentlichste bei diesen gehäuften Anpassungs-Erscheinungen ist immer, dass die Veränderung des Organismus, welche zunächst in seiner Function und weiterhin in seiner Formbildung sich äussert, entweder durch lange andauernde oder durch oft wiederholte Einwirkungen einer äusseren Ursache veranlasst wird. Die kleinste Ursache kann durch Häufung oder Cumulation ihrer Wirkung die grössten Erfolge erzielen.

Die Beispiele für diese Art der directen Anpassung sind unendlich zahlreich. Wo Sie nur hineingreifen in das Leben der Thiere und Pflanzen, finden Sie überall einleuchtende und überzeugende Veränderungen dieser Art vor Augen. Wir wollen hier zunächst einige durch die Nahrung selbst unmittelbar bedingte Anpassungs-Erscheinungen hervorheben. Jeder von Ihnen weiss, dass man die Hausthiere, die man für gewisse Zwecke züchtet, verschieden umbilden kann durch die verschiedene Quantität und Qualität der Nahrung. Wenn der Landwirth bei der Schafzucht feine Wolle erzeugen will, so giebt er den Schafen anderes Futter, als wenn er gutes Fleisch oder reichliches Fett erzielen will. Die auserlesenen Rennpferde und Luxuspferde erhalten besseres Futter, als die schweren Lastpferde und Karrengaule. Die Körperform des Menschen selbst, der Grad der Fettablagerung z. B., ist ganz verschieden nach der Nahrung. Bei stickstoffreicher Kost wird wenig, bei stickstoffarmer Kost viel Fett abgelagert. Leute, die mit Hülfe der Banting-Kur mager werden wollen, essen nur Fleisch und Eier, kein Brod, keine Kartoffeln. Welche bedeutenden Veränderungen man an Cultur-Pflanzen, lediglich durch veränderte Quantität und Qualität der Nahrung hervorbringen kann, ist allbekannt. Dieselbe Pflanze erhält ein ganz anderes Aussehen, wenn man sie an einem trockenen, warmen Ort dem Sonnenlicht ausgesetzt hält, oder wenn man sie an einer kühlen, feuchten Stelle im Schatten hält. Viele Pflanzen bekommen, wenn man sie an den Meeresstrand versetzt, nach einiger Zeit dicke, fleischige Blätter; und dieselben Pflanzen, an ausnehmend trockene und heisse Standorte versetzt, bekommen dünne, behaarte Blätter. Alle diese Formveränderungen entstehen unmittelbar durch den gehäuften Einfluss der veränderten Nahrung.

Aber nicht nur die Quantität und Qualität der Nahrungsmittel wirkt mächtig verändernd und umbildend auf den Organismus ein, sondern auch alle anderen äusseren Existenz-Bedingungen, vor Allen die nächste organische Umgebung, die Gesellschaft von freundlichen oder feindlichen Organismen. Ein und derselbe Baum entwickelt sich ganz anders an einem offenen Standort, wo er von allen Seiten frei steht, als im Walde, wo er sich den Umgebungen anpassen muss, wo er ringsum von den nächsten Nachbarn gedrängt und zum Emporschiessen gezwungen wird. Im ersten Fall wird die Krone weit ausgebreitet, im letzten dehnt sich der Stamm in die Höhe und die Krone bleibt klein und gedrungen. Wie mächtig alle diese Umstände, wie mächtig der feindliche oder freundliche Einfluss der umgebenden Organismen, der Parasiten u. s. w. auf jedes Thier und jede Pflanze einwirken, ist so bekannt, dass eine Anführung weiterer Beispiele überflüssig erscheint. Die Veränderung der Form, die Umbildung, welche dadurch bewirkt wird, ist niemals bloss die unmittelbare Folge des äusseren Einflusses, sondern muss immer zurückgeführt werden auf die entsprechende Gegenwirkung, auf die Selbstthätigkeit des Organismus, die man als Angewöhnung, Uebung, Gebrauch oder Nichtgebrauch der Organe bezeichnet. Dass man diese letzteren Erscheinungen in der Regel getrennt von der ersteren betrachtet, liegt erstens an der schon hervorgehobenen einseitigen Betrachtungsweise, und dann zweitens daran, dass man sich eine ganz falsche Vorstellung von dem Wesen und dem Einfluss der Willensthätigkeit bei den Thieren gebildet hatte.

Die Thätigkeit des Willens, welche der Angewöhnung, der Uebung, dem Gebrauch oder Nichtgebrauch der Organe bei den Thieren zu Grunde liegt, ist gleich jeder anderen Thätigkeit der thierischen Seele durch materielle Vorgänge im Central-Nervensystem bedingt, durch eigenthümliche Bewegungen, welche von der eiweisartigen Materie der Ganglien-Zellen und der mit ihnen verbundenen Nerven-Fasern ausgehen. Der Wille der höheren Thiere ist in dieser Beziehung, ebenso wie die übrigen Geistesthätigkeiten, von demjenigen des Menschen nur quantitativ (nicht qualitativ) verschieden. Der Wille des Thieres, wie des Menschen ist niemals frei. Das weitverbreitete Dogma von der Freiheit des Willens ist naturwissenschaftlich durchaus nicht haltbar. Jeder Physiologe, der die Erscheinungen der Willensthätigkeit bei Menschen und Thieren streng wissenschaftlich untersucht, kommt mit Nothwendigkeit zu der Ueberzeugung, dass der Wille eigentlich niemals frei, sondern stets durch äussere oder innere Einflüsse bedingt ist. Diese Einflüsse sind grösstentheils Vorstellungen, die entweder durch Anpassung oder durch Vererbung erworben, und auf eine von diesen beiden physiologischen Functionen zurückführbar sind. Sobald man seine eigene Willensthätigkeit streng untersucht, ohne das herkömmliche Vorurtheil von der Freiheit des Willens, so wird man gewahr, dass jede scheinbar freie Willenshandlung durch vorhergehende Vorstellungen bewirkt wird, und diese wurzeln entweder in ererbten oder in anderweitig erworbenen Vorstellungen; sie sind also in letzter Linie wiederum durch Anpassungs- oder Vererbungs-Gesetze bedingt. Dasselbe gilt von der Willensthätigkeit aller Thiere. Sobald man diese eingehend im Zusammenhang mit ihrer Lebensweise betrachtet, und in ihrer Beziehung zu den Veränderungen, welche die Lebensweise durch die äusseren Bedingungen erfährt, so überzeugt man sich alsbald, dass eine andere Auffassung nicht möglich ist. Daher müssen auch die Veränderungen der Willensbewegung, welche aus veränderter Ernährung folgen, und welche als Uebung, Gewohnheit u. s. w. umbildend wirken, unter jene materiellen Vorgänge der gehäuften Anpassung gerechnet werden.

Indem sich der thierische Wille den veränderten Existenzbedingungen durch andauernde Gewöhnung, Uebung u. s. w. anpasst, vermag er die bedeutendsten Umbildungen der organischen Formen zu bewirken. Mannichfaltige Beispiele hierfür sind überall im Thierleben zu finden. So verkümmern z. B. bei den Hausthieren manche Organe, indem sie in Folge der veränderten Lebensweise ausser Thätigkeit treten. Die Enten und Hühner, welche im wilden Zustande ausgezeichnet fliegen, verlernen diese Bewegung mehr oder weniger im Cultur-Zustande. Sie gewöhnen sich daran, mehr ihre Beine, als ihre Flügel zu gebrauchen, und in Folge davon werden die dabei gebrauchten Theile der Muskulatur und des Skelets in ihrer Ausbildung und Form wesentlich verändert. Für die verschiedenen Rassen der Hausente, welche alle von der wilden Ente (Anas boschas) abstammen, hat dies Darwin durch eine sehr sorgfältige vergleichende Messung und Wägung der betreffenden Skelettheile nachgewiesen. Die Knochen des Flügels sind bei der Hausente schwächer, die Knochen des Beines dagegen umgekehrt stärker entwickelt, als bei der wilden Ente. Bei den Straussen und anderen Laufvögeln, welche sich das Fliegen gänzlich abgewöhnt haben, ist in Folge dessen der Flügel ganz verkümmert, zu einem völlig „rudimentären Organ" herabgesunken (S. 10). Bei vielen Hausthieren, insbesondere bei vielen Rassen von Hunden und Kaninchen, bemerken Sie ferner, dass dieselben durch den Cultur-Zustand herabhängende Ohren bekommen haben. Dies ist einfach eine Folge des verminderten Gebrauchs der Ohrmuskeln. Im wilden Zustande müssen diese Thiere ihre Ohren gehörig anstrengen, um einen nahenden Feind zu bemerken, und es hat sich dadurch ein starker Muskel-Apparat entwickelt, welcher die äusseren Ohren in aufrechter Stellung erhält, und nach allen Richtungen dreht. Im Cultur-Zustande haben dieselben Thiere nicht mehr nöthig, so aufmerksam zu lauschen; sie spitzen und drehen die Ohren nur wenig; die Ohrmuskeln kommen ausser Gebrauch, verkümmern allmählich, und die Ohren sinken nun schlaff herab oder werden rudimentär.

Wie in diesen Fällen die Function und dadurch auch die Form des Organs durch Nichtgebrauch rückgebildet wird, so wird dieselbe andrerseits durch stärkeren Gebrauch mehr entwickelt. Dies tritt uns besonders deutlich entgegen, wenn wir das Gehirn und die dadurch bewirkten Seelen-Thätigkeiten bei den wilden Thieren und den Hausthieren, welche von ihnen abstammen, vergleichen. Insbesondere der Hund und das Pferd, welche in so erstaunlichem Maasse durch die Cultur veredelt sind, zeigen im Vergleiche mit ihren wilden Stamm-Verwandten einen ausserordentlichen Grad von Ausbildung der Geistes-Thätigkeit, und offenbar ist die damit zusammenhängende Umbildung des Gehirns grösstentheils durch die andauernde Uebung bedingt. Allbekannt ist es ferner, wie schnell und mächtig die Muskeln durch anhaltende Uebung wachsen und ihre Form verändern. Vergleichen Sie z. B. Arme und Beine eines geübten Turners mit denjenigen eines unbeweglichen Stubensitzers.

Wie mächtig äussere Einflüsse die Gewohnheiten der Thiere, ihre Lebensweise beeinflussen und dadurch weiterhin auch ihre Form umbilden, zeigen sehr auffallend manche Beispiele von Amphibien und Reptilien. Unsere häufigste einheimische Schlange, die Ringelnatter, legt Eier, welche zu ihrer Entwickelung noch drei Wochen brauchen. Wenn man sie aber in Gefangenschaft hält und in den Käfig keinen Sand streut, so legt sie die Eier nicht ab, sondern behält sie bei sich, so lange bis die Jungen entwickelt sind. Der Unterschied zwischen lebendig gebärenden Thieren und solchen, die Eier legen, scheinbar so wichtig, wird hier einfach durch die Veränderung des Bodens verwischt.

Ausserordentlich interessant sind in dieser Beziehung auch die Wasser-Molche oder Tritonen, welche man gezwungen hat, ihre ursprünglichen Kiemen beizubehalten. Diese Amphibien sind den Fröschen nahe verwandt und besitzen gleich ihnen in der Jugend äussere Athmungs-Organe, Kiemen. So lange ihre Larven im Wasser leben, athmen sie gleich den Fischen durch die Kiemen. Später tritt bei den Tritonen eine Metamorphose ein, wie bei den Fröschen. Sie gehen auf das Land, verlieren die Kiemen und gewöhnen sich an das Lungenathmen. Wenn man sie nun daran verhindert, indem man sie in einem geschlossenen Wasserbecken hält, so verlieren sie oft die Kiemen nicht. Diese bleiben vielmehr bestehen, und der Wassermolch verharrt zeitlebens auf jener niederen Ausbildungs-Stufe, welche seine tiefer stehenden Verwandten, die Kiemen-Molche niemals überschreiten; er erreicht seine volle Grösse, wird geschlechtsreif und pflanzt sich fort, ohne die Kiemen zu verlieren.

Grosses Aufsehen erregte unter den Zoologen vor einigen Jahrzehnten der Axolotl (Siredon pisciformis), ein dem Triton nahe verwandter Molch aus Mexico, welchen man seit langer Zeit kannte und im Pariser Pflanzen-Garten im Grossen gezüchtet hatte. Dieses Thier hat auch äussere Kiemen, wie die jugendliche Larve des Wasser-Molchs, behält aber dieselben für gewöhnlich zeitlebens bei. Nun krochen aber plötzlich im Pflanzen-Garten unter Hunderten dieser Thiere eine geringe Anzahl aus dem Wasser auf das Land, verloren ihre Kiemen und verwandelten sich in eine kiemenlose Molchform, welche von einer nordamerikanischen Tritonen-Gattung (Amblystoma) nicht mehr zu unterscheiden ist und nur durch Lungen athmet. Es ergab sich nun, dass der Axolotl in anderen Gegenden sich normal zum kiemenlosen Amblystoma umbildet; aber im See von Mexico, wie in unseren Aquarien, wird er als kiementragender Fischmolch geschlechtsreif. In diesem letzten, höchst merkwürdigen Falle können wir unmittelbar den grossen Sprung von einem wasserathmenden zu einem luftathmenden Thiere verfolgen, einen Sprung, der allerdings bei der individuellen Entwickelungs-Geschichte der Frösche und Salamander in jedem Frühling beobachtet werden kann. Ebenso aber, wie jeder einzelne Frosch und jeder einzelne Salamander aus dem ursprünglich kiemenathmenden Amphibium späterhin in ein lungenathmendes sich verwandelt, so ist auch die ganze Gruppe der Frösche und Salamander ursprünglich aus kiemenathmenden, dem Proteus verwandten Thieren entstanden. Die Sozobranchien sind noch bis auf den heutigen Tag auf jener niedrigen Stufe stehen geblieben. Die Ontogenie erläutert auch hier die Phylogenie, die Entwickelungs-Geschichte der Individuen diejenige der ganzen Klasse (S. 10).

Eine besonders wichtige Gruppe unter den Erscheinungen der gehäuften oder cumulativen Anpassung bilden die Veränderungen der Organisation, welche als functionelle Anpassungen von Wilhelm Roux sehr eingehend erläutert worden sind. Seine Schrift über „den Kampf der Theile im Organismus“ (1881) geht, wesentlich im Anschluss an Lamarck, von den morphologischen Wirkungen der physiologischen Functionen oder Lebensthätigkeiten aus. Er weist nach, in wie hohem Maasse die Uebung der Organe dieselben stärkt, der Nichtgebrauch sie schwächt; erstere bewirkt Hypertrophie und Wachsthum der Organe, letztere Atrophie und Verkümmerung derselben. Mit Recht legt er grosses Gewicht auf die unzweifelhafte Vererbung dieser erworbenen Veränderungen, und betont die differenzirende und gestaltende Wirkung der functionellen Reize. Besonders wichtig aber sind die Erörterungen über die tiefgehenden unmittelbaren Veränderungen, welche die vermehrte oder verminderte Uebung der Organe in den Geweben bewirkt, die sie zusammensetzen, und in den Zellen, welche die Gewebe aufbauen. Auf diese bedeutungsvollen Veränderungen hatte ich schon 1866 in meiner generellen Morphologie hingewiesen, als ich alle Anpassungen auf die Ernährung der Gewebe, als physiologische Grundthätigkeit, zurückzuführen versuchte (Bd. II, S. 193). Roux führt dieselben weiter aus und erläutert eingehend die trophische Wirkung der functionellen Reize für die activ und passiv wirkenden Theile. Er zeigt an der feineren Structur der Knochen und Muskeln, der Drüsen und Blutgefässe, wie deren höchst zweckmässige Einrichtung unmittelbar durch die trophische Einwirkung der functionellen Reize entstehen kann. Daraus ergiebt sich klar, wie die denkbar höchste Vollkommenheit der Organisation unmittelbar durch die Lebensthätigkeit der Organismen selbst bewirkt werden kann, als eine teleologische Mechanik, welche keinen bewussten Zweck oder sogenannten Bauplan voraussetzt. Zugleich zeigt sich aber auch, wie die neuen zweckmässigen Einrichtungen durch Vererbung direct übertragen werden können, ohne dass dabei nothwendig Züchtung oder Selection stattfinden muss.

Neuerlich hat allerdings Roux den wichtigsten Theil seiner Anschauungen aufgegeben und die entgegengesetzte, damit völlig unvereinbare Keimplasma-Theorie von Weismann angenommen. Mit diesem leugnet er die „Vererbung erworbener Eigenschaften“ und damit zugleich den phylogenetischen Werth der functionellen Veränderungen. Denn wenn diese nicht durch Vererbung auf die Nachkommen übertragen werden, dann sind sie für die Umbildung der Arten nutzlos. Ich muss aber hier die hohe Bedeutung der functionellen und cumulativen Anpassung um so mehr betonen, als sie nach meiner Ueberzeugung, in Wechselwirkung mit der progressiven Vererbung, zu den wichtigsten Ursachen der phyletischen Transformation gehört.

In engem Zusammenhang mit den vorhergehenden Erscheinungsreihen steht das Gesetz der wechselbezüglichen oder correlativen Anpassung. Nach diesem wichtigen Gesetze werden durch die actuelle Anpassung nicht nur diejenigen Theile des Organismus abgeändert, welche unmittelbar durch die äussere Einwirkung betroffen werden, sondern auch andere, nicht unmittelbar davon berührte Theile. Dies ist eine Folge des organischen Zusammenhanges, und namentlich der einheitlichen Ernährungsverhältnisse, welche zwischen allen Theilen jedes Organismus bestehen. Wenn z. B. bei einer Pflanze durch Versetzung an einen trockenen Standort die Behaarung der Blätter zunimmt, so wirkt diese Veränderung auf die Ernährung anderer Theile zurück und kann eine Verkürzung der Stengelglieder und somit eine gedrungenere Form der ganzen Pflanze zur Folge haben. Bei einigen Rassen von Schweinen und Hunden, z. B. bei dem türkischen Hunde, welche durch Anpassung an ein wärmeres Klima ihre Behaarung mehr oder weniger verloren, wurde zugleich das Gebiss zurückgebildet. So zeigen auch die Walfische und die Edentaten (Schuppenthiere, Gürtelthiere etc.), welche sich durch ihre eigenthümliche Hautbedeckung am meisten von den übrigen Säugethieren entfernt haben, die grössten Abweichungen in der Bildung des Gebisses. Ferner bekommen solche Rassen von Hausthieren (z. B. Rindern, Schweinen), bei denen sich die Beine verkürzen, in der Regel auch einen kurzen und gedrungenen Kopf. Tauben-Rassen, welche die längsten Beine haben, zeichnen sich zugleich auch durch die längsten Schnäbel aus. Dieselbe Wechselbeziehung zwischen der Länge der Beine und des Schnabels zeigt sich ganz allgemein in der Ordnung der Stelzvögel (Grallatores), beim Storch, Kranich, der Schnepfe u. s. w. Die Wechselbeziehungen, welche in dieser Weise zwischen verschiedenen Theilen des Organismus bestehen, sind äusserst merkwürdig, und im Einzelnen ihrer Ursache nach meistens unbekannt. Im Allgemeinen können wir natürlich sagen: die Ernährungs-Veränderungen, die einen einzelnen Theil betreffen, müssen nothwendig auf die übrigen Theile zurückwirken, weil die Ernährung eines jeden Organismus eine zusammenhängende, centralisirte Thätigkeit ist. Allein warum nun gerade dieser oder jener Theil in solcher merkwürdigen Wechselbeziehung zu einem andern steht, ist uns in den meisten Fällen unbekannt.

Wir kennen eine grosse Anzahl solcher Wechselbeziehungen in der Bildung, namentlich bei den früher bereits erwähnten Abänderungen der Thiere und Pflanzen, die sich durch Pigmentmangel auszeichnen, den Albinos oder Kakerlaken. Der Mangel des gewöhnlichen Farbstoffs bedingt hier gewisse Veränderungen in der Bildung anderer Theile, z. B. des Muskelsystems, des Knochensystems, also organischer Systeme, die zunächst gar nicht mit dem Systeme der äusseren Haut zusammenhängen. Sehr häufig sind diese schwächer entwickelt und daher der ganze Körperbau zarter und schwächer, als bei den gefärbten Thieren derselben Art. Ebenso werden auch die Sinnes-Organe und das Nervensystem durch diesen Pigmentmangel eigenthümlich afficirt. Weisse Katzen mit blauen Augen sind fast immer taub. Die Schimmel zeichnen sich vor den gefärbten Pferden durch die besondere Neigung zur Bildung sarcomatöser Geschwülste aus. Auch beim Menschen ist der Grad der Pigmententwickelung in der äusseren Haut vom grössten Einflusse auf die Empfänglichkeit des Organismus für gewisse Krankheiten. Europäer mit dunkler Hautfarbe, schwarzen Haaren und braunen Augen können sich leichter in den Tropen-Gegenden acclimatisiren und sind viel weniger den dort herrschenden Krankheiten (Leber-Entzündungen, gelbem Fieber u. s. w.) unterworfen, als Europäer mit heller Hautfarbe, blonden Haaren und blauen Augen. (Vergl. oben S. 151.)

Vorzugsweise merkwürdig sind unter diesen Wechselbeziehungen der Bildung verschiedener Organe diejenigen, welche zwischen den Geschlechts-Organen und den übrigen Theilen des Körpers bestehen. Keine Veränderung eines Theiles wirkt so mächtig zurück auf die übrigen Körpertheile, als eine bestimmte Behandlung der Geschlechts-Organe. Die Landwirthe, welche bei

Schweinen, Schafen u. s. w. reichliche Fettbildung erzielen wollen, entfernen die Geschlechts-Drüsen durch Herausschneiden (Castration), und zwar geschieht dies bei Thieren beiderlei Geschlechts. In Folge davon tritt übermässige Fett-Entwickelung ein. Dasselbe thut auch seine Heiligkeit der „unfehlbare“ Papst, bei den Castraten, welche in der Peterskirche zu Ehren Gottes singen müssen. Diese Unglücklichen werden in früher Jugend castrirt, damit sie ihre hohen Knabenstimmen beibehalten. In Folge dieser Verstümmelung der Genitalien bleibt der Kehlkopf auf der jugendlichen Entwickelungsstufe stehen. Zugleich bleibt die Muskulatur des ganzen Körpers schwach entwickelt, während sich unter der Haut reichliche Fettmengen ansammeln. Aber auch auf die Ausbildung des Central-Nervensystems, der Willens-Energie u. s. w. wirkt jene Verstümmelung mächtig zurück; bekanntlich entbehren die menschlichen Castraten oder Eunuchen, ebenso wie die castrirten männlichen Hausthiere, des bestimmten männlichen Seelen-Charakters. Der Mann ist eben Leib und Seele nach nur Mann durch seine männliche Generations-Drüse.

Diese äusserst wichtigen und einflussreichen Wechselbeziehungen zwischen den Geschlechts-Organen und den übrigen Körpertheilen, vor allen dem Gehirn, finden sich in gleicher Weise bei beiden Geschlechtern. Das lässt sich schon von vornherein deshalb erwarten, weil bei den meisten Thieren die beiderlei Organe aus gleicher Grundlage sich entwickeln. Beim Menschen, wie bei allen übrigen Wirbelthieren, ist die ursprüngliche Anlage der Geschlechts-Drüse oder Gonade dieselbe. An einer und derselben Stelle der Leibeshöhle entstehen aus ihrem Epithel die Zellen, aus deren wiederholter Theilung später beim Weibchen die Eizellen, beim Männchen die Samenzellen hervorgehen. In jungen Embryonen (— wie sie z. B. auf Taf. II, III, abgebildet sind —) lässt sich das Geschlecht nicht unterscheiden. Erst allmählich entstehen im Laufe der embryonalen Entwickelung (beim Menschen in der neunten Woche seines Embryo-Lebens) die Unterschiede der beiden Geschlechter, indem die Gonade sich beim Weibe zum Eierstock, beim Manne zur Samendrüse entwickelt. Jede Veränderung des weiblichen Eierstocks äussert eine nicht minder bedeutende Rückwirkung auf den gesammten weiblichen Organismus, wie jede Veränderung des Testikels auf den männlichen Organismus. Die Wichtigkeit dieser Wechselbeziehung hat Virchow in seinem vortrefflichen Aufsatz „das Weib und die Zelle" mit folgenden Worten ausgesprochen: „Das Weib ist eben Weib nur durch seine Generations-Drüse; alle Eigenthümlichkeiten seines Körpers und Geistes oder seiner Ernährung und Nerventhätigkeit: die süsse Zartheit und Rundung der Glieder bei der eigenthümlichen Ausbildung des Beckens, die Entwickelung der Brüste bei dem Stehenbleiben der Stimm-Organe, jener schöne Schmuck des Kopfhaares bei dem kaum merklichen, weichen Flaum der übrigen Haut, und dann wiederum diese Tiefe des Gefühls, diese Wahrheit der unmittelbaren Anschauung, diese Sanftmuth, Hingebung und Treue — kurz, Alles, was wir an dem wahren Weibe Weibliches bewundern und verehren, ist nur eine Dependenz des Eierstocks. Man nehme den Eierstock hinweg, und das Mannweib in seiner hässlichsten Halbheit steht vor uns."

Dieselbe innige Correlation oder Wechselbeziehung zwischen den Geschlechts-Organen und den übrigen Körpertheilen findet sich auch bei den Pflanzen eben so allgemein wie bei den Thieren vor. Wenn man bei einer Gartenpflanze reichlichere Früchte zu erzielen wünscht, beschränkt man den Blätterwuchs durch Abschneiden eines Theils der Blätter. Wünscht man umgekehrt eine Zierpflanze mit einer Fülle von grossen und schönen Blättern zu erhalten, so verhindert man die Blüthen- und Frucht-Bildung durch Abschneiden der Blüthen-Knospen. In beiden Fällen entwickelt sich das eine Organ-System auf Kosten des anderen. So ziehen auch die meisten Abänderungen der vegetativen Blattbildung bei den wilden Pflanzen eine entsprechende Umbildung in den generativen Blüthentheilen nach sich. Die hohe Bedeutung dieser „Compensation der Entwickelung", dieser „Correlation der Theile" ist bereits von Goethe, von Geoffroy S. Hilaire und von anderen Natur-Philosophen hervorgehoben worden. Die directe oder actuelle Anpassung kann keinen einzigen Körpertheil wesentlich verändern, ohne zugleich auf den ganzen Organismus einzuwirken.

Die correlative Anpassung der Fortpflanzungs-Organe und der übrigen Körpertheile verdient deshalb eine ganz besondere Berücksichtigung, weil sie vor Allem geeignet ist, ein erklärendes Licht auf die vorher betrachteten dunkeln und räthselhaften Erscheinungen der indirecten oder potentiellen Anpassung zu werfen. Denn ebenso wie jede Veränderung der Geschlechts-Organe mächtig auf den übrigen Körper zurückwirkt, so muss natürlich umgekehrt auch jede eingreifende Veränderung eines anderen Körpertheils mehr oder weniger auf die Generations-Organe zurückwirken. Diese Rückwirkung wird sich aber erst in der Bildung der Nachkommenschaft, welche aus den veränderten Generations-Zellen entsteht, wahrnehmbar äussern. Gerade jene merkwürdigen, aber unmerklichen Veränderungen des Genitalsystems, der Eier und des Sperma, welche durch solche Wechselbeziehungen hervorgebracht werden, sind vom grössten Einflusse auf die Bildung der Nachkommenschaft; alle vorher erwähnten Erscheinungen der indirecten oder potentiellen Anpassung können schliesslich auf diese wechselbezügliche Anpassung zurückgeführt werden.

Eine weitere Reihe von ausgezeichneten Beispielen der correlativen Anpassung liefern die verschiedenen Thiere und Pflanzen, welche durch das Schmarotzerleben oder den Parasitismus rückgebildet sind. Keine andere Veränderung der Lebensweise wirkt so bedeutend auf die Formbildung der Organismen ein, wie die Angewöhnung an das Schmarotzerleben. Pflanzen verlieren dadurch ihre grünen Blätter, wie z. B. unsere einheimischen Schmarotzerpflanzen: Orobanche, Lathraea, Monotropa. Thiere, welche ursprünglich selbstständig und frei gelebt haben, dann aber eine parasitische Lebensweise auf andern Thieren oder auf Pflanzen annehmen, geben zunächst die Thätigkeit ihrer Bewegungs-Organe und ihrer Sinnes-Organe auf. Der Verlust der Thätigkeit zieht aber den Verlust der Organe, durch welche sie bewirkt wurde, nach sich. Daher finden wir z. B. viele Krebsthiere oder Crustaceen, die in der Jugend einen ziemlich hohen Organisationsgrad, Beine, Fühlhörner und Augen besassen, im Alter als Parasiten vollkommen degenerirt wieder, ohne Augen, ohne Bewegungs-Werkzeuge und ohne Fühlhörner. Aus der munteren, beweglichen

Jugendform ist ein unförmlicher, unbeweglicher Klumpen geworden. Nur die nöthigsten Ernährungs- und Fortpflanzungs-Organe sind noch in Thätigkeit. Der ganze übrige Körper ist rückgebildet. Offenbar sind diese tiefgreifenden Umbildungen grossentheils directe Folgen der functionellen oder cumulativen Anpassung, des Nichtgebrauchs und der mangelnden Uebung der Organe; aber zum anderen Theile kommen dieselben sicher auch auf Rechnung der correlativen Anpassung. (Vergl. Taf. X und XI.)

Mit den vorhergehenden Gesetzen der directen Anpassung eng verknüpft, ist die mimetische Anpassung, oder die nachäffende Variation, die gewöhnlich sogenannte „Mimicry“ oder Nachäffung. Sie findet sich unter den Landthieren namentlich bei den Insecten, unter den Wasserthieren bei den Krebsen. In diesen beiden Thierklassen giebt es zahlreiche Arten, welche anderen, ganz verschiedenen Ordnungen oder Familien angehörigen Arten zum Verwechseln ähnlich sind. Besonders dienen als Vorbilder der Nachäffung solche Insecten (z. B. Schmetterlinge oder deren Raupen), welche wegen auffallend übler Eigenschaften von anderen Thieren gemieden oder gefürchtet werden, z. B. wegen unschmackhaften Fleisches, üblen Geruches, Bewaffnung mit Stacheln, Dornen u. dgl. mehr. Schmetterlinge und Raupen von mehreren ganz verschiedenen Familien haben so durch mimetische Anpassung dieselbe Form, Färbung und Zeichnung erworben, wie diejenigen anderer Familien, welche wegen ihres Geruches oder Geschmackes, wegen ihrer abschreckenden Gestalt oder Bewaffnung gemieden werden. Besonders gefürchtet sind unter den Insecten allgemein die Bienen und Wespen wegen ihres Giftstachels. Daher giebt es Insecten von nicht weniger als fünf oder sechs ganz verschiedenen Ordnungen, welche allmählich durch natürliche Züchtung den Wespen zum Verwechseln ähnlich geworden sind: Schmetterlinge (Sesia), Borkenkäfer (Odontocera), ferner zahlreiche Dipteren (Fliegen und Mücken), verschiedene Heuschrecken (Orthopteren), Halbflügler (Hemipteren) und Andere. Die abschreckende Aehnlichkeit mit Wespen ist allen diesen verschiedenen Insecten von grösstem Nutzen, weil sie sie vor ihren zahlreichen Feinden und Verfolgern schützt. So sind auch zahlreiche unschuldige Schlangen allmählich gewissen Giftschlangen höchst ähnlich geworden und haben deren Form, Färbung und Zeichnung nachgeahmt; so z. B. unsere harmlose Bergnatter (Coronella laevis) die der giftigen Kreuzotter (Vipera berus). Da schützende Aehnlichkeit auch in vielen anderen Fällen (z. B. bei der gleichfarbigen Zuchtwahl) die Ursache auffallender Umbildungen ist, so kann auch bei dieser mimetische Anpassung in weiterem Sinne angenommen werden.

Als Gesetz der frühzeitigen oder praecocinen Anpassung kann die wichtige Thatsache unterschieden werden, dass Veränderungen durch Gewohnheit und Uebung um so tiefgreifender und nachhaltiger wirken, je frühzeitiger im Leben des Individuums sie eintreten. Was man in frühester Jugend lernt und übt, sitzt viel fester und tiefer, als alle späteren Erwerbungen. Daher ist der orthodoxe Clerus der verschiedenen Kirchen-Religionen von jeher bemüht gewesen, vor Allem die Elementar-Schule unter seine absolute Herrschaft zu beugen. Je früher die vernunftwidrigen Glaubenssätze erlernt werden, desto zäheren Widerstand leisten sie allen Angriffen des Verstandes und der vernünftigen Natur-Erkenntniss.

Zu den directen Anpassungen gehört ferner auch das Gesetz der abweichenden oder divergenten Anpassung. Wir verstehen darunter die Erscheinung, dass ursprünglich gleichartig angelegte Theile sich durch den Einfluss äusserer Bedingungen in verschiedener Weise ausbilden. Dieses Anpassungs-Gesetz ist ungemein wichtig für die Erklärung der Arbeitstheilung oder des Polymorphismus. An uns selbst können wir es sehr leicht erkennen, z. B. in der Thätigkeit unserer beiden Hände. Die rechte Hand wird meistens von uns an ganz andere Arbeiten gewöhnt, als die linke; es entsteht in Folge der abweichenden Beschäftigung auch eine verschiedene Bildung der beiden Hände. Die rechte Hand, welche man gewöhnlich viel mehr braucht, als die linke, zeigt stärker entwickelte Nerven, Muskeln und Knochen. Dasselbe gilt auch vom ganzen Arm. Knochen und Fleisch des rechten Arms sind bei den meisten Menschen in Folge stärkeren Gebrauchs stärker und schwerer als die des linken Arms. Da nun aber der bevorzugte Gebrauch des rechten Arms bei unserer mittelländischen Menschen-Rasse schon seit Jahrtausenden eingebürgert und vererbt ist, so ist auch die stärkere Form und Grösse des rechten Arms bereits erblich geworden. Der holländische Naturforscher P. Harting hat durch Messung und Wägung an Neugeborenen gezeigt, dass auch bei diesen bereits der rechte Arm den linken übertrifft.

Nach demselben Gesetze der divergenten Anpassung sind auch häufig die beiden Augen verschieden entwickelt. Wenn man sich z. B. als Naturforscher gewöhnt, immer nur mit dem einen Auge (am besten mit dem linken) zu mikroskopiren, und mit dem andern nicht, so erlangt das eine Auge eine ganz andere Beschaffenheit, als das andere, und diese Arbeitstheilung ist von grossem Vortheil. Das eine Auge wird kurzsichtiger, geeignet für das Sehen in die Nähe, das andere Auge weitsichtiger, schärfer für den Blick in die Ferne. Wenn man dagegen abwechselnd mit beiden Augen mikroskopirt, so erlangt man nicht auf dem einen Auge den Grad der Kurzsichtigkeit, auf dem andern den Grad der Weitsichtigkeit, welchen man durch zweckmässige Vertheilung dieser verschiedenen Gesichts-Functionen auf beide Augen erreicht. Zunächst wird auch hier wieder durch die Gewohnheit die Function, die Thätigkeit der ursprünglich gleich gebildeten Organe ungleich, divergent; allein die Function wirkt wiederum auf die Form und Structur des Organs zurück.

Unter den Pflanzen können wir die abweichende oder divergente Anpassung besonders bei den Schlinggewächsen sehr leicht wahrnehmen. Aeste einer und derselben Schlingpflanze, welche ursprünglich gleichartig angelegt sind, erhalten eine ganz verschiedene Form und Ausdehnung, einen ganz verschiedenen Krümmungsgrad und Durchmesser der Spiralwindung, je nachdem sie um einen dünneren oder dickeren Stab sich herumwinden. Ebenso ist auch die abweichende Veränderung der Formen ursprünglich gleich angelegter Theile, welche divergent nach verschiedenen Richtungen unter abweichenden äusseren Bedingungen sich entwickeln, in vielen anderen Fällen deutlich nachweisbar. Indem diese abweichende Anpassung mit der fortschreitenden Vererbung in Wechselwirkung tritt, wird sie die Ursache der Arbeitstheilung und Formspaltung der verschiedenen Organe.

Ein achtes und letztes Anpassungs-Gesetz können wir als das Gesetz der unbeschränkten oder unendlichen Anpassung bezeichnen. Wir wollen damit einfach ausdrücken, dass uns keine Grenze für die Veränderung der organischen Formen durch den Einfluss der äusseren Existenz-Bedingungen bekannt ist. Wir können von keinem einzigen Theil des Organismus behaupten, dass er nicht mehr veränderlich sei, dass, wenn man ihn unter neue äussere Bedingungen brächte, er durch diese nicht verändert werden würde. Noch niemals hat sich in der Erfahrung eine Grenze für die Abänderung nachweisen lassen. Wenn z. B. ein Organ durch Nichtgebrauch degenerirt, so geht diese Degeneration schliesslich bis zum vollständigen Schwunde des Organs fort, wie es bei den Augen vieler Thiere der Fall ist. Andrerseits können wir durch fortwährende Uebung, Gewohnheit und immer gesteigerten Gebrauch eines Organs dasselbe in einem Maasse vervollkommnen, wie wir es von vornherein für unmöglich gehalten haben würden. Wenn man die uncivilisirten Wilden mit den Cultur-Völkern vergleicht, so findet man bei jenen eine Ausbildung der Sinnes-Organe, Gesicht, Geruch, Gehör, von der die Cultur-Völker keine Ahnung haben. Umgekehrt ist bei den höheren Cultur-Völkern das Gehirn, die Geistesthätigkeit in einem Grade entwickelt, von welchem die Wilden keine Vorstellung besitzen.

Allerdings ist für jeden Organismus eine Grenze der Anpassungs-Fähigkeit durch den Typus seines Stammes gegeben, d. h. durch die wesentlichen Grund-Eigenschaften, welche von dem gemeinsamen Stammvater des Phylon durch conservative Vererbung auf alle seine Descendenten übertragen sind. So kann z. B. niemals ein Wirbelthier statt des charakteristischen Rückenmarks der Wirbelthiere das Bauchmark der Gliederthiere sich erwerben. Allein innerhalb der erblichen Grundform, innerhalb dieses unveräusserlichen Typus, ist der Grad der Anpassungs-Fähigkeit unbeschränkt. Die Biegsamkeit und Flüssigkeit der organischen Form äussert sich innerhalb desselben frei nach allen Richtungen hin, und in ganz unbeschränktem Umfang. Es giebt aber einzelne Thiere, wie z. B. die durch Parasitismus rückgebildeten Krebsthiere und Würmer, welche selbst jene Grenze des Typus überspringen und durch erstaunlich weit gehende Degeneration alle wesentlichen Charaktere ihres Stammes eingebüsst haben.

Die Anpassungs-Fähigkeit des Menschen selbst besteht, wie bei allen anderen Thieren, ebenfalls unbegrenzt, und da sich dieselbe beim Menschen vor Allem in der Umbildung des Gehirns äussert, so lässt sich durchaus keine Grenze der Erkenntniss setzen, welche der Mensch bei weiter fortschreitender Geistesbildung nicht würde überschreiten können. Auch der menschliche Geist geniesst also nach dem Gesetze der unbeschränkten Anpassung eine unendliche Perspective für seine Vervollkommnung in der Zukunft. Aus dieser Erwägung ergiebt sich die Grundlosigkeit des bekannten „Ignorabimus", welches der Berliner Physiologe Du Bois-Reymond 1872 in seiner berühmten Rede „über die Grenzen des Naturerkennens" dem Fortschritte der Wissenschaft unberechtigter Weise entgegen gehalten hat. Ich habe gegen dieses berüchtigte „Ignorabimus", das der klerikale Obscurantismus zu seinem Losungswort erhoben hat, schon im Vorworte zu meiner Anthropogenie (1874) Protest eingelegt[56]), und nicht minder in meiner Schrift über „Freie Wissenschaft und freie Lehre"[51]).

Diese Bemerkungen genügen wohl, um die Tragweite der Anpassungs-Erscheinungen hervorzuheben und ihnen das grösste Gewicht zuzuschreiben. Die Anpassungs-Gesetze sind von ebenso grosser Bedeutung, wie die Vererbungs-Gesetze. Alle Anpassungs-Erscheinungen lassen sich in letzter Linie zurückführen auf die Ernährungs-Verhältnisse des Organismus, in gleicher Weise wie die Vererbungs-Erscheinungen in den Fortpflanzungs-Verhältnissen begründet sind; diese aber sowohl als jene sind weiter zurückzuführen auf chemische und physikalische Processe, also auf mechanische Ursachen. Lediglich durch die Wechselwirkung derselben entstehen nach Darwin's Selections - Theorie die Umbildungen der Organismen, welche die künstliche Züchtung im Cultur - Zustande, die natürliche Züchtung im Natur-Zustande hervorbringt.

Elfter Vortrag.

Die natürliche Züchtung durch den Kampf um's Dasein. Cellular-Selection und Personal-Selection.

Wechselwirkung der beiden organischen Bildungstriebe, der Vererbung und Anpassung. Natürliche und künstliche Züchtung. Kampf um's Dasein oder Wettbewerk um die Lebensbedürfnisse. Missverhältniss zwischen der Zahl der möglichen (potentiellen) und der Zahl der wirklichen (actuellen) Individuen. Verwickelte Wechselbeziehungen aller benachbarten Organismen Wirkungsweise der natürlichen Züchtung. Gleichfarbige Zuchtwahl als Ursache der sympathischen Färbungen. Geschlechtliche Zuchtwahl als Ursache der secundären Sexual-Charaktere. Der Kampf der Theile im Organismus. Functionelle Selbstgestaltung der zweckmässigen Structur. Teleologische Mechanik. Cellular-Selection (Protisten) und Personal-Selection (Histonen). Zuchtwahl der Zellen und der Gewebe. Das Selections-Princip bei Empedocles. Mechanische Entstehung des Zweckmässigen aus dem Unzweckmässigen. Philosophische Tragweite des Darwinismus.

Meine Herren! Um zu einem richtigen Verständniss des Darwinismus zu gelangen, ist es vor Allem nothwendig, die beiden organischen Functionen genau in's Auge zu fassen, die wir in den letzten Vorträgen betrachtet haben, die Vererbung und die Anpassung. Wenn man nicht einerseits die rein mechanische Natur dieser beiden physiologischen Thätigkeiten und die mannichfaltige Wirkung ihrer verschiedenen Gesetze in's Auge fasst, und wenn man nicht andrerseits erwägt, wie verwickelt die Wechselwirkung dieser verschiedenen Vererbungs- und Anpassungs-Gesetze nothwendig sein muss, so wird man nicht begreifen, dass diese beiden Functionen für sich allein die ganze Mannichfaltigkeit der Thier- und Pflanzen-Formen sollen erzeugt haben; und doch ist das in der That der Fall. Wir sind wenigstens bis jetzt nicht im Stande gewesen, andere formbildende Ursachen aufzufinden, als diese beiden; und wenn wir die nothwendige und unendlich verwickelte Wechselwirkung der Vererbung und Anpassung richtig verstehen, so haben wir auch gar nicht mehr nöthig, noch nach anderen unbekannten Ursachen der Umbildung der organischen Gestalten zu suchen. Jene beiden Grundursachen erscheinen uns dann völlig genügend.

Schon früher, lange bevor Darwin seine Selections-Theorie aufstellte, nahmen einige Naturforscher, insbesondere Goethe, als Ursache der organischen Formen-Mannichfaltigkeit die Wechselwirkung zweier verschiedener „Bildungstriebe“ an, eines conservativen oder erhaltenden, und eines umbildenden oder fortschreitenden Bildungstriebes. Ersteren nannte Goethe den centripetalen oder Specifications-Trieb, letzteren den centrifugalen oder den Trieb der Metamorphose (S. 81). Diese beiden Triebe entsprechen vollständig den beiden Functionen der Vererbung und der Anpassung. Die Vererbung ist die centripetale oder innere Bildungskraft; durch sie werden die organischen Formen in ihrer Art erhalten, die Nachkommen den Eltern gleich gestaltet, und Generationen hindurch immer Gleichartiges erzeugt. Die Anpassung dagegen, welche der Vererbung entgegenwirkt, ist die centrifugale oder äussere Bildungskraft; durch die veränderlichen Einflüsse der Aussenwelt werden die organischen Formen umgebildet, neue Formen aus den vorhandenen geschaffen, und die Constanz der Species, die Beständigkeit der Art, schliesslich aufgehoben. Je nachdem die Vererbung oder die Anpassung das Uebergewicht erhält, bleibt die Species-Form beständig oder sie bildet sich in eine neue Art um. Der in jedem Augenblick stattfindende Grad der Formbeständigkeit bei den verschiedenen Thier- und Pflanzen-Arten ist einfach das nothwendige Resultat des augenblicklichen Uebergewichts, welches die eine dieser beiden Bildungskräfte oder physiologischen Functionen über die andere erlangt hat.

Wenn wir nun zurückkehren zu der Betrachtung des Züchtungs-Vorganges, der Auslese oder Selection, die wir bereits im siebenten Vortrag in ihren Grundzügen untersuchten, so werden wir jetzt um so klarer und bestimmter erkennen, dass sowohl die künstliche als die natürliche Züchtung einzig und allein auf der Wechselwirkung dieser beiden formbildenden Kräfte der Organismen beruhen. Wenn Sie die Thätigkeit des künstlichen Züchters, des Landwirths oder Gärtners, scharf in's Auge fassen, so erkennen Sie, dass nur jene beiden Bildungskräfte von ihm zur Hervorbringung neuer Formen benutzt werden. Die ganze Wirkung der künstlichen Zuchtwahl beruht eben nur auf einer denkenden und vernünftigen Anwendung der Vererbungs- und Anpassungs-Gesetze, auf einer kunstvollen und planmässigen Benutzung und Regulirung derselben. Dabei ist der vervollkommnete menschliche Wille die auslesende, züchtende Kraft.

Ganz ähnlich verhält sich die natürliche Züchtung. Auch diese benutzt bloss jene beiden organischen Bildungskräfte, die physiologischen Functionen der Anpassung und Vererbung, um die verschiedenen Arten oder Species hervorzubringen. Dasjenige züchtende Princip aber, diejenige auslesende Kraft, welche bei der künstlichen Züchtung durch den planmässig wirkenden und bewussten Willen des Menschen vertreten wird, ist bei der natürlichen Züchtung der planlos wirkende und unbewusste Kampf um's Dasein. Was wir unter „Kampf um's Dasein" verstehen, haben wir im siebenten Vortrage bereits auseinandergesetzt. Gerade die Erkenntniss seiner Bedeutung ist eines der grössten Verdienste Darwin's. Da aber dieses Verhältniss sehr häufig unvollkommen oder falsch verstanden wird, ist es nothwendig, dasselbe jetzt noch näher in's Auge zu fassen, und an einigen Beispielen die Wirksamkeit des Kampfes um's Dasein und seinen Antheil an der natürlichen Züchtung zu erläutern.

Wir gingen bei der Betrachtung des Kampfes um's Dasein von der Thatsache aus, dass die Zahl der Keime, welche alle Thiere und Pflanzen erzeugen, unendlich viel grösser ist, als die Zahl der Individuen, welche wirklich in das Leben treten und sich längere oder kürzere Zeit am Leben erhalten können. Die meisten Organismen erzeugen während ihres Lebens Tausende oder Millionen von Keimen, aus deren jedem sich unter günstigen Umständen ein Individuum entwickeln könnte. Bei den meisten Thieren und Pflanzen sind diese Keime echte Eier, d. h. Zellen, welche zu ihrer weiteren Entwicklung der geschlechtlichen Befruchtung bedürfen. Dagegen pflanzen sich viele Protisten, viele von jenen einzelligen niedersten Organismen, welche weder echte Thiere noch Pflanzen sind, bloss ungeschlechtlich fort; ihre Keimzellen oder Sporen bedürfen keiner Befruchtung. In allen Fällen steht die Zahl sowohl dieser ungeschlechtlichen als jener geschlechtlichen Keime in gar keinem Verhältniss zu der relativ geringen Zahl der wirklich lebenden Individuen.

Im Grossen und Ganzen genommen bleibt die Zahl der lebenden Thiere und Pflanzen auf unserer Erde durchschnittlich fast dieselbe. Die Zahl der Stellen im Naturhaushalt ist beschränkt, und an den meisten Punkten der Erdoberfläche sind diese Stellen immer annähernd besetzt. Gewiss finden überall in jedem Jahre Schwankungen in der absoluten und in der relativen Individuen-Zahl aller Arten statt. Allein im Grossen und Ganzen genommen werden diese Schwankungen nur geringe Bedeutung haben gegenüber der Thatsache, dass die Gesammtzahl aller Individuen durchschnittlich beinahe constant bleibt. Der Wechsel, der überall stattfindet, besteht darin, dass in einem Jahre diese und im anderen Jahre jene Reihe von Thieren und Pflanzen überwiegt, und dass in jedem Jahre der Kampf um's Dasein dieses Verhältniss wieder etwas anders gestaltet.

Jede einzelne Art von Thieren und Pflanzen würde in kurzer Zeit die ganze Erdoberfläche dicht bevölkert haben, wenn sie nicht mit einer Menge von Feinden und feindlichen Einflüssen zu kämpfen hätte. Schon Linné berechnete, dass, wenn eine einjährige Pflanze nur zwei Samen hervorbrächte (und es giebt keine, die so wenig erzeugt), sie in 20 Jahren schon eine Million Individuen geliefert haben würde. Darwin berechnete vom Elephanten, der sich am langsamsten von allen Thieren zu vermehren scheint, dass in 500 Jahren die Nachkommenschaft eines einzigen Paares bereits 15 Millionen Individuen betragen würde, vorausgesetzt, dass jeder Elephant während der Zeit seiner Fruchtbarkeit (vom 30. bis 90. Jahre) nur drei Paar Junge erzeugte.

Ebenso würde die Zahl der Menschen, wenn man die mittlere Fortpflanzungs-Zahl zu Grunde legt, und wenn keine Hindernisse der natürlichen Vermehrung im Wege stünden, bereits in 25 Jahren sich verdoppelt haben. In jedem Jahrhundert würde die Gesammtzahl der menschlichen Bevölkerung um das sechszehnfache gestiegen sein. Nun wächst aber bekanntlich die Gesammtzahl der Menschen nur sehr langsam und die Zunahme der Bevölkerung ist in verschiedenen Gegenden verschieden. Während europäische Stämme sich über den ganzen Erdball ausbreiten, gehen andere Stämme zu Grunde; ja sogar ganze Arten oder Rassen des Menschengeschlechts gehen mit jedem Jahre mehr ihrem völligen Aussterben entgegen. Dies gilt namentlich von den Rothhäuten Amerikas und ebenso von den schwarzbraunen Eingeborenen Australiens. Selbst wenn diese Völker sich reichlicher fortpflanzten, als die weisse Menschenart Europas, würden sie dennoch früher oder später der letzteren im Kampfe um's Dasein erliegen. Von allen menschlichen Individuen aber, ebenso wie von allen übrigen Organismen, geht bei weitem die überwiegende Mehrzahl in der frühesten Lebenszeit zu Grunde. Von der ungeheuren Masse von Keimen, die jede Art erzeugt, gelangen nur sehr wenige wirklich zur Entwickelung, und von diesen wenigen ist es wieder nur ein ganz kleiner Bruchtheil, welcher das Alter erreicht, in dem er sich fortpflanzen kann. (Vergl. S. 145.)

Aus diesem Missverhältniss zwischen der ungeheuren Ueberzahl der organischen Keime und der geringen Anzahl von auserwählten Individuen, die wirklich neben und mit einander fortbestehen können, folgt mit Nothwendigkeit jener allgemeine Kampf um's Dasein, jenes beständige Ringen um die Existenz, jener unaufhörliche Wettkampf um die Lebensbedürfnisse, von welchem ich Ihnen bereits im siebenten Vortrage ein Bild entwarf. Jener Kampf um's Dasein ist es, welcher die natürliche Zuchtwahl ausübt, welcher die Wechselwirkung der Vererbung und Anpassung züchtend benutzt und dadurch an einer beständigen Umbildung aller organischen Formen arbeitet. Immer werden in jenem Kampf um die Erlangung der nothwendigen Existenz-Bedingungen diejenigen Individuen ihre Nebenbuhler besiegen, welche irgend eine individuelle Begünstigung, irgend eine vortheilhafte Eigenschaft besitzen, die ihren Mitbewerbern fehlt.

Freilich können wir nur in den wenigsten Fällen, nur bei näher bekannten Thieren und Pflanzen, uns eine ungefähre Vorstellung von der unendlich complicirten Wechselwirkung der zahlreichen Verhältnisse machen, welche alle hierbei in Frage kommen. Denken Sie nur daran, wie unendlich mannichfaltig und verwickelt die Beziehungen jedes einzelnen Menschen zu den übrigen und überhaupt zu der ihn umgebenden Aussenwelt sind. Aehnliche Beziehungen walten aber auch zwischen allen Thieren und Pflanzen, die an einem Orte mit einander leben. Alle wirken gegenseitig, activ oder passiv, auf einander ein. Jedes Thier kämpft, wie jede Pflanze, direct mit einer Anzahl von Nebenbuhlern und von Feinden. Die zusammenstehenden Pflanzen kämpfen mit einander um den Bodenraum, den ihre Wurzeln bedürfen, um die nothwendige Menge von Licht, Luft, Feuchtigkeit u. s. w. Ebenso ringen die Thiere eines jeden Bezirks mit einander um ihre Nahrung, Wohnung u. s. w. In diesem äusserst lebhaften und verwickelten Kampf wird jeder noch so kleine persönliche Vorzug, jeder individuelle Vortheil möglicherweise den Ausschlag zu Gunsten seines Besitzers geben. Dieses bevorzugte einzelne Individuum bleibt im Kampfe Sieger und pflanzt sich fort, während seine Mitbewerber zu Grunde gehen, ehe sie zur Fortpflanzung gelangen. Der persönliche Vorzug, welcher ihm den Sieg verlieh, wird auf seine Nachkommen vererbt, und kann durch weitere Befestigung und Vervollkommnung die Ursache zur Bildung einer neuen Art werden.

Die unendlich verwickelten Wechselbeziehungen, welche zwischen den Organismen eines jeden Bezirks bestehen, und welche als die eigentlichen Bedingungen des Kampfes um's Dasein angesehen werden müssen, sind uns grösstentheils unbekannt und meistens auch sehr schwierig zu erforschen. Nur in einzelnen Fällen haben wir dieselben bisher zu einem gewissen Grade verfolgen können, so z. B. in dem bekannten, von Darwin angeführten Beispiel von den Beziehungen der Katzen zum rothen Klee in England. Die rothe Kleeart (Trifolium pratense), welche in England eines der vorzüglichsten Futterkräuter für das Rindvieh bildet, bedarf, um zur Samenbildung zu gelangen, des Besuchs der Hummeln. Indem diese Insecten den Honig aus dem Grunde der Kleeblüthe saugen, bringen sie den Blüthenstaub mit der Narbe in Berührung und vermitteln so die Befruchtung der Blüthe, welche ohne sie niemals erfolgt, Darwin hat durch Versuche gezeigt, dass rother Klee, den man von dem Besuche der Hummeln absperrt, keinen einzigen Samen liefert. Die Zahl der Hummeln ist bedingt durch die Zahl ihrer Feinde, unter denen die Feldmäuse die verderblichsten sind. Je mehr die Feldmäuse überhand nehmen, desto weniger wird der Klee befruchtet. Die Zahl der Feldmäuse ist wiederum von der Zahl ihrer Feinde abhängig, zu denen namentlich die Katzen gehören. Daher giebt es in der Nähe der Dörfer und Städte, wo viele Katzen gehalten werden, besonders viel Hummeln. Eine grosse Zahl von Katzen ist also offenbar von grossem Vortheil für die Befruchtung des Klees. Man kann nun, wie Karl Vogt gezeigt hat, an dieses Beispiel noch weitere Erwägungen anknüpfen. Denn das Rindvieh, welches sich von dem rothen Klee nährt, ist eine der wichtigsten Grundlagen des Wohlstandes von England. Die Engländer conserviren ihre körperlichen und geistigen Kräfte vorzugsweise dadurch, dass sie sich grösstentheils von trefflichem Fleisch, namentlich ausgezeichnetem Rostbeaf und Beafsteak nähren. Dieser vorzüglichen Fleischnahrung verdanken die Britten zum grossen Theil das Uebergewicht ihres Gehirns und Geistes über die anderen Nationen. Offenbar ist dieses aber indirect abhängig von den Katzen, welche die Feldmäuse verfolgen. Man kann auch mit Huxley auf die alten Jungfern zurückgehen, welche vorzugsweise die Katzen hegen und pflegen und somit für die Befruchtung des Klees und den Wohlstand Englands von hoher Wichtigkeit sind. An diesem Beispiel können sie erkennen, dass, je weiter man dasselbe verfolgt, desto grösser der Kreis der Wirkungen und der Wechselbeziehungen wird. Man kann aber mit Bestimmtheit behaupten, dass bei jeder Pflanze und bei jedem Thiere eine Masse solcher Wechselbeziehungen existiren. Nur sind wir selten im Stande, die Kette derselben so herzustellen, und so im Zusammenhang zu übersehen, wie es hier wenigstens annähernd der Fall ist.

Ein anderes merkwürdiges Beispiel von wichtigen Wechselbeziehungen ist nach Darwin folgendes: In Paraguay finden sich keine verwilderten Rinder und Pferde, wie in den benachbarten Theilen Süd-Amerikas, nördlich und südlich von Paraguay. Dieser auffallende Umstand erklärt sich einfach dadurch, dass in diesem Lande eine kleine Fliege sehr häufig ist, welche die Gewohnheit hat, ihre Eier in den Nabel der neugeborenen Rinder und Pferde zu legen. Die neugeborenen Thiere sterben in Folge dieses Eingriffs, und jene kleine gefürchtete Fliege ist also die Ursache, dass die Rinder und Pferde in diesem District niemals verwildern. Angenommen, dass durch irgend einen insectenfressenden Vogel jene Fliege zerstört würde, so würden in Paraguay ebenso wie in den benachbarten Theilen Süd-Amerikas diese grossen Säugethiere massenhaft verwildern; und da dieselben eine Menge von bestimmten Pflanzenarten verzehren, würde die ganze Flora, und in Folge davon wiederum die ganze Fauna dieses Landes eine andere werden. Dass dadurch zugleich auch die ganze Oekonomie und somit der Charakter der menschlichen Bevölkerung sich ändern würde, braucht nicht erst gesagt zu werden. Aehnliches gilt von der Tse-Tse-Fliege in Africa.

So kann das Gedeihen oder selbst die Existenz ganzer Völkerschaften durch eine einzige kleine, an sich höchst unbedeutende Thier- oder Pflanzen-Form indirect bedingt werden. Es giebt kleine oceanische Inseln, deren menschliche Bewohner wesentlich nur von einer Palmenart leben. Die Befruchtung dieser Palme wird vorzüglich durch Insecten vermittelt, die den Blüthenstaub von den männlichen auf die weiblichen Palmbäume übertragen. Die Existens dieser nützlichen Insecten wird durch insectenfressende Vögel gefährdet, die ihrerseits wieder von Raubvögeln verfolgt werden. Die Raubvögel aber unterliegen oft dem Angriffe einer kleinen parasitischen Milbe, die sich zu Millionen in ihrem Federkleide entwickelt. Dieser kleine gefährliche Parasit kann wiederum durch parasitische Pilze getödtet werden. Pilze, Raubvögel und Insecten würden in diesem Falle das Gedeihen der Palmen und somit der Menschen begünstigen, Vogelmilben und insectenfressende Vögel dagegen gefährden.

Interessante Beispiele für die Veränderung der Wechselbeziehungen im Kampf um's Dasein liefern auch jene isolirten und von Menschen unbewohnten oceanischen Inseln, auf denen zu verschiedenen Malen von Seefahrern Ziegen oder Schweine ausgesetzt wurden. Diese Thiere verwilderten und nahmen an Zahl aus Mangel an Feinden bald so übermässig zu, dass die ganze übrige Thier- und Pflanzen-Bevölkerung darunter litt; schliesslich verödete die Insel beinahe, weil den grossen, zu massenhaft sich vermehrenden Säugethieren die hinreichende Nahrung fehlte. In einigen Fällen wurden auf einer solchen von Ziegen oder Schweinen übervölkerten Insel später von anderen Seefahrern ein Paar Hunde ausgesetzt; da diese sich im Futterüberfluss sehr wohl befanden, vermehrten sie sich sehr rasch. Bald aber räumten sie so furchtbar unter den Heerden auf, dass nach einer Anzahl von Jahren den Hunden selbst das Futter fehlte, und auch sie beinahe ausstarben. So wechselt beständig in der Oekonomie der Natur das Gleichgewicht der Arten, je nachdem die eine oder andere Art sich auf Kosten der übrigen vermehrt.

In den meisten Fällen sind freilich die Beziehungen der verschiedenen Thier- und Pflanzenarten zu einander viel zu verwickelt, als dass wir ihnen nachkommen könnten, und ich überlasse es Ihrem eigenen Nachdenken, sich auszumalen, welches unendlich verwickelte Getriebe an jeder Stelle der Erde in Folge dieses Kampfes stattfinden muss. In letzter Instanz sind die Ursachen, welche den Kampf bedingen, und welche den Kampf an allen verschiedenen Stellen verschieden gestalten und modificiren, die Triebfedern der Selbsterhaltung, und zwar sowohl der Erhaltungstrieb der Individuen (Ernährungstrieb), als der Erhaltungstrieb der Arten (Fortpflanzungstrieb). Diese beiden Grundtriebe der organischen Selbsterhaltung sind es, von denen sogar Schiller, der Idealist (nicht Goethe, der Realist!) sagt:

„Einstweilen bis den Bau der Welt
„Philosophie zusammenhält,
„Erhält sich ihr Getriebe
„Durch Hunger und durch Liebe.“

Diese beiden mächtigen Grundtriebe, Hunger und Liebe sind es, welche durch ihre verschiedene Ausbildung in den verschiedenen Arten den Kampf um's Dasein so ungemein mannichfaltig gestalten, und welche den Erscheinungen der Vererbung und Anpassung zu Grunde liegen. Wir konnten alle Vererbung auf die Fortpflanzung, alle Anpassung auf die Ernährung als die physiologische Grundursache zurückführen.

Der Kampf um's Dasein wirkt bei der natürlichen Züchtung ebenso züchtend oder auslesend, wie der Wille des Menschen bei der künstlichen Züchtung. Aber dieser wirkt planmässig und bewusst, jener planlos und unbewusst. Dieser wichtige Unterschied zwischen der künstlichen und natürlichen Züchtung verdient besondere Beachtung. Denn wir lernen hierdurch verstehen, warum zweckmässige Einrichtungen ebenso durch zwecklos wirkende mechanische Ursachen, wie durch zweckmässig thätige Endursachen erzeugt werden können. Die Produkte der natürlichen Züchtung sind ebenso und noch mehr zweckmässig eingerichtet, wie die Kunstprodukte des Menschen, und dennoch verdanken sie ihre Entstehung nicht einer zweckmässig thätigen Schöpferkraft, sondern einem unbewusst und planlos wirkenden mechanischen Verhältnisse. Wenn man nicht tiefer über die Wechselwirkung der Vererbung und Anpassung unter dem Einfluss des Kampfes um's Dasein nachgedacht hat, so kann man nicht solche Erfolge von diesem natürlichen Züchtungs-Prozess erwarten, wie derselbe in der That liefert. Es ist daher wohl angemessen, hier ein Paar besonders einleuchtende Beispiele von der Wirksamkeit der natürlichen Züchtung anzuführen.

Lassen Sie uns zunächst die von Darwin hervorgehobene gleichfarbige Zuchtwahl oder die sogenannte „sympathische Farbenwahl“ der Thiere betrachten. Schon frühere Naturforscher haben es sonderbar gefunden, dass zahlreiche Thiere im Grossen und Ganzen dieselbe Färbung zeigen wie der Wohnort, oder die Umgebung, in der sie sich beständig aufhalten. So sind z. B. die Blattläuse und viele andere auf Blättern lebende Insecten grün gefärbt. Die Wüstenbewohner: Springmäuse, Wüstenfüchse,

Gazellen, Löwen u. s. w. sind meist gelb oder gelblichbraun gefärbt, wie der Sand der Wüste. Die Polarthiere, welche auf Eis und Schnee leben, sind weiss oder grau, wie Eis und Schnee. Viele von diesen ändern ihre Färbung im Sommer und Winter. Im Sommer, wenn der Schnee theilweis vergeht, wird das Fell dieser Polarthiere graubraun oder schwärzlich wie der nackte Erdboden, während es im Winter wieder weiss wird. Schmetterlinge und Kolibris, welche die bunten, glänzenden Blüthen umschweben, gleichen diesen in Färbung und Zeichnung. Darwin erklärt nun diese auffallende Thatsache ganz einfach dadurch, dass eine solche Färbung, die mit der des Wohnortes übereinstimmt, den betreffenden Thieren von grösstem Nutzen ist. Wenn diese Thiere Raubthiere sind, so werden sie sich dem Gegenstand ihres Appetits viel sicherer und unbemerkter nähern können, und ebenso werden die von ihnen verfolgten Thiere viel leichter entfliehen können, wenn sie sich in der Färbung möglichst wenig von ihrer Umgebung unterscheiden. Wenn also ursprünglich eine Thierart in allen Farben variirte, so werden diejenigen Individuen, deren Farbe am meisten derjenigen ihrer Umgebung glich, im Kampf um's Dasein am meisten begünstigt gewesen sein. Sie blieben unbemerkter, erhielten sich und pflanzten sich fort, während die anders gefärbten Individuen oder Spielarten ausstarben.

Aus derselben gleichfarbigen Zuchtwahl habe ich in meiner „generellen Morphologie“ versucht, die merkwürdige Wasserähnlichkeit der pelagischen Glasthiere zu erklären, die wunderbare Thatsache, dass die Mehrzahl der pelagischen Thiere, d. h. derer, welche an der Oberfläche der offenen See leben, bläulich oder ganz farblos und glasartig durchsichtig ist, wie das Wasser selbst. Solche farblose, glasartige Thiere kommen in den verschiedensten Klassen vor. Es gehören dahin unter den Fischen die Helmichthyiden, die Larven der Aale, durch deren glashellen Körper hindurch man die Schrift eines Buches lesen kann; unter den Weichthieren die Flossen-Schnecken und Kiel-Schnecken; unter den Würmern die Alciope und Sagitta; unter den Mantelthieren die Salpen und Seetönnchen; ferner sehr zahlreiche pelagische Krebsthiere (Crustaceen) und der grösste Theil der Medusen (Schirm-

Quallen, Kamm-Quallen u. s. w.). Alle diese pelagischen Thiere, welche an der Oberfläche des offenen Meeres schwimmen, sind glasartig durchsichtig und farblos, wie das Wasser selbst, während ihre nächsten Verwandten, die auf dem Grunde des Meeres leben, gefärbt und undurchsichtig wie die Landbewohner sind. Auch diese merkwürdige Thatsache lässt sich ebenso wie die sympathische Färbung der Landbewohner durch die natürliche Züchtung erklären. Unter den Voreltern der pelagischen Glasthiere, welche einen verschiedenen Grad von Farblosigkeit und Durchsichtigkeit zeigten, werden diejenigen, welche am meisten farblos und durchsichtig waren, offenbar in dem lebhaften, an der Meeres-Oberfläche waltenden Kampf um's Dasein, am meisten begünstigt gewesen sein. Sie konnten sich ihrer Beute am leichtesten unbemerkt nähern, und wurden selbst von ihren Feinden am wenigsten bemerkt. So konnten sie sich leichter erhalten und fortpflanzen, als ihre mehr gefärbten und undurchsichtigen Verwandten. Schliesslich erreichte dann, durch gehäufte Anpassung und Vererbung, durch natürliche Auslese im Laufe vieler Generationen, der Körper denjenigen Grad von glasartiger Durchsichtigkeit und Farblosigkeit, den wir gegenwärtig an den zahlreichen pelagischen Glasthieren bewundern.

Nicht minder interessant und lehrreich, als die gleichfarbige Zuchtwahl, ist diejenige Art der natürlichen Züchtung, welche Darwin die sexuelle oder geschlechtliche Zuchtwahl nennt; durch sie wird besonders die Entstehung der sogenannten „secundären Sexual-Charaktere“ erklärt. Wir haben diese untergeordneten Geschlechts-Charaktere, die in so vieler Beziehung lehrreich sind, schon früher erwähnt; wir verstanden darunter solche Eigenthümlichkeiten der Thiere und Pflanzen, welche bloss einem der beiden Geschlechter zukommen, und welche nicht in unmittelbarer Beziehung zu der Fortpflanzungs-Thätigkeit selbst stehen. (Vergl. oben S. 188.) Solche secundäre Geschlechts-Charaktere kommen in grosser Mannichfaltigkeit bei höheren Thieren vor. Sie wissen Alle, wie auffallend sich bei vielen Vögeln und Schmetterlingen die beiden Geschlechter durch Grösse und Färbung unterscheiden. Meistens ist hier das Männchen das grössere und schönere Geschlecht. Oft besitzt dasselbe besondere Zierathe oder Waffen, wie z. B. der Sporn und Federkragen des Hahns, das Geweih der männlichen Hirsche und Rehe u. s. w. Alle diese Eigenthümlichkeiten des einen Geschlechts haben mit der Fortpflanzung selbst, welche durch die „primären Sexual-Charaktere“, die eigentlichen Geschlechts-Organe, vermittelt wird, unmittelbar Nichts zu thun.

Die Entstehung dieser merkwürdigen „secundären Sexual-Charaktere“ erklärt nun Darwin einfach durch die Auslese oder Selection, welche bei der Fortpflanzung der Thiere geschieht. Bei den meisten Thieren ist die Zahl der Individuen beiderlei Geschlechts mehr oder weniger ungleich; entweder ist die Zahl der weiblichen oder die der männlichen Individuen grösser, und wenn die Fortpflanzungs-Zeit herannaht, findet in der Regel ein Kampf zwischen den betreffenden Nebenbuhlern um Erlangung der Thiere des anderen Geschlechts statt. Es ist bekannt, mit welcher Kraft und Heftigkeit gerade bei den höchsten Thieren, bei den Säugethieren und Vögeln, besonders bei den in Polygamie lebenden, dieser Kampf gefochten wird. Bei den Hühner-Vögeln, wo auf einen Hahn zahlreiche Hennen kommen, findet zur Erlangung eines möglichst grossen Harems ein lebhafter Kampf zwischen den mitbewerbenden Hähnen statt. Dasselbe gilt von vielen Wiederkäuern. Bei den Hirschen und Rehen z. B. entstehen zur Zeit der Fortpflanzung gefährliche Kämpfe zwischen den Männchen um den Besitz der Weibchen. Der secundäre Sexual-Charakter, welcher hier die Männchen auszeichnet, das Geweih der Hirsche und Rehe, das den Weibchen fehlt, ist nach Darwin die Folge jenes Kampfes. Hier ist also nicht, wie beim Kampf um die individuelle Existenz, die Selbsterhaltung, sondern die Erhaltung der Art, die Fortpflanzung, das Motiv und die bestimmende Ursache des Kampfes. Es giebt eine ganze Menge von Waffen, die in dieser Weise von den Thieren erworben wurden, sowohl passive Schutzwaffen als active Angriffswaffen. Eine solche Schutzwaffe ist zweifelsohne die Mähne des Löwen, die dem Weibchen abgeht; sie ist bei den Bissen, die die männlichen Löwen sich am Halse beizubringen suchen, wenn sie um die Weibchen kämpfen, ein tüchtiges Schutzmittel; und daher sind die mit der stärksten Mähne versehenen Männchen in dem sexuellen Kampfe am Meisten begünstigt. Eine ähnliche Schutzwaffe ist die Wamme des Stiers und der Federkragen des Hahns. Active Angriffswaffen sind dagegen das Geweih des Hirsches, der Hauzahn des Ebers, der Sporn des Hahns und der entwickelte Oberkiefer des männlichen Hirschkäfers; alles Instrumente, welche beim Kampfe der Männchen um die Weibchen zur Vernichtung oder Vertreibung der Nebenbuhler dienen.

In den letzterwähnten Fällen sind es die unmittelbaren Vernichtungs-Kämpfe der Nebenbuhler, welche die Entstehung des secundären Sexual-Charakters bedingen. Ausser diesen unmittelbaren Vernichtungs-Kämpfen sind aber bei der geschlechtlichen Auslese auch die mehr mittelbaren Wettkämpfe von grosser Wichtigkeit, welche auf die Nebenbuhler nicht minder umbildend einwirken. Diese bestehen vorzugsweise darin, dass das werbende Geschlecht dem anderen zu gefallen sucht: durch äusseren Putz, durch Schönheit, oder durch eine melodische Stimme. Unzweifelhaft ist die schöne Stimme der Singvögel wesentlich auf diesem Wege entstanden. Bei vielen Vögeln findet ein wirklicher Sängerkrieg zwischen den Männchen statt, die um den Besitz der Weibchen kämpfen. Von mehreren Singvögeln weiss man, dass zur Zeit der Fortpflanzung die Männchen sich zahlreich vor den Weibchen versammeln und vor ihnen ihren Gesang erschallen lassen, und dass dann die Weibchen denjenigen Sänger, welcher ihnen am besten gefällt, zu ihrem Gemahl erwählen. Bei anderen Singvögeln lassen die einzelnen Männchen in der Einsamkeit des Waldes ihren Gesang ertönen, um die Weibchen anzulocken, und diese folgen dem anziehendsten Locktone. Ein ähnlicher musikalischer Wettkampf, der allerdings weniger melodisch ist, findet bei den Cikaden und Heuschrecken statt. Bei den Cikaden hat das Männchen am Unterleib zwei trommelartige Instrumente und erzeugt damit die scharfen zirpenden Töne, welche die alten Griechen seltsamer Weise als schöne Musik priesen. Bei den Heuschrecken bringen die Männchen, theils indem sie die Hinterschenkel wie Violinbogen an den Flügeldecken reiben, theils durch Reiben der Flügeldecken an einander, Töne hervor, die für uns allerdings nicht melodisch sind, die aber den weiblichen Heuschrecken so gut gefallen, dass sie die am besten geigenden Männchen sich aussuchen.

Bei anderen Insecten und Vögeln ist es nicht der Gesang oder überhaupt die musikalische Leistung, sondern der Putz oder die Schönheit des einen Geschlechts, welches das andere anzieht. So finden wir, dass bei den meisten Hühnervögeln die Hähne durch Hautlappen auf dem Kopfe sich auszeichnen, oder durch einen schönen Schweif, den sie radartig ausbreiten, wie z. B. der Pfau und der Truthahn. Auch der prachtvolle Schweif des Paradiesvogels ist eine ausschliessliche Zierde des männlichen Geschlechts. Ebenso zeichnen sich bei sehr vielen anderen Vögeln und bei sehr vielen Insecten, namentlich Schmetterlingen, die Männchen durch besondere Farben oder andere Zierden vor den Weibchen aus. Offenbar sind dieselben Produkte der sexuellen Züchtung. Da den Weibchen diese Reize und Verzierungen fehlen, so müssen wir schliessen, dass dieselben von den Männchen im Wettkampf um die Weibchen erst allmählich erworben worden sind, wobei die Weibchen auslesend wirkten.

Die Anwendung dieses interessanten Schlusses auf die menschliche Gesellschaft können Sie sich selbst leicht im Einzelnen ausmalen. Offenbar sind auch hier dieselben Ursachen bei der Ausbildung der secundären Sexual-Charaktere wirksam gewesen. Ebensowohl die Vorzüge, welche den Mann, als diejenigen, welche das Weib auszeichen, verdanken ihren Ursprung ganz gewiss grösstentheils der sexuellen Auslese des anderen Geschlechts. Im Alterthum und im Mittelalter, besonders in der romantischen Ritterzeit, waren es die unmittelbaren Vernichtungs-Kämpfe, die Turniere und Duelle, welche die Brautwahl vermittelten; der Stärkere führte die Braut heim. In neuerer Zeit dagegen sind die mittelbaren Wettkämpfe der Nebenbuhler beliebter, welche mittelst musikalischer Leistungen, Spiel und Gesang, oder mittelst körperlicher Reize, natürlicher Schönheit oder künstlichen Putzes, in unseren sogenannten „feinen“ und „hochcivilisirten“ Gesellschaften ausgekämpft werden. Bei weitem am Wichtigsten aber von diesen verschiedenen Formen der Geschlechtswahl des

Menschen ist die am meisten veredelte Form derselben, nämlich die psychische Auslese, bei welcher die geistigen Vorzüge des einen Geschlechts bestimmend auf die Wahl des anderen einwirken. Indem der am höchsten veredelte Kulturmensch sich bei der Wahl der Lebensgefährtin Generationen hindurch von den Seelenvorzügen derselben leiten liess, und diese auf die Nachkommenschaft vererbte, half er mehr, als durch vieles Andere, die tiefe Kluft schaffen, welche ihn gegenwärtig von den rohesten Naturvölkern und von unseren gemeinsamen thierischen Voreltern trennt. Ueberhaupt ist die Rolle, welche die gesteigerte sexuelle Zuchtwahl, und ebenso die Rolle, welche die vorgeschrittene Arbeitstheilung zwischen beiden Geschlechtern beim Menschen spielt, höchst bedeutend; und ich glaube, dass hierin eine der mächtigsten Ursachen zu suchen ist, welche die phylogenetische Entstehung und die historische Entwickelung des Menschengeschlechts bewirkten. Darwin hat in seinem 1871 erschienenen, höchst interessanten Werke über „die Abstammung des Menschen und die geschlechtliche Zuchtwahl“ [48]) diesen Gegenstand in der geistreichsten Weise erörtert und durch die merkwürdigsten Beispiele erläutert.

Die ausserordentlich hohe Bedeutung, welche der Kampf um's Dasein und die durch ihn bewirkte natürliche Zuchtwahl für die Entwickelung der organischen Welt besitzen, ist im Verlaufe der letzten drei Jahrzehnte, seit Darwin's Entdeckung derselben, immer mehr anerkannt worden. Allein gewöhnlich denkt man dabei nur an die Lebens- und Bildungs-Verhältnisse der selbstständigen Einzelwesen. Nicht weniger wichtig aber, ja im Grunde noch von viel höherer und allgemeinerer Bedeutung, ist der Kampf um's Dasein, welcher überall und jederzeit zwischen allen Form-Bestandtheilen dieser Einzelwesen stattfindet; die Umbildung dieser letzteren ist ja eigentlich erst das Gesammt-Ergebniss aus der besonderen Entwickelung aller ihrer Bestandtheile.

Darwin selbst ist auf diese elementaren Structur-Umbildungen nicht näher eingegangen. Die erste umfassende Darstellung und kritische Beleuchtung derselben hat 1881 Professor Wilhelm Roux gegeben, in seinem ausgezeichneten Werke: „Der Kampf der Theile im Organismus, ein Beitrag zur Vervollständigung der mechanischen Zweckmässigkeits-Lehre“ [23]). Im ersten Abschnitt desselben wird die functionelle Anpassung der Organe und die Erblichkeit ihrer Wirkungen erörtert, insbesondere die functionelle Selbstgestaltung der zweckmässigen Structur, als eine nothwendige Wirkung des vermehrten oder verminderten Gebrauches (vergl. oben S. 227). Im zweiten Abschnitt wird der Kampf der Theile im Organismus selbst näher untersucht, und gezeigt, wie aus der Ungleichheit der Theile, aus den ungleichen Verhältnissen ihrer Thätigkeit und Ernährung, ihres Stoffwechsels und Wachsthums, nothwendig von selbst ein Kampf derselben um's Dasein folgen muss; und zwar gilt dies ganz ebenso von den einzelnen Organen und den sie zusammensetzenden Geweben, als von den einzelnen Zellen, welche die Organe zusammensetzen, und schliesslich selbst von den activen Molekeln, welche das Plasma der Zellen und ihrer Kerne zusammensetzen (Plastidulen oder Micellen). Von grösster Bedeutung ist hierbei die Wechsel-Beziehung zwischen der Arbeitsleistung (oder physiologischen Function) jedes einzelnen Theiles und seiner Ernährung; indem jeder functionelle Reiz auf den Stoffwechsel des thätigen Theiles zurückwirkt und somit eine „trophische Wirkung“ ausübt, bewirkt er zugleich Veränderungen in seiner Form und Structur (oder morphologische Differenzirungen). Es lässt sich somit, wie ich schon 1866 in meiner generellen Morphologie behauptet hatte, die Anpassung im weitesten Sinne auf die Lebensthätigkeit der Ernährung zurückführen.

An zahlreichen einleuchtenden Beispielen weist Roux nach, wie durch verstärkte Thätigkeit die besondere Leistungsfähigkeit der Organe erhöht, durch verminderte Arbeit umgekehrt herabgesetzt wird (im Sinne von Lamarck), und wie ferner durch die Einwirkung functioneller Reize das Zweckmässige in höchst denkbarer Vollkommenheit direct mechanisch hervorgebracht und gestaltet wird, ohne dass irgend eine zweckthätige Endursache dabei in's Spiel kommt. So erklärt sich höchst einfach die bewunderungswürdige und höchst zweckmässige Vollkommenheit im feineren Bau der Knochen, der

Muskeln, der Blutgefässe u. s. w. Die feinen Stützbälkchen der Knochen verlaufen in der Richtung des stärksten Druckes und Zuges und erreichen so mit der geringsten Menge von Material die höchste Stützkraft; die feinen Fasern der Muskeln, welche das Fleisch zusammensetzen, verlaufen nur in der Richtung, in welcher ihre Zusammenziehung stattfindet; und wenn muskulöse Röhren (z. B. der Darm, die Blutgefässe) sich in zwei Richtungen zusammenziehen, der Länge und der Quere nach, so ordnen sich die Muskelfasern bloss in diesen beiden Richtungen. Ebenso ist aber auch die feinere Structur der Nerven, der Blutgefässe, der Drüsen u. s. w. auf das Zweckmässigste ihrer Thätigkeit angepasst. Rein mechanisch betrachtet, erscheinen ihre Structur-Verhältnisse als Einrichtungen von denkbar vollkommenster Zweckmässigkeit; und dennoch sind dieselben ohne vorbedachten Zweck entstanden, vielmehr rein mechanisch durch die eigene Thätigkeit der Organe selbst (unter Vermittelung ihrer functionellen Reize) hervorgebracht worden.

Das bedeutungsvolle Princip der functionellen Selbstgestaltung des Zweckmässigen zeigt uns demnach wie die thatsächlich bestehende Zweckmässigkeit im inneren Körperbau auf teleologische Mechanik zurückzuführen ist. Aber auch diese kann wieder weiterhin durch das Selections-Princip erklärt werden; nicht im Sinne Darwin's, dass der Kampf um's Dasein zwischen den selbstständigen Einzelwesen sie hervorruft, sondern im Sinne von Roux, wonach derselbe beständig zwischen allen Theilen des einzelnen Organismus selbst wirksam ist. Jedoch müssen wir ausdrücklich betonen, dass diese umbildende und züchtende Wirkung nur dann eintreten kann, wenn die functionelle Anpassung (— als erworbene Veränderung! —) durch progressive Vererbung auf die Nachkommen übertragen wird (Vergl. oben S. 227).

Man könnte demnach die Zuchtwahl der Zellen, wie sie nach Roux überall in den Geweben stattfindet, auch als Cellular-Selection bezeichnen, im Gegensatze zur Personal-Selection, wie sie Darwin zuerst zwischen den selbstständigen Einzelwesen nachgewiesen hat. Die erstere würde sich zur letzteren ebenso verhalten, wie Virchow's Cellular-Pathologie zur Personal-Pathologie, oder wie die von mir aufgestellte Cellular-Psychologie zur Personal-Psychologie. (Vgl. meinen Vortrag über „Zellseelen und Seelenzellen“)[59]). Der Schlüssel für das richtige Verständniss dieses Verhältnisses liegt in der Zellentheorie, und in den weitgreifenden Fortschritten, welche diese grundlegende Theorie seit einem halben Jahrhundert (und namentlich in den letzten Decennien) gemacht hat. Wir betrachten jetzt allgemein die organischen Zellen nicht mehr als todte Bausteine, sondern als lebendige „Elementar-Organismen“, als Plastiden oder „Bildnerinnen“.

Selbstständige Einzelwesen, und zwar ebensowohl morphologisch (hinsichtlich des Körperbaues) wie physiologisch (hinsichtlich der Lebensthätigkeit), sind ursprünglich alle Zellen. Es besteht aber trotzdem ein grosser Unterschied zwischen den einzelligen Organismen (Protisten) und den vielzelligen (Histonen). Bei den Protisten oder den einzelligen Lebensformen (Urpflanzen und Urthieren) bildet eine einzige Zelle für sich zeitlebens den ganzen Organismus. Bei den Histonen hingegen, den vielzelligen Thieren und Pflanzen, besteht der Organismus nur im Beginne seiner Existenz aus einer einzigen Zelle; sobald diese sich zu entwickeln beginnt, vermehrt sie sich durch wiederholte Theilung, und die zahlreichen daraus entstandenen Zellen setzen die Gewebe und Organe zusammen. In diesen sind die gesellig verbundenen Zellen von einander und vom Ganzen abhängig, und zwar um so mehr, je höher das Ganze entwickelt, je stärker es centralisirt ist. Mithin verhält sich das einzellige Protist zum vielzelligen und gewebebildenden Histonen ähnlich, wie der einzelne Mensch zum Staat. Der vielzellige Organismus ist ein Zellenstaat, und seine einzelnen Zellen sind die Staatsbürger (vergl. den VIII. und XVII. Vortrag).

Wie nun demgemäss alle Lebens-Thätigkeiten in den beiden Hauptgruppen der Einzelligen und der Vielzelligen gewisse principielle Verschiedenheiten zeigen, so gilt dasselbe auch von ihrer Thätigkeit im Kampfe um's Dasein, von der Wechselwirkung der Vererbung und der Anpassung, welche dabei züchtend wirkt. Die Einzelligen oder Protisten zeigen ein einfaches (oder trophisches) Wachsthum, durch Zell-Vergrösserung; sie vermehren sich grösstentheils ungeschlechtlich (durch Theilung oder Sporen-Bildung); die Vererbung wird daher durch den Kern der einen Zelle vermittelt, welche zugleich der ganze Organismus ist. Die Vielzelligen oder Histonen hingegen besitzen ein zusammengesetztes (oder numerisches) Wachsthum, durch Zell-Vermehrung; sie pflanzen sich geschlechtlich fort (durch Vermischung von Ei-Zelle und Sperma-Zelle); die Vererbung wird daher nur durch die Kerne dieser beiden Geschlechts-Zellen vermittelt, während alle übrigen Gewebe-Zellen dabei nicht betheiligt sind. Aber innerhalb der Gewebe vermehren sich auch die sie zusammensetzenden Zellen beständig; und die Gewebe-Bildung selbst wird durch jene bedeutungsvolle Cellular-Selection bestimmt. Die tüchtigsten Zellen in jedem Gewebe, welche ihre Arbeit am besten erfüllen, verlangen und erhalten dafür auch den besten Theil des Nahrungs-Saftes; sie entziehen ihn den schwächeren und untüchtigeren Zellen; die ersteren wachsen und vermehren sich durch Theilung, während die letzteren früher oder später zu Grunde gehen müssen.

Der Kampf um's Dasein zwischen den Gewebe-Zellen der vielzelligen Organismen, muss demnach als die wichtigste Triebfeder für die fortschreitende Entwickelung und Differenzirung ihrer Gewebe und Organe angesehen werden. Bei den Einzelligen hingegen nimmt der Kampf um's Dasein und die durch ihn bewirkte natürliche Zuchtwahl eine wesentlich verschiedene Form an. Denn hier kommt es ja überhaupt noch nicht zur Gewebe-Bildung; die Gestaltung der unabhängigen und selbstständig bleibenden Zelle wird theils unmittelbar durch die Einwirkung der äusseren Existenz-Bedingungen bestimmt, theils durch die Gegenwirkung, welche die Plastidule oder Micellen, die activ lebensthätigen Plasma-Molekeln der Zelle ausüben. Auch zwischen diesen letzteren dürfen wir einen beständigen Kampf um's Dasein annehmen, und wir müssen demselben eine hohe Bedeutung für den Stoffwechsel und die Ernährung, somit auch für die Anpassung und Gestaltung des Elementar-Organismus zuschreiben. Allein diese Molekular-Selection ist eben so hypothetisch, und eben so wenig direct nachweisbar, wie die Molekular-

Structur, welche wir (in irgend einer Form) für das Plasma annehmen müssen. Als Hypothese ist dieselbe unentbehrlich, und zwar ebensowohl für die unabhängigen einzelligen Protisten, wie für die abhängigen Gewebe-Zellen der Histonen.

Je tiefer wir neuerdings in diese elementaren Verhältnisse des organischen Lebens eingedrungen sind, und je mehr wir die verwickelten Wechsel-Beziehungen desselben kennen gelernt haben, desto höher haben wir den Werth der Selections-Theorie schätzen gelernt, desto grösser erscheint uns die philosophische That Darwin's. Denn indem dieser grosse Natur-Philosoph die natürliche Züchtung durch den Kampf um's Dasein begründete, entdeckte er nicht nur die wichtigste Ursache der organischen Formen-Bildung und Umbildung, sondern er beantwortete zugleich endgültig eines der grössten philosophischen Räthsel, die Frage nämlich: Wie können zweckmässige Einrichtungen mechanisch entstehen, ohne zweckthätige Ursachen?

Die naturgemässe Beantwortung dieser schwierigen Grundfrage hatte schon im fünften Jahrhundert vor Christus ein grosser griechischer Naturphilosoph versucht, Empedocles aus Agrigent. Nach ihm sind die zweckmässigen Gestalten der Thiere und Pflanzen, wie wir sie jetzt kennen, erst allmählich entstanden, und zwar durch den beständigen Kampf der widerstreitenden Naturkräfte; die jetzt lebenden Formen sind übrig geblieben aus einer ungeheuer grossen Zahl von ausgestorbenen Formen, und zwar deshalb, weil sie für jenen Kampf am vortheilhaftesten geartet, und darum am lebensfähigsten waren. Einerseits betont Empedocles zuerst ganz besonders die Zweckmässigkeit im Körperbau der Lebewesen, andrerseits aber hebt er zugleich hervor, dass man zur Erklärung derselben kein besonderes „Zweckmässigkeits-Princip“ aufstellen dürfe, sondern dass sie rein mechanisch durch das Wechselspiel der Naturkräfte entstanden sei. Mit Recht sagt daher Fritz Schultze[18]) in seiner Schilderung der griechischen Naturphilosophie: „den grossen Gedanken einer Theorie der Ableitung des Zweckmässigen aus dem Unzweckmässigen zuerst gefasst zu haben, ist das strahlende

Verdienst des Empedocles, und wenn wir bedenken, dass seine beiden Grundprincipien, Liebe und Hass, die Keimformen zu den modernen Grundkräften der Anziehung und der Abstossung sind, so werden wir diesem alten Forscher in der That unsere Bewunderung und Anerkennung nicht versagen können."

So darf also mit Beziehung auf die Lösung dieser hochwichtigen Frage Empedocles als der älteste Vorläufer Darwin's angesehen werden. Obgleich aber auch andere Naturphilosophen des classischen Alterthums, insbesondere Lucretius, ihre hohe Bedeutung anerkannten, gerieth dieselbe doch späterhin ganz in Vergessenheit. Konnte doch selbst Kant — wie schon früher (S. 95) erwähnt, — dieselbe so wenig würdigen, dass er sogar die Hoffnung, jene Frage jemals lösen zu können, für ungereimt erklärte. „Man muss diese Einsicht dem Menschen schlechterdings absprechen."

Indem Charles Darwin durch seine Selections-Theorie thatsächlich jene schwierigste Grundfrage löste, ist er — ich wiederhole es — der neue Newton geworden, dessen einstiges Kommen Kant für immer verneinen zu können glaubte. Zwar haben kurzsichtige Naturforscher diesen Vergleich neuerdings für übertrieben erklärt und lächerlich gemacht, damit aber nur gezeigt, wie wenig sie die philosophische Tragweite des Darwinismus zu würdigen im Stande sind. Denn die Aufgaben sowohl wie die Mittel zu ihrer mechanischen Beantwortung waren bei der Gravitations-Theorie von Newton ungleich einfacher, als bei der Selections-Theorie von Darwin. Desshalb leuchtet auch die natürliche Wahrheit der ersten jedem Gebildeten unmittelbar ein, während für das volle Verständniss der letzteren eine gründliche naturwissenschaftliche Vorbildung erforderlich ist. Beide haben aber ein gleich hohes Verdienst, indem sie den übernatürlichen Zweckbegriff und den damit verknüpften Wunderglauben aus unserem Erkenntniss-Gebiete verdrängten, Newton aus dem der anorgischen, Darwin aus dem der organischen Natur.

Die speculative Philosophie der neuesten Zeit überzeugt sich täglich mehr von der Nothwendigkeit, aus dem icarischen Wolkenfluge der „reinen Speculation" auf den festen Boden der empirischen Natur-Erkenntniss zurückzukehren, und insbesondere die bedeutungsvollen biologischen Fortschritte des letzten Menschenalters in sich aufzunehmen. So sind namentlich Wundt, Fritz Schultze, G. H. Schneider, B. v. Carneri, Spitzer u. A. neuerdings eifrig bemüht, die philosophische Bedeutung des Transformismus zu würdigen und die wichtigsten Folgerungen aus dem Darwinismus zu ziehen. Die monistische Philosophie von Herbert Spencer[65]), Jacob Moleschott[60]), Ludwig Büchner[10]), Albrecht Rau u. A. ruht auf ihrem Fundamente. In einer ausgezeichneten Schrift über „Empfinden und Denken" hat Albrecht Rau kürzlich (1896) „eine physiologische Untersuchung über die Natur des menschlichen Verstandes" angestellt, welche die tiefgreifende Reform der Psychologie durch die Descendenz-Theorie klar beleuchtet. Welche Bedeutung in jener Beziehung vor Allen das Selections-Princip besitzt, und wie dadurch „die Teleologie in der Auffassung der Organismen-Welt" in ein ganz neues Licht gesetzt wird, hat insbesondere Hugo Spitzer in Graz gezeigt[28]). Seine „Beiträge zur Descendenz-Theorie und zur Methodologie der Naturwissenschaft" (1886) sind bisher die eingehendsten Versuche, die philosophische Bedeutung des Darwinismus richtig zu würdigen. Indem der letztere den übernatürlichen und dualistischen „transcendenten Zweckbegriff" beseitigt, setzt er an seine Stelle das natürliche und monistische Princip der „teleologischen Mechanik".

Zwölfter Vortrag.

Arbeitstheilung und Formspaltung. Divergenz der Species. Fortbildung und Rückbildung.

Arbeitstheilung (Ergonomie) und Formspaltung (Polymorphismus). Physiologische Divergenz und morphologische Differenzirung, beide nothwendig durch die Selection bedingt. Uebergang der Varietäten in Species. Begriff der Art oder Species. Bastard-Arten. Personal-Divergenz und Cellular-Divergenz. Differenzirung der Gewebe. Primäre und secundäre Gewebe. Siphonophoren. Arbeitswechsel (Metergie). Angleichung (Convergenz). Fortschritt und Vervollkommnung. Entwickelungs-Gesetze der Menschheit. Verhältniss der Fortbildung zur Divergenz. Centralisation als Fortschritt. Rückbildung. Entstehung der rudimentären Organe durch Nichtgebrauch und Abgewöhnung. Unzweckmässigkeits-Lehre oder Dysteleologie.

Meine Herren! Wenn Sie die geschichtliche Entwickelung der organischen Welt im Grossen und Ganzen betrachten, so treten Ihnen als allgemeinste Erscheinungen zunächst zwei grosse Gesetze entgegen, das Divergenz-Gesetz und das Fortschritts-Gesetz. Das Princip der Divergenz oder Sonderung lehrt uns zunächst als Thatsache, auf Grund der Versteinerungs-Kunde, dass die Mannichfaltigkeit und Verschiedenheit der Lebensformen auf unserem Erdball von der ältesten Zeit bis zur Gegenwart beständig zugenommen hat. Das zweite Princip, das des Fortschritts oder der Vervollkommnung, lehrt uns auf Grund derselben paläontologischen Urkunde, dass diese Divergenz im Grossen und Ganzen mit einem stetigen Fortschritt, mit einer zunehmenden Vollkommenheit der Organisation verknüpft gewesen ist. Für beide Gesetze liegt der Grund zunächst grösstentheils in der physiologischen Arbeitstheilung der Organismen (Ergonomie) und in der damit verknüpften morphologischen Sonderung oder Formspaltung (Polymorphismus).

Nachdem man auf Grund sehr ausgedehnter paläontologischer Untersuchungen die allgemeine Geltung dieser beiden grossen historischen Principien erkannt hatte, glaubte man ihre Ursache zunächst in einem zweckmässigen Schöpfungsplan, oder unmittelbar in einem übernatürlichen Endzweck suchen zu müssen. Es sollte in dem zweckmässigen Plane des Schöpfers gelegen haben, die Formen der Thiere und Pflanzen im Laufe der Zeit immer mannichfaltiger auszubilden und immer vollkommener zu gestalten. Wir werden offenbar einen grossen Schritt in der Erkenntniss der Natur thun, wenn wir diese teleologische und anthropomorphe Vorstellung zurückweisen, und die beiden Gesetze der Arbeitstheilung und Vervollkommnung als nothwendige Folgen der natürlichen Züchtung im Kampfe um's Dasein nachweisen können.

Das erste grosse Gesetz, welches unmittelbar und mit Nothwendigkeit aus der natürlichen Züchtung folgt, ist dasjenige der Sonderung oder Differenzirung; dieselbe wird auch häufig als Arbeitstheilung (Ergonomie) oder Formspaltung (Polymorphismus) bezeichnet, ersteres in physiologischem, letzteres in morphologischem Sinne. Darwin nennt dieses allgemeine Princip Divergenz des Charakters. Wir verstehen darunter die allgemeine Neigung aller organischen Formen, sich in immer höherem Grade ungleichartig auszubilden und von dem gemeinsamen Urbilde zu entfernen. Die Ursache dieser allgemeinen Neigung zur Sonderung und der dadurch bewirkten Hervorbildung ungleichartiger Formen aus gleichartiger Grundlage ist nach Darwin einfach im Kampf um's Dasein zu suchen; dieser muss zwischen je zwei Organismen um so heftiger entbrennen, je näher sich dieselben in jeder Beziehung stehen, je gleichartiger sie sind. Eigentlich ist dies wichtige Verhältniss äusserst einfach; es wird aber gewöhnlich nicht genügend in's Auge gefasst.

Jedem von Ihnen wird einleuchten, dass auf einem Acker von bestimmter Grösse neben den Kornpflanzen, die dort ausgesäet sind, eine grosse Anzahl von Unkräutern existiren können, und zwar an Stellen, welche nicht von den Kornpflanzen eingenommen werden könnten. Die trockeneren, sterileren Stellen des Bodens, auf denen keine Kornpflanze gedeihen würde, können noch zum Unterhalt von Unkraut verschiedener Art dienen; und zwar werden davon um so mehr verschiedene Arten und Individuen neben einander existiren können, je besser die verschiedenen Unkrautarten geeignet sind, sich den verschiedenen Stellen des Ackerbodens anzupassen. Ebenso ist es mit den Thieren. Offenbar können in einem und demselben beschränkten Bezirk eine viel grössere Anzahl von thierischen Individuen zusammenleben, wenn dieselben von mannichfach verschiedener Natur, als wenn sie alle gleich sind. Es giebt Bäume (wie z. B. die Eiche), auf welchen ein paar Hundert verschiedene Insecten-Arten neben einander leben. Die einen nähren sich von den Früchten des Baumes, die anderen von den Blüthen, die dritten von den Blättern, noch andere von der Rinde, der Wurzel u. s. w. Es wäre ganz unmöglich, dass die gleiche Zahl von Individuen auf diesem Baume lebte, wenn alle von einer Art wären, wenn z. B. alle nur von der Rinde oder nur von den Blättern lebten. Ganz dasselbe ist in der menschlichen Gesellschaft der Fall. In einer und derselben kleinen Stadt kann eine bestimmte Anzahl von Handwerkern nur leben, wenn dieselben verschiedene Geschäfte betreiben. Die Arbeitstheilung, welche sowohl der ganzen Gemeinde, als auch dem einzelnen Arbeiter den grössten Nutzen bringt, ist eine unmittelbare Folge des Kampfes um's Dasein, der natürlichen Züchtung; denn dieser Kampf ist um so leichter zu bestehen, je mehr sich die Thätigkeit und somit auch die Form der verschiedenen Individuen von einander entfernt. Natürlich wirkt die verschiedene Thätigkeit oder Function umbildend auf die Form und Structur zurück; die physiologische Arbeitstheilung (oder Ergonomie) bedingt nothwendig die morphologische Formspaltung, den Polymorphismus oder die Differenzirung, die „Divergenz des Charakters“ [59]).

Anderseits ist nun zu erwägen, dass alle Thier- und Pflanzen-Arten veränderlich sind, und die Fähigkeit besitzen, sich an verschiedenen Orten den localen Verhältnissen anzupassen. Die

Spiel-Arten, Varietäten oder Rassen einer jeden Species werden sich den Anpassungs-Gesetzen gemäss um so mehr von der ursprünglichen Stammart entfernen, je verschiedenartiger die neuen Verhältnisse sind, denen sie sich anpassen. Wenn wir nun diese von einer gemeinsamen Grundform ausgehenden Varietäten uns in Form eines verzweigten Strahlen-Büschels vorstellen, so werden diejenigen Spiel-Arten am besten neben einander existiren und sich fortpflanzen können, welche am weitesten von einander entfernt sind, welche an den Enden der Reihe oder auf entgegengesetzten Seiten des Büschels stehen. Die in der Mitte stehenden Uebergangsformen dagegen haben den schwierigsten Stand im Kampfe um's Dasein. Die nothwendigen Lebens-Bedürfnisse sind bei den extremen, am weitesten auseinander gehenden Spiel-Arten am meisten verschieden, und daher werden diese in dem allgemeinen Kampfe um's Dasein am wenigsten in ernstlichen Conflict gerathen. Die vermittelnden Zwischenformen dagegen, welche sich am wenigsten von der ursprünglichen Stammform entfernt haben, theilen mehr oder minder dieselben Lebens-Bedürfnisse; daher werden sie in der Mitbewerbung um dieselben am meisten zu kämpfen haben und am gefährlichsten bedroht sein.

Wenn also zahlreiche Varietäten oder Spiel-Arten einer Species auf einem und demselben Fleck der Erde mit einander leben, so können viel eher die am meisten abweichenden Formen neben einander fort bestehen, als die vermittelnden Zwischenformen. Denn diese letzteren haben mit jedem der verschiedenen Extreme zu kämpfen und werden auf die Dauer den feindlichen Einflüssen nicht widerstehen können, welche die ersteren siegreich überwinden. Diese allein erhalten sich, pflanzen sich fort und sind nun nicht mehr durch vermittelnde Uebergangsformen mit der ursprünglichen Stammform verbunden. So entstehen aus Varietäten „gute Arten". Der Kampf um's Dasein begünstigt nothwendig die allgemeine Divergenz oder das Auseinandergehen der organischen Formen, die beständige Neigung der Organismen, neue Arten zu bilden. Diese beruht nicht auf einer mystischen Eigenschaft, auf einem unbekannten Bildungstrieb der Organismen, sondern auf der Wechselwirkung der Vererbung und Anpassung im Kampfe um's Dasein. Indem von den Varietäten einer jeden Species die vermittelnden Zwischenformen erlöschen und die Uebergangsglieder aussterben, geht der Divergenz-Process nothwendig immer weiter, und bildet in den Extremen Gestalten aus, die wir als neue Arten unterscheiden.

Obgleich alle Naturforscher die Veränderlichkeit der Thier- und Pflanzen-Arten zugeben müssen, haben doch die meisten früher bestritten, dass die Abänderung und Umbildung der organischen Formen die ursprüngliche Grenze des Species-Charakters überschreiten könne. Unsere Gegner halten an dem Satze fest: „Soweit auch eine Art in Varietäten-Büschel aus einander gehen mag, so sind die Spiel-Arten oder Varietäten derselben doch niemals in dem Grade von einander unterschieden, wie zwei wirkliche gute Arten.“ Diese Behauptung wird noch oft von Darwin's Gegnern an die Spitze ihrer Beweisführung gestellt; sie ist aber vollkommen unhaltbar und unbegründet. Dies wird Ihnen sofort klar, sobald Sie kritisch die verschiedenen Versuche vergleichen, den Begriff der Species oder Art festzustellen.

Was eigentlich eine „echte oder gute Art“ („bona species“) sei, diese Frage vermag kein Naturforscher zu beantworten, obgleich jeder Systematiker täglich diese Ausdrücke gebraucht, und trotzdem ganze Bibliotheken über die Frage geschrieben worden sind, ob diese oder jene beobachtete Form eine Species oder Varietät, eine wirklich gute oder schlechte Art sei. Die am meisten verbreitete Antwort auf diese Frage war folgende: „Zu einer Art gehören alle Individuen, die in allen wesentlichen Merkmalen übereinstimmen. Wesentliche Species-Charaktere sind aber solche, welche beständig oder constant sind, welche niemals abändern oder variiren.“ Sobald nun aber der Fall eintrat, dass ein constantes, bisher für wesentlich gehaltenes Merkmal dennoch abänderte, so sagte man: „Dieses Merkmal ist für die Art nicht wesentlich gewesen, denn wesentliche Charaktere variiren nicht.“ Man bewegte sich also in einem offenbaren Zirkelschluss, und die Naivetät ist wirklich erstaunlich, mit der diese Kreisbewegung der Art-Definition in Tausenden von Büchern als unumstössliche Wahrheit hingestellt und immer noch wiederholt wird.

Ebenso wie dieser, so sind auch alle übrigen Versuche, welche man zu einer festen und logischen Begriffs-Bestimmung der organischen „Species“ gemacht hat, völlig fruchtlos und vergeblich gewesen. Der Natur der Sache nach kann es nicht anders sein. Der Begriff der Species ist ebenso gut relativ, und nicht absolut, wie der Begriff der Varietät, Gattung, Familie, Ordnung, Klasse u. s. w. Wie Lamarck schon 1809 hervorhob, sind alle diese Begriffe subjectiv und künstlich. Ich habe dies in der Kritik des Species-Begriffs in meiner generellen Morphologie theoretisch nachgewiesen (Gen. Morph. II, 323—364). Praktisch habe ich den Beweis dafür in meinem „System der Kalk-Schwämme“ geliefert (1872). Bei diesen merkwürdigen Thieren, wie bei den Spongien überhaupt (auch beim Badeschwamm), erscheint die übliche Species-Unterscheidung zum Theil völlig willkürlich.

Ebenso willkürlich und widernatürlich waren bisher die Ansichten über das Verhältniss der Species zur Bastard-Zeugung. Früher galt es als Dogma, dass zwei sogenannte gute Arten niemals mit einander Bastarde zeugen könnten, welche sich als solche fortpflanzten. Man berief sich dabei fast immer auf die Bastarde von Pferd und Esel, die Maulthiere und Maulesel, die in der That nur selten sich fortpflanzen können. Allein solche unfruchtbare Bastarde sind, wie sich herausgestellt hat, seltene Ausnahmen, und in der Mehrzahl der Fälle sind Bastarde zweier ganz verschiedenen Arten fruchtbar und können sich fortpflanzen. In vielen Fällen ist ihre Fruchtbarkeit sogar grösser als diejenige der reinen Stamm-Arten. Fast immer können sie mit einer der beiden Eltern-Arten, bisweilen aber auch rein unter sich, mit Erfolg fruchtbar sich vermischen. Daraus können aber nach dem „Gesetze der gemischten Vererbung“ ganz neue Formen entstehen (vergl. oben S. 190).

In der That ist so die Bastard-Zeugung eine Quelle der Entstehung neuer Arten, verschieden von der bisher betrachteten Quelle der natürlichen Züchtung. Schon früher habe ich gelegentlich solche Bastard-Arten (Species hybridae) angeführt, insbesondere das Hasen-Kaninchen (Lepus Darwinii), welches aus der Kreuzung von Hasen-Männchen mit Kaninchen-

Weibchen entsprungen ist, das Ziegen-Schaf (Capra ovina), welches aus der Paarung des Ziegenbocks mit dem weiblichen Schafe entstanden ist, ferner verschiedene Arten der Disteln (Cirsium), der Brombeeren (Rubus) u. s. w. (S. 130—132). Wahrscheinlich sind sehr viele wilde Species auf diesem Wege entstanden, wie auch Linné schon annahm. Ganz besonders erscheint diese Annahme für viele niedere Seepflanzen und Seethiere gerechtfertigt, deren reife Geschlechts-Producte einfach in das Wasser entleert werden. Ihr Zusammentreffen und ihre Befruchtung bleibt dem Zufall überlassen; dabei kommt die lebhafte Beweglichkeit der meisten frei schwimmenden Samen-Zellen sehr in Betracht. Nun wissen wir durch viele Erfahrungen und Versuche, dass die Befruchtung der Ei-Zellen bei Kreuzung von zwei nahe verwandten Arten oft leichter gelingt, als bei zwei Individuen derselben Art. Mithin ist es sehr wahrscheinlich, dass bei der zufälligen Begegnung zahlloser Samen-Zellen und Ei-Zellen von nahe verwandten Meeres-Bewohnern mehr Bastarde entstehen als reine Inzucht-Producte; und da die ersteren überdies oft fruchtbarer sind, als die letzteren, können sie leicht diese im Kampf um's Dasein verdrängen und neue Arten bilden. Neuerdings hat vor Allen Weismann die hohe Bedeutung der geschlechtlichen Vermischung für die Umbildung der Arten betont. Jedenfalls aber beweisen die Bastard-Arten, die sich so gut wie reine Arten erhalten und fortpflanzen, dass die Bastard-Zeugung nicht dazu dienen kann, den Begriff der Species irgendwie zu charakterisiren.

Dass die vielen vergeblichen Versuche, den Species-Begriff theoretisch festzustellen, mit der praktischen Species-Unterscheidung gar Nichts zu thun haben, wurde schon früher angeführt (S. 45). Die verschiedenartige praktische Verwerthung des Species-Begriffs in der systematischen Zoologie und Botanik, ist sehr lehrreich für die Erkenntniss der menschlichen Thorheit. Die bei weitem überwiegende Mehrzahl der Zoologen und Botaniker war bisher bei Unterscheidung und Beschreibung der verschiedenen Thier- und Pflanzen-Formen vor Allem bestrebt, die verwandten Formen als „gute Species“ scharf zu trennen. Allein eine scharfe und folgerichtige Unterscheidung solcher „echten und guten Arten" zeigte sich fast nirgends möglich.

Es giebt nicht zwei Zoologen, nicht zwei Botaniker, welche in allen Fällen darüber einig wären, welche von den nahe verwandten Formen einer Gattung gute Arten seien und welche nicht. Alle Autoren haben darüber verschiedene Ansichten. Bei der Gattung Hieracium z. B., einer der gemeinsten deutschen Pflanzen-Gattungen, hat man über 300 Arten in Deutschland allein unterschieden. Der Botaniker Fries lässt davon aber nur 106, Koch nur 52 als „gute Arten" gelten, und Andere nehmen deren kaum 20 an. Ebenso gross sind die Differenzen bei den Brombeer-Arten (Rubus). Wo der eine Botaniker über hundert Arten macht, nimmt der zweite bloss etwa die Hälfte, ein dritter nur fünf bis sechs oder noch weniger Arten an. Die Vögel Deutschlands kennt man seit längerer Zeit sehr genau. Bechstein hat in seiner sorgfältigen Naturgeschichte der deutschen Vögel 367 Arten unterschieden, L. Reichenbach 379, Meyer und Wolf 406, und der vogelkundige Pastor Brehm sogar mehr als 900 verschiedene Arten. Die verschiedenen, heute lebenden Formen des Menschengeschlechts werden fast allgemein als Rassen oder Spielarten einer einzigen Species betrachtet, des Homo sapiens von Linné. Es kann aber kein unbefangen vergleichender Morphologe daran zweifeln, dass die Unterschiede in der Körperbildung dieser 4—12 „Rassen" grösser sind, als diejenigen, welche man zwischen Leopard und Jaguar, oder zwischen Hausratte und Wanderratte zur Unterscheidung benützt, und doch gelten diese als „gute Arten." (Vergl. den 28. Vortrag.) Von den Kalk-Schwämmen habe ich selbst in meiner Monographie dieser höchst veränderlichen Thiere gezeigt, dass man darunter nach Belieben 3 Arten oder 21 oder 111 oder 289 oder 591 Species unterscheiden kann[50]). Da in dieser Monographie die Unmöglichkeit, „gute Arten" in hergebrachtem Sinne zu unterscheiden, auf Grund fünfjähriger genauester Beobachtungen eines sehr vollständigen Materials einleuchtend nachgewiesen ist, kann sie wohl als „ein Versuch zur analytischen Lösung des Problems von der Entstehung der Arten" angesehen werden

Kein anderer ähnlicher Versuch ist bisher in solcher Vollständigkeit unternommen worden.

Sie sehen also, dass die grösste Willkür hier wie in jedem anderen Gebiete der zoologischen und botanischen Systematik herrscht, und der Natur der Sache nach herrschen muss. Denn es ist ganz unmöglich, Varietäten, Spiel-Arten und Rassen von den sogenannten „guten Arten“ scharf zu unterscheiden. Varietäten sind beginnende Arten. Aus der Variabilität oder Anpassungsfähigkeit der Arten folgt mit Nothwendigkeit unter dem Einflusse des Kampfes um's Dasein die immer weiter gehende Sonderung oder Differenzirung der Spiel-Arten, die beständige Divergenz der neuen Formen; indem diese durch Erblichkeit eine Anzahl von Generationen hindurch constant erhalten werden, während die vermittelnden Zwischen-Formen aussterben, bilden sie selbstständige „neue Arten“. Die Entstehung neuer Species durch die Arbeitstheilung oder Sonderung, Divergenz oder Differenzirung der Varietäten, ist mithin eine nothwendige Folge der natürlichen Zuchtwahl.

Dass die beständige Neigung der organischen Formen zur Sonderung oder Formspaltung in dieser Weise mit Nothwendigkeit aus der natürlichen Züchtung folgen muss, hat Darwin zuerst klar erkannt, und im vierten Capitel seines Hauptwerks überzeugend bewiesen. Er wendet jedoch sein Divergenz-Princip, ebenso wie sein Selections-Princip, hauptsächlich nur auf die selbstständig lebenden Einzelwesen an, und bemüht sich zu zeigen, wie die Abänderungen der Individuen durch Zuchtwahl und Formspaltung zur Entstehung neuer Arten führen. Nun haben wir aber schon im letzten Vortrage gesehen, dass das Selections-Princip noch viel weitere und allgemeinere Geltung besitzt, indem auch alle einzelnen Theile im Organismus, und vor Allen die Zellen, durch Zuchtwahl umgebildet werden. Wie nun so die Cellular-Selection als ein höchst bedeutender Umbildungs-Vorgang neben der Personal-Selection erscheint, so gilt dasselbe auch vom Divergenz-Princip. Die Formspaltung der Einzelwesen oder Personen, welche zur Bildung neuer Arten führt, — oder kurz: die Personal-Divergenz — findet ihre elementare Begründung erst in der Differenzirung der Zellen, welche die einzelne Person zusammensetzen, in der Cellular-Divergenz.

Die Gewebe-Lehre der Thiere und Pflanzen (— oder die Histologie —) hat auf Grund der Zellen-Theorie schon längst erkannt, dass eine der wichtigsten Erscheinungen in der Entwickelung der Histonen (— oder der vielzelligen Organismen —) die sogenannte „Differenzirung oder Sonderung der Gewebe“ ist. Man versteht darunter ganz allgemein die Thatsache, die bei der Entwickelung jedes vielzelligen Einzelwesens zuerst in's Auge fällt: dass aus gleichartigen Zellen ungleichartige Gewebe hervorgehen. Aus den gleichartigen Zellen der Keimblätter z. B. (bei allen Metozoen oder vielzelligen Thieren) entwickeln sich divergent die verschiedenartigen Zellen, welche die Hautdecke, die Drüsen, das Bindegewebe, die Muskeln, die Nerven u. s. w. zusammensetzen. Dabei überzeugen wir uns zugleich, dass die ursprüngliche Gewebs-Form im Thierkörper eine einfache Zellenschicht, oder ein Epithelium ist; schon die zuerst gebildete Keimhaut (Blastoderma) ist ein solches Epithelium (vergl. Taf. V, Fig. 5, 6). Indem durch Einstülpung der Blastula (Fig. 7) die Gastrula (Fig. 8) entsteht, sondert sich die einfache Keimhaut in die beiden sogenannten „primären Keimblätter“, Hautblatt und Darmblatt (Exoderm, *e*; und Entoderm, *i*). Aus den letzteren gehen dann durch weitere Sonderung die vier secundären Keimblätter hervor (ebenfalls einfache Epithelien, Fig. 9), und aus diesen weiterhin alle verschiedenen Gewebe. Diese letzteren sind mithin alle als „secundäre Gewebe“ oder als Apothelien zu bezeichnen, gegenüber dem primären Gewebe des Epithelium, aus dem sie entstanden sind.

Dieser ganze wichtige Vorgang nun, die sogenannte „Differenzirung der Gewebe“, ist im Grunde nichts anderes, als eine Divergenz der Zellen, welche die Gewebe zusammensetzen. Das physiologische Wesen derselben beruht auf Arbeitstheilung der Zellen; ihr morphologisches Ergebniss ist die Formspaltung der Zellen, oder die ungleiche Gestaltung der ursprünglich gleichartigen Zellen. Aber sowohl diese Formspaltung (Polymorphismus), als jene Arbeitstheilung (Ergonomie), sind selbst die nothwendige

Folge der Cellular-Selection, oder des unaufhörlichen „Kampfes der Theile im Organismus“ (vergl. S. 254).

Welche ausserordentliche Bedeutung die Arbeitstheilung und die damit verknüpfte Formspaltung für die verschiedensten Seiten des organischen Lebens besitzt, habe ich in meinem Vortrage „über Arbeitstheilung in Natur- und Menschen-Leben“ [59]) erörtert. Dabei habe ich als ganz besonders einleuchtendes Beispiel die Organisation der Staatsquallen oder Siphonophoren näher erläutert. Das sind schwimmende Medusen-Staaten, die äusserlich einem schönen Blumenstocke gleichen; die einzelnen Blätter, Blüthen und Früchte dieses Blumenstockes, meistens so durchsichtig wie buntes Glas, und dabei im höchsten Grade empfindlich und beweglich, erscheinen auf den ersten Blick nur als Organe einer Person, oder eines einzelnen, eigenthümlich zusammengesetzten Pflanzenthieres. In der That aber ist jedes dieser scheinbaren Organe ursprünglich eine Meduse oder Qualle, ein Einzelthier von dem Form-Werthe einer Person. Durch Anpassung an verschiedene Lebens-Aufgaben sind diese Personen und ihre Organe allmählich in der merkwürdigsten Weise umgebildet worden; und da alle mit ihrem ursprünglichen Mutterthiere, dem centralen Stamme des Stockes, in beständiger Verbindung bleiben, da auch die Ernährung des ganzen socialen Verbandes einheitlich ist, so erscheinen die zahlreichen Einzelthiere eben nur als Organe eines einzigen Individuums.

Die verschiedenen Formen dieser Siphonophoren, welche ich in meiner Monographie dieser höchst interessanten Thier-Klasse (1888) systematisch beschrieben und verglichen habe, bieten aber nicht allein eine Fülle lehrreicher Beispiele für die Arbeitstheilung und die Formspaltung, sondern auch für eine wichtige, daran sich anschliessende Erscheinung, den Arbeitswechsel oder Functionswechsel (Metergie). Indem die ursprünglich gleichartigen Medusen, welche den Siphonophoren-Stock zusammensetzen, sich an verschiedene Thätigkeiten gewöhnen und dem entsprechend ihre Form ändern, müssen auch die einzelnen Organe der Medusen-Person ihre ursprüngliche Thätigkeit häufig wechseln. So gestaltet sich z. B. das ursprüngliche Schwimm-

Organ der Meduse, ihr Muskelschirm, bei den einen zu einer eigenthümlichen muskulösen Schwimmglocke, bei den anderen zu einer luftgefüllten Schwimmblase, bei einer dritten Gruppe zu einem schützenden Deckschilde, bei einer vierten zu einer kapselförmigen Mantelhülle, u. s. w. Das ursprüngliche einfache Magenrohr der Meduse verwandelt sich bei den einen in einen mächtigen zusammengesetzten Drüsen-Magen (Siphon), bei den anderen in ein empfindliches Sinnes-Werkzeug (Palpon), bei den männlichen Thieren in eine Samenkapsel (Androphore), bei den weiblichen in eine Eierkapsel (Gynophore), u. s. w. Die Siphonophoren lehren uns demnach, wie der Arbeitswechsel unmittelbar mit der Arbeitstheilung selbst verknüpft ist, ohne dass man deshalb ein besonderes „Princip des Functions-Wechsels" aufzustellen braucht. (Vergl. Taf. XXVII, Fig. 3—6.)

Viele der wichtigsten Veränderungen in der organischen Welt, sogar die Entstehung ganzer Thierklassen, lassen sich ursprünglich auf den Arbeitswechsel oder die Metergie eines einzelnen Organes zurückführen. So sind z. B. die Amphibien aus den Fischen dadurch entstanden, dass die Schwimmblase der letzteren (ein hydrostatisches Organ) zur Lunge wurde und die Arbeit des Gaswechsels oder der Athmung übernahm; der Uebergang vom Wasserleben zum Landleben gab dazu die erste Veranlassung. Die Vögel sind aus eidechsenartigen Reptilien dadurch entstanden, dass die fliegende Ortsbewegung an die Stelle der kriechenden trat; die Vorderbeine der letzteren verwandelten sich in die Flügel der ersteren. Für die Entstehung der Säugethiere aus reptilienartigen Stamm-Formen war vielleicht die wichtigste Ursache der Arbeitswechsel der Hautdrüsen an der Bauchseite; indem diese ausscheidenden Drüsen (Talg- und Schweiss-Drüsen) sich in Milchdrüsen verwandelten und somit zum wichtigsten Ernährungs-Organ des Neugeborenen wurden, veranlassten sie eine Reihe der bedeutungsvollsten Veränderungen. Die erste Gelegenheits-Ursache dafür ist wahrscheinlich die Gewohnheit der Neugeborenen gewesen, an der Bauchhaut ihrer Mutter zu lecken; der dadurch ausgeübte Ernährungs-Reiz führte zunächst (quantitativ) zur Vergrösserung der Hautdrüsen und weiterhin (qualitativ) zu ihrer Verwandlung in die bedeutungsvollen Milchdrüsen. Die Fülle culturgeschichtlicher Probleme, welche sich (namentlich in der Kunst) an den weiblichen Busen knüpft, ist phylogenetisch auf jenen Vorgang zurückzuführen. Auch für die Entstehung des Menschen-Geschlechts ist der Arbeitswechsel von grosser Bedeutung gewesen, insbesondere die Arbeitstheilung der vorderen und hinteren Gliedmaassen, und die damit verknüpfte Metergie der ersteren; während bei den kletternden Affen (oder Vierhändern) alle vier Gliedmaassen in Form und Function ähnlich bleiben, gestaltet sich beim aufrecht gehenden Menschen die vordere Gliedmaasse zum greifenden Arm, die hintern zum wandelnden Bein. Die Divergenz zwischen ersterem und letzterem führte zur Ausbildung der menschlichen Hand, jenes unschätzbaren Kunst-Organs, dessen mannichfaltiger Arbeitswechsel beim Maler und Bildhauer, beim Clavierspieler und Techniker, beim Arzte und Chirurgen zur Quelle der erstaunlichsten Leistungen geworden ist; sogar die Arbeitstheilung und der Arbeitswechsel der einzelnen Finger spielt ja hier bekanntlich eine wichtige Rolle.

Eine Reihe von wichtigen Erscheinungen, welche zur Divergenz oder Sonderung scheinbar im Gegensatze stehen, bietet uns die sogenannte Convergenz oder Angleichung. Während die divergente Züchtung durch Anpassung an verschiedene Lebens-Bedingungen und Thätigkeiten aus gleichen Formen zuletzt ganz verschiedene gestaltet, bewirkt umgekehrt die convergente Züchtung, dass ursprünglich ganz verschiedene Formen durch Anpassung an gleiche Existenz-Bedingungen und Functionen zuletzt höchst ähnlich werden. So sind z. B. manche Fische (*Scomberoides*), Seedrachen und Walfische höchst ähnlich, obgleich ihr innerer Bau ganz verschieden ist. Die kaltblütigen Seedrachen (*Ichthyosauria*) stammen von landbewohnenden Reptilien ab (*Tocosauria*). Die warmblütigen Walfische (*Cetacea*) sind echte Säugethiere, welche durch Anpassung an die Lebensweise der Fische deren Form angenommen haben; sie stammen aber ab von landbewohnenden Säugethieren, und zwar die pflanzenfressenden Sirenen wahrscheinlich von Hufthieren, die fleischfressenden Delphine und Bartenwale von Raubthieren. In diesen beiden Gruppen hat die convergente Züchtung nicht nur die äussere Gestalt, sondern auch die innere Structur so ähnlich gestaltet, dass man sie früher in einer Ordnung vereinigte.

Ein anderes auffallendes Beispiel von Convergenz des Charakters, oder von Angleichung der Form, liefert die Medusen-Klasse. Diese scheinbar einheitliche Thier-Klasse besteht aus zwei ganz verschiedenen Stämmen, wie ich in meiner Monographie derselben (1881) nachgewiesen habe. Die kleineren und zierlicheren Schleierquallen (Craspedoten oder Hydromedusen) stammen ab von Hydropolypen; die grösseren und prächtigeren Lappenquallen (Acraspeden oder Scyphomedusen) stammen ab von Scyphopolypen; auch die Art der Entwickelung ist in beiden Stämmen ganz verschieden, und zwar ebenso in ontogenetischem wie in phylogenetischem Sinne. Trotzdem sind schliesslich die Medusen beider Stämme durch Anpassung an gleiche Lebensweise und gleiche Organ-Thätigkeit so ähnlich geworden, dass man sie oft kaum unterscheiden kann. (Vergl. Taf. XXVIII).

Viel zahlreicher und auffallender noch sind die Beispiele für diese täuschenden Anpassungs-Aehnlichkeiten im Pflanzenreiche. So zeichnen sich z. B. viele Wasserpflanzen durch grosse, kahle, flache rundliche Blätter aus, welche auf der Oberfläche der Teiche schwimmen; die echten Seerosen (Nymphaeaceen) gleichen darin vielen Potameen, Butomeen, Alismaceen, Gentianeen u. s. w., obgleich diese ganz verschiedenen Familien angehören. Auch viele Schmarotzer-Pflanzen, welche von weit entfernten Familien abstammen, werden oft höchst ähnlich, z. B. viele Orchideen, Cytineen, Lippenblüther, Winden u. s. w. Die Anpassung an die gleiche parasitische Lebensweise bewirkt bei allen in gleicher Weise das Verschwinden der grünen Blätter, eine eigenthümlich fleischige Entwickelung des Stengels, der Blüthen u. s. w. Schon oft hat diese täuschende, durch convergente Züchtung bewirkte Aehnlichkeit zu grossen Irrthümern in der systematischen Classification der Formen verleitet.

Alle Erscheinungen der Convergenz oder Angleichung erklären sich demnach ganz einfach aus der Wirksamkeit der natürlichen Zuchtwahl, ebenso wie diejenigen der Divergenz oder Sonderung.

Dasselbe gilt nun auch von einer weiteren bedeutungsvollen Erscheinungs-Reihe, derjenigen des Fortschritts (Progressus) oder der Vervollkommnung (Teleosis). Auch dieses grosse und wichtige Gesetz war gleich dem Divergenz-Gesetze längst thatsächlich durch die paläontologische Erfahrung festgestellt worden, ehe uns Darwin's Selections-Theorie den Schlüssel zu seiner ursächlichen Erklärung lieferte. Die meisten umfassenden Paläontologen haben das Fortschritts-Gesetz als allgemeinstes Resultat ihrer Untersuchungen über die Versteinerungen und deren historische Reihenfolge hingestellt; so namentlich der verdienstvolle Bronn in seinen vortrefflichen Untersuchungen über die Gestaltungs-Gesetze und Entwickelungs-Gesetze der Organismen[19]). Die allgemeinen Resultate, zu welchen Bronn bezüglich des Differenzirungs- und Fortschritts-Gesetzes auf rein empirischem Wege, durch sehr fleissige und sorgfältige Untersuchungen gekommen ist, erscheinen uns heute als glänzende Bestätigungen der Selections-Theorie.

Das Gesetz des Fortschritts oder der Vervollkommnung constatirt auf Grund der paläontologischen Erfahrung die äusserst wichtige Thatsache, dass zu allen Zeiten des organischen Lebens auf der Erde eine beständige Zunahme in der Vollkommenheit der organischen Bildungen stattgefunden hat. Seit jener unvordenklichen Zeit, in welcher das Leben auf unserem Planeten mit der Urzeugung von Moneren begann, haben sich die Organismen aller Gruppen beständig im Ganzen wie im Einzelnen vervollkommnet und höher ausgebildet. Die stetig zunehmende Mannichfaltigkeit der Lebensformen war stets zugleich von Fortbildung ihrer Organisation begleitet. Je tiefer Sie in die Schichten der Erde hinabsteigen, in welchen die Reste der ausgestorbenen Thiere und Pflanzen begraben liegen, je älter die letzteren mithin sind, desto einförmiger, einfacher und unvollkommener sind ihre Gestalten. Dies gilt sowohl von den Organismen im Grossen und Ganzen, als von jeder einzelnen grösseren oder kleineren Gruppe derselben, abgesehen natürlich von jenen Ausnahmen, die durch Rückbildung einzelner Formen entstehen.

Zur Bestätigung dieses Gesetzes will ich Ihnen hier wieder nur die wichtigste von allen Thier-Gruppen, den Stamm der

Wirbelthiere, anführen. Die ältesten fossilen Wirbelthier-Reste, welche wir kennen, gehören der tiefstehenden Fisch-Klasse an. Auf diese folgten späterhin die Lurchfische, dann die vollkommeneren Amphibien, dann die Reptilien, und endlich in noch späterer Zeit die höchst-organisirten Wirbelthier-Klassen, die Vögel und Säugethiere. Von den letzteren erschienen zuerst nur die niedrigsten und unvollkommensten Formen, die eierlegenden Monotremen; darauf die Beutelthiere ohne Placenta, und viel später wiederum die vollkommeneren Säugethiere, mit Placenta. Auch von diesen traten zuerst nur niedere, später höhere Formen auf, und erst in der jüngeren Tertiär-Zeit entwickelte sich aus den letzteren allmählich der Mensch.

Verfolgen Sie die historische Entwickelung des Pflanzen-Reichs, so finden Sie hier dasselbe Gesetz bestätigt. Auch von den Pflanzen existirte anfänglich bloss die niedrigste und unvollkommenste Klasse, diejenige der Algen oder Tange. Auf diese folgte später die Gruppe der farnkrautartigen Pflanzen oder Filicinen. Aber noch existirten keine Blüthen-Pflanzen oder Phanerogamen. Diese begannen erst später mit den Gymnospermen (Nadelhölzern und Cycadeen), welche in ihrer ganzen Bildung tief unter den übrigen Blüthen-Pflanzen (Angiospermen) stehen, und den Uebergang von den Filicinen zu den Angiospermen vermitteln. Diese letzteren entwickelten sich wiederum viel später, und zwar traten auch hier anfangs bloss kronenlose Blüthen-Pflanzen auf (Monocotyledonen und Monochlamydeen), später erst kronenblüthige (Dichlamydeen). Endlich gingen unter diesen wieder die niederen Diapetalen den höheren Gamopetalen voraus. Diese ganze Reihenfolge ist ein unwiderleglicher Beweis für das Gesetz der fortschreitenden Entwickelung.

Fragen wir nun, wodurch diese Thatsache bedingt ist, so kommen wir wiederum, gerade so wie bei der Thatsache der Differenzirung, auf die natürliche Züchtung im Kampf um das Dasein zurück. Wenn Sie die ganze Bedeutung der natürlichen Züchtung, und insbesondere die verwickelte Wechselwirkung der verschiedenen Vererbungs- und Anpassungs-Gesetze, sich lebhaft vor Augen stellen, so werden Sie als die nächste nothwendige

Folge nicht allein die Divergenz des Charakters, sondern auch die Vervollkommnung desselben erkennen. Wir sehen ganz dasselbe in der Geschichte des menschlichen Geschlechts. Auch hier ist es natürlich und nothwendig, dass die fortschreitende Arbeitstheilung beständig die Menschheit fördert, und in jedem einzelnen Zweige ihrer Thätigkeit zu neuen Erfindungen und Verbesserungen antreibt. Im Grossen und Ganzen beruht ja der Fortschritt selbst auf der Differenzirung und ist gleich dieser eine unmittelbare und nothwendige Folge der natürlichen Züchtung durch den Kampf um's Dasein.

Wenn der Mensch seine Stellung in der Natur richtig begreifen und sein Verhältniss zu der erkennbaren Erscheinungs-Welt naturgemäss erfassen will, so ist es durchaus nothwendig, ganz objectiv die Naturgeschichte des Menschen mit derjenigen der übrigen Organismen, und besonders der Thiere zu vergleichen. Wir haben bereits früher gesehen, dass die wichtigen physiologischen Gesetze der Vererbung und der Anpassung in ganz gleicher Weise für den menschlichen Organismus, wie für die Thiere und Pflanzen ihre Geltung haben; hier wie dort stehen sie in beständiger Wechselwirkung mit einander. Daher wirkt auch die natürliche Züchtung durch den Kampf um's Dasein ebenso in der menschlichen Gesellschaft, wie im Leben der Thiere und Pflanzen umgestaltend ein, und ruft hier wie dort immer neue Formen hervor. Ganz besonders wichtig ist diese Vergleichung der menschlichen und der thierischen Verhältnisse, wenn man die grossen Gesetze der Divergenz und des Fortschritts als die unmittelbaren und nothwendigen Folgen der natürlichen Züchtung im Kampf um's Dasein nachweisen will.

Ein vergleichender Ueberblick über die Völker-Geschichte oder die sogenannte „Welt-Geschichte“ zeigt Ihnen zunächst als allgemeinstes Resultat eine beständig zunehmende Mannichfaltigkeit der menschlichen Thätigkeit, im einzelnen Menschenleben sowohl als im Familien- und Staatenleben. Diese Differenzirung oder Sonderung, diese stetig zunehmende Divergenz des menschlichen Charakters und der menschlichen Lebensform, wird durch die immer weiter gehende und tiefer greifende Arbeitstheilung der Individuen hervorgebracht. Während die ältesten und niedrigsten Stufen der menschlichen Kultur uns überall nahezu dieselben rohen und einfachen Verhältnisse vor Augen führen, bemerken wir in jeder folgenden Periode der Geschichte eine grössere Mannichfaltigkeit in Sitten, Gebräuchen und Einrichtungen bei den verschiedenen Nationen. Die zunehmende Arbeitstheilung bedingt eine entsprechende Formspaltung, eine beständig sich steigernde Mannichfaltigkeit der Formen in jeder Beziehung. Das spricht sich selbst in der menschlichen Gesichts-Bildung aus. Unter den niedersten Volksstämmen gleichen sich die meisten Individuen so sehr, dass die europäischen Reisenden dieselben oft gar nicht unterscheiden können. Mit zunehmender Kultur differenzirt sich die Physiogonomie der Individuen in entsprechendem Grade. Endlich bei den höchst entwickelten Kultur-Völkern geht die Divergenz der Gesichts-Bildung bei allen stammverwandten Individuen so weit, dass wir nur selten in die Verlegenheit kommen, zwei Gesichter gänzlich mit einander zu verwechseln.

Als zweites oberstes Grund-Gesetz tritt uns in der Völker-Geschichte das grosse Gesetz des Fortschritts oder der Vervollkommnung entgegen. Im Grossen und Ganzen ist die Geschichte der Menschheit die Geschichte ihrer fortschreitenden Entwickelung. Freilich kommen überall und zu jeder Zeit Rückschritte im Einzelnen vor, oder es werden schiefe Bahnen des Fortschritts eingeschlagen, welche nur einer einseitigen und äusserlichen Vervollkommnung entgegenführen, und dabei von dem höheren Ziele der inneren und werthvolleren Veredelung sich mehr und mehr entfernen. Allein im Grossen und Ganzen ist und bleibt die Entwickelungs-Bewegung der ganzen Menschheit eine fortschreitende, indem der Mensch sich immer weiter von seinen affenartigen Vorfahren entfernt und immer mehr seinen selbstgesteckten idealen Zielen nähert.

Gegen die Bedeutung des Fortschritts-Gesetzes in der Kultur-Geschichte wird bisweilen der mächtige Rückschritt geltend gemacht, welchen das dunkle Mittelalter gegenüber dem strahlenden Glanze des classischen Alterthums darbietet. Allein abgesehen von den verhängnissvollen inneren und äusseren Ursachen, welche den beklagenswerthen Untergang des letzteren herbeiführen mussten, erklärt sich der Rückschritt des Mittelalters grösstentheils aus der Naturverachtung, welche das Christenthum predigte, und aus der Gewaltherrschaft über alles freie Geistesleben, welche dessen allmächtige Hierarchie ausübte. Im Stillen entwickelten sich dennoch auch in dieser düsteren Periode der Kultur-Geschichte viele Keime der Wiedergeburt, die nach der Reformation sich zu neuen Kultur-Blüthen entfalteten. Ausserdem kann aber der Zeitraum von kaum einem Jahrtausend, welcher die dunkelste Zeit des Mittelalters umfasst, in den Augen des Naturforschers nur als eine kurze Zeitspanne gelten, verglichen mit den mehr als hunderttausend Jahren, welche nach den neuesten urgeschichtlichen Forschungen bereits seit dem Auftreten des Menschen-Geschlechts verflossen sind.

Wenn Sie nun erkennen wollen, durch welche Ursachen eigentlich diese beiden grossen Entwickelungs-Gesetze der Menschheit, das Sonderungs-Gesetz und das Fortschritts-Gesetz bedingt sind, so müssen Sie dieselben mit den entsprechenden Entwickelungs-Gesetzen der Thierheit vergleichen. Sie werden dann bei tieferem Eingehen nothwendig zu dem Schlusse kommen, dass sowohl die Erscheinungen wie ihre Ursachen in beiden Fällen ganz dieselben sind. Ebenso in dem Entwickelungs-Gange der Menschenwelt, wie in demjenigen der Thierwelt, sind die beiden Grund-Gesetze der Differenzirung und Vervollkommnung lediglich durch rein mechanische Ursachen bedingt, lediglich die nothwendigen Folgen der natürlichen Zuchtwahl im Kampf um's Dasein.

Vielleicht hat sich Ihnen bei der vorhergehenden Betrachtung die Frage aufgedrängt: „Sind nicht diese beiden Gesetze identisch? Ist nicht immer der Fortschritt nothwendig mit der Divergenz verbunden?“ Diese Frage ist oft bejaht worden, und Carl Ernst Baer z. B., einer der grössten Forscher im Gebiete der Entwickelungs-Geschichte, hat als eines der obersten Gesetze, die den Bildungsgang des werdenden Thierkörpers beherrschen, den Satz ausgesprochen: „Der Grad der Ausbildung (oder Vervollkommnung) besteht in der Stufe der Sonderung (oder Differenzirung) der Theile“[20]). So richtig dieser Satz im Ganzen ist, so hat er dennoch keine allgemeine Gültigkeit. Vielmehr zeigt sich in vielen einzelnen Fällen, dass Divergenz und Fortschritt keineswegs durchweg zusammenfallen. Nicht jeder Fortschritt ist eine Differenzirung, und nicht jede Differenzirung ist ein Fortschritt.

Was zunächst die Vervollkommnung oder Fortbildung betrifft, so hat man schon früher, durch rein anatomische Betrachtungen geleitet, das Gesetz aufgestellt, dass allerdings die Vervollkommnung des Organismus grösstentheils auf der Arbeitstheilung der einzelnen Organe und Körpertheile beruht, dass es jedoch auch andere organische Umbildungen giebt, welche einen Fortschritt in der Organisation bedingen. Eine solche ist besonders die Zahlverminderung gleichartiger Theile. Vergleichen Sie z. B. die niederen krebsartigen Gliederthiere, welche sehr zahlreiche Beinpaare tragen, und die Tausendfüsse (Myrapoden), mit den Spinnen, die stets nur vier Beinpaare, und mit den Insecten, die stets nur drei Beinpaare besitzen. Hier finden Sie dieses Gesetz, wie durch zahlreiche ähnliche Beispiele, bestätigt. Die Zahlreduction der Beinpaare ist ein Fortschritt in der Organisation der Gliederthiere. Ebenso ist die Zahlreduction der gleichartigen Wirbelabschnitte des Rumpfes bei den Wirbelthieren ein Fortschritt in deren Organisation. Die Fische und Amphibien mit einer sehr grossen Anzahl von gleichartigen Wirbeln sind schon deshalb unvollkommener und niedriger als die Vögel und Säugethiere, bei denen die Wirbel nicht nur im Ganzen viel mehr differenzirt, sondern auch die Zahl der gleichartigen Wirbel viel geringer ist. Nach demselben Gesetze der Zahlverminderung gelten ferner die Blüthen mit zahlreichen Staubfäden für unvollkommener als die Blüthen der verwandten Pflanzen mit einer geringen Staubfädenzahl u. s. w.

Ein anderes wichtiges Fortschritts-Gesetz, welches von der Differenzirung ganz unabhängig, ja sogar dieser gewissermaassen entgegengesetzt erscheint, ist das Gesetz der Centralisation. Im Allgemeinen ist der ganze Organismus um so vollkommener, je einheitlicher er organisirt ist, je mehr die Theile dem Ganzen untergeordnet, je mehr die Functionen und ihre Organe centralisirt sind. So ist z. B. das Blutgefäss-System da am vollkommensten, wo ein centralisirtes Herz existirt. Ebenso ist die zusammengedrängte Markmasse, welche das Rückenmark der Wirbelthiere und das Bauchmark der höheren Gliederthiere bildet, vollkommener, als die decentralisirte Ganglien-Kette der niederen Gliederthiere und das zerstreute Ganglien-System der Weichthiere. Der Medusen-Staat der Siphonophoren, ebenso wie der menschliche Kultur-Staat, ist um so leistungsfähiger und vollkommener, je stärker er centralisirt ist. Indessen darf man dabei nicht vergessen, dass der Begriff der Vollkommenheit nur relativ, nicht absolut ist. Bei der Schwierigkeit, welche die Erläuterung der verwickelten Fortschrittsgesetze im Einzelnen hat, kann ich hier nicht weiter darauf eingehen; Näheres darüber finden Sie in Bronn's trefflichen „Morphologischen Studien“ und in meiner „Generellen Morphologie“ (I, 370, 550; II, 257—266).

Während also einerseits Fortschritts-Erscheinungen ganz unabhängig von der Divergenz auftreten, so begegnen wir andrerseits sehr häufig Differenzirungen, welche keine Vervollkommnungen, sondern vielmehr das Gegentheil, Rückbildung sind. Es ist leicht einzusehen, dass die Umbildungen, welche jede Thier- und Pflanzenart erleidet, nicht immer Verbesserungen sein können. Vielmehr sind viele Differenzirungs-Erscheinungen zwar von unmittelbarem Vortheil für den Organismus, aber insofern schädlich, als sie die allgemeine Leistungsfähigkeit desselben beeinträchtigen. Häufig findet ein Rückschritt zu einfacheren Lebensbedingungen und durch Anpassung an dieselben eine Differenzirung in rückschreitender Richtung statt. Wenn z. B. Organismen, die bisher frei lebten, sich an das Schmarotzer-Leben gewöhnen, so bilden sie sich dadurch zurück. Solche Thiere, die bisher ein wohlentwickeltes Nervensystem und scharfe Sinnesorgane, sowie freie Bewegung besassen, verlieren dieselben durch den Parasitismus; sie bilden sich dadurch mehr oder minder zurück. Hier ist, für sich betrachtet, die Differenzirung ein Rückschritt, obwohl sie für den parasitischen Organismus selbst von Vortheil ist. Im Kampf um's Dasein würde ein solches Thier, das sich gewöhnt hat, auf Kosten Anderer zu leben, durch Beibehaltung seiner

Augen und Bewegungswerkzeuge, die ihm nichts mehr nützen, nur an Material verlieren; und wenn es diese Organe einbüsst, so kommt dafür eine Masse von Ernährungsmaterial, das zur Erhaltung dieser Theile verwandt wurde, anderen Theilen zu Gute. Im Kampf um's Dasein zwischen den verschiedenen Parasiten werden daher diejenigen, welche am wenigsten Ansprüche machen, im Vortheil vor den anderen sein, und dies begünstigt natürlich ihre Rückbildung.

Ebenso wie in diesem Falle mit den ganzen Organismen, so verhält es sich auch mit den Körpertheilen im einzelnen Organismus. Auch eine Differenzirung dieser Theile, welche zu einer theilweisen Rückbildung, und schliesslich selbst zum Verlust einzelner Organe führt, ist an sich betrachtet ein Rückschritt; sie kann aber für den Organismus im Kampf um's Dasein von Vortheil sein. Man kämpft leichter und besser, wenn man unnützes Gepäck fortwirft. Daher begegnen wir überall im entwickelteren Thier- und Pflanzenkörper Divergenz-Processen, welche wesentlich die Rückbildung und schliesslich den Verlust einzelner Theile bewirken. Hier treten uns vor Allen die höchst wichtigen und lehrreichen Erscheinungen der rudimentären oder verkümmerten Organe entgegen.

Sie erinnern sich, dass ich schon im ersten Vortrage diese ausserordentlich merkwürdigen Thatsachen als eine der wichtigsten Erscheinungsreihen in theoretischer Beziehung hervorgehoben habe, als einen der schlagendsten Beweisgründe für die Wahrheit der Abstammungs-Lehre. Wir bezeichneten als rudimentäre oder „fehlgeschlagene“ Organe solche Körper-Theile, die für einen bestimmten Zweck eingerichtet und dennoch ganz zwecklos sind. Ich erinnere Sie an die Augen derjenigen Thiere, welche in Höhlen oder unter der Erde im Dunkeln leben, und daher niemals ihre Augen gebrauchen können. Bei diesen Thieren finden wir unter der Haut versteckt wirkliche Augen, oft gerade so gebildet wie die Augen der wirklich sehenden Thiere; und dennoch functioniren diese Augen niemals, und können nicht functioniren, schon einfach aus dem Grunde, weil dieselben von dem undurchsichtigen Felle überzogen sind und daher kein Lichtstrahl in sie hineinfällt (vergl. oben S. 13). Bei den Vorfahren dieser Thiere, welche frei am Tageslichte lebten, waren die Augen wohl entwickelt, von der durchsichtigen Hornhaut überzogen und dienten wirklich zum Sehen. Aber als sie sich nach und nach an unterirdische Lebensweise gewöhnten, sich dem Tageslicht entzogen und ihre Augen nicht mehr brauchten, wurden dieselben rückgebildet und zum Sehen untauglich.

Sehr anschauliche Beispiele von rudimentären Organen sind ferner die Flügel von Thieren, welche nicht fliegen können, z. B. unter den Vögeln die Flügel der straussartigen Laufvögel, (Strauss, Casuar, u. s. w.). Diese Vögel haben sich das Fliegen abgewöhnt und haben dadurch den Gebrauch der Flügel verloren, während sich dagegen durch Angewöhnung an schnelles Laufen die Beine ausserordentlich entwickelt haben. Aber trotzdem sind die Flügel noch da, obwohl in verkümmerter Form. Sehr häufig finden sich solche verkümmerte Flügel in der Klasse der Insecten, von denen die meisten fliegen können. Aus vergleichend anatomischen und anderen Gründen können wir mit Sicherheit den Schluss ziehen, dass alle jetzt lebenden Insecten (alle Heuschrecken, Käfer, Bienen, Wanzen, Fliegen, Schmetterlinge u. s. w.) von einer einzigen gemeinsamen Elternform, einem Stamminsect abstammen, welches zwei entwickelte Flügelpaare und drei Beinpaare besass. Nun giebt es aber sehr zahlreiche Insecten, bei denen entweder eines oder beide Flügelpaare mehr oder minder rückgebildet, und viele, bei denen sie sogar völlig verschwunden sind. In der ganzen Ordnung der Fliegen oder Dipteren z. B. ist das hintere Flügelpaar, bei den Drehflüglern oder Strepsipteren dagegen das vordere Flügelpaar verkümmert oder fast ganz verloren. Ausserdem finden Sie in jeder Insecten-Ordnung einzelne Gattungen oder Arten, bei welchen die Flügel mehr oder minder rückgebildet oder verschwunden sind; insbesondere ist letzteres bei Parasiten der Fall. Oft sind die Weibchen flügellos während die Männchen geflügelt sind, z. B. bei den Leuchtkäfern oder Johanniskäfern (Lampyris), bei den Strepsipteren u. s. w.

Offenbar ist diese theilweise oder gänzliche Rückbildung der Insectenflügel durch natürliche Züchtung im Kampf um's

Dasein entstanden. Denn wir finden die Insecten vorzugsweise dort ohne Flügel, wo das Fliegen ihnen nutzlos oder sogar entschieden schädlich sein würde. Wenn z. B. Insecten, welche Inseln bewohnen, viel und gut fliegen, so kann es leicht vorkommen, dass sie beim Fliegen durch den Wind in das Meer geweht werden. Nun ist aber thatsächlich sowohl die Fähigkeit als die Neigung zum Fluge individuell verschieden entwickelt. Also haben die schlechtfliegenden Individuen einen Vorzug vor den gutfliegenden; sie werden weniger leicht in das Meer geweht, und bleiben länger am Leben als die gutfliegenden Individuen derselben Art. Im Verlaufe vieler Generationen muss durch die Wirksamkeit der natürlichen Züchtung dieser Umstand nothwendig zu einer vollständigen Verkümmerung der Flügel führen. Wir hätten uns diesen Schluss rein theoretisch entwickeln können und finden ihn nun durch viele Beobachtungen bestätigt. In der That ist auf isolirt gelegenen Inseln das Verhältniss der flügellosen Insecten zu den mit Flügeln versehenen ganz auffallend gross, viel grösser als bei den Insecten des Festlandes. So sind z. B. nach Wollaston von den 550 Käfer-Arten, welche die Insel Madeira bewohnen, 200 flügellos oder mit so unvollkommenen Flügeln versehen, dass sie nicht mehr fliegen können; und von 29 Gattungen, welche jener Insel ausschliesslich eigenthümlich sind, enthalten nicht weniger als 23 nur solche Arten. Offenbar ist dieser merkwürdige Umstand nicht durch die besondere Weisheit des Schöpfers zu erklären, sondern durch die natürliche Züchtung. Der erbliche Nichtgebrauch der Flügel, die Abgewöhnung des Fliegens im Kampfe mit den gefährlichen Winden, hat hier den trägeren Käfern einen grossen Vortheil im Kampfe um's Dasein gewährt. Bei anderen flügellosen Insecten war der Flügelmangel wieder aus anderen Gründen vortheilhaft. An sich betrachtet ist der Verlust der Flügel ein Rückschritt; aber für den Organismus unter diesen besonderen Lebens-Verhältnissen ist er ein grosser Vortheil im Kampf um's Dasein.

Von anderen rudimentären Organen will ich hier noch beispielsweise die Lungen der Schlangen und der schlangenartigen Eidechsen erwähnen. Alle Wirbelthiere, welche Lungen besitzen,

Amphibien, Reptilien, Vögel und Säugethiere, haben ein Paar Lungen, eine rechte und eine linke. Wenn aber der Körper sich ausserordentlich verdünnt und in die Länge streckt, wie bei den Schlangen und schlangenartigen Eidechsen, so hat die eine Lunge neben der andern nicht mehr Platz, und es ist für den Mechanismus der Athmung ein offenbarer Vortheil, wenn nur eine Lunge entwickelt ist. Eine einzige grosse Lunge leistet hier mehr, als zwei kleine neben einander, und daher finden wir bei diesen Thieren fast durchgängig die rechte oder die linke Lunge allein ausgebildet. Die andere ist ganz verkümmert, obwohl als unnützes Rudiment vorhanden. Aus anderen Gründen ist fast bei allen Vögeln der rechte Eierstock verkümmert und ohne Function; der linke Eierstock allein ist entwickelt und liefert alle Eier. —

Dass auch der Mensch solche ganz unnütze und überflüssige rudimentäre Organe besitzt, habe ich bereits im ersten Vortrage erwähnt, und damals die Muskeln, welche die Ohren bewegen, als solche angeführt. Ausserdem gehört hierher das merkwürdige Rudiment des Schwanzes, welches der Mensch in seinen drei bis fünf Schwanzwirbeln besitzt, und welches beim menschlichen Embryo während der beiden ersten Monate der Entwickelung noch frei hervorsteht. (Vgl. Taf. II und III.) Späterhin verbirgt es sich vollständig im Fleische. Dieses verkümmerte Schwänzchen des Menschen ist ein unwiderleglicher Zeuge für die unleugbare Thatsache, dass er von geschwänzten Voreltern abstammt. Beim Weibe ist das Schwänzchen gewöhnlich um einen Wirbel länger, als beim Manne; häufig sind am weiblichen Steissbein fünf einzelne Wirbel deutlich zu unterscheiden, am männlichen meistens nur vier. Auf früheren Stufen der Keimbildung ist ihre Zahl noch grösser. Auch rudimentäre Muskeln sind am Schwanze des Menschen noch vorhanden, welche denselben vormals bewegten. Die schwanzlosen Menschenaffen (Gorilla, Schimpanse, Orang, Gibbon) verhalten sich auch in dieser Beziehung ganz ähnlich wie der Mensch.

Ein andres rudimentäres Organ des Menschen, welches aber bloss dem Manne zukommt, und welches ebenso bei sämmtlichen männlichen Säugethieren sich findet, sind die Milchdrüsen an der Brust. Bekanntlich sind diese in der Regel bloss beim weiblichem Geschlecht in Thätigkeit. Indessen kennt man von verschiedenen Säugethieren, namentlich vom Menschen, vom Schafe und von der Ziege, einzelne Fälle, in denen die Milchdrüsen auch beim männlichen Geschlechte wohl entwickelt waren und Milch zur Ernährung des Jungen lieferten. Humboldt traf im südamerikanischen Urwald einen einsamen Ansiedler, dessen Frau im Wochenbett gestorben war. In der Verzweiflung hatte er das neugeborene Kind an seine Brust gelegt; und durch den andauernden Reiz, den dessen fortgesetzte Saugbewegungen auf die rudimentäre Milchdrüse ausübten, war deren erloschene Thätigkeit wieder in's Leben getreten.

Einen ähnlichen interessanten Fall bieten die früher schon erwähnten rudimentären Muskeln der menschlichen Ohrmuschel; gewöhnlich ist ihre frühere Thätigkeit ganz erloschen; aber trotzdem können sie von einzelnen Personen in Folge andauernder Uebung noch zur Bewegung der Ohren verwendet werden. (S. 12.) Ueberhaupt sind die rudimentären Organe bei verschiedenen Individuen derselben Art oft sehr verschieden entwickelt, bei den einen ziemlich gross, bei den anderen sehr klein. Dieser Umstand ist für ihre Erklärung sehr wichtig, ebenso wie der andere Umstand, dass sie allgemein bei den Embryonen, oder überhaupt in sehr früher Lebenszeit, viel grösser und stärker im Verhältniss zum übrigen Körper sind, als bei den ausgebildeten und erwachsenen Organismen. Insbesondere ist dies leicht nachzuweisen an den rudimentären Geschlechts-Organen der Pflanzen (Staubfäden und Griffeln), welche ich früher bereits angeführt habe. Diese sind verhältnissmässig viel grösser in der jungen Blüthenknospe als in der entwickelten Blüthe.

Schon damals (S. 14) bemerkte ich, dass die rudimentären oder verkümmerten Organe zu den stärksten Stützen der monistischen oder mechanistischen Weltanschauung gehören. Wenn die Gegner derselben, die Dualisten und Teleologen, das ungeheure Gewicht dieser Thatsachen begriffen, müssten sie dadurch allein schon bekehrt werden. Die lächerlichen Erklärungs-Versuche derselben, dass die rudimentären Organe vom Schöpfer „der

Symmetrie halber“ oder „zur formalen Ausstattung“ oder „aus Rücksicht auf seinen allgemeinen Schöpfungsplan“ den Organismen verliehen seien, beweisen zur Genüge die völlige Ohnmacht jener verkehrten Weltanschauung. Ich muss hier wiederholen, dass, wenn wir auch gar Nichts von den übrigen Entwickelungs-Erscheinungen wüssten, wir ganz allein schon auf Grund der rudimentären Organe die Descendenz-Theorie für wahr halten müssten. Kein Gegner derselben hat vermocht, auch nur einen schwachen Schimmer von einer annehmbaren Erklärung auf diese äusserst merkwürdigen und bedeutenden Erscheinungen fallen zu lassen. Es giebt beinahe keine irgend höher entwickelte Thier- oder Pflanzenform, die nicht irgend welche rudimentäre Organe hätte, und fast immer lässt sich nachweisen, dass dieselben Produkte der natürlichen Züchtung sind, dass sie durch Nichtgebrauch oder durch Abgewöhnung verkümmert sind.

Die Erscheinungen dieser Rückbildung verhalten sich gerade umgekehrt wie diejenigen der Fortbildung, welche wir bei der Entstehung neuer Organe durch Angewöhnung an besondere Lebens-Bedingungen und durch den Gebrauch noch unentwickelter Theile wahrnehmen. Zwar wird häufig von unsern Gegnern behauptet, dass die Entstehung ganz neuer Theile ganz und gar nicht durch die Descendenz-Theorie zu erklären sei. Indessen bietet diese Erklärung für denjenigen, der vergleichend-anatomische und physiologische Kenntnisse besitzt, gewöhnlich keine Schwierigkeit. Jeder, der mit der vergleichenden Anatomie und Entwickelungs-Geschichte vertraut ist, findet in der Entstehung ganz neuer Organe durch actuelle Anpassung ebenso wenig Unbegreifliches, als hier auf der anderen Seite in dem völligen Schwunde der rudimentären Organe. Das Vergehen der letzteren ist an sich betrachtet das Gegentheil vom Entstehen der ersteren. Beide Processe sind Differenzirungs-Erscheinungen, die wir gleich allen übrigen ganz einfach und mechanisch aus der Wirksamkeit der natürlichen Züchtung im Kampf um das Dasein erklären können. Nicht ein planvoll bauender Schöpfer bewirkt dieselben, sondern die planlose Wechselwirkung der functionellen Anpassung und der progressiven Vererbung.

Wenn wir das erste Auftreten neuer Organe genauer in's Auge fassen, so bemerken wir meistens weiter Nichts, als das stärkere Wachsthum eines Theiles an einem bereits bestehenden Organe. In dem aber dieser Theil nach den Gesetzen der Arbeitstheilung und des Arbeitswechsels andere Functionen übernimmt, wird alsbald die Formspaltung sichtbar, welche nach dem Selections-Princip allmählich zur Ausbildung eines neuen Organs führt. Diese Fortbildung wird ebenso durch die physiologischen Gesetze des Wachsthums und der Ernährung bestimmt, wie im umgekehrten Falle die Rückbildung bei den rudimentären Organen.

Die allgemeine Bedeutung der verkümmerten oder rudimentären Organe für wichtige Grundfragen der Naturphilosophie kann nicht hoch genug angeschlagen werden. (Vergl. das XIX. Capitel meiner Gener. Morphol., B. II, S. 266.) Es lässt sich darauf eine besondere „Unzweckmässigkeits-Lehre" gründen, als Gegenstück gegen die alte landläufige „Zweckmässigkeits-Lehre". Während uns diese letztere, die dualistische Teleologie, schliesslich zum übernatürlichen Dogma und Wunderglauben führt, gewinnen wir durch die erstere, die monistische Dysteleologie, ein festes Fundament für unsere mechanische Natur-Erklärung. Nicht die Weisheit eines göttlichen, menschenähnlich gedachten Schöpfers hat die Organisation der unzähligen Lebensformen erdacht und ausgeführt; vielmehr sind ihre verwickelten — theils sehr zweckmässigen, theils aber auch sehr unzweckmässigen! — Einrichtungen das unbewusste Ergebniss der blind wirkenden Selection; das naturgemässe Verständniss derselben führt uns durch die „teleologische Mechanik" zum reinen Monismus [73]).

Dreizehnter Vortrag.

Keimes-Geschichte und Stammes-Geschichte.

Allgemeine Bedeutung der Keimes-Geschichte (Ontogenie). Mängel unserer heutigen Bildung. Thatsachen der individuellen Entwickelung. Uebereinstimmung der Keimung beim Menschen und den Wirbelthieren. Das Ei des Menschen. Befruchtung. Unsterblichkeit. Eifurchung. Bildung der Keimblätter. Gastrulation. Keimes-Geschichte des Central-Nervensystems, der Gliedmaassen, der Kiemenbogen und des Schwanzes. Ursächlicher Zusammenhang zwischen Keimes-Geschichte (Ontogenie) und Stammes-Geschichte (Phylogenie). Das biogenetische Grund-Gesetz. Auszugs-Entwickelung (Palingenesis) und Störungs-Entwickelung (Cenogenesis). Stufenleiter der vergleichenden Anatomie. Beziehung derselben zur paläontologischen und zur embryologischen Entwickelungs-Reihe.

Meine Herren! Die weiten Kreise der Gebildeten, welche heutzutage unseren Entwickelungs-Lehren ein mehr oder weniger lebhaftes Interesse entgegenbringen, kennen leider die Thatsachen der organischen Entwickelung aus eigener Anschauung fast gar nicht. Der Mensch selbst wird, gleich den übrigen Säugethieren, in bereits entwickelter Form geboren. Das Hühnchen schlüpft, gleich den übrigen Vögeln, in fertiger, entwickelter Form aus dem Ei. Aber die wunderbaren Vorgänge, durch welche diese fertigen Thierformen entstehen, sind den Meisten ganz unbekannt. Und doch liegt in diesen wenig beachteten Vorgängen eine Quelle der Erkenntniss verborgen, welche von keiner anderen an allgemeiner Bedeutung übertroffen wird. Denn hier liegt die Entwickelung als greifbare Thatsache vor unseren Augen, und wir brauchen bloss eine Anzahl Hühner-Eier in die Brütmaschine zu legen, und ihre Ausbildung drei Wochen lang aufmerksam mit dem Mikroskope zu verfolgen, um das Wunder zu verstehen, durch welches sich aus einer einzigen einfachen Zelle ein hochorganisirter Vogel entwickelt. Schritt für Schritt können wir diese wunderbare Verwandlung mit Augen verfolgen; und Schritt für Schritt können wir nachweisen, wie ein Organ sich aus dem andern entwickelt.

Schon aus diesem Grunde, weil auf diesem Gebiete allein die Thatsachen der Entwickelung uns in greifbarer Wirklichkeit vor Augen treten, halte ich es für unerlässlich, Ihre besondere Aufmerksamkeit auf jene unendlich wichtigen und interessanten Vorgänge hinzulenken, auf die Ontogenesis oder die individuelle Entwickelung der Organismen; und ganz vorzüglich auf die Keimes-Geschichte der Wirbelthiere, mit Einschluss des Menschen. Ich möchte diese ausserordentlich merkwürdigen und lehrreichen Erscheinungen, deren ausführliche Darstellung Sie in meiner „Anthropogenie“ [56]) finden, ganz besonders Ihrem eingehendsten Nachdenken empfehlen; denn einerseits gehören dieselben zu den stärksten Stützen der Descendenz-Theorie und der monistischen Weltanschauung überhaupt; andererseits sind sie bisher nur von Wenigen entsprechend ihrer unermesslichen allgemeinen Bedeutung gewürdigt worden.

Man muss in der That erstaunen, wenn man die tiefe Unkenntniss erwägt, welche noch gegenwärtig in den weitesten Kreisen über die Thatsachen der individuellen Entwickelung des Menschen und der Organismen überhaupt herrscht. Diese Thatsachen, deren allgemeine Bedeutung man gar nicht hoch genug anschlagen kann, wurden in ihren wichtigsten Grundzügen schon vor mehr als einem Jahrhundert, im Jahre 1759, von dem grossen deutschen Naturforscher Caspar Friedrich Wolff in seiner classischen „Theoria generationis“ festgestellt. Aber gleichwie Lamarck's 1809 begründete Descendenz-Theorie ein halbes Jahrhundert hindurch schlummerte und erst 1859 durch Darwin zu neuem unsterblichem Leben erweckt wurde, so blieb auch Wolff's Theorie der Epigenesis fast ein halbes Jahrhundert hindurch unbekannt. Erst nachdem Oken 1806 seine Entwickelungs-Geschichte des Darmkanals veröffentlicht und Meckel 1812 Wolff's Arbeit über denselben Gegenstand in's Deutsche übersetzt hatte, wurde Wolff's Theorie allgemeiner bekannt und bildete seitdem die Grundlage aller folgenden Untersuchungen über individuelle Entwickelungs-Geschichte. Das Studium der Keimes-Geschichte nahm nun einen mächtigen Aufschwung, und bald erschienen die classischen Untersuchungen der beiden Freunde Christian Pander (1817) und Carl Ernst Baer (1819). Insbesondere wurden durch Baer's epochemachende „Entwickelungs-Geschichte der Thiere“ [20]) die bedeutendsten, die Ontogenie der Wirbelthiere betreffenden Thatsachen durch so vortreffliche Beobachtungen festgestellt, und durch so vorzügliche philosophische Reflexionen erläutert, dass sie für das Verständniss dieser wichtigsten Thiergruppe, zu welcher ja auch der Mensch gehört, die unentbehrliche Grundlage wurde. Jene Thatsachen würden für sich allein schon ausreichen, die Frage von der Stellung des Menschen in der Natur und somit das höchste aller Probleme zu lösen. Betrachten Sie aufmerksam und vergleichend die 18 Figuren, welche auf den nachstehenden Tafeln II und III von den Keimen sechs verschiedener Säugethiere abgebildet sind, und Sie werden erkennen, dass man die philosophische Bedeutung der Embryologie nicht hoch genug anschlagen kann. (Siehe S. 304, 305.)

Nun darf man wohl fragen: Was wissen unsere sogenannten „gebildeten“ Kreise, die auf die hohe Kultur des neunzehnten Jahrhunderts sich so Viel einbilden, von diesen wichtigsten biologischen Thatsachen, von diesen unentbehrlichen Grundlagen für das Verständniss ihres eigenen Organismus? Was wissen unsere speculativen Philosophen und Theologen davon, welche durch reine Speculationen oder durch göttliche Inspirationen das Verständniss des menschlichen Organismus gewinnen zu können meinen? Ja, was wissen selbst die meisten Naturforscher davon, viele sogenannte „Zoologen“ nicht ausgenommen?

Die Antwort auf diese Frage fällt sehr beschämend aus, und wir müssen wohl oder übel eingestehen, dass jene unschätzbaren Thatsachen der menschlichen Keimes-Geschichte noch heute den Meisten ganz unbekannt sind. Selbst von Vielen, welche sie kennen, werden sie doch keineswegs in gebührender Weise gewürdigt.

Hierbei werden wir deutlich gewahr, auf welchem schiefen und einseitigen Wege sich die vielgerühmte Bildung des neunzehnten Jahrhunderts noch gegenwärtig befindet. Unwissenheit und Aberglauben sind die Grundlagen, auf denen sich die meisten Menschen das Verständniss ihres eigenen Organismus und seiner Beziehungen zur Gesammtheit der Dinge aufbauen, und jene handgreiflichen Thatsachen der Entwickelungs-Geschichte, welche das Licht der Wahrheit darüber verbreiten könnten, werden ignorirt.

Die Hauptschuld an dieser bedauerlichen und unheilvollen Thatsache trifft unstreitig unsere höhere Schulbildung, vor allen die sogenannte „classische Gymnasialbildung." Tief befangen in der Scholastik des Mittelalters, kann diese sich immer noch nicht entschliessen, die ungeheuren Fortschritte, welche die Naturerkenntniss in unserem Jahrhundert gemacht hat, in sich aufzunehmen. Immer noch gilt als Hauptaufgabe nicht die umfassende Kenntniss der Natur, von der wir selbst einen Theil bilden, und der heutigen Kulturwelt, in der wir leben; sondern vielmehr die genaueste Kenntniss der alten Staaten-Geschichte, und vor allen der lateinischen und griechischen Grammatik. Gewiss ist die gründliche Kenntniss des classischen Alterthums ein höchst wichtiger und unentbehrlicher Bestandtheil unsrer höheren Bildung; allein das liebevolle Verständniss desselben verdanken wir in viel höherem Grade den Malern und Bildhauern, den epischen und dramatischen Dichtern, als den classischen Philologen und den gefürchteten Grammatikern. Um aber jene Dichter zu geniessen und zu verstehen, brauchen wir sie ebenso wenig im Urtext zu lesen als die Bibel. Der ungeheure Aufwand von Zeit und Arbeitskraft, welchen der luxuriöse Sport der classischen Grammatik erfordert, würde unendlich zweckmässiger auf das Studium des wundervollen Erscheinungs-Gebiets verwendet, welches uns die Riesen-Fortschritte der Naturkunde, insbesondere der Geologie, Biologie und Anthropologie, im letzten halben Jahrhundert erst zugänglich gemacht haben.

Leider wird aber das Missverhältniss zwischen der täglich sich erweiternden Erkenntniss der realen Welt, und dem beschränkten Standpunkte unserer sogenannten idealen Jugend-

Bildung von Tag zu Tage grösser. Gerade diejenigen Gebildeten, welche im practischen Kulturleben die einflussreichste Rolle spielen, die Theologen und Juristen, und ebenso die bevorzugten Lehrer, die Philologen und Historiker, wissen von den wichtigsten Erscheinungen der wirklich existirenden Welt und von der wahren Natur-Geschichte am Wenigsten. Der Bau und die Entstehung unseres Erd-Körpers, wie unseres eigenen menschlichen Körpers, durch die erstaunlichen Fortschritte der modernen Geologie und Anthropologie zu einem der interessantesten Wissens-Objecte erhoben, bleibt den Meisten unbekannt. Von dem menschlichen Ei und seiner Entwickelung zu sprechen, gilt entweder als eine lächerliche Fabel oder als eine grobe Unanständigkeit. Und doch offenbart uns dieselbe eine Reihe von wirklich erkannten Thatsachen, welche von keinen anderen im weiten Gebiete der menschlichen Erkenntniss an allgemeinem Interesse und an hoher Bedeutung übertroffen werden.

Allerdings sind diese bedeutungsvollen Thatsachen nicht geeignet, Wohlgefallen bei denjenigen zu erregen, welche einen durchgreifenden Unterschied zwischen dem Menschen und der übrigen Natur annehmen und namentlich den thierischen Ursprung des Menschen-Geschlechts nicht zugeben wollen. Insbesondere müssen bei denjenigen Völkern, bei denen in Folge von falscher Auffassung der Erblichkeits-Gesetze eine erbliche Kasten-Eintheilung existirt, die Mitglieder der herrschenden privilegirten Kasten dadurch sehr unangenehm berührt werden. Bekanntlich geht heute noch in vielen Kultur-Ländern die erbliche Abstufung der Stände so weit, dass z. B. der Adel ganz anderer Natur, als der Bürgerstand zu sein glaubt, und dass Edelleute, welche ein entehrendes Verbrechen begehen, zur Strafe dafür aus der Adelskaste ausgestossen und in die Pariakaste des „gemeinen“ Bürgerstandes hinabgeschleudert werden. Was sollen diese Edelleute noch von dem Vollblut, das in ihren privilegirten Adern rollt, denken, wenn sie erfahren, dass alle menschlichen Embryonen, adelige ebenso wie bürgerliche, während der ersten beiden Monate der Entwickelung von den geschwänzten Embryonen des Hundes und anderer Säugethiere kaum zu unterscheiden sind?

Da die Absicht dieser Vorträge lediglich ist, die allgemeine Erkenntniss der natürlichen Wahrheiten zu fördern, und eine naturgemässe Anschauung von den Beziehungen des Menschen zur übrigen Natur in weiteren Kreisen zu verbreiten, so werden Sie es hier gewiss gerechtfertigt finden, wenn ich jene weit verbreiteten Vorurtheile von einer privilegirten Ausnahme-Stellung des Menschen in der Schöpfung nicht berücksichtige. Vielmehr werde ich Ihnen einfach die embryologischen Thatsachen vorführen, aus denen Sie selbst sich die Schlüsse von der Grundlosigkeit jener Vorurtheile bilden können. Ich möchte Sie um so mehr bitten, über diese Thatsachen der Keimes-Geschichte eingehend nachzudenken, als es meine feste Ueberzeugung ist, dass die allgemeine Kenntniss derselben nur die intellectuelle Veredelung und somit die geistige Vervollkommnung des Menschen-Geschlechts fördern kann.

Aus dem unendlich reichen und interessanten Erfahrungs-Material, das uns die Keimes-Geschichte der Wirbelthiere bietet, will ich zunächst einige Thatsachen hervorheben, welche sowohl für die Descendenz-Theorie im Allgemeinen, als für deren Anwendung auf den Menschen von der höchsten Bedeutung sind. Der Mensch ist im Beginn seiner individuellen Existenz ein einfaches Ei, eine einzige kleine Zelle, so gut wie jeder andere thierische Organismus, welcher auf dem Wege der geschlechtlichen Zeugung entsteht. Das menschliche Ei ist wesentlich demjenigen aller anderen Säugethiere gleich, und namentlich von dem Ei der höheren Säugethiere absolut nicht zu unterscheiden. Das in Fig. 5 abgebildete Ei könnte ebenso gut vom Menschen oder vom Affen, als vom Hunde, vom Pferde oder irgend einem anderen höheren Säugethiere herrühren. Nicht allein die Form und Structur, sondern auch die Grösse des Eies ist bei den meisten Säugethieren dieselbe wie beim Menschen, nämlich ungefähr $^1/_5$ mm Durchmesser, der 120ste Theil eines Zolles, so dass man das Ei unter günstigen Umständen mit blossem Auge eben als ein feines Pünktchen wahrnehmen kann. Die Unterschiede, welche zwischen den Eiern der verschiedenen Säugethiere und Menschen wirklich vorhanden sind, bestehen nicht in der Form-

Bildung, sondern in der chemischen Mischung, in der molekularen Zusammensetzung der eiweissartigen Kohlenstoff-Verbindung, aus welcher das Ei wesentlich besteht. Diese feinen individuellen Unterschiede aller Eier, besonders in der Molekular-Structur des Kernes, beruhen wahrscheinlich auf der indirecten oder potentiellen Anpassung (und zwar speciell auf dem Gesetze der individuellen Anpassung); sie sind zwar für die ausserordentlich groben Erkenntnissmittel des Menschen nicht direct sinnlich wahrnehmbar, aber durch wohlbegründete indirecte Schlüsse als die ersten Ursachen des ursprünglichen Unterschiedes aller Individuen erkennbar.

Fig. 5.

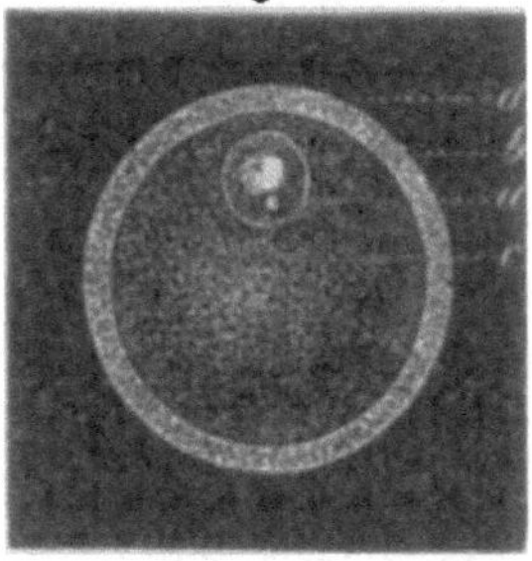

Fig. 5. Das Ei des Menschen, hundertmal vergrössert. *a* Kernkörperchen oder Nucleolus (sogenannter Keimfleck des Eies); *b* Kern oder Nucleus (sogenanntes Keimbläschen des Eies); *c* Zellstoff oder Protoplasma (sogenannter Dotter des Eies); *d* Zellhaut oder Membrana (Dotterhaut des Eies, beim Säugethier wegen ihrer Durchsichtigkeit Zona pellucida genannt). Die Eier der anderen Säugethiere haben ganz dieselbe einfache Form.

Das Ei des Menschen ist, wie das aller anderen Säugethiere, ein kugeliges Bläschen, welches alle wesentlichen Bestandtheile einer einfachen organischen Zelle enthält (Fig. 5). Der wesentlichste Theil desselben ist der schleimartige Zellstoff oder das Protoplasma (c), welches beim Ei „Dotter“ genannt wird, und der davon umschlossene Zellenkern oder Nucleus (b), welcher hier den besonderen Namen des „Keimbläschens“ führt. Dies letztere ist ein zartes, glashelles Eiweiss-Kügelchen von ungefähr 0,01 mm Durchmesser, und umschliesst noch ein viel kleineres, scharf abgegrenztes rundes Körnchen (a), das Kernkörperchen oder den Nucleolus der Zelle (beim Ei „Keimfleck“ genannt). Nach aussen ist die kugelige Ei-Zelle des Säugethiers durch eine dicke, glasartige Haut, die Zellen-Membran oder Dotterhaut, abgeschlossen, welche hier den besonderen Namen der Zona pellucida führt (d). Die Eier vieler niederen Thiere (z. B. vieler Medusen) sind dagegen nackte Zellen, ohne jede äussere Hülle.

Sobald das Ei (Ovulum) des Säugethieres seinen vollen Reifegrad erlangt hat, tritt dasselbe aus dem Eierstock des Weibes, in dem es entstand, heraus, und gelangt in den Eileiter, und durch diese enge Röhre in den weiteren Keim-Behälter oder Frucht-Behälter (Uterus). Wird inzwischen das Ei durch den entgegenkommenden männlichen Samen (Sperma) befruchtet, so entwickelt es sich in diesem Behälter weiter zum Keim (Embryon), und verlässt denselben nicht eher, als bis der Keim vollkommen ausgebildet und fähig ist, als junges Säugethier durch den Geburtsact in die Welt zu treten.

Der Vorgang der *Befruchtung*, früher für eine der räthselhaftesten und wunderbarsten Erscheinungen gehalten, ist uns durch die grossen Erkenntniss-Fortschritte der letzten Jahrzehnte vollkommen klar und verständlich geworden, Dank vor Allen den ausgezeichneten Untersuchungen der Gebrüder *Oscar* und *Richard Hertwig*, von *Eduard Strasburger*, *Bütschli* und vielen Anderen. Wir wissen jetzt, dass die Befruchtung des Eies, als das Wesentlichste der geschlechtlichen Zeugung, weiter Nichts ist, als eine *Verschmelzung von zwei verschiedenen Zellen*, der väterlichen Sperma-Zelle und der mütterlichen Ei-Zelle. Von den Tausenden beweglicher kleiner Geisselzellen, welche sich in einem Tröpfchen männlicher Samen-Flüssigkeit finden, dringt eine einzige in die weibliche Ei-Zelle ein und verschmilzt mit ihr vollständig. Bei dieser Verschmelzung der beiden Geschlechts-Zellen ist die Hauptsache die *Copulation der beiden Zellkerne*. Der männliche Sperma-Kern verschmilzt mit dem weiblichen Ei-Kern, und so entsteht der neue *Stammkern*, der Nucleus der neuen Stammzelle (Cytula).

Schon vor dreissig Jahren hatte ich in meiner Generellen Morphologie (Bd. I, S. 288) die Bedeutung der beiden activen Zell-Bestandtheile dahin bestimmt, „dass der innere *Kern* die *Vererbung der erblichen Charaktere*, das äussere *Plasma* (oder Cytoplasma) dagegen die *Anpassung* an die Verhältnisse der Aussenwelt zu besorgen hat“. Dieser Satz ist durch die zahlreichen sorgfältigen Untersuchungen der neuesten Zeit vollinhaltlich bestätigt worden. Der männliche *Sperma-Kern* überträgt bei der Befruchtung die erblichen Eigenschaften des Vaters, während der weibliche Ei-Kern die Vererbung der Eigenthümlichkeiten der Mutter besorgt.

Die Stammzelle (Cytula) oder die sogenannte „befruchtete Ei-Zelle" (— oft auch unpassend „erste Furchungszelle" genannt —) ist demnach ein ganz neues Wesen. Denn wie ihre Substanz ein materielles Mischungs-Product von der väterlichen Samen-Zelle und der mütterlichen Ei-Zelle ist, so sind auch die davon untrennbaren Lebens-Eigenschaften gemischt aus den physiologischen Eigenthümlichkeiten beider Eltern. Die individuelle Mischung des Charakters, welchen jedes Kind von beiden Eltern geerbt hat, ist zurückzuführen auf die Vermischung der beiden Kern-Massen im Augenblicke der Befruchtung. Mit diesem wichtigsten Augenblicke beginnt auch erst die lebendige Existenz des Individuums, und nicht etwa mit der Geburt, welche beim Menschen erst neun Monate später eintritt.

Die allgemeine Bedeutung dieser höchst interessanten Vorgänge ist bisher nicht entfernt in dem Maasse gewürdigt worden, wie sie es verdient. Um nur eine ihrer wichtigsten Folgerungen hier anzudeuten, so werfen sie ein ganz neues Licht auf die wichtige Frage von der Unsterblichkeit. Das mystische Dogma von der persönlichen Unsterblichkeit des Menschen war zwar schon seit einem halben Jahrhundert durch die grossen Fortschritte der vergleichenden Physiologie und Ontogenie, der vergleichenden Psychologie und Psychiatrie, gründlich widerlegt worden. Indessen konnten immer noch einige Zweifel darüber entstehen, ob nicht wenigstens ein Theil unsers Seelenlebens vom Gehirn unabhängig und auf die Thätigkeit einer immateriellen „Seele" zurückzuführen sei. Seitdem wir aber den Vorgang der Befruchtung ganz genau kennen, seitdem wir wissen, dass selbst die feinsten Seelen-Eigenschaften beider Eltern durch den Befruchtungs-Act auf das Kind erblich übertragen werden, und dass diese Vererbung lediglich auf der Verschmelzung der beiden copulirenden Zell-Kerne beruht, sind alle jene Zweifel hinfällig geworden. Es muss nun vollkommen widersinnig erscheinen, noch von einer Unsterblichkeit der menschlichen Person zu sprechen, seit wir wissen, dass diese Person, mit allen ihren individuellen Eigenschaften des Körpers und Geistes, erst durch den Befruchtungs-Act entstanden ist, also einen endlichen Anfang ihres Daseins hat. Wie kann diese Person ein ewiges Leben ohne Ende haben? Die menschliche Person, wie jedes andere vielzellige Einzel-Thier, ist nur eine vorübergehende Erscheinungs-Form des organischen Lebens. Mit ihrem Tode hört die Kette ihrer Lebensthätigkeiten ebenso vollständig auf, wie sie mit dem Befruchtungs-Act ihren Anfang genommen hat.

Die Formveränderungen und Umbildungen, welche das befruchtete Ei innerhalb des Keim-Behälters durchlaufen muss, ehe es die Gestalt des jungen Säugethieres annimmt, sind äusserst merkwürdig; sie verlaufen vom Anfang an beim Menschen ganz ebenso wie bei den übrigen Säugethieren. Zunächst benimmt sich das befruchtete Säugethier-Ei gerade so, wie ein einzelliger Organismus, welcher sich auf seine Hand selbstständig fortpflanzen und vermehren will, z. B. eine Amoebe (vergl. Fig. 2, S. 169). Die einfache Ei-Zelle zerfällt nämlich durch den Process der Zellen-Theilung, welchen ich Ihnen bereits früher beschrieben habe, in zwei Zellen. (Fig. 6 A.)

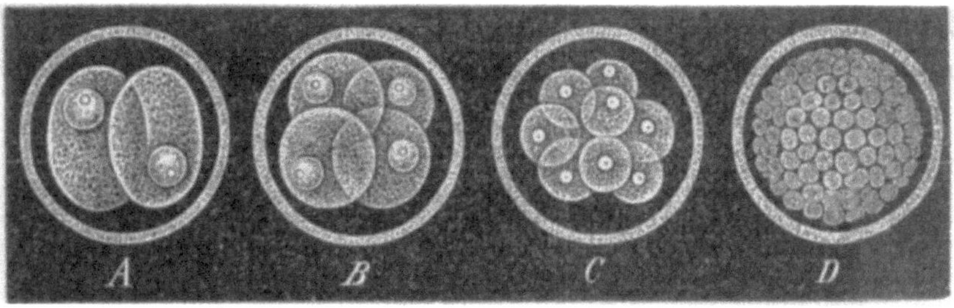

Fig. 6. Erster Beginn der Entwickelung des Säugethier-Eies, sogenannte „Ei-Furchung" (Vermehrung der Ei-Zelle durch wiederholte Selbsttheilung). *A.* Das Ei zerfällt durch Bildung der ersten Furche in zwei Zellen. *B.* Diese zerfallen durch Halbirung in vier Zellen. *C.* Diese letzteren sind in acht Zellen zerfallen. *D.* Durch fortgesetzte Theilung ist ein kugeliger Haufen von zahlreichen Zellen entstanden, die Brombeer-Form oder der Maulbeer-Keim (Morula).

Derselbe Vorgang der Zellen-Theilung wiederholt sich nun mehrmals hinter einander. In der gleichen Weise entstehen aus zwei Zellen (Fig. 6 A) vier (Fig. 6 B); aus vier werden acht

(Fig. 6 C), aus acht sechszehn, aus diesen zweiunddreissig u. s. w. Jedesmal geht die Theilung des Zellkerns oder Nucleus derjenigen des Zellstoffs oder Protoplasma vorher. Weil die Theilung des letzteren immer mit der Bildung einer oberflächlichen ringförmigen Furche beginnt, nennt man den ganzen Vorgang gewöhnlich die Furchung des Eies, und die Producte desselben, die kleinen, durch fortgesetzte Zwei-Theilung entstehenden Zellen die Furchungs-Kugeln (Blastomeren). Indessen ist der ganze Vorgang weiter Nichts als eine einfache, oft wiederholte Zellen-Theilung, und die Producte desselben sind echte, nackte Zellen. Schliesslich entsteht aus der fortgesetzten Theilung oder „Furchung" des Säugethier-Eies der sogenannte Maulbeer-Keim (Morula), eine maulbeerförmige oder brombeerförmige Kugel, welche aus sehr zahlreichen kleinen Kugeln, nackten kernhaltigen Zellen zusammengesetzt ist (Fig. 6 D). Diese Zellen sind die Bausteine, aus denen sich der Leib des jungen Säugethiers aufbaut. Jeder von uns war einmal eine solche einfache, brombeerförmige, aus lauter kleinen Zellen zusammengesetzte Kugel, eine Morula.

Die weitere Entwickelung des kugeligen Zellenhaufes, welcher den jungen Säugethier-Körper jetzt darstellt, besteht zunächst darin, dass derselbe sich in eine kugelige Blase verwandelt, indem im Inneren sich Flüssigkeit ansammelt. Diese Blase nennt man Keim-Blase (Blastula oder Vesicula blastodermica). Die Wand derselben ist anfangs aus lauter gleichartigen Zellen zusammengesetzt. Bald aber entsteht an einer Stelle der Wand eine scheibenförmige Verdickung, indem sich hier die Zellen rasch vermehren; und diese Verdickung ist nun die Anlage für den eigentlichen Leib des Keimes oder Embryo, während der übrige Theil der Keim-Blase bloss zur Ernährung des Embryo verwendet wird. Die verdickte Scheibe oder Embryonalanlage nimmt bald eine länglich runde und dann, indem rechter und linker Seitenrand ausgeschweift werden, eine sohlenförmige oder bisquitförmige Gestalt an (Fig. 7, Seite 304). In diesem Stadium der Entwickelung, in der ersten Anlage des Keims oder Embryo, sind nicht allein alle Säugethiere mit Inbegriff des Menschen, sondern sogar alle Wirbelthiere überhaupt, alle Säugethiere, Vögel, Reptilien,

Amphibien und Fische im Wesentlichen noch gleich; theils kann man sie gar nicht, theils nur durch ihre Grösse oder durch unwesentliche Form-Differenzen, sowie durch die Bildung der Ei-Hüllen und des Dotter-Anhangs von einander unterscheiden. Bei Allen besteht der ganze Leib aus weiter nichts, als aus zwei dünnen Schichten oder Lagen von einfachen Zellen; diese liegen wie zwei runde dünne Blätter über einander und heissen daher die „primären Keimblätter“. Das äussere oder obere Keimblatt ist das Hautblatt (Exoderma), das innere oder untere hingegen das Darmblatt (Entoderma).

Die Keimform des Thierleibes, welche in dieser Weise bloss aus den beiden primären Keimblättern besteht, ist allen vielzelligen Thieren (oder Metazoen) gemeinsam, und daher von der grössten Bedeutung. Ich habe die allgemeine Verbreitung dieser zweiblättrigen Keimform bei allen Metazoen, und die daraus folgende „Homologie der beiden primären Keimblätter“, zuerst 1872 in meiner Monographie der Kalk-Schwämme [50]) behauptet, und dann in meinen „Studien zur Gasträa-Theorie“ [15]) die ausführlichen Beweise dafür geliefert. Da diese bedeutungsvolle Keimform in ihrer ursprünglichen reinen Gestalt (Taf. V, Fig. 8, 18; Taf. XII, Fig. A4, B4) einem doppelwandigen Becher gleicht, nannte ich sie Becherkeim (Gastrula) und den Vorgang ihrer Bildung Gastrulation. Ich werde dieselbe später (im XX. Vortrage) näher besprechen. Schon damals (1872, a. a. O. Bd. I, S. 467) schloss ich aus der merkwürdigen Uebereinstimmung der Gastrula bei allen vielzelligen Thieren, dass alle diese Metazoen (— entsprechend dem biogenetischen Grundgesetze —) von einer einzigen gemeinsamen Stammform ursprünglich abstammen müssten; und diese hypothetische Stammform, im Wesentlichen der becherförmigen Gastrula gleichgebildet, ist die Gasträa.

Die Gastrula der Säugethiere, ebenso wie diejenige vieler anderer höherer Thiere, hat in Folge der eigenthümlichen Bedingungen, unter denen sie sich entwickelt, die ursprüngliche Becherform verloren und die schon beschriebene Scheibenform angenommen. Allein diese Keimscheibe (Discogastrula) ist nur eine secundäre Abänderung oder Modification des ursprünglichen

Gastrulation oder Gastrulabildung.

Taf. V.

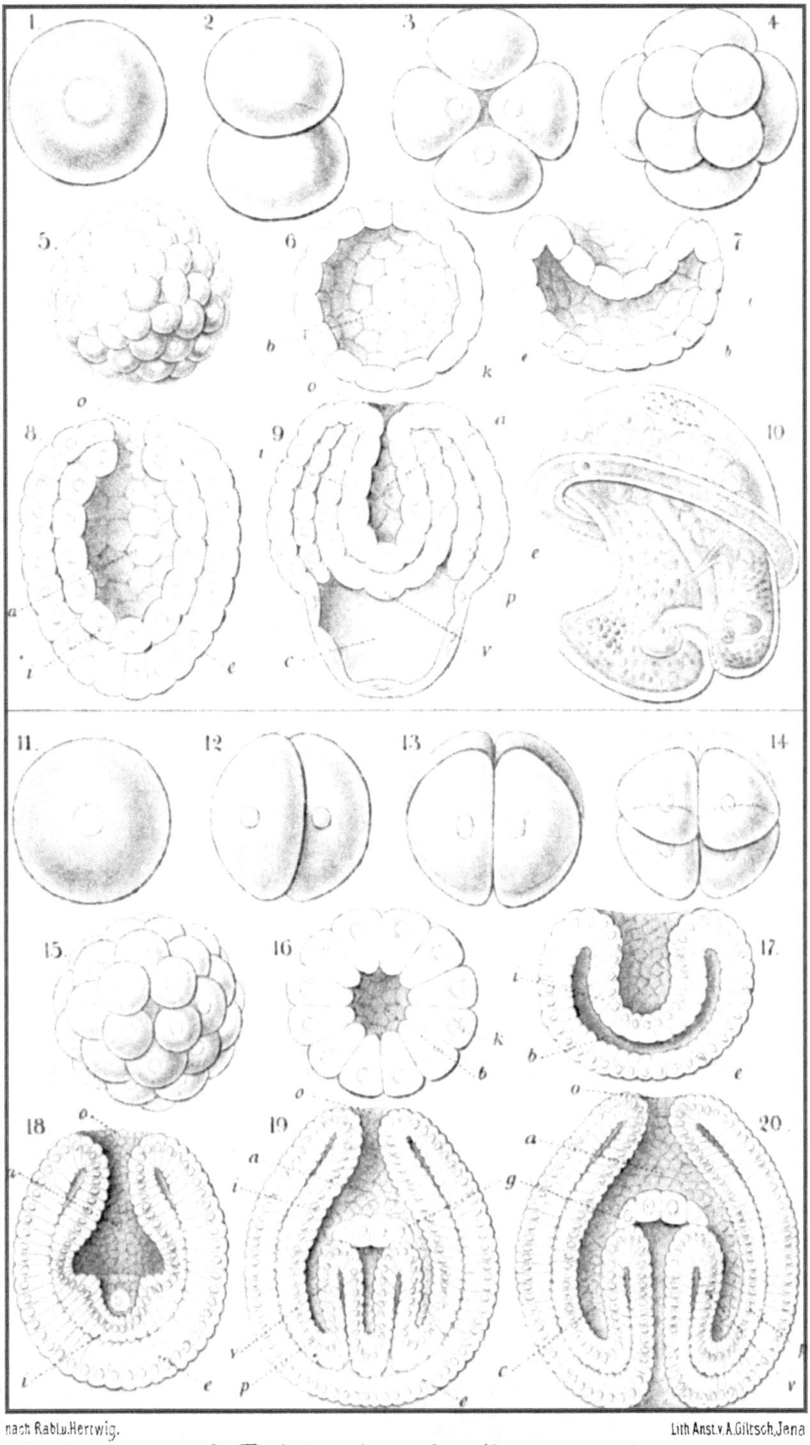

nach Rabl u. Hertwig. Lith Anst. v. A. Giltsch, Jena

1-10. Teichschnecke (Lymnaeus)
11-20. Pfeilwurm (Sagitta).

Becherkeims. Wie bei diesem letzteren, so zerfallen auch bei der ersteren die beiden primären Keimblätter später in die vier secundären Keimblätter. Auch diese bestehen aus weiter Nichts, als aus gleichartigen Zellen; jedes hat aber eine andere Bedeutung für den Aufbau des Wirbelthier-Körpers. Aus dem oberen oder äusseren Keimblatt entsteht bloss die äussere Oberhaut (Epidermis) nebst den Centraltheilen des Nervensystems (Rückenmark und Gehirn); aus dem unteren oder inneren Blatt entsteht bloss die innere zarte Haut (Epithelium), welche den ganzen Darmkanal vom Schlund bis zum After, nebst allen seinen Anhangsdrüsen (Lunge, Leber, Speicheldrüsen u. s. w.) auskleidet; aus den zwischen jenen gelegenen mittleren beiden Keimblättern entstehen alle übrigen Organe. (Vergl. über die Vorgänge der Keimes-Entwickelung beim Menschen und bei den Thieren meine „Anthropogenie“[56]) und meine „Studien zur Gasträa-Theorie“[15]).)

Die Vorgänge nun, durch welche aus so einfachem Baumaterial, aus den vier einfachen, nur aus Zellen zusammengesetzten Keimblättern, die verschiedenartigen und höchst verwickelt zusammengesetzten Theile des reifen Wirbelthier-Körpers entstehen, sind erstens wiederholte Theilungen und dadurch Vermehrung der Zellen, zweitens Arbeits-Theilung oder Differenzirung dieser Zellen, drittens ungleiches Wachsthum der Zellen-Gruppen, und viertens Verbindung der verschiedenartig ausgebildeten oder differenzirten Zellen zur Bildung der verschiedenen Organe. So entsteht der stufenweise Fortschritt oder die Vervollkommnung, welche in der Ausbildung des embryonalen Leibes Schritt für Schritt zu verfolgen ist. Die einfachen Embryonal-Zellen, welche den Wirbelthier-Körper zusammensetzen wollen, verhalten sich wie Bürger, welche einen Staat gründen wollen. Die einen ergreifen diese, die anderen jene Thätigkeit, und bilden dieselbe zum Besten des Ganzen aus. Durch diese Arbeits-Theilung und Form-Spaltung, sowie durch die damit im Zusammenhang stehende Vervollkommnung (den organischen Fortschritt), wird es dem ganzen Staate möglich, Leistungen zu vollziehen, welche dem einzelnen Individuum unmöglich wären. Der ganze Wirbelthier-Körper, wie jeder andere mehrzellige Organismus, ist somit ein republikanischer

Zellenstaat; er kann daher organische Functionen vollziehen, welche die einzelne Zelle als Einsiedler (z. B. eine Amoebe oder eine einzellige Pflanze) niemals leisten könnte [59]).

Es wird keinem vernünftigen Menschen einfallen, in den zweckmässigen — und theilweise auch recht unzweckmässigen! — Einrichtungen, welche zum Wohle des Ganzen und der Einzelnen in jedem menschlichen Staate getroffen sind, die planvolle Thätigkeit eines persönlichen überirdischen Schöpfers zu suchen. Vielmehr weiss Jedermann, dass jene Organisation des Staates die Folge von dem Zusammenwirken der einzelnen Bürger und ihrer Regierung, sowie von deren Anpassung an die Existenzbedingungen der Aussenwelt sind. Ganz ebenso müssen wir auch den mehrzelligen Organismus beurtheilen. Auch in diesem sind alle zweckmässigen Einrichtungen lediglich die natürliche nothwendige Folge des Zusammenwirkens, der Differenzirung und Vervollkommnung der einzelnen Staatsbürger, der Zellen; und nicht etwa die künstlichen Einrichtungen eines zweckmässig thätigen Schöpfers. Wenn Sie diesen Vergleich recht erwägen, wird Ihnen deutlich die Verkehrtheit jener dualistischen Naturanschauung klar werden, welche in der Zweckmässigkeit der Organisation die Wirkung eines schöpferischen Bauplans sucht.

Lassen Sie uns nun die individuelle Entwickelung des Wirbelthier-Körpers noch einige Schritte weiter verfolgen, und sehen, was die Staatsbürger dieses embryonalen Organismus zunächst anfangen. In der Mittellinie der geigenförmigen Scheibe, (Fig. 7, S. 304), welche aus den vier zelligen Keimblättern zusammengesetzt ist, entsteht eine gerade feine Furche, die sogenannte „Primitivrinne“; durch diese wird der geigenförmige Leib in zwei gleiche Seitenhälften abgetheilt, ein rechtes und ein linkes Gegenstück oder Antimer. Beiderseits jener Rinne oder Furche erhebt sich das obere oder äussere Keimblatt in Form einer Längsfalte, und beide Falten wachsen dann über der Rinne in der Mittellinie zusammen und bilden so ein cylindrisches Rohr. Dieses Rohr heisst das Markrohr oder Medullarrohr, weil es die Anlage des Central-Nervensystems, des Rückenmarks (Medulla spinalis) ist. Anfangs ist dasselbe vorn und hinten zugespitzt, und so bleibt dasselbe bei den niedersten Wirbelthieren, den gehirnlosen und schädellosen Lanzetthieren (Amphioxus) zeitlebens. Bei allen übrigen Wirbelthieren aber, die wir von letzteren als Schädelthiere oder Kranioten unterscheiden, wird alsbald ein Unterschied zwischen vorderem und hinterem Ende des Medullarrohrs sichtbar, indem das erstere sich aufbläht und in eine rundliche Blase, die Anlage des Gehirns verwandelt.

Bei allen Kranioten, d. h. bei allen mit Schädel und Gehirn versehenen Wirbelthieren, zerfällt das Gehirn, welches anfangs bloss die blasenförmige Auftreibung vom vorderen Ende des Rückenmarks ist, bald in fünf hinter einander liegende Blasen, indem sich vier oberflächliche quere Einschnürungen bilden. Diese fünf Hirnblasen, aus denen sich späterhin alle verschiedenen Theile des so verwickelt gebauten Gehirns hervorbilden, sind an dem in Fig. 7 abgebildeten Embryo in ihrer ursprünglichen Anlage zu erblicken. Es ist gleich, ob wir den Embryo eines Hundes, eines Huhnes, einer Schildkröte oder irgend eines anderen höheren Wirbelthieres betrachten. Denn die Embryonen der verschiedenen Schädelthiere (mindestens der drei höheren Klassen, der Reptilien, Vögel und Säugethiere) sind in dem, Fig. 7 dargestellten Stadium noch höchst ähnlich, oder nur durch unwesentliche Merkmale zu unterscheiden. Die ganze Körperform ist noch höchst einfach, eine dünne, blattförmige Scheibe. Gesicht, Beine, Eingeweide u. s. w. fehlen noch gänzlich. Aber die fünf Hirnblasen sind schon deutlich von einander abgesetzt.

Die erste Blase, das Vorderhirn (v) ist insofern die wichtigste, als sie vorzugsweise die sogenannten grossen Hemisphären, oder die Halbkugeln des grossen Gehirns bildet, desjenigen Theiles, welcher der Sitz der höheren Geistesthätigkeiten ist. Je höher diese letzteren sich bei dem Wirbelthier entwickeln, desto mehr wachsen die beiden Seitenhälften des Vorderhirns oder die grossen Hemisphären auf Kosten der vier übrigen Blasen und legen sich von vorn und oben her über die anderen herüber. Beim Menschen, wo sie verhältnissmässig am stärksten entwickelt sind, entsprechend der höheren Geistesentwickelung, bedecken sie später die übrigen Theile von oben her fast ganz. (Vergl. Taf. II

Fig. 7.

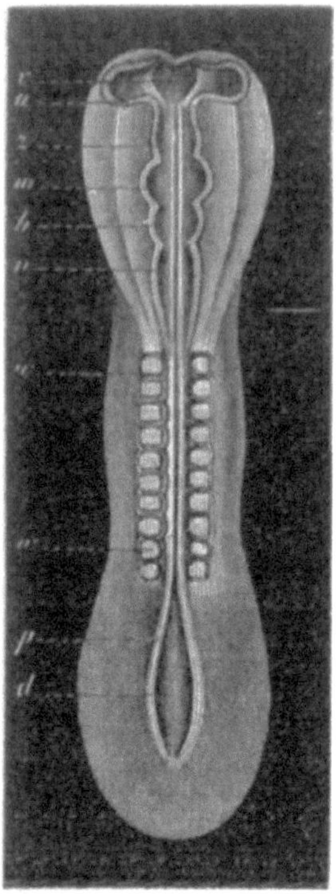

Fig. 7. Embryo eines Säugethieres oder Vogels, in dem soeben die fünf Hirnblasen angelegt sind. *v* Vorderhirn. *z* Zwischenhirn. *m* Mittelhirn. *h* Hinterhirn. *n* Nachhirn. *p* Rückenmark. *a* Augenblasen. *w* Urwirbel. *d* Rückenstrang oder Chorda (durch das Mark durchschimmernd).

und III.) Die zweite Blase, das Zwischenhirn (z) bildet besonders denjenigen Gehirntheil, welchen man Sehhügel nennt, und steht in der nächsten Beziehung zu den Augen (a), welche als zwei Blasen rechts und links aus dem Vorderhirn hervorwachsen und später am Boden des Zwischenhirns liegen. Die dritte Blase, das Mittelhirn (m) geht grösstentheils in der Bildung der sogenannten Vierhügel auf, eines hochgewölbten Gehirntheiles, welcher besonders gross bei den Fischen, und auch bei den Reptilien und bei den Vögeln stark ausgebildet ist, während er bei den Säugethieren viel mehr zurücktritt. Die vierte Blase, das Hinterhirn (h) bildet die sogenannten kleinen Hemisphären oder die Halbkugeln nebst dem Mitteltheil des kleinen Gehirns (Cerebellum), einen Gehirntheil, über dessen Bedeutung man die widersprechendsten Vermuthungen hegt, der aber vorzugsweise die Coordination der Bewegungen zu regeln scheint. Endlich die fünfte Blase, das Nachhirn (n), bildet sich zu demjenigen sehr wichtigen Theile des Central-Nervensystems aus, welchen man das Nackenmark oder das verlängerte Mark (Medulla oblongata) nennt. Es ist das Central-Organ der Athem-Bewegungen und anderer wichtiger Functionen, und seine Verletzung führt sofort den Tod herbei, während man die grossen Hemisphären des Vorderhirns (oder das Organ der „Seele“ im engeren Sinne) stückweise abtragen und zuletzt ganz vernichten kann, ohne dass das Wirbelthier deshalb stirbt; nur seine höheren Geistesthätigkeiten schwinden dadurch.

Keime von sechs Säugethieren

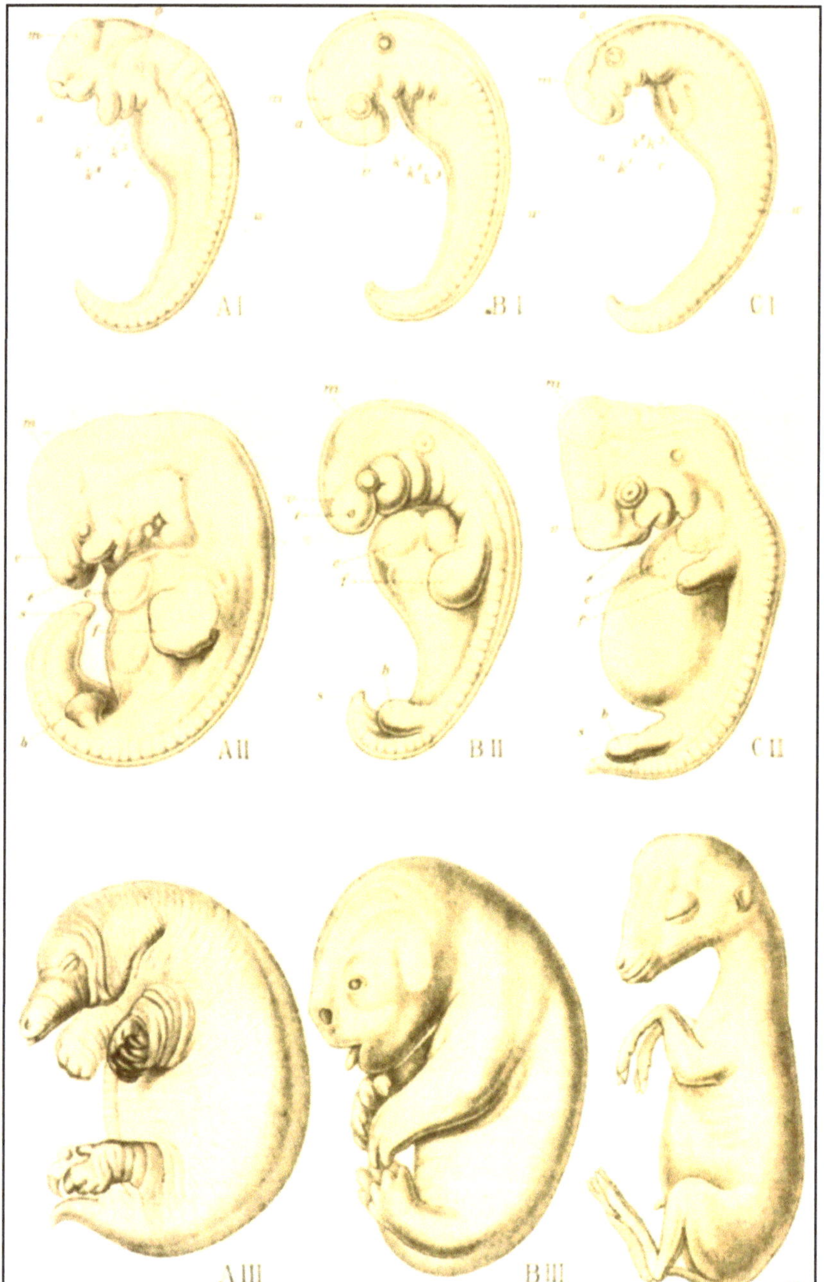

Lith. Anst. v. A. Giltsch, Jena.

A. Ameisenigel Echidna. B. Beutelthier Phascolarctos. C. Hirsch Cervus.

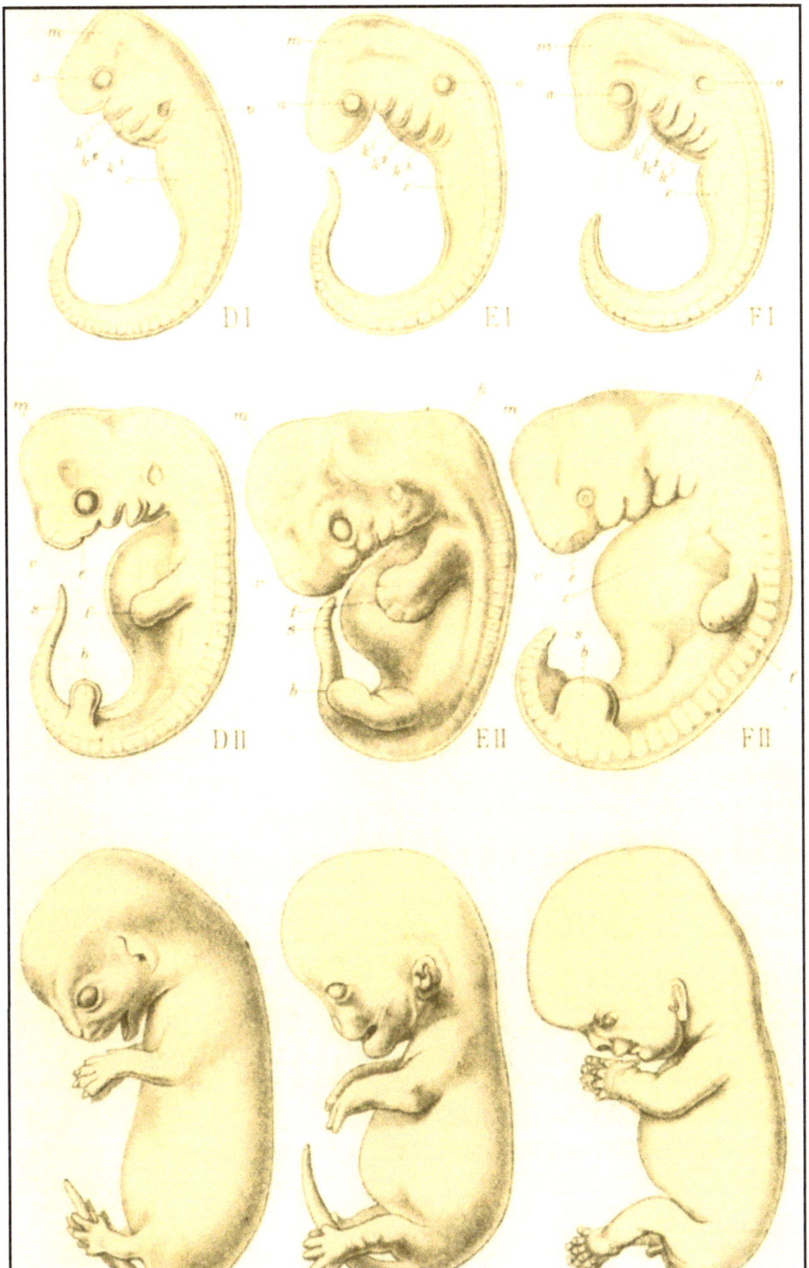

Lith. Anst. v. A. Giltsch, Jena.

D. Katze Felis.

E. Affe Macacus.

F. Mensch Homo.

Diese fünf Hirnblasen sind ursprünglich bei allen Wirbelthieren, die überhaupt ein Gehirn besitzen, gleichmässig angelegt, und bilden sich erst allmählich bei den verschiedenen Gruppen so verschiedenartig aus, dass es nachher sehr schwierig ist, in den ganz entwickelten Gehirnen die gleichen Theile wieder zu erkennen. In dem frühen Entwickelungs-Stadium, welches in Fig. 7 dargestellt ist, erscheint es noch nicht möglich, die Embryonen der verschiedenen Amnioten (d. h. der Säugethiere, Vögel und Reptilien) sicher von einander zu unterscheiden; die besonderen Merkmale der einzelnen Gruppen treten erst später hervor.

Auf Taf. II und III habe ich die Embryonen von sechs verschiedenen Säugethieren in drei auf einander folgenden Entwickelungs-Stufen zusammengestellt, und zwar: A von einem Gabelthier (Ameisenigel, Echidna), B. von einem Beutelthier (Beutelbär, Phascolarctos), C. von einem Hufthier (Hirsch, Cervus), D. von einem Raubthier (Katze, Felis), E. von einem Affen (Macacus), und F. von einem Menschen (Homo). Alle Figuren sind in gleicher Körperhaltung gezeichnet, von der linken Seite gesehen; die erste Stufe (obere Reihe) ist stärker vergrössert, als die zweite (mittlere Reihe) und diese stärker als die dritte (untere Reihe). In meiner Anthropogenie (1891) habe ich auf Taf. VIII und IX die entsprechenden drei Bildungsstufen von acht anderen Säugethieren zusammengestellt (Beutelratte, Schwein, Reh, Rind, Hund, Fledermaus, Kaninchen, Mensch). Diese Figuren ergänzen die hier gegebenen; leider ist es nur nicht möglich von Allen genau die entsprechenden Entwickelungsstufen zu geben, da dieselben (besonders die jüngeren) schwer zu erhalten sind.

Die Keime der Säugethiere sind in dem Stadium, welches die erste (obere) Querreihe auf Taf. II und III darstellt, Alle noch höchst ähnlich, und auch von den entsprechenden Bildungsstufen der übrigen Amnioten (Vögel und Reptilien) nicht wesentlich verschieden. Alle zeigen im Wesentlichen dieselbe Bildung der fünf Hirnblasen, der Kiemenbogen (k), der Wirbelsäule (w) u. s. w. Auch auf der zweiten Bildungsstufe, in der mittleren Querreihe (A2-F2), sind die charakteristischen Merkmale der einzelnen

Säugethier-Ordnungen noch nicht ausgeprägt. Diese werden erst theilweise erkennbar auf dem dritten Stadium, welches die untere Querreihe zeigt (A3—F3).

Ich habe Ihnen hier die ursprüngliche Gleichförmigkeit und die erst allmählich eintretende, dann immer wachsende Sonderung oder Differenzirung des Embryo bei den verschiedenen Wirbelthieren speciell an dem Beispiele des Gehirns erläutert, weil gerade dieses Organ der Seelen-Thätigkeit von ganz besonderem Interesse ist. Ich hätte aber eben so gut das Herz oder die Gliedmaassen, kurz jeden anderen Körpertheil statt dessen anführen können; immer wiederholt sich hier dasselbe Schöpfungs-Wunder: nämlich die Thatsache, dass alle Theile ursprünglich bei den verschiedenen Wirbelthieren gleich sind, und dass erst allmählich ihre Verschiedenheiten sich ausbilden. In meinen Vorträgen über „Entwickelungs-Geschichte des Menschen“ [56]) finden Sie den Beweis für jedes einzelne Organ geführt.

Es giebt gewiss wenige Körpertheile, welche so verschiedenartig ausgebildet sind, wie die Gliedmaassen oder Extremitäten der verschiedenen Wirbelthiere. (Vergl. Taf. IV und XXIV, und deren Erklärung im Anhang). Aber bei den fischartigen Keimen der oberen Reihe (A1—F1) fehlen sie noch ganz; und bei den älteren Keimen der zweiten Reihe (A2—F2) erscheinen die ersten Anlagen sowohl der vorderen als der hinteren Extremitäten noch als kurze und breite Platten. Später erst tritt an deren Endausbreitung die Anlage der fünf Zehen auf, noch später deren besondere Form; doch bleiben sie anfangs noch durch eine Schwimmhaut verbunden.

An den auf Taf. II und III dargestellten Embryonen der oberen Reihe (A1—F1) ist noch keine Spur von der charakteristischen Form des erwachsenen Thieres zu erkennen. Sie zeigen aber deutlich eine äusserst wichtige Bildung, welche allen Wirbelthieren ursprünglich gemeinsam ist, und welche späterhin zu den verschiedensten Organen umgebildet wird. Sie kennen gewiss alle die Kiemenbogen der Fische, jene knöchernen Bogen, welche zu drei oder vier hinter einander auf jeder Seite des Halses liegen, und welche die Athmungs-Organe der Fische, die

Kiemen tragen (Doppelreihen von rothen Blättchen, welche das Volk „Fischohren" nennt). Diese Kiemenbogen und die dazwischen befindlichen Kiemenspalten sind beim Menschen und bei allen anderen Säugethieren, auch bei den Vögeln und Reptilien ursprünglich ganz eben so vorhanden, wie bei allen übrigen Wirbelthieren. (In Fig. A—F sind die drei Kiemenbogen der linken Halsseite mit den Buchstaben k 1, k 2, k 3 bezeichnet.) Allein nur bei den Fischen bleiben dieselben in der ursprünglichen Anlage bestehen und bilden sich zu Athmungs-Organen aus. Bei den übrigen Wirbelthieren werden dieselben theils zur Bildung des Gesichts, theils zur Bildung des Gehör-Organs verwendet.

Endlich will ich nicht verfehlen, Sie bei Vergleichung der auf Taf. II und III abgebildeten Embryonen nochmals auf das Schwänzchen des Menschen (s) aufmerksam zu machen, welches derselbe mit allen übrigen Wirbelthieren in der ursprünglichen Anlage theilt. Die Auffindung „geschwänzter Menschen" wurde lange Zeit von vielen Monisten mit Sehnsucht erwartet, um darauf eine nähere Verwandtschaft des Menschen mit den übrigen Säugethieren begründen zu können. Und eben so hoben ihre dualistischen Gegner oft mit Stolz hervor, dass der gänzliche Mangel des Schwanzes einen der wichtigsten körperlichen Unterschiede zwischen dem Menschen und den Thieren bilde, wobei sie nicht an die vielen schwanzlosen Thiere dachten, die es wirklich giebt. Nun besitzt aber der Mensch in den ersten Monaten der Entwickelung eben so gut einem wirklichen Schwanz, wie die nächstverwandten schwanzlosen Affen (Orang, Schimpanse, Gorilla) und wie die Wirbelthiere überhaupt. Während derselbe aber bei den Meisten im Laufe der Entwickelung immer länger wird, bildet er sich beim Menschen und bei den ungeschwänzten Säugethieren von einem gewissen Zeitpunkt der Entwickelung an zurück und verwächst zuletzt völlig. Indessen ist auch beim ausgebildeten Menschen der Rest des Schwanzes als verkümmertes oder rudimentäres Organ noch in den drei bis fünf Schwanzwirbeln (Vertebrae coccygeae) zu erkennen, welche das hintere oder untere Ende der Wirbelsäule bilden; ein untrügliches Zeugniss der Abstammung von geschwänzten Ahnen (S. 285).

Die meisten Menschen wollen noch gegenwärtig die wichtigste Folgerung der Descendenz-Theorie, die paläontologische Entwickelung des Menschen aus affenähnlichen und weiterhin aus niederen Säugethieren nicht anerkennen, und halten eine solche Umbildung der organischen Form für unmöglich. Ich frage Sie aber, sind die Erscheinungen der individuellen Entwickelung des Menschen, von denen ich Ihnen hier die Grundzüge vorgeführt habe, etwa weniger wunderbar? Ist es nicht im höchsten Grade merkwürdig, dass alle Wirbelthiere aus den verschiedensten Klassen, Fische, Amphibien, Reptilien, Vögel und Säugethiere, in den ersten Zeiten ihrer embryonalen Entwickelung geradezu nicht zu unterscheiden sind: und dass selbst viel später noch, in einer Zeit, wo bereits Reptilien und Vögel sich deutlich von den Säugethieren unterscheiden, Hund und Mensch noch beinahe denselben Körperbau zeigen? Fürwahr, wenn man jene beiden Entwickelungs-Reihen mit einander vergleicht, und sich fragt, welche von beiden wunderbarer ist, so muss uns die Ontogenie oder die kurze und schnelle Entwickelungs-Geschichte des Individuums viel räthselhafter erscheinen, als die Phylogenie oder die lange und langsame Entwickelungs-Geschichte des Stammes. Denn eine und dieselbe grossartige Form-Wandelung und Umbildung wird von der letzteren im Lauf von vielen tausend Jahren, von der ersteren dagegen im Laufe weniger Wochen oder Monate vollbracht. Offenbar ist diese überaus schnelle und auffallende Umbildung des Individuums in der Ontogenesis, welche wir thatsächlich durch directe Beobachtung feststellen können, an sich viel wunderbarer, als die entsprechende aber viel langsamere und allmählichere Umbildung, welche die lange Vorfahren-Kette desselben Individuums in der Phylogenesis durchgemacht hat.

Beide Reihen der organischen Entwickelung, die Ontogenesis des Individuums, und die Phylogenesis des Stammes, zu welchem dasselbe gehört, stehen im innigsten ursächlichen Zusammenhange. Die Keimes-Geschichte ist ein Auszug der Stammes-Geschichte, oder mit anderen Worten: die Ontogenie ist eine Recapitulation der Phylogenie. Ich habe diese Theorie, welche ich für äusserst wichtig halte, im zweiten Bande meiner generellen Morphologie[4]) ausführlich zu begründen versucht und in meiner „Anthropogenie“[56]) am Menschen selbst durchgeführt. Wie ich dort an jedem einzelnen Organ-System des Menschen nachwies, ist die Ontogenesis, oder die Entwickelung des Individuums, eine kurze und schnelle, durch die Gesetze der Vererbung und Anpassung bedingte Wiederholung (Recapitulation) der Phylogenesis oder der Entwickelung des zugehörigen Stammes, d. h. der Vorfahren, welche die Ahnenkette des betreffenden Individuums bilden. Dieser fundamentale Satz ist das wichtigste allgemeine Gesetz der organischen Entwickelung, das biogenetische Grundgesetz. (Vergl. meine „Studien zur Gasträa-Theorie“, 1877, S. 70.)

Die Uebereinstimmung vieler Keim-Formen höherer Thiere mit den entwickelten Formen von stammverwandten niederen Thieren, ist so auffallend, dass sie schon der älteren Natur-Philosophie nicht entging; Oken, Treviranus u. A. wiesen schon im Anfang unseres Jahrhunderts darauf hin. Meckel sprach schon 1821 von einer „Gleichung zwischen der Entwickelung des Embryo und der Thierreihe“. Baer erläuterte schon 1828 kritisch die Frage, wie weit innerhalb eines Typus oder Stammes, (z. B. der Wirbelthiere), die Keim-Formen der höheren Thiere die bleibenden Formen der niederen durchlaufen. Allein von einem wirklichen Verständniss dieser wunderbaren Gleichung konnte natürlich so lange nicht die Rede sein, als die Abstammungs-Lehre noch nicht zur Anerkennung gelangt war. Als dann endlich Darwin 1859 diese Anerkennung durchsetzte, wies er auch im XIV. Capitel seines Hauptwerks kurz auf die grosse Bedeutung der Embryologie hin. Eingehend und mit voller Klarheit hat aber dieselbe zuerst Fritz Müller an dem Beispiele der Krebs-Klasse erläutert, in seiner vorzüglichen Schrift „Für Darwin“[16]). Ich selbst habe dann seiner Theorie eine schärfere Fassung in der Form meines „biogenetischen Grundgesetzes“ gegeben, und sie in den Studien zur Gasträa-Theorie, sowie in der Anthropogenie weiter ausgeführt.

In dem innigen Zusammenhange der Keimes- und Stammes-Geschichte erblicke ich einen der wichtigsten und unwiderleglichsten Beweise der Descendenz-Theorie. Es vermag Niemand diese Erscheinungen zu begreifen, wenn er nicht auf die Vererbungs- und Anpassungs-Gesetze zurückgeht; durch diese erst sind sie erklärlich. Ganz besonders verdienen dabei die Gesetze unsere Beachtung, welche wir früher als die Gesetze der abgekürzten, der gleichzeitlichen und der gleichörtlichen Vererbung erläutert haben. Indem sich ein so hochstehender und verwickelter Organismus, wie der des Menschen oder eines anderen Säugethieres, von jener einfachen Zellen-Stufe an aufwärts erhebt, indem er fortschreitet in seiner Differenzirung und Vervollkommnung, durchläuft er dieselbe Reihe von Umbildungen, welche seine thierischen Ahnen vor undenklichen Zeiten, während ungeheurer Zeiträume durchlaufen haben. Schon früher habe ich auf diesen äusserst wichtigen Parallelismus der individuellen und Stammes-Entwickelung hingewiesen (S. 10). Gewisse, sehr frühe und tief stehende Entwickelungs-Stadien des Menschen und der höheren Wirbelthiere überhaupt entsprechen durchaus gewissen Bildungen, welche zeitlebens bei niederen Fischen fortdauern. Es folgt dann eine Umbildung des fischähnlichen Körpers zu einem amphibienartigen. Viel später erst entwickelt sich aus diesem der Säugethier-Körper mit seinen bestimmten Charakteren, und man kann hier wieder in den auf einander folgenden Entwickelungs-Stadien eine Reihe von Stufen fortschreitender Umbildung erkennen, welche offenbar den Verschiedenheiten verschiedener Säugethier-Ordnungen und Familien entsprechen. In derselben Reihenfolge sehen wir aber auch die Vorfahren des Menschen und der höheren Säugethiere in der Erd-Geschichte nach einander auftreten: zuerst Fische, dann Amphibien, später niedere und zuletzt erst höhere Säugethiere. So läuft die embryonale Entwickelung des Individuums durchaus parallel der paläontologischen Entwickelung des ganzen zugehörigen Stammes; und diese äusserst interessante und wichtige Erscheinung ist einzig und allein durch die Wechselwirkung der Vererbungs- und Anpassungs-Gesetze vernunftgemäss zu erklären.

Um übrigens das biogenetische Grundgesetz richtig zu verstehen und anzuwenden, muss man bedenken, dass die erbliche

Wiederholung der ursprünglichen Stammformen-Kette durch die entsprechende und parallele Keimformen-Kette nur selten (oder strenggenommen niemals!) ganz vollständig ist. Denn die wechselnden Existenz-Bedingungen üben ihre Wirkung auf jede einzelne Keimform ebenso aus, wie auf den entwickelten Organismus. Ausserdem wirkt das Gesetz der abgekürzten Vererbung (S. 191) beständig auf eine Vereinfachung des ursprünglichen Entwickelungsganges hin. Andererseits kann aber der Keim durch Anpassung an neue Lebens-Verhältnisse (z. B. Bildung schützender Hüllen) neue Formen gewinnen, welche dem ursprünglichen, durch Vererbung übertragenen Bilde der Stammform fehlten. So muss denn nothwendig das Bild der Keimform (besonders der späteren Keimungsstufen) mehr oder weniger von dem ursprünglichen Bilde der entsprechenden Stammform abweichen, und zwar um so mehr, je höher der Organismus entwickelt ist.

Demnach zerfallen eigentlich alle Erscheinungen der Keimung oder der individuellen Entwickelung (Ontogenesis) in zwei verschiedene Gruppen: Die erste Gruppe umfasst die Ur-Entwickelung oder Auszugs-Entwickelung (Palingenesis) und führt uns noch heute jene uralten Bildungs-Verhältnisse vor Augen, welche durch Vererbung von den ursprünglichen Stammformen übertragen worden sind (so z. B. beim menschlichen Embryo die Kiemenbogen, die Chorda, der Schwanz u. s. w.). Die zweite Gruppe hingegen enthät die Störungs-Entwickelung oder Fälschungs-Entwickelung (Cenogenesis) und trübt das ursprüngliche Bild des Entwickelungs-Ganges durch Einführung neuer, fremder Bildungen, welche den älteren Stammformen fehlten und erst durch Anpassung an die besonderen Bedingungen ihrer individuellen Entwickelung von den Keimformen erworben wurden (so z. B. beim menschlichen Embryo die Ei-Hüllen, der Dottersack, die Placenta u. s. w.).

Jede kritische Untersuchung und Verwerthung der individuellen Entwickelung wird daher vor Allem zu unterscheiden haben, wie viel von den embryologischen Thatsachen palingenetische Documente sind (zur Auszugs-Geschichte gehörig) — wieviel anderseits cenogenetische Abänderungen jener Documente (der Störungs-Geschichte angehörig). Je mehr in der Keimes-Geschichte jedes Organismus durch Vererbung die ursprüngliche Palingenie erhalten ist, desto treuer ist das Bild, welches uns dieselbe von der Stammes-Geschichte desselben entwirft; je mehr anderseits durch Anpassung der Keimformen die Cenogenie störend eingewirkt hat, desto mehr wird jenes Bild verwischt oder entstellt.

Der wichtige Parallelismus der paläontologischen und der individuellen Entwickelungsreihe lenkt nun unsere Aufmerksamkeit noch auf eine dritte Entwickelungsreihe, welche zu diesen beiden in den innigsten Beziehungen steht und denselben ebenfalls im Ganzen parallel läuft. Das ist nämlich diejenige Stufenleiter von Formen, welche das Untersuchungs-Object der vergleichenden Anatomie bildet, und welche wir kurz die systematische Entwickelung nennen wollen. Wir verstehen darunter die Kette von verschiedenartigen, aber doch verwandten und zusammenhängenden Formen, welche zu irgend einer Zeit der Erdgeschichte, also z. B. in der Gegenwart, neben einander existiren. Indem die vergleichende Anatomie die verschiedenen ausgebildeten Formen der entwickelten Organismen mit einander vergleicht, sucht sie das gemeinsame Urbild zu erkennen, welches den mannichfaltigen Formen der verwandten Arten, Gattungen, Klassen u. s. w. zu Grunde liegt, und welches durch deren Differenzirung nur mehr oder minder versteckt wird. Sie sucht die Stufenleiter des Fortschritts festzustellen, welche durch den verschiedenen Vervollkommnungsgrad der divergenten Zweige des Stammes bedingt ist. Um bei dem angeführten Beispiele zu bleiben, so zeigt uns die vergleichende Anatomie, wie die einzelnen Organe und Organ-Systeme des Wirbelthier-Stammes in den verschiedenen Klassen, Familien und Arten desselben sich ungleichartig entwickelt, differenzirt und vervollkommnet haben. Sie erklärt uns, in welchen Beziehungen die Reihenfolge der Wirbelthier-Klassen von den Fischen aufwärts durch die Amphibien zu den Säugethieren, und hier wieder von den niederen zu den höheren Säugethier-Ordnungen, eine aufsteigende Stufenleiter bildet. Welches klare Licht die Erkenntniss dieser stufenweisen

Hinterbein von vierfüssigen Wirbelthieren.

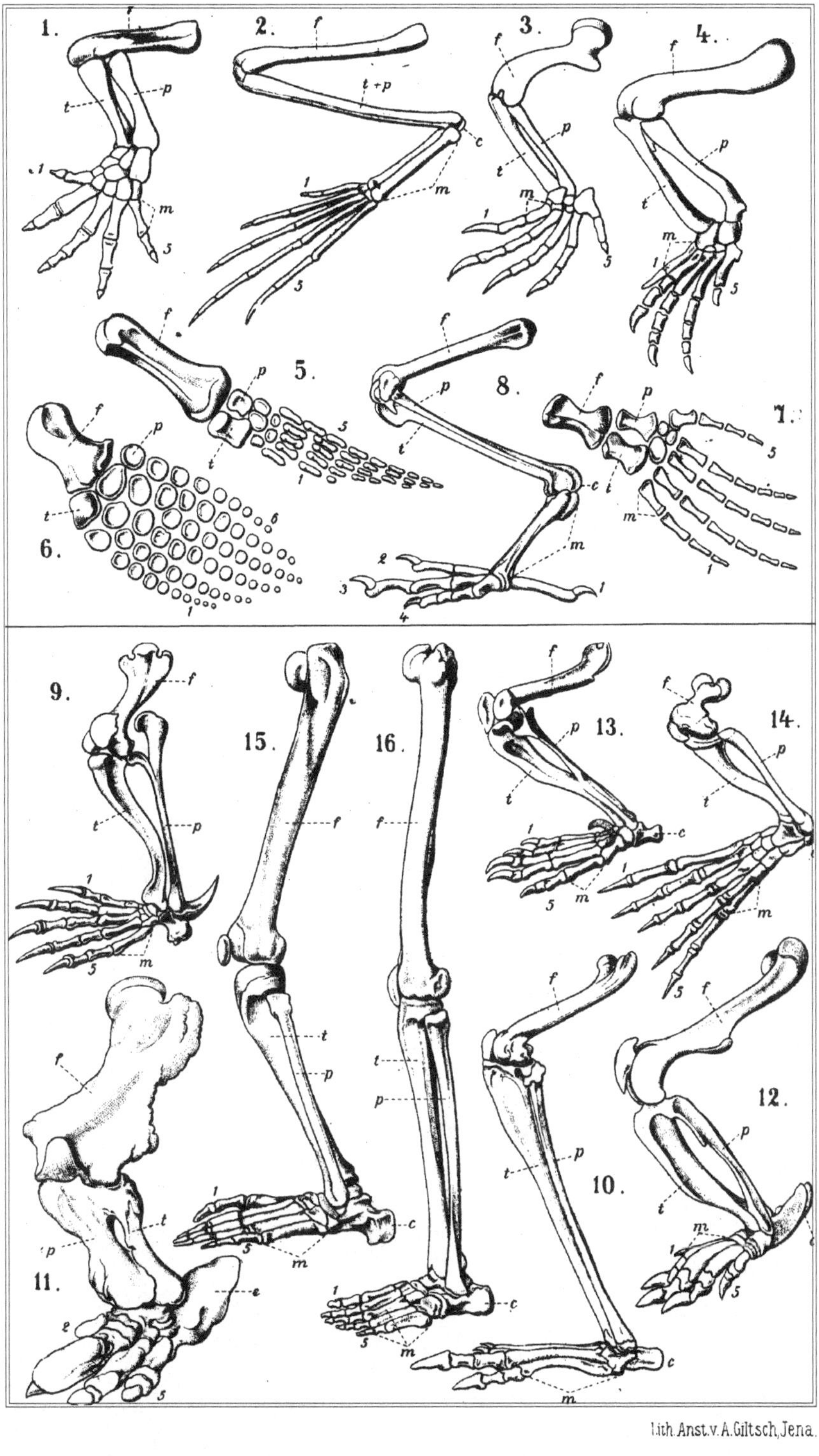

Lith. Anst. v. A. Giltsch, Jena.

Entwickelung der Organe verbreitet, können Sie aus den vergleichend-anatomischen Arbeiten von Goethe, Meckel, Cuvier, Johannes Müller, Gegenbaur, Huxley, Fürbringer u. A. sehen; die letzteren haben durch Anwendung der Descendenz-Theorie dieser Wissenschaft eine ganz neue Gestalt gegeben.

Die Stufenleiter der ausgebildeten Formen, welche die vergleichende Anatomie in den verschiedenen Divergenz- und Fortschritts-Stufen des organischen Systems nachweist, und welche wir die systematische Entwickelungsreihe nannten, entspricht einem Theile der paläontologischen Entwickelungsreihe; sie betrachtet das anatomische Resultat der letzteren in der Gegenwart; und sie ist zugleich parallel der individuellen Entwickelungsreihe; diese selbst ist wiederum der paläontologischen parallel.

Die mannichfaltige Differenzirung und der ungleiche Grad von Vervollkommnung, welchen die vergleichende Anatomie in der Entwickelungsreihe des Systems nachweist, ist wesentlich bedingt durch die zunehmende Mannichfaltigkeit der Existenzbedingungen, denen sich die verschiedenen Gruppen im Kampf um das Dasein anpassten, und durch den verschiedenen Grad von Schnelligkeit und Vollständigkeit, mit welchem diese Anpassung geschah. Die conservativen Gruppen, welche die ererbten Eigentühmlichkeiten am zähesten festhielten, blieben in Folge dessen auf der tiefsten Entwickelungsstufe stehen. Die am schnellsten und vielseitigsten fortschreitenden Gruppen, welche sich den vervollkommneten Existenzbedingungen am bereitwilligsten anpassten, erreichten selbst den höchsten Vollkommenheitsgrad. Je weiter sich die organische Welt im Laufe der Erdgeschichte entwickelte, desto grösser musste die Divergenz der niederen conservativen und der höheren progressiven Gruppen werden, wie das ja eben so auch aus der Völkergeschichte ersichtlich ist. Hieraus erklärt sich auch die historische Thatsache, dass die vollkommensten Thier- und Pflanzen-Gruppen sich in verhältnissmässig kurzer Zeit zu sehr bedeutender Höhe entwickelt haben, während die niedrigsten, conservativsten Gruppen durch alle Zeiten hindurch auf der ursprünglichen Stufe stehen geblieben, oder nur sehr langsam und allmählich etwas fortgeschritten sind.

Auch die Ahnenreihe des Menschen zeigt dieses Verhältniss deutlich. Die Haifische der Jetztzeit stehen den Ur-Fischen, welche zu den ältesten Wirbelthier-Ahnen des Menschen gehören, noch sehr nahe, ebenso die heutigen niedersten Amphibien (Kiemenmolche und Salamander) den Amphibien, welche sich aus jenen zunächst entwickelten. Und eben so sind unter den späteren Vorfahren des Menschen die Monotremen und Beutelthiere, die ältesten Säugethiere, zugleich die unvollkommensten Thiere dieser Klasse, die heute noch leben. Die uns bekannten Gesetze der Vererbung und Anpassung genügen vollständig, um diese äusserst wichtige und interessante Erscheinung zu erklären, die man kurz als den Parallelismus der individuellen, der paläontologischen und der systematischen Entwickelung, des betreffenden Fortschrittes und der betreffenden Differenzirung bezeichnen kann. Kein Gegner der Descendenz-Theorie ist im Stande gewesen, für diese höchst wunderbare Thatsache eine Erklärung zu liefern, während sie sich nach der Descendenz-Theorie aus den Gesetzen der Vererbung und Anpassung vollkommen erklärt.

Wenn Sie diesen Parallelismus der drei organischen Entwickelungsreihen schärfer in's Auge fassen, so müssen sie noch folgende nähere Bestimmung hinzufügen. Die Ontogenie oder die individuelle Entwickelungsgeschichte jedes Organismus (Embryologie und Metamorphologie) bildet eine einfache, unverzweigte oder leiterförmige Kette von Formen; und eben so derjenige Theil der Phylogenie, welcher die paläontologische Entwickelungsgeschichte der directen Vorfahren jedes individuellen Organismus enthält. Dagegen bildet die ganze Phylogenie, welche uns in dem natürlichen System jedes organischen Stammes oder Phylum entgegentritt, und welche die paläontologische Entwickelung aller Zweige dieses Stammes untersucht, eine verzweigte oder baumförmige Entwickelungsreihe, einen wirklichen Stammbaum. Untersuchen Sie vergleichend die entwickelten Zweige dieses Stammbaums in der Gegenwart, und stellen Sie dieselben nach dem Grade ihrer Differenzirung und Vervollkommnung zusammen, so erhalten Sie die systematische

Stufenleiter der vergleichenden Anatomie. Genau genommen ist also diese letztere nur ein Theil der ganzen Phylogenie und auch nur theilweise der Ontogenie parallel; die Ontogenie selbst ist nur einem Theile der Phylogenie parallel. (Vergl. hierzu die Erklärung von Taf. IV und XXIV).

In neuerer Zeit ist vielfach darüber gestritten worden, welche von jenen drei grossen Entwickelungs-Reihen die höchste Bedeutung für den Transformismus und für die Erkenntniss der Stamm-Verwandtschaft besitze. Dieser Streit ist überflüssig; denn im Allgemeinen sind alle drei von gleich hohem Werthe; im Einzelnen aber muss der phylogenetische Forscher für jeden besonderen Fall kritisch untersuchen, ob er den Thatsachen der Palaeontologie, oder der Ontogenie, oder der vergleichenden Anatomie grössere Wichtigkeit beimessen soll.

Alle im Vorhergehenden erläuterten Erscheinungen der organischen Entwickelung, insbesondere dieser dreifache genealogische Parallelismus, und die Differenzirungs- und Fortschritts-Gesetze, welche in jeder dieser drei organischen Entwickelungsreihen sichtbar sind, liefern äusserst wichtige Belege für die Wahrheit der Descendenz-Theorie. Denn sie sind nur durch diese zu erklären, während die Gegner derselben auch nicht die Spur einer Erklärung dafür aufbringen können. Ohne die Abstammungs-Lehre lässt sich die Thatsache der organischen Entwickelung überhaupt nicht begreifen. Wir würden daher gezwungen sein, auf Grund derselben Lamarck's Abstammungs-Theorie anzunehmen, auch wenn wir nicht Darwin's Züchtungs-Theorie besässen.

Vierzehnter Vortrag.

Wanderung und Verbreitung der Organismen. Die Chorologie und die Eiszeit der Erde.

Chorologische Thatsachen und Ursachen. Einmalige Entstehung der meisten Arten an einem einzigen Orte: „Schöpfungs-Mittelpunkte". Ausbreitung durch Wanderung. Active und passive Wanderungen der Thiere und Pflanzen. Fliegende Thiere. Analogien zwischen Vögeln und Insecten. Fledermäuse. Transportmittel. Transport der Keime durch Wasser und Wind. Beständige Veränderung der Verbreitungs-Bezirke durch Hebungen und Senkungen des Bodens. Chorologische Bedeutung der geologischen Vorgänge. Einfluss des Klima-Wechsels. Eiszeit oder Glacial-Periode. Ihre Bedeutung für die Chorologie. Bedeutung der Wanderungen für die Entstehung neuer Arten. Isolirung der Kolonisten. Wagner's „Migrations-Gesetz". Verhältniss der Migrations-Theorie zur Selections-Theorie. Uebereinstimmung ihrer Folgerungen mit der Descendenz-Theorie.

Meine Herren! Wie ich schon zu wiederholten Malen hervorgehoben habe, wie aber nie genug betont werden kann, liegt der eigentliche Werth und die unüberwindliche Stärke der Descendenz-Theorie nicht darin, dass sie uns diese oder jene einzelne Thatsache erläutert, sondern darin, dass sie uns die Gesammtheit der biologischen Erscheinungen erklärt, dass sie uns alle botanischen und zoologischen Erscheinungsreihen in ihrem inneren Zusammenhange verständlich macht. Daher wird jeder denkende Forscher um so fester und tiefer von ihrer Wahrheit durchdrungen, je mehr er seinen Blick von einzelnen biologischen Wahrnehmungen zu einer allgemeinen Betrachtung des Gesammtgebietes des Thier- und Pflanzen-Lebens erhebt. Lassen Sie uns nun jetzt, von diesem umfassenden Standpunkt aus, ein grosses biologisches Gebiet überblicken, dessen mannichfaltige und verwickelte Erscheinungen besonders einfach und lichtvoll durch die Descendenz-Theorie erklärt werden. Ich meine die Chorologie oder die Lehre von der räumlichen Verbreitung der Organismen über die Erd-Oberfläche. Darunter verstehe ich nicht nur die geographische Verbreitung der Thier- und Pflanzen-Arten über die verschiedenen Erdtheile und deren Provinzen, über Festländer und Inseln, Meere und Flüsse; sondern auch die topographische Verbreitung derselben und ihre Vertheilung in verticaler Richtung, ihr Hinaufsteigen auf die Höhen der Gebirge, ihr Hinabsteigen in die Tiefen des Oceans.

Wie Ihnen bekannt sein wird, haben die sonderbaren chorologischen Erscheinungsreihen, welche die horizontale Verbreitung der Organismen über die Erdtheile, und ihre verticale Verbreitung in Höhen und Tiefen darbieten, schon seit längerer Zeit allgemeines Interesse erweckt. Insbesondere haben Alexander Humboldt, Frederick Schouw und Griesebach die Geographie der Pflanzen, Berghaus, Schmarda und Wallace die Geographie der Thiere in weiterem Umfange behandelt. Aber obwohl diese und manche andere Naturforscher unsere Kenntnisse von der Verbreitung der Thier- und Pflanzen-Formen vielfach gefördert und uns ein weites Gebiet des Wissens voll wunderbarer und interessanter Erscheinungen zugänglich gemacht haben, so blieb doch die ganze Chorologie immer nur ein zerstreutes Wissen von einer Masse einzelner Thatsachen. Eine Wissenschaft konnte man sie nicht nennen, so lange uns die wirkenden Ursachen zur Erklärung dieser Thatsachen fehlten. Diese Ursachen hat uns erst die mit der Selections-Theorie eng verbundene Migrations-Theorie, die Lehre von den Wanderungen der Thier- und Pflanzen-Arten, enthüllt, und erst seit Darwin können wir von einer selbstständigen chorologischen Wissenschaft reden. Nächst Darwin haben namentlich Wallace und Moriz Wagner dieselbe gefördert.

Der erste Naturforscher, welcher den Grundgedanken der Migrations-Theorie klar erfasste und ihre Bedeutung für die Entstehung neuer Arten richtig erkannte, war der berühmte deutsche Geologe Leopold Buch. In seiner „physikalischen Beschreibung der canarischen Inseln“ gelangte er schon 1825, also 34 Jahre vor dem Erscheinen von Darwin’s Werk, zu den merkwürdigen Sätzen, welche ich Ihnen bereits früher wörtlich angeführt habe (im V. Vortrage, S. 95). In diesen sind Wanderung, Ausbreitung und räumliche Sonderung der Abarten als die drei bedeutungsvollen äusseren Ursachen hingestellt, welche die Umbildung der Arten bewirken; ihr Einfluss genügt, um durch innere Wechselwirkung der Veränderlichkeit und der Erblichkeit neue Species hervorzubringen. Dabei erörtert Buch vorzüglich auf Grund seiner eigenen, sehr ausgedehnten Beobachtungen auf grossen Reisen, die hohe Bedeutung, welche die räumliche Sonderung der ausgewanderten Thiere und Pflanzen auf isolirten Inseln besitzt. Leider hat der geistvolle Geologe damals diesen wichtigen Gedanken nicht weiter ausgeführt und nicht einmal seinen Freund Alexander Humboldt von seiner Bedeutung überzeugen können. Wagner hat aber in seinem Aufsatze über Leopold Buch und Charles Darwin (1883) mit Recht hervorgehoben, dass der Erstere mit Hinsicht auf die Migrations-Theorie als der bedeutendste Vorläufer des Letzteren gelten muss[64]).

Wenn man die gesammten Erscheinungen der geographischen und topographischen Verbreitung der Organismen an und für sich betrachtet, ohne Rücksicht auf die allmähliche Entwickelung der Arten, und wenn man zugleich, dem herkömmlichen Aberglauben folgend, die einzelnen Thier- und Pflanzen-Arten als selbstständig erschaffene und von einander unabhängige Formen betrachtet, so bleibt nichts anderes übrig, als jene Erscheinungen wie eine bunte Sammlung von unbegreiflichen und unerklärlichen Wundern anzustaunen. Sobald man aber diesen niederen Standpunkt verlässt und mit der Annahme einer Stammverwandtschaft der verschiedenen Species sich zur Höhe der Entwickelungs-Theorie erhebt, so fällt sogleich ein vollständig erklärendes Licht auf jenes mystische Wundergebiet; man überzeugt sich alsdann, dass alle jene chorologischen Thatsachen ganz einfach und leicht aus der Annahme einer gemeinsamen Abstammung der Arten, in Verbindung mit ihrer passiven und activen Wanderung begreiflich werden.

Der wichtigste Grundsatz, von dem wir in der Chorologie ausgehen müssen, und von dessen Wahrheit uns jede tiefere Betrachtung der Selections-Theorie überzeugt, ist, dass in der Regel jede Thier- und Pflanzen-Art nur einmal im Lauf der Zeit und nur an einem Orte der Erde, an ihrem sogenannten „Schöpfungsmittelpunkte“, durch natürliche Züchtung entstanden ist. Ich theile diese Ansicht Darwin's unbedingt in Bezug auf die grosse Mehrzahl der höheren und vollkommenen Organismen; sie gilt von den allermeisten Thieren und Pflanzen, bei denen die Arbeitstheilung und Formspaltung der sie zusammensetzenden Zellen und Organe einen gewissen Grad erreicht hat. Denn es ist ganz unglaublich, oder könnte doch nur durch einen höchst seltenen Zufall geschehen, dass alle die mannichfaltigen und verwickelten Umstände, alle die verschiedenen Bedingungen des Kampfes um's Dasein, die bei der Entstehung einer neuen Art durch natürliche Züchtung wirksam sind, genau in derselben Vereinigung und Verbindung mehr als einmal in der Erdgeschichte, oder gleichzeitig an mehreren verschiedenen Punkten der Erdoberfläche zusammen gewirkt haben.

Dagegen halte ich es für sehr wahrscheinlich, dass gewisse höchst unvollkommene Organismen vom einfachsten Bau, also Species von höchst indifferenter Natur, wie z. B. viele einzellige Protisten (Algarien sowohl als Amoeben und Infusorien), namentlich aber die einfachsten von allen, die Moneren, mehrmals oder gleichzeitig an mehreren Stellen der Erde entstanden seien. Denn die wenigen einfachen Bedingungen, durch welche ihre specifische Gestalt im Kampfe um's Dasein umgebildet wurde, können sich wohl öfter im Laufe der Zeit, oder unabhängig von einander an verschiedenen Stellen der Erde wiederholt haben. Ferner können auch diejenigen höheren specifischen Formen, welche nicht durch natürliche Züchtung, sondern durch Bastardzeugung entstanden sind, die früher erwähnten Bastardarten (S. 131, 267), wiederholt an verschiedenen Orten in gleicher Form neu entstanden sein. Da uns jedoch diese verhältnissmässig geringe Anzahl von Organismen hier vorläufig noch nicht näher interessirt, so können wir in chorologischer Beziehung von ihnen absehen, und brauchen bloss die Verbreitung der grossen Mehrzahl der Thier- und Pflanzen-Arten in Betracht zu ziehen, bei denen die einmalige Entstehung jeder Species an einem einzigen Orte, an ihrem sogenannten „Schöpfungs-Mittelpunkte“, aus vielen wichtigen Gründen als hinreichend gesichert angesehen werden kann.

Jede Thier- und Pflanzen-Art hat nun von Anbeginn ihrer Existenz an das Streben besessen, die beschränkte Localität ihrer Entstehung, die Schranken ihres „Schöpfungs-Mittelpunktes oder Entstehungs-Centrums“, besser gesagt ihrer Ur-Heimath oder ihres Ursprungs-Ortes zu überschreiten und sich weiter auszubreiten. Das ist eine nothwendige Folge der früher erörterten Bevölkerungs- und Uebervölkerungs-Verhältnisse (S. 142, 241). Je stärker eine Thier- oder Pflanzen-Art sich vermehrt, desto weniger reicht ihr beschränkter Ursprungs-Ort für ihren Unterhalt aus, desto heftiger wird der Kampf um's Dasein, desto rascher tritt eine Uebervölkerung der Heimath und in Folge dessen Auswanderung ein. Diese Wanderungen sind allen Organismen gemeinsam und sie sind die eigentliche Ursache der weiten Verbreitung der verschiedenen Organismen-Arten über die Erd-Oberfläche. Wie die Menschen aus den übervölkerten Staaten, so wandern Thiere und Pflanzen allgemein aus ihrer übervölkerten Ur-Heimath aus.

Auf die hohe Bedeutung dieser sehr interessanten Wanderungen der Organismen haben schon früher viele ausgezeichnete Naturforscher, insbesondere Leopold Buch, Lyell, Schleiden u. A. wiederholt aufmerksam gemacht. Die Transportmittel, durch welche dieselben geschehen, sind äusserst mannichfaltig. Darwin hat dieselben im elften und zwölften Capitel seines Werks, welche der „geographischen Verbreitung“ ausschliesslich gewidmet sind, vortrefflich erörtert. Die Transportmittel sind theils active, theils passive; d. h. der Organismus bewerkstelligt seine Wanderungen theils durch freie Ortsbewegungen, die von ihm selbst ausgehen, theils durch Bewegungen anderer Naturkörper, an denen er sich nicht selbstthätig betheiligt.

Die activen Wanderungen spielen selbstverständlich die grösste Rolle bei den frei beweglichen Thieren. Je freier die Bewegung eines Thieres nach allen Richtungen hin durch seine Organisation erlaubt ist, desto leichter kann diese Thierart wandern, und desto rascher sich über die Erde ausbreiten. Am meisten begünstigt sind in dieser Beziehung natürlich die fliegenden Thiere, und insbesondere unter den Wirbelthieren die Vögel, unter den Gliederthieren die Insecten. Leichter als alle anderen Thiere konnten sich diese beiden Klassen alsbald nach ihrer Entstehung über die ganze Erde verbreiten, und daraus erklärt sich auch zum Theil die ungemeine innere Einförmigkeit, welche diese beiden grossen Thierklassen vor allen anderen auszeichnet. Denn obwohl dieselben eine ausserordentliche Anzahl von verschiedenen Arten enthalten, und obwohl die Insectenklasse allein mehr verschiedene Species besitzen soll, als alle übrigen Thierklassen zusammengenommen, so stimmen dennoch alle diese unzähligen Insectenarten, und ebenso andererseits die verschiedenen Vögelarten, in allen wesentlichen Eigenthümlichkeiten ihrer Organisation ganz auffallend überein. Daher kann man sowohl in der Klasse der Insecten, als in derjenigen der Vögel, nur eine sehr geringe Anzahl von grösseren natürlichen Gruppen oder „Ordnungen" unterscheiden, und diese wenigen Ordnungen weichen im inneren Bau nur sehr wenig von einander ab. Die artenreichen Vögelordnungen sind lange nicht so weit von einander verschieden, wie die viel weniger artenreichen Ordnungen der Säugethier-Klasse; und die an Genera- und Species-Formen äusserst reichen Insecten stehen sich im inneren Bau viel näher, als die viel kleineren Ordnungen der Krebsklasse. Die durchgehende Parallele zwischen den Vögeln und den Insecten ist auch in dieser systematischen Beziehung sehr interessant; die grösste Bedeutung ihres Formen-Reichthums für die wissenschaftliche Morphologie liegt darin, dass sie uns zeigen, wie innerhalb des engsten anatomischen Spielraums, und ohne tiefere Veränderungen der wesentlichen inneren Organisation, die grösste Mannichfaltigkeit der äusseren Körperform sich ausbilden kann. Offenbar liegt der Grund dafür in der fliegenden Lebensweise und in der freiesten

Ortsbewegung. In Folge dessen haben sich Vögel sowohl als Insecten sehr rasch über die ganze Erdoberfläche verbreitet, haben an allen möglichen, anderen Thieren unzugänglichen Localitäten sich angesiedelt, und nun durch oberflächliche Anpassung an zahllose bestimmte Localverhältnisse ihre specifische Form vielfach modificirt.

Unter den fliegenden Wirbelthieren sind ausserdem von ganz besonderem Interesse für die Chorologie auch die Fledermäuse. Denn keine einzige Insel, welche mehr als dreihundert Seemeilen vom nächsten Festlande entfernt ist, besitzt andere eingeborene Land-Säugethiere. Hingegen sind zahlreiche Fledermaus-Arten auf jenen isolirten Inseln zu finden, und viele einzelne Inseln oder Inselgruppen sind durch den Besitz ganz besonderer Arten, oder selbst eigenthümlicher Gattungen von Fledermäusen ausgezeichnet. Diese merkwürdige Thatsache erklärt sich höchst einfach durch die Theorie der Selection und Migration, während sie ohne dieselbe ein unverständliches Wunder bleibt. Land-Säugethiere, welche nicht fliegen können, sind nicht im Stande, weite Meeres-Strecken zu durchwandern und abgelegene Inseln zu erreichen. Das ist nur den Fledermäusen möglich, welche anhaltend fliegen und ausserdem leicht durch Stürme Hunderte von Meilen weit verschlagen werden können. Auf eine entfernte Insel verschlagen, werden sie sich den ganz verschiedenen Existenz-Bedingungen derselben anpassen müssen; und ihre Nachkommen werden früher oder später sich in neue Arten oder selbst neue Gattungsformen umbilden.

Nächst den fliegenden Thieren haben natürlich am raschesten und weitesten sich diejenigen ausgebreitet, die nächstdem am besten wandern konnten, die besten Läufer unter den Landbewohnern, die besten Schwimmer unter den Wasserbewohnern. Das Vermögen derartiger activer Wanderungen ist aber nicht bloss auf diejenigen Thiere beschränkt, welche ihr ganzes Leben hindurch sich freier Ortsbewegung erfreuen. Denn auch die festsitzenden Thiere, wie z. B. die Korallen, die Röhrenwürmer, die Seescheiden, die Seelilien, die Moosthiere, die Rankenkrebse und viele andere niedere Thiere, die auf Seepflanzen, Steinen u. dgl.

festgewachsen sind, geniessen doch in ihrer Jugend wenigstens freie Ortsbewegung. Sie alle wandern, ehe sie sich festsetzen. Gewöhnlich ist der erste frei bewegliche Jugendzustand derselben eine flimmernde Larve, ein rundliches Körperchen, welches mittelst eines Kleides von beweglichen Flimmerhaaren im Wasser umherschwärmt. Alle diese schwimmenden Flimmerlarven niederer Thiere haben sich ursprünglich aus derselben gemeinsamen Keimform entwickelt, aus der becherförmigen Gastrula (Taf. V, Fig. 8, 18); auch diese ist durch ein bewegliches Flimmerkleid ursprünglich zu weiter Ausbreitung befähigt.

Aber nicht auf die Thiere allein ist das Vermögen der freien Ortsbewegung und somit auch der activen Wanderung beschränkt, sondern selbst viele Pflanzen erfreuen sich desselben. Viele niedere Wasserpflanzen, insbesondere aus der Tangklasse, schwimmen in ihrer ersten Jugend, gleich den eben erwähnten niederen Thieren, frei umher, und zwar mittelst beweglicher Flimmerhaare, entweder einer schwingenden Geissel oder eines zitternden Wimperpelzes; erst später setzen sie sich fest. Selbst bei vielen höheren Pflanzen, die wir als kriechende und kletternde bezeichnen, können wir von einer activen Wanderung sprechen. Der langgestreckte Stengel oder Wurzelstock derselben kriecht oder klettert während seines langen Wachsthums nach neuen Standorten und erobert sich mittelst seiner weitverzweigten Aeste einen neuen Wohnort, indem er sich durch Knospen befestigt, und neue Kolonien von anderen Individuen seiner Art hervorruft.

So einflussreich nun aber auch diese activen Wanderungen der meisten Thiere und vieler Pflanzen sind, so würden sie allein doch bei weitem nicht ausreichen, uns die Chorologie der Organismen zu erklären. Vielmehr sind bei weitem wichtiger und von ungleich grösserer Wirkung, wenigstens für die meisten Pflanzen und für viele Thiere, von jeher die passiven Wanderungen gewesen. Solche passive Ortsveränderungen werden durch äusserst mannichfaltige Ursachen hervorgebracht. Luft und Wasser in ihrer ewigen Bewegung, Wind und Wellen in ihrer mannichfaltigen Strömung spielen dabei die grösste Rolle. Der Wind hebt allerorten und allerzeiten leichte Organismen, kleine Thiere und

Pflanzen, namentlich aber die jugendlichen Keime derselben, Thiereier und Pflanzensamen, in die Höhe, und führt sie weithin über Land und Meer. Wo dieselben in das Wasser fallen, werden sie von Strömungen oder Wellen erfasst und nach anderen Orten hingeführt, Wie weit in vielen Fällen Baumstämme, hartschalige Früchte und andere schwer verwesliche Pflanzentheile durch den Lauf der Flüsse und durch die Strömungen des Meeres von ihrer ursprünglichen Heimath weggeführt werden, ist aus zahlreichen Beispielen bekannt. Palmenstämme aus Westindien werden durch den Golfstrom nach den britischen und norwegischen Küsten gebracht. Alle grossen Ströme führen Treibholz aus den Gebirgen und oft Alpenpflanzen aus ihrer Quellen-Heimath in die Ebenen hinab und weiter bis zu ihrer Ausmündung in das Meer. Zwischen dem Wurzelwerk dieser fortgetriebenen Pflanzen, zwischen dem Gezweige der fortgeschwemmten Baumstämme sitzen oft zahlreiche Bewohner derselben, welche an der passiven Wanderung Theil nehmen müssen. Die Baumrinde ist mit Moos, Flechten und parasitischen Insecten bedeckt. Andere Insecten, Spinnen u. dergl., selbst kleine Reptilien und Säugethiere, sitzen geborgen in dem hohlen Stamme oder halten sich fest an den Zweigen. In der Erde, die zwischen die Wurzelfasern eingeklemmt ist, in dem Staube, welcher in den Rindenspalten festsitzt, befinden sich zahllose Eier und Keime von kleineren Thieren und Pflanzen. Landet nun der fortgetriebene Stamm glücklich an einer fremden Küste oder einer fernen Insel, so können die Gäste, welche an der unfreiwilligen Reise Theil nehmen mussten, ihr Fahrzeug verlassen und sich in dem neuen Vaterlande ansiedeln.

Eine seltsame besondere Form dieses Wassertransportes vermitteln die schwimmenden Eisberge, die sich alljährlich von dem ewigen Eise der Polarmeere ablösen. Obwohl jene kalten Zonen im Ganzen sehr spärlich bevölkert sind, so können doch manche von ihren Bewohnern, die sich zufällig auf einem Eisberge während seiner Ablösung befanden, mit demselben von den Strömungen fortgeführt und an wärmeren Küsten gelandet werden. So ist schon oft mit abgelösten Eisblöcken des nördlichen Eismeeres eine ganze kleine Bevölkerung von Thieren und Pflanzen nach den nördlichen Küsten von Europa und Amerika geführt worden. Ja sogar einzelne Eisfüchse und Eisbären sind so lebend nach Island, Norwegen und den britischen Inseln gelangt.

Keine geringere Bedeutung als der Wassertransport besitzt für die passiven Wanderungen der Lufttransport. Der Staub, der unsere Strassen und Dächer bedeckt, die Erdkruste, welche auf trockenen Feldern und ausgetrockneten Wasserbecken sich befindet, die leichte Humusdecke des Waldbodens, kurz die ganze Oberfläche des trockenen Landes enthält Millionen von kleinen Organismen und von Keimen derselben. Viele von diesen kleinen Thieren und Pflanzen können ohne Schaden vollständig austrocknen und erwachen wieder zum Leben, sobald sie befeuchtet werden. Jeder Windstoss hebt mit dem Staube unzählige solche kleine Lebewesen in die Höhe und führt sie oft meilenweit nach anderen Orten hin. Aber auch grössere Organismen, und namentlich Keime von solchen, können oft weite passive Luftreisen machen. Bei vielen Pflanzen sind die Samenkörner mit leichten Federkronen versehen, die wie Fallschirme wirken und ihr Schweben in der Luft erleichtern, ihr Niederfallen erschweren. Spinnen machen auf ihrem leichten Fadengespinnste, dem sogenannten „fliegenden Weiber-Sommer“, meilenweite Luftreisen. Junge Frösche werden durch Wirbelwinde oft zu Tausenden in die Luft erhoben und fallen als sogenannter „Froschregen“ an einem entfernten Orte nieder. Vögel und Insecten können durch Stürme über den halben Erdkreis weggeführt werden. Sie fallen in den vereinigten Staaten nieder, nachdem sie sich in England erhoben hatten. In Kalifornien aufgeflogen, kommen sie in China erst wieder zur Ruhe. Mit den Vögeln und Insecten können aber wieder viele andere Organismen die Reise von einem Continent zum andern machen. Selbstverständlich wandern mit allen Organismen die auf ihnen wohnenden Parasiten, deren Zahl Legion ist: die Flöhe, Läuse, Milben, Pilze u. s. w. In der Erde, die oft zwischen den Zehen der Vögel beim Auffliegen hängen bleibt, sitzen wiederum kleine Thiere und Pflanzen oder Keime von solchen. Und so kann die freiwillige oder unfreiwillige Wanderung eines einzigen grösseren Organismus eine kleine Flora oder Fauna mit vielen verschiedenen Arten unter günstigen Umständen aus einem Welttheil in den andern hinüber führen.

Ausser den angegebenen Transportmitteln giebt es nun auch noch viele andere, welche die Verbreitung der Thier- und Pflanzen-Arten über weite Strecken der Erdoberfläche, und insbesondere die allgemeine Verbreitung der sogenannten kosmopolitischen Species erklären. Doch würden wir uns hieraus allein bei weitem nicht alle chorologischen Thatsachen erklären können. Wie kommt es z. B., dass viele Süsswasserbewohner in zahlreichen, weit von einander getrennten und ganz gesonderten Flussgebieten oder Seen leben? Wie kommt es, dass viele Gebirgsbewohner, die in der Ebene gar nicht existiren können, auf gänzlich getrennten und weit entfernten Gebirgsketten gefunden werden? Dass jene Süsswasserbewohner die zwischen ihren Wassergebieten liegenden Landstrecken, dass diese Gebirgsbewohner die zwischen ihren Gebirgsheimathen liegenden Ebenen in irgend einer Weise activ oder passiv durchwandert hätten, ist schwer anzunehmen und in vielen Fällen gar nicht denkbar. Hier kommt uns nun als mächtiger Bundesgenosse die G e o l o g i e zur Hülfe. Sie löst uns jene schwierigen Räthsel vollständig.

Die Entwickelungs-Geschichte der Erde zeigt uns, dass die Vertheilung von Land und Wasser an ihrer Oberfläche sich in ewigem und ununterbrochenem Wechsel befindet. Ueberall finden in Folge von geologischen Veränderungen des Erdinnern, vorzugsweise aber durch ausgedehnte Faltenbildung der oberflächlichen Erdrinde, H e b u n g e n und S e n k u n g e n des Bodens statt, bald hier bald dort stärker vortretend oder nachlassend. Wenn dieselben auch so langsam geschehen, dass sie im Laufe des Jahrhunderts die Meeresküste nur um wenige Zolle, oder selbst nur um ein paar Linien heben oder senken, so bewirken sie doch im Laufe langer Zeiträume erstaunliche Resultate. Und an langen, an unermesslich langen Zeiträumen hat es in der Erdgeschichte niemals gefehlt. Im Laufe der vielen Millionen Jahre, seit schon organisches Leben auf der Erde existirt, haben Land und Meer sich beständig um die Herrschaft gestritten. Küstenländer und Inseln sind unter Meer versunken, und neue sind aus seinem

Schoosse emporgestiegen. Seen und Meere sind langsam gehoben worden und ausgetrocknet, und neue Wasserbecken sind durch Senkung des Bodens entstanden. Halbinseln wurden zu Inseln, indem die schmale Landzunge, die sie mit dem Festlande verband, unter Wasser sank. Die Inseln eines Archipelagus wurden zu Spitzen einer zusammenhängenden Gebirgskette, wenn der ganze Boden ihres Meeres bedeutend gehoben wurde.

So war einst das Mittelmeer ein Binnensee, als noch an Stelle der Gibraltarstrasse Afrika durch eine Landenge mit Spanien zusammenhing. Noch früher, als auch Sicilien mit Tunis durch einen Landrücken verbunden war, bildete dasselbe sogar zwei geschlossene Seebecken, ein östliches und ein westliches; die Bewohner Beider sind noch heute theilweise verschieden. England hat mit dem europäischen Festlande selbst während der neueren Erdgeschichte, als schon Menschen existirten, wiederholt zusammengehangen und ist wiederholt davon getrennt worden. Ja sogar Europa und Nordamerika haben unmittelbar in Zusammenhang gestanden. Die Sunda-See gehörte früher zum indischen Continent, und die zahllosen kleinen Inseln, die heute in derselben zerstreut liegen, waren bloss die höchsten Kuppen der Gebirge jenes Continentes. Der indische Ocean existirte in Form eines Continents, der von den Sunda-Inseln längs des südlichen Asiens sich bis zur Ostküste von Afrika erstreckte. Dieser einstige grosse Continent, den der Engländer Sclater wegen der für ihn charakteristischen Halbaffen Lemuria genannt hat, ist vielleicht die Wiege des Menschengeschlechts gewesen, das aus anthropoiden Affen sich dort hervorbildete.

Ganz besonders interessant aber ist der wichtige Nachweis, welchen Alfred Wallace[36]) mit Hülfe chorologischer Thatsachen geführt hat, dass der heutige malayische Archipel eigentlich aus zwei ganz verschiedenen Abtheilungen besteht. Die westliche Abtheilung, der indo-malayische Archipel, umfasst die grossen Inseln Borneo, Java und Sumatra, und hing früher durch Malakka mit dem asiatischen Festlande und wahrscheinlich auch mit dem eben genannten Lemurien zusammen. Die östliche Abtheilung dagegen, der austral-malayische Archipel, Celebes, die Molukken,

Neuguinea, die Salomons-Inseln u. s. w. umfassend, stand früherhin mit Australien in unmittelbarem Zusammenhang. Beide Abtheilungen waren vormals zwei durch eine Meerenge getrennte Continente, sind aber jetzt grösstentheils unter den Meeresspiegel versunken. Die Lage jener früheren Meerenge, deren Südende zwischen Bali und Lombok hindurch geht, hat Wallace bloss auf Grund seiner genauen chorologischen Beobachtungen in der scharfsinnigsten Weise fest zu bestimmen vermocht. Noch heute bildet diese tiefe Meerenge, obwohl nur 15 Seemeilen breit, eine scharfe Grenze zwischen den beiden kleinen Inseln Bali und Lombok; die Thierwelt des ersteren gehört grösstentheils zu Hinter-Indien, diejenige des letzteren zu Australien.

So haben, seitdem tropfbar-flüssiges Wasser auf der Erde existirt, die Grenzen von Wasser und Land sich in ewigem Wechsel verändert, und man kann behaupten, dass die Umrisse der Continente und Inseln nicht eine Stunde, ja nicht eine Minute hindurch sich jemals gleich geblieben sind. Denn ewig und ununterbrochen nagt die Brandung an dem Saume der Küsten; und was das Land an diesen Stellen beständig an Ausdehnung verliert, das gewinnt es an anderen Stellen durch Anhäufung vom Schlamm, der sich zu festem Gestein verdichtet und wieder über den Meeresspiegel als neues Land sich erhebt. Nichts kann irriger sein, als die Vorstellung von einem festen und unveränderlichen Umrisse unserer Continente, wie sie uns in früher Jugend schon durch unseren mangelhaften, der geologischen Basis entbehrenden geographischen Unterricht eingeprägt wird.

Nun brauche ich Sie wohl kaum noch darauf aufmerksam zu machen, wie äusserst wichtig von jeher diese geologischen Veränderungen der Erdoberfläche für die Wanderungen der Organismen und in Folge dessen für ihre Chorologie gewesen sein müssen. Wir lernen dadurch begreifen, wie dieselben oder ganz nahe verwandte Thier- und Pflanzen-Arten auf verschiedenen Inseln vorkommen können, obwohl sie nicht das Wasser zwischen denselben durchwandern können, und wie andere, das Süsswasser bewohnende Arten in verschiedenen geschlossenen Seebecken wohnen können, obgleich sie nicht das

Land zwischen denselben zu überschreiten vermögen. Jene Inseln waren früher Bergspitzen eines zusammenhängenden Festlandes, und diese Seen standen einstmals in unmittelbarem Zusammenhang. Durch geologische Senkungen wurden die ersteren, durch Hebungen die letzteren getrennt. Wenn wir nun ferner bedenken, wie oft und wie ungleichmässig an den verschiedenen Stellen der Erde solche wechselnde Hebungen und Senkungen stattfanden und in Folge dessen die Grenzen der geographischen Verbreitungs-Bezirke der Arten sich veränderten, wenn wir bedenken, wie ausserordentlich mannichfaltig dadurch die activen und passiven Wanderungen der Organismen beeinflusst werden mussten, so lernen wir vollständig die bunte Mannichfaltigkeit des Bildes begreifen, welches uns gegenwärtig die Vertheilung der Thier- und Pflanzen-Arten darbietet.

Noch ein anderer wichtiger Factor ist aber hier hervorzuheben, der ebenfalls für die volle Erklärung jenes bunten geographischen Bildes von grosser Bedeutung ist, und manche sehr dunkle Thatsachen aufhellt, die wir ohne ihn nicht begreifen würden. Das ist nämlich der allmähliche Klima-Wechsel, welcher während des langen Verlaufs der organischen Erdgeschichte stattgefunden hat. Wie wir schon im vorhergehenden Vortrage gesehen haben, muss beim Beginne des organischen Lebens auf der Erde allgemein eine viel höhere und gleichmässigere Temperatur geherrscht haben, als gegenwärtig stattfindet. Die Zonen-Unterschiede, die jetzt sehr auffallend hervortreten, fehlten damals noch gänzlich. Wahrscheinlich viele Millionen Jahre hindurch herrschte auf der ganzen Erde ein Klima, welches dem heissesten Tropenklima der Jetztzeit nahe stand oder dasselbe noch übertraf. Der höchste Norden, bis zu welchem der Mensch jetzt vorgedrungen ist, war damals mit Palmen und anderen Tropengewächsen bedeckt, deren versteinerte Reste wir noch jetzt dort finden. Sehr langsam und allmählich nahm späterhin die Temperatur ab; aber immer noch blieben die Pole so warm, dass die ganze Erdoberfläche für Organismen bewohnbar war. Erst in einer verhältnissmässig sehr jungen Periode der Erdgeschichte, nämlich im Beginn der Tertiärzeit, erfolgte, wie es scheint, die erste wahrnehmbare Abkühlung der Erdrinde von den beiden Polen her, und somit die erste Differenzirung oder Sonderung verschiedener Temperatur-Gürtel oder klimatischer Zonen. Die langsame und allmähliche Abnahme der Temperatur bildete sich nun innerhalb der Tertiärperiode immer weiter aus, bis zuletzt an beiden Polen der Erde das erste Eis entstand.

Wie wichtig dieser Klima-Wechsel für die geographische Verbreitung der Organismen und für die Entstehung zahlreicher neuer Arten werden musste, braucht kaum ausgeführt zu werden. Die Thier- und Pflanzen-Arten, die bis zur Tertiärzeit hin überall auf der Erde bis zu den Polen ein angenehmes tropisches Klima gefunden hatten, waren nunmehr gezwungen, entweder sich der eindringenden Kälte anzupassen oder vor derselben zu fliehen. Diejenigen Species, welche sich anpassten und an die sinkende Temperatur gewöhnten, wurden durch diese Acclimatisation selbst unter dem Einflusse der natürlichen Züchtung in neue Arten umgewandelt. Die anderen Arten, welche vor der Kälte flohen, mussten auswandern und in den niederen Breiten ein milderes Klima suchen. Dadurch mussten die bisherigen Verbreitungs-Bezirke der Arten gewaltig verändert werden.

Nun blieb aber in dem letzten grossen Abschnitte der Erdgeschichte, in der auf die Tertiärzeit folgenden Quartär-Periode (oder in der Diluvial-Zeit) die Wärme-Abnahme der Erde von den Polen her keineswegs stehen. Vielmehr sank die Temperatur nun tiefer und tiefer, ja selbst weit unter den heutigen Grad herab. Das nördliche und mittlere Asien, Europa und Nord-Amerika bedeckte sich vom Nordpol her in grosser Ausdehnung mit einer zusammenhängenden Eisdecke, welche in unserem Erdtheile bis gegen die Alpen gereicht zu haben scheint. In ähnlicher Weise drang auch vom Südpol her die Kälte vor, und überzog einen grossen, jetzt eisfreien Theil der südlichen Halbkugel mit einer starren Eisdecke. So blieb zwischen diesen gewaltigen lebentödtenden Eiscontinenten nur noch ein schmaler Gürtel übrig, auf welchen das Leben der organischen Welt sich zurückziehen konnte. Diese Periode, während welcher der Mensch bereits existirte, und welche den ersten Hauptabschnitt der sogenannte Diluvial-Zeit bildet, ist jetzt allgemein unter dem Namen der Eiszeit oder Glacial-Periode bekannt und berühmt.

Der erste Naturforscher, der den Gedanken der Eiszeit klar erfasste und mit Hülfe der sogenannten Wanderblöcke oder erratischen Steinblöcke, sowie der „Gletscher-Schliffe" die grosse Ausdehnung der früheren Vergletscherung von Mittel-Europa nachwies, war der geistvolle Karl Schimper. Von ihm angeregt, und durch die selbstständigen Untersuchungen des ausgezeichneten Geologen Charpentier bedeutend gefördert, unternahm es später der Schweizer Naturforscher Louis Agassiz, die Theorie von der Eiszeit weiter auszuführen. In England machte sich besonders der Geologe Forbes um sie verdient, und verwerthete sie auch bereits für die Theorie von den Wanderungen und der dadurch bedingten geographischen Verbreitung der Arten. Agassiz hingegen schadete späterhin der Theorie durch einseitige Uebertreibung, indem er, der Katastrophen-Theorie Cuvier's zu Liebe, durch die plötzlich hereinbrechende Kälte der Eiszeit und die damit verbundene „Revolution" den gänzlichen Untergang der damals lebenden Schöpfung erklären wollte.

Auf die Eiszeit selbst und die scharfsinnigen Untersuchungen über ihre Grenzen näher einzugehen, habe ich hier keine Veranlassung, und kann um so mehr darauf verzichten, als die ganze neuere geologische Literatur davon voll ist. Sie finden eine ausführliche Erörterung derselben vorzüglich in den Werken von Cotta[31]), Lyell[36]), Zittel[32]), Süss[75]) u. s. w. Für uns ist hier nur das hohe Gewicht von Bedeutung, welches sie für die Erklärung der schwierigsten chorologischen Probleme besitzt, und welches von Darwin sehr richtig erkannt wurde.

Es kann nämlich keinem Zweifel unterliegen, dass diese Vergletscherung der heutzutage gemässigten Zonen einen ausserordentlich bedeutenden Einfluss auf die geographische und topographische Vertheilung der Organismen ausüben und dieselbe gänzlich umgestalten musste. Während die Kälte langsam von den Polen her gegen den Aequator vorrückte und Land und Meer mit einer zusammenhängenden Eisdecke überzog, musste sie natürlich die ganze lebende Organismen-Welt vor sich her treiben.

Thiere und Pflanzen mussten auswandern, wenn sie nicht erfrieren wollten. Da nun aber zu jener Zeit vermuthlich die gemässigte und die Tropenzone nicht weniger dicht als gegenwärtig mit Pflanzen und Thieren bevölkert gewesen sein wird, so muss sich zwischen diesen und den von den Polen her kommenden Eindringlingen ein furchtbarer Kampf um's Dasein erhoben haben. In diesem Kampfe, der jedenfalls viele Jahrtausende dauerte, werden viele Arten zu Grunde gegangen, viele Arten abgeändert und zu neuen Species umgebildet worden sein. Die bisherigen Verbreitungs-Bezirke der Arten aber mussten völlig verändert werden. Und dieser Kampf muss auch dann noch fortgedauert haben, ja er muss von Neuem entbrannt, und in neuen Formen weiter geführt worden sein, als die Eiszeit ihren Höhepunkt überschritten hatte, und als nunmehr in der postglacialen Periode die Temperatur wieder zunahm und die Organismen nach den Polen hin zurückzuwandern begannen.

Jedenfalls ist dieser gewaltige Klimawechsel, mag man sonst demselben eine grössere oder eine geringere Bedeutung zuschreiben, eines derjenigen Ereignisse in der Erd-Geschichte, die am bedeutendsten auf die Vertheilung der organischen Formen eingewirkt haben. Namentlich wird aber ein sehr wichtiges und schwieriges chorologisches Verhältniss dadurch in der einfachsten Weise erklärt: das ist die specifische Uebereinstimmung vieler unserer Alpenbewohner mit vielen Bewohnern der Polarländer. Es giebt eine grosse Anzahl von ausgezeichneten Thier- und Pflanzen-Formen, die diesen beiden, weit getrennten Erdgegenden gemeinsam sind und nirgends in dem weiten, ebenen Zwischenraume zwischen beiden gefunden werden. Eine Wanderung derselben von den Polarländern nach den Alpenhöhen oder umgekehrt wäre unter den gegenwärtigen klimatischen Verhältnissen undenkbar oder doch höchstens nur in wenigen seltenen Fällen anzunehmen. Eine solche Wanderung konnte aber stattfinden, ja sie musste stattfinden während des allmählichen Eintrittes und Rückzuges der Eiszeit. Da die Vergletscherung von Nord-Europa bis gegen unsere Alpenkette vordrang, so werden die derselben folgenden Polarbewohner, Gentianen und Saxifragen, Eisfüchse und Schneehasen, damals unser deutsches Vaterland und überhaupt Mittel-Europa bevölkert haben. Als nun die Temperatur wieder zunahm, zog sich nur ein Theil dieser arktischen Bevölkerung mit dem zurückweichenden Eise in die Polarzone wieder zurück. Ein anderer Theil derselben stieg statt dessen an den Bergen der Alpenkette in die Höhe und fand hier das ihm zusagende kalte Klima. So erklärt sich ganz einfach jene räthselhafte chorologische Erscheinung.

Wir haben die Lehre von den Wanderungen der Organismen oder die Migrations-Theorie bisher vorzüglich insofern verfolgt, als sie uns die Ausstrahlung jeder Thier- und Pflanzen-Art von einer einzigen Urheimath, von einem Ursprungs-Orte oder „Schöpfungs-Mittelpunkte“ aus erklärt, und ihre Ausbreitung über einen grösseren oder geringeren Theil der Erdoberfläche erläutert. Nun sind aber die Wanderungen der Thiere und Pflanzen für die Entwickelungs-Theorie auch noch ausserdem deshalb von grosser Bedeutung, weil wir darin ein sehr wichtiges Hülfsmittel für die Entstehung neuer Arten erblicken müssen. Wenn Thiere und Pflanzen auswandern, so treffen sie, ebenso wie auswandernde Menschen, in der neuen Heimath neue Verhältnisse an, mehr oder weniger verschieden von den gewohnten, Generationen hindurch ererbten, Existenz-Bedingungen. Diesen neuen, ungewohnten Lebensbedingungen müssen sich die Auswanderer entweder fügen und anpassen, oder sie gehen zu Grunde. Durch die Anpassung selbst wird aber ihr eigenthümlicher, specifischer Charakter verändert, um so mehr, je grösser der Unterschied zwischen der neuen und der alten Heimath ist. Das neue Klima, die neue Nahrung, vor Allem aber die neue Nachbarschaft anderer Thiere und Pflanzen wirkt auf den ererbten Charakter der eingewanderten Species umbildend ein, und wenn dieselbe nicht zäh genug ist, diesen Einflüssen zu widerstehen, so muss früher oder später eine neue Art daraus hervorgehen. In den meisten Fällen wird diese Umformung der eingewanderten Species unter dem Einflusse des veränderten Kampfes um's Dasein so rasch vor sich gehen, dass schon nach wenigen Generationen eine neue Art daraus entstanden ist.

Von besonderer Bedeutung ist in dieser Beziehung die Wanderung für alle Gonochoristen, d. h. für alle Organismen mit getrennten Geschlechtern. Denn bei diesen wird die Entstehung neuer Arten durch natürliche Züchtung immer dadurch erschwert oder verzögert, dass sich die variirenden Ankömmlinge gelegentlich wieder mit der unveränderten Stamm-Form geschlechtlich vermischen, und so durch Kreuzung in die ursprüngliche Form zurückschlagen. Wenn dagegen solche Abarten ausgewandert sind, wenn sie durch weite Entfernungen oder durch Schranken der Wanderung, durch Meere, Gebirge u. s. w. von der alten Heimath getrennt sind, so ist die Gefahr einer Vermischung mit der Stamm-Form aufgehoben, und die Isolirung der ausgewanderten Form, die durch Anpassung in eine neue Art übergeht, verhindert ihre Kreuzung und dadurch ihren Rückschlag in die Stamm-Form.

Diese Bedeutung der Wanderung für die Isolirung der neu entstehenden Arten und die Verhütung baldiger Rückkehr in die Stamm-Formen wurde vorzüglich von dem geistreichen Reisenden Moritz Wagner in München hervorgehoben; theils in einem besonderen Schriftchen über „Die Darwin'sche Theorie und das Migrations-Gesetz der Organismen“, theils in mehreren Aufsätzen, welche im „Kosmos“ und „Ausland“ erschienen sind. Später (1889) sind dieselben in einem Bande gesammelt worden, unter dem Titel: „Die Entstehung der Arten durch räumliche Sonderung“[64]). Wagner hat aus seiner eigenen reichen Erfahrung eine grosse Anzahl von treffenden Beispielen gesammelt, welche die von Darwin im elften und zwölften Kapitel seines Buches gegebene Migrations-Theorie bestätigen, und welche ganz besonders den Nutzen der völligen Isolirung der ausgewanderten Organismen für die Entstehung neuer Species erörtern. Wagner fasst die einfachen Ursachen, „welche die Form räumlich abgegrenzt und in ihrer typischen Verschiedenheit begründet haben“ in folgenden drei Sätzen zusammen: „1. Je grösser die Summe der Veränderungen in den bisherigen Lebensbedingungen ist, welche emigrirende Individuen bei Einwanderung in einem neuen Gebiete finden, desto intensiver muss die jedem Organismus innewohnende

Variabilität sich äussern. 2. Je weniger diese gesteigerte individuelle Veränderlichkeit der Organismen im ruhigen Fortbildungs-Process durch die Vermischung zahlreicher nachrückender Einwanderer der gleichen Art gestört wird, desto häufiger wird der Natur durch Summirung und Vererbung der neuen Merkmale die Bildung einer neuen Varietät (Abart oder Rasse), d. i. einer beginnenden Art, gelingen. 3. Je vortheilhafter für die Abart, die in den einzelnen Organen erlittenen Veränderungen sind, je besser letztere den umgebenden Verhältnissen sich anpassen, und je länger die ungestörte Züchtung einer beginnenden Varietät von Colonisten in einem neuen Territorium ohne Mischung mit nachrückenden Einwanderern derselben Art fortdauert, desto häufiger wird aus der Abart eine neue Art entstehen."

Diesen drei Sätzen von Moritz Wagner kann Jeder beistimmen. Für vollkommen irrig müssen wir dagegen seine Vorstellung halten, dass die Wanderung und die darauf folgende Isolirung der ausgewanderten Individuen eine nothwendige Bedingung für die Entstehung neuer Arten sei. Wagner sagt: „Ohne eine lange Zeit dauernde Trennung der Colonisten von ihren früheren Artgenossen kann die Bildung einer neuen Rasse nicht gelingen, kann die Zuchtwahl überhaupt nicht stattfinden. Unbeschränkte Kreuzung, ungehinderte geschlechtliche Vermischung aller Individuen einer Species wird stets Gleichförmigkeit erzeugen und Varietäten, deren Merkmale nicht durch eine Reihe von Generationen fixirt worden sind, wieder in den Urschlag zurückstossen."

Diesen Satz, in welchem Wagner selbst das Haupt-Resultat seiner Arbeit zusammenfasst, würde er nur in dem Falle überhaupt vertheidigen können, wenn alle Organismen getrennten Geschlechts wären, wenn jede Entstehung neuer Individnen nur durch Vermischung männlicher und weiblicher Individuen möglich wäre. Das ist nun aber durchaus nicht der Fall. Merkwürdiger Weise sagt Wagner gar Nichts von den zahlreichen Zwittern oder Hermaphroditen, die, im Besitz von beiderlei Geschlechts-Organen, der Selbstbefruchtung fähig sind; und ebenso Nichts von den zahllosen Organismen, die überhaupt noch nicht geschlechtlich differenzirt sind.

Nun hat es aber seit frühester Zeit der organischen Erd-Geschichte tausende von Organismen-Arten gegeben, und giebt deren tausende noch heute, bei denen noch gar kein Geschlechts-Unterschied, überhaupt noch gar keine geschlechtliche Fortpflanzung vorkommt, und die sich ausschliesslich auf ungeschlechtlichem Wege, durch Theilung, Knospung, Sporen-Bildung u. s. w. fortpflanzen. Die grosse Masse der Pilze und der Protisten, die Moneren, Amoeben, Myxomyceten, Rhizopoden, u. s. w., kurz fast alle die niederen Organismen, die wir in dem zwischen Thier- und Pflanzenreich stehenden Protistenreich aufführen werden, pflanzen sich ausschliesslich auf ungeschlechtlichem Wege fort! Und zu diesem gehört eine der formenreichsten Organismen-Klassen, ja sogar in gewisser Beziehung die formenreichste von allen, indem alle möglichen geometrischen Grund-Formen in ihr verkörpert sind. Das ist die wunderbare Klasse der Rhizopoden oder Wurzelfüsser, welche die kalkschaligen Thalamophoren und die kieselschaligen Radiolarien umfasst. (Vergl. den XVII. und XVIII. Vortrag; Taf. XV und XVI.)

Auf alle diese ungeschlechtlichen Organismen würde also selbstverständlich die Wagner'sche Theorie gar nicht anwendbar sein. Dasselbe würde aber ferner auch von allen jenen Zwittern oder Hermaphroditen gelten, bei denen jedes Individuum, im Besitze von männlichen und weiblichen Organen, der Selbstbefruchtung fähig ist. Das ist bei den meisten Pflanzen der Fall, ebenso bei vielen Würmern (Strudelwürmern, Saugwürmern, Bandwürmern), ferner bei den festsitzenden Rankenkrebsen (Cirripedien), bei den wichtigen Mantelthieren und bei sehr vielen Anderen. Zahlreiche Arten derselben sind durch natürliche Züchtung entstanden, ohne dass eine „Kreuzung" der entstehenden Species mit ihrer Stammform überhaupt möglich war.

Wie ich schon im achten Vortrage Ihnen zeigte, ist die Entstehung der beiden Geschlechter und somit die ganze geschlechtliche Fortpflanzung überhaupt als ein Vorgang aufzufassen, der erst in späterer Zeit der organischen Erd-Geschichte in Folge von Differenzirung oder Arbeits-Theilung eingetreten ist. Die ältesten Organismen der Erde können sich jedenfalls nur auf dem einfachsten ungeschlechtlichen Wege fortgepflanzt haben. Selbst jetzt noch vermehren sich die meisten Protisten, ebenso wie die zahllosen Zellen-Formen, welche den Körper der höheren Organismen zusammensetzen, nur durch ungeschlechtliche Zeugung. Und doch entstehen hier überall durch Differenzirung in Folge von natürlicher Züchtung „neue Arten"; auch die Gewebe-Zellen sind „constante Species" von Elementar-Organismen.

Aber selbst wenn wir bloss die Thier- und Pflanzen-Arten mit getrennten Geschlechtern hier in Betracht ziehen wollten, so würden wir doch auch für diese Wagner's Hauptsatz, dass „die Migration der Organismen und deren Colonie-Bildung die nothwendige Bedingung der natürlichen Zuchtwahl seien" bestreiten müssen. Schon August Weismann hat in seiner Schrift „Ueber den Einfluss der Isolirung auf die Artbildung" jenen Satz hinreichend widerlegt und gezeigt, dass auch in einem und demselben Wohnbezirke eine Species sich in mehrere Arten durch natürliche Züchtung spalten kann. Indem ich mich diesen Bemerkungen anschliesse, möchte ich aber noch besonders den hohen Werth nochmals hervorheben, den die physiologische Arbeitstheilung und die damit verknüpfte morphologische Formspaltung besitzt, und zwar ebensowohl für die Umbildung des ganzen Organismus, als der einzelnen ihn zusammensetzenden Zellen. Sowohl jene Personal-Divergenz, als diese Cellular-Divergenz sind nothwendige Folgen der natürlichen Züchtung (S. 269). Alle die verschiedenen Zellen-Arten, die den Körper der höheren Organismen zusammensetzen, die Nerven-Zellen, Muskel-Zellen, Drüsen-Zellen u. s. w., alle diese „guten Arten" von Plastiden, diese „bonae species" von Elementar-Organismen, sind bloss durch Arbeitstheilung in Folge von natürlicher Züchtung entstanden, trotzdem sie nicht nur niemals räumlich isolirt, sondern sogar seit ihrer Entstehung immer im engsten räumlichen Verbande neben einander existirt haben. Dasselbe aber, was von diesen Elementar-Organismen oder „Individuen erster Ordnung" gilt, das gilt auch von den ganzen Histonen, oder von den vielzelligen Organismen höherer Ordnung, die als „gute Arten" erst später aus ihrer Zusammensetzung entstanden sind[37]).

Gewiss bleibt die Ansicht von Leopold Buch, von Darwin und Wallace richtig, dass die Wanderung der Organismen und ihre Isolirung in der neuen Heimath (oder die Separation), eine sehr günstige und vortheilhafte Bedingung für die Entstehung neuer Arten ist; dass sie aber dafür eine nothwendige Bedingung sei, und dass ohne dieselbe keine neuen Arten entstehen können, wie Wagner behauptet, können wir nicht zugeben. Wenn Wagner diese Ansicht, „dass die Migration die nothwendige Bedingung der natürlichen Zuchtwahl sei", als ein besonderes „Migrationsgesetz" aufstellt, so halten wir dasselbe durch die angeführten Thatsachen für widerlegt. Die Separation durch Migration ist nur ein besonderer Fall von Selection. Die Theorie von der „Entstehung der Arten durch räumliche Sonderung" kann nicht, wie Wagner meint, Darwin's Lehre von ihrer Entstehung durch „natürliche Zuchtwahl" verdrängen und ersetzen; denn die erstere bildet einen Bestandtheil und eine Folgerung der letzteren. Wir haben überdies schon früher gezeigt, dass eigentlich die Entstehung neuer Arten durch natürliche Züchtung eine mathematische und logische Nothwendigkeit ist, welche ohne Weiteres aus der einfachen Verbindung von drei grossen Thatsachen folgt. Diese drei fundamentalen Thatsachen sind: der Kampf um's Dasein, die Anpassungsfähigkeit und die Vererbungsfähigkeit der Organismen.

Auf die zahlreichen interessanten Erscheinungen, welche die geographische und topographische Verbreitung der Organismen-Arten im Einzelnen darbietet, und welche sich vollständig aus der Theorie der Selection und Migration erklären, können wir hier nicht eingehen. Näheres darüber enthalten die angeführten Schriften von Darwin, Wallace und Moritz Wagner. Die wichtige Lehre von den Verbreitungsschranken, den Flüssen, Meeren und Gebirgen, ist dort vortrefflich erörtert und durch zahlreiche Beispiele erläutert. Nur drei Erscheinungen mögen wegen ihrer besonderen Bedeutung hier nochmals hervorgehoben werden. Das ist erstens die nahe Form-Verwandtschaft, die auffallende „Familienähnlichkeit", welche zwischen den charakteristischen Localformen jedes Erdtheils und ihren ausgestorbenen, fossilen Vorfahren in demselben Erdtheil existirt; — zweitens die nicht minder auffallende „Familien-Aehnlichkeit“, zwischen den Bewohnern von Inselgruppen und denjenigen des nächst angrenzenden Festlandes, von welchem aus die Inseln bevölkert wurden; überhaupt der ganz eigenthümliche Charakter, welchen die Flora und Fauna der Inseln in ihrer Zusammensetzung zeigt; — und endlich drittens die „Familien-Aehnlichkeit“ zwischen den stammverwandten Gruppen jedes zusammenhängenden Bezirkes, auch wenn dieselben unter den verschiedensten klimatischen und localen Bedingungen leben. Diese drei Klassen von Erscheinungen waren es, welche in dem jugendlichen Darwin 1832 zuerst den Gedanken der Descendenz-Theorie anregten (S. 119).

Alle diese chorologischen Thatsachen, namentlich die merkwürdigen Erscheinungen der beschränkteu Local-Faunen und Floren, die Verhältnisse der Insel-Bewohner zu den Festland-Bevölkerungen, die weite Verbreitung der sogenannten „kosmopolitischen Species“, die nahe Verwandtschaft localer Species der Gegenwart mit den ausgestorbenen Arten desselben beschränkten Gebietes, die nachweisliche Ausstrahlung jeder Art von einem einzigen Schöpfungsmittelpunkte — alle diese und alle übrigen Erscheinungen, welche uns die geographische und topographische Verbreitung der Organismen darbietet, erklären sich einfach und vollständig aus der Selections- und Migrations-Theorie, während sie ohne dieselbe überhaupt nicht zu begreifen sind. Wir erblicken daher in allen diesen Erscheinungsreihen eben so viele gewichtige Beweise für die Wahrheit der Descendenz-Theorie.

Fünfzehnter Vortrag.

Entwickelung des Weltalls und der Erde. Urzeugung. Kohlenstoff-Theorie. Plastiden-Theorie.

Entwickelungs-Geschichte der Erde. Kant's Entwickelungs-Theorie des Weltalls oder die kosmologische Gas-Theorie. Entwickelung der Sonnen, Planeten und Monde. Erste Entstehung des Wassers. Vergleichung der Organismen und der Anorgane. Organische und anorgische Stoffe. Dichtigkeits-Grade oder Aggregat-Zustände. Eiweissartige Kohlenstoff-Verbindungen. Plasson-Körper. Organische und anorgische Formen. Krystalle und Moneren (strukturlose Organismen ohne Organe). Stereometrische Grund-Formen der Krystalle und der Organismen. Organische und anorgische Kräfte. Lebenskraft. Wachsthum und Anpassung bei Krystallen und bei Organismen. Bildungskräfte der Krystalle. Einheit der organischen und anorgischen Natur. Urzeugung oder Archigonie. Autogonie und Plasmogonie. Entstehung der Moneren durch Urzeugung. Entstehung der Zellen aus Moneren. Zellen-Theorie. Plastiden-Theorie. Plastiden oder Bildnerinnen. Cytoden und Zellen. Vier verschiedene Arten von Plastiden.

Meine Herren! Durch unsere bisherigen Betrachtungen haben wir vorzugsweise die Frage zu beantworten versucht, durch welche Ursachen neue Arten von Thieren und Pflanzen aus bestehenden Arten hervorgegangen sind. Wir haben diese Frage dahin beantwortet, dass einerseits die Bastardzeugung, andererseits die natürliche Züchtung im Kampf um's Dasein, die Wechselwirkung der Vererbungs- und Anpassungs-Gesetze, völlig genügend ist, um die unendliche Mannichfaltigkeit der verschiedenen, scheinbar zweckmässig nach einem Bauplane organisirten Thiere und Pflanzen mechanisch zu erzeugen. Inzwischen wird sich Ihnen schon wiederholt die Frage aufgedrängt haben: Wie entstanden die ersten Organismen, oder der eine ursprüngliche Stamm-Organismus, von welchem wir alle übrigen ableiten?

Diese Frage hat Lamarck[2]) durch die Hypothese der Urzeugung oder Archigonie beantwortet. Darwin dagegen geht über dieselbe hinweg, indem er ausdrücklich hervorhebt, dass er „Nichts mit dem Ursprung der geistigen Grundkräfte, noch mit dem des Lebens selbst zu schaffen habe". Am Schlusse seines Werkes spricht er sich darüber bestimmter in folgenden Worten aus: „Ich nehme an, dass wahrscheinlich alle organischen Wesen, die jemals auf dieser Erde gelebt, von irgend einer Urform abstammen, welcher das Leben zuerst vom Schöpfer eingehaucht worden ist." Ausserdem beruft sich Darwin zur Beruhigung Derjenigen, welche in der Descendenz-Theorie den Untergang der ganzen „sittlichen Weltordnung" erblicken, auf einen berühmten Schriftsteller und Geistlichen, welcher ihm geschrieben hatte: „Er habe allmählich einsehen gelernt, dass es eine ebenso erhabene Vorstellung von der Gottheit sei, zu glauben, dass sie nur einige wenige, der Selbstentwickelung in andere und nothwendige Formen fähige Urtypen geschaffen, als dass sie immer wieder neue Schöpfungsakte nöthig gehabt habe, um die Lücken auszufüllen, welche durch die Wirkung ihrer eigenen Gesetze entstanden seien." Diejenigen, denen der Glaube an eine übernatürliche Schöpfung ein Gemüths-Bedürfniss ist, können sich bei dieser Vorstellung beruhigen. Sie können jenen Glauben mit der Descendenz-Theorie vereinbaren: denn sie müssen in der Erschaffung eines einzigen ursprünglichen Organismus, der die Fähigkeit besass alle übrigen durch Vererbung und Anpassung aus sich zu entwickeln, wirklich weit mehr Erfindungskraft und Weisheit des Schöpfers bewundern, als in der unabhängigen Erschaffung der verschiedenen Arten.

Wenn wir uns in dieser Weise die Entstehung der ersten irdischen Organismen, von denen alle übrigen abstammen, durch die zweckmässige und planvolle Thätigkeit eines persönlichen Schöpfers erklären, so verzichten wir damit auf eine wissenschaftliche Erkenntniss derselben; wir treten damit aus dem Gebiete der wahren Wissenschaft auf das gänzlich getrennte Gebiet der dichtenden Glaubenschaft hinüber. Durch die Annahme eines übernatürlichen Schöpfungs-Aktes thun wir einen Sprung in das

Unbegreifliche. Ehe wir uns zu diesem letzten verzweifelten Schritte entschliessen und damit auf eine wissenschaftliche Erkenntniss jenes Vorgangs verzichten, sind wir jedenfalls zu dem Versuche verpflichtet, denselben durch eine mechanische Hypothese zu beleuchten. Wir müssen untersuchen, ob denn wirklich jener Vorgang so wunderbar ist, oder ob wir uns eine haltbare Vorstellung von einer ganz natürlichen Erstehung jenes ersten Stamm-Organismus machen können. Auf das Wunder der „Schöpfung" würden wir dann gänzlich verzichten können.

Zu diesem Zwecke müssen wir zunächst etwas weiter ausholen und die natürliche Schöpfungs-Geschichte der Erde sowohl als des ganzen Weltalls in ihren allgemeinen Grundzügen betrachten. Bekanntlich leiten wir aus dem Bau der Erde, wie wir ihn gegenwärtig kennen, die wichtige und bis jetzt noch nicht widerlegte Vorstellung ab, dass das Innere unserer Erde sich in einem feurig-flüssigen Zustande befindet; die feste, aus verschiedenen Schichten zusammengesetzte Rinde, auf deren Oberfläche die Organismen leben, bildet nur eine sehr dünne Kruste oder Schale um den feurig-flüssigen Kern. Zu dieser Anschauung sind wir durch verschiedene übereinstimmende Erfahrungen und Schlüsse gelangt. Zunächst spricht dafür die Erfahrung, dass die Temperatur der Erdrinde nach dem Inneren hin stetig zunimmt. Je tiefer wir hinabsteigen, desto höher steigt die Wärme des Erdbodens, und zwar in dem Verhältniss, dass auf jede 100 Fuss Tiefe die Temperatur ungefähr um einen Grad zunimmt. In einer Tiefe von 6 Meilen würde demnach bereits eine Hitze von 1500° herrschen, hinreichend, um die meisten festen Stoffe unserer Erdrinde in geschmolzenem, feuerflüssigem Zustande zu erhalten. Diese Tiefe ist aber erst der 286ste Theil des ganzen Erddurchmessers (1717 Meilen). Wir wissen ferner, dass Quellen, die aus beträchtlicher Tiefe hervorkommen, eine sehr hohe Temperatur besitzen, und zum Theil selbst das Wasser im kochenden Zustande an die Oberfläche befördern. Sehr wichtige Zeugen sind endlich die vulkanischen Erscheinungen, das Hervorbrechen feuerflüssiger Gesteinsmassen durch einzelne berstende Stellen der Erdrinde hindurch. Die gluthflüssigen, soeben dem Erdinneren entstiegenen Lavaströme zeigen eine Temperatur von 2000° und darüber. Alle diese Erscheinungen führen uns mit grosser Sicherheit zu der wichtigen Annahme, dass die feste Erdrinde, vergleichbar der dünnen Schale eines Apfels, nur einen ganz geringen Bruchtheil von dem ganzen Durchmesser der Erdkugel bildet, und dass diese sich noch heute grösstentheils in geschmolzenem oder feuerflüssigem Zustande befindet.

Wenn wir nun auf Grund dieser Annahme über die einstige Entwickelungs-Geschichte des Erdballs nachdenken, so werden wir folgerichtig noch einen Schritt weiter geführt, nämlich zu der Annahme, dass in früherer Zeit die ganze Erde ein feurigflüssiger Ball, und dass die Bildung einer dünnen erstarrten Rinde auf der Oberfläche dieses Balles erst ein späterer Vorgang war. Erst allmählich, durch Ausstrahlung der inneren Gluthitze in den kalten Weltraum, verdichtete sich die Oberfläche des glühenden Erdballs zu einer dünnen Rindenschicht. Dass die Temperatur der Erde früher allgemein eine viel höhere war, wird durch viele Erscheinungen bezeugt. Unter Anderem spricht dafür die gleichmässige Vertheilung der Organismen in früheren Zeiten der Erd-Geschichte. Während bekanntlich jetzt den verschiedenen Erdzonen und ihren örtlichen Temperaturen verschiedene Bevölkerungen von Thieren und Pflanzen entsprechen, war dies früher entschieden nicht der Fall. Wir ersehen aus der Vertheilung der Versteinerungen in den älteren Zeiträumen, dass erst sehr spät, in einer verhältnissmässig neuen Zeit der organischen Erd-Geschicht (im Beginn der sogenannten Tertiärzeit), eine Sonderung der Zonen und dem entsprechend auch ihrer organischen Bevölkerung stattfand. Während der ungeheuer langen Primär- und Secundärzeit lebten tropische Pflanzen, welche einen sehr hohen Temperaturgrad bedürfen, nicht allein in der heutigen heissen Zone unter dem Aequator, sondern auch in der heutigen gemässigten und kalten Zone. Auch viele andere Erscheinungen haben eine allmähliche Abnahme der Temperatur des Erdkörpers im Ganzen, und insbesondere eine erst spät eingetretene Abkühlung der Erdrinde von den Polen her kennen gelehrt. In seinen ausgezeichneten „Untersuchungen über die Entwickelungs-Gesetze der organischen Welt" hat Bronn[19]) die zahlreichen geologischen und paläontologischen Beweise dafür zusammengestellt.

Auf diese Erscheinungen einerseits und auf die mathematisch-astronomischen Erkenntnisse vom Bau des Weltgebäudes andererseits gründet sich nun die Theorie, dass die ganze Erde vor undenklicher Zeit, lange vor der ersten Entstehung von Organismen auf derselben, ein feuerflüssiger Ball war. Diese Theorie aber steht wiederum in Uebereinstimmung mit der grossartigen Theorie von der Entstehung des Welt-Gebäudes und speciell unseres Planetensystems, welche auf Grund von mathematischen und astronomischen Thatsachen 1755 unser kritischer Philosoph Kant[22]) aufstellte, und welche später die berühmten Mathematiker Laplace und Herschel ausführlicher begründeten. Diese mechanische Kosmogenie oder Entwickelungs-Theorie des Weltalls steht noch heute in fast allgemeiner Geltung; sie ist durch keine bessere ersetzt worden, und Mathematiker, Astronomen und Geologen haben dieselbe durch mannichfaltige Beweise immer fester zu stützen versucht.

Die Kosmogenie Kant's behauptet, dass das ganze Weltall in unvordenklichen Zeiten ein gasförmiges Chaos bildete. Alle Materien, welche auf der Erde und anderen Weltkörpern gegenwärtig in verschiedenen Dichtigkeits-Zuständen, in festem, fest-flüssigem, tropfbar-flüssigem und elastisch-flüssigem oder gasförmigem Aggregat-Zustande sich gesondert finden, bildeten ursprünglich zusammen eine einzige gleichartige, den Weltraum gleichmässig erfüllende Masse, welche in Folge eines aussordentlich hohen Temperaturgrades in gasförmigem oder luftförmigem, äusserst dünnem Zustande sich befand. Die Millionen von Weltkörpern, welche gegenwärtig auf die verschiedenen Sonnensysteme vertheilt sind, existirten damals noch nicht. Sie entstanden erst in Folge einer allgemeinen Drehbewegung oder Rotation, bei welcher sich eine Anzahl von festeren Massengruppen mehr als die übrige gasförmige Masse verdichteten, und nun auf letztere als Anziehungs-Mittelpunkte wirkten. So entstand eine Scheidung des chaotischen Ur-Nebels oder Welt-Gases in eine Anzahl von rotirenden, mehr und mehr sich verdichtenden Nebelbällen. Auch unser Sonnensystem war ein solcher riesiger gasförmiger Dunstball, dessen Theilchen sich sämmtlich um einen gemeinsamen Mittelpunkt, den Sonnenkern, herumdrehten. Der Nebelball selbst nahm durch die Rotationsbewegung, gleich allen übrigen, eine Sphäroid-Form oder abgeplattete Kugel-Gestalt an.

Während die Centripetalkraft die rotirenden Theilchen immer näher an den festen Mittelpunkt des Nebelballs heranzog, und so diesen mehr und mehr verdichtete, war umgekehrt die Centrifugalkraft bestrebt, die peripherischen Theilchen immer weiter von jenem zu entfernen und sie abzuschleudern. An dem Aequatorialrande der an beiden Polen abgeplatteten Kugel war diese Centrifugalkraft am stärksten, und sobald sie bei weitergehender Verdichtung das Uebergewicht über die Centripetalkraft erlangte, löste sich hier eine ringförmige Nebelmasse von dem rotirenden Balle ab. Diese Nebelringe zeichneten die Bahnen der zukünftigen Planeten vor. Allmählich verdichtete sich die Nebelmasse des Ringes zu einem Planeten, der sich um seine eigene Axe drehte und zugleich um den Centralkörper rotirte. In ganz gleicher Weise aber wurden von dem Aequator der Planetenmasse, sobald die Centrifugalkraft wieder das Uebergewicht über die Centripetalkraft gewann, neue Nebelringe abgeschleudert, welche in gleicher Weise um die Planeten sich bewegten, wie diese um die Sonne. Auch diese Nebelringe verdichteten sich wieder zu rotirenden Bällen. So entstanden die Monde, von denen nur einer um die Erde, aber vier um den Jupiter, sechs um den Uranus sich bewegen. Der Ring des Saturnus stellt uns noch heute einen Mond auf jenem früheren Entwickelungsstadium dar. Indem bei fortschreitender Abkühlung sich diese einfachen Vorgänge der Verdichtung und Abschleuderung vielfach wiederholten, entstanden die verschiedenen Sonnensysteme, die Planeten, welche sich rotirend um ihre centrale Sonne, und die Trabanten oder Monde, welche sich drehend um ihren Planeten bewegen.

Der anfängliche gasförmige Zustand der rotirenden Weltkörper ging allmählich durch fortschreitende Abkühlung und Verdichtung in den feurigflüssigen oder geschmolzenen Aggregatzustand über. Durch den Verdichtungsvorgang selbst wurden grosse Mengen von

Wärme frei, und so gestalteten sich die rotirenden Sonnen, Planeten und Monde bald zu glühenden Feuerbällen, gleich riesigen geschmolzenen Metalltropfen, welche Licht und Wärme ausstrahlten, Durch den damit verbundenen Wärmeverlust verdichtete sich wiederum die geschmolzene Masse an der Oberfläche der feuerflüssigen Bälle und so entstand eine dünne feste Rinde, welche einen feurigflüssigen Kern umschloss. In allen diesen Beziehungen wird sich unsere mütterliche Erde nicht wesentlich verschieden von den übrigen Weltkörpern verhalten haben.

Der besondere Zweck dieser Vorträge gestattet uns nicht, die „natürliche Schöpfungs-Geschichte des Weltalls“ mit seinen verschiedenen Sonnen-Systemen und Planeten-Systemen im Einzelnen zu verfolgen und durch alle verschiedenen astronomischen und geologischen Beweismittel mathematisch zu begründen. Ich begnüge mich daher mit den eben angeführten Grundzügen derselben und verweise Sie bezüglich des Näheren auf Kant's „Allgemeine Naturgeschichte und Theorie des Himmels“ [22]), sowie auf die trefflichen Werke von Carus Sterne: „Werden und Vergehen“, und von Wilhelm Bölsche: „Entwickelungsgeschichte der Natur“ (1894). Nur die Bemerkung will ich noch hinzufügen, dass diese bewunderungswürdige Theorie, welche man auch die kosmologische Gas-Theorie genannt hat, mit allen uns bis jetzt bekannten allgemeinen Erscheinungsreihen in bestem Einklang steht. Ferner ist dieselbe rein mechanisch oder monistisch; sie nimmt ausschliesslich die ureigenen Kräfte der ewigen Materie für sich in Anspruch, und schliesst jeden übernatürlichen Vorgang, jede zweckmässige und bewusste Thätigkeit eines persönlichen Schöpfers vollständig aus. Kant's kosmologische Gas-Theorie nimmt daher in der Anorgologie, und insbesondere in der Geologie, eine ähnliche herrschende Stellung ein, und krönt in ähnlicher Weise unsere Gesammterkenntniss, wie Lamarck's biologische Descendenz-Theorie in der ganzen Biologie, und namentlich in der Anthropologie. Beide stützen sich ausschliesslich auf mechanische oder bewusstlose Ursachen (Causae efficientes), nirgends auf zweckthätige oder bewusste Ursachen (Causae finales). (Vergl. oben S. 89—92.) Beide erfüllen somit alle Anforderungen einer wissenschaftlichen Theorie und werden so lange in Geltung bleiben, bis sie durch bessere ersetzt werden.

Allerdings will ich andererseits nicht verhehlen, dass der grossartigen Kosmogenie Kant's einige Schwächen anhaften, welche uns nicht gestatten, ihr dasselbe unbedingte Vertrauen zu schenken, wie Lamarck's Descendenz-Theorie. Grosse Schwierigkeiten verschiedener Art hat die Vorstellung des uranfänglichen gasförmigen Chaos, das den ganzen Weltraum erfüllte. Eine grössere und ungelöste Schwierigkeit aber liegt darin, dass die kosmologische Gas-Theorie uns gar keinen Anhaltspunkt liefert für die Erklärung des ersten Anstosses, der die Rotationsbewegung in dem gaserfüllten Weltraum verursachte. Beim Suchen nach einem solchen Anstoss werden wir unwillkürlich zu der falschen Frage nach dem „ersten Anfang“ verführt. Einen ersten Anfang können wir uns aber für die ewigen Bewegungserscheinungen des Weltalls eben so wenig denken, als ein schliessliches Ende.

Das Weltall ist nach Raum und Zeit unbeschränkt und unermesslich. Es ist ewig und es ist unendlich. Aber auch für die ununterbrochene und ewige Bewegung, in welcher sich alle Theilchen des Weltalls beständig befinden, können wir uns keinen Anfang und kein Ende denken. Zu dieser Annahme zwingt uns das allumfassende Substanz-Gesetz, welches in der Physik als das Gesetz von der Erhaltung der Kraft, in der Chemie als das Gesetz von der Erhaltung des Stoffes, die Grundlage unserer ganzen Naturanschauung bildet. Die Welt, soweit sie dem Erkenntnissvermögen des Menschen zugänglich ist, erscheint als eine zusammenhängende Kette von materiellen Bewegungserscheinungen, mit einem fortwährenden Wechsel der Formen verknüpft. Jede Form, als das zeitweilige Resultat einer Summe von Bewegungserscheinungen, ist als solches vergänglich und von beschränkter Dauer. Aber in dem beständigen Wechsel der Formen bleibt die Materie und die davon untrennbare Kraft ewig und unzerstörbar; dies ist die wahre „Unsterblichkeit“.

Wenn nun auch Kant's kosmologische Gas-Theorie nicht im Stande ist, die Entwickelungs-Geschichte des ganzen Weltalls in befriedigender Weise über jenen Zustand des gasförmigen Chaos hinaus aufzuklären, und wenn auch ausserdem noch mancherlei Bedenken, namentlich von chemischer und geologischer Seite her, sich gegen sie aufwerfen lassen, so müssen wir ihr doch anderseits das grosse Verdienst lassen, den ganzen Bau des unserer Beobachtung zugänglichen Weltgebäudes, die „Anatomie" der Sonnen-Systeme und speciell unseres Planeten-Systems, vortrefflich durch ihre Entwickelungs-Geschichte zu erklären. Vielleicht war diese Entwickelung in der That eine ganz andere; vielleicht entstanden die Planeten, und also auch unsere Erde, durch Aggregation aus zahllosen kleinen, im Weltraum zerstreuten Meteoriten? Eine solche Theorie ist u. A. von Radenhausen, dem Verfasser der trefflichen Werke „Isis" und „Osiris" aufgestellt worden[33]). Aber meines Erachtens bieten diese und ähnliche Kosmogenien noch grössere Schwierigkeiten, als diejenige von Kant.

Nach diesem allgemeinen Blick auf die monistische Kosmogenie oder die „natürliche Entwickelungs-Geschichte des Weltalls" lassen Sie uns zu einem winzigen Bruchtheil desselben zurückkehren, zu unserer mütterlichen Erde. Wir hatten dieselbe im Zustande einer feurigflüssigen, an beiden Polen abgeplatteten Kugel verlassen, deren Oberfläche sich durch Abkühlung zu einer ganz dünnen festen Rinde verdichtet hatte. Die erste Erstarrungskruste wird die ganze Oberfläche des Erdsphäroids als eine zusammenhängende, glatte, dünne Schale gleichmässig überzogen haben. Bald aber wurde dieselbe uneben und höckerig. Indem nämlich bei fortschreitender Abkühlung der feurigflüssige Kern sich mehr und mehr verdichtete und zusammenzog, und so der ganze Erddurchmesser sich verkleinerte, musste die dünne, starre Rinde, welche der weicheren Kernmasse nicht nachfolgen konnte, über derselben vielfach sich runzeln, Falten bilden und zusammenbrechen. Es würde zwischen beiden ein leerer Raum entstanden sein, wenn nicht der äussere Athmosphärendruck die zerbrechliche Rinde nach innen hinein getrieben hätte. Andere Unebenheiten entstanden wahrscheinlich dadurch, dass an verschiedenen Stellen die abgekühlte Rinde durch den Erstarrungsprocess selbst sich zusammenzog und Sprünge oder Risse bekam. Der feuerflüssige Kern quoll von Neuem durch diese Sprünge hervor und erstarrte abermals. So entstanden schon frühzeitig mancherlei Erhöhungen und Vertiefungen, die ersten Grundlagen der Festländer und Meeresbecken, der Berge und der Thäler.

Nachdem die Temperatur des abgekühlten Erdballs bis auf einen gewissen Grad gesunken war, erfolgte ein sehr wichtiger neuer Vorgang, nämlich die erste Entstehung des Wassers Das Wasser war bisher nur in Dampfform in der den Erdball umgebenden Athmosphäre vorhanden gewesen. Offenbar konnte das Wasser sich erst zu tropfbar-flüssigem Zustande verdichten, nachdem die Temperatur der Atmosphäre unter den Siedepunkt gesunken war. Nun begann die weitere Umbildung der Erdrinde durch die Kraft des Wassers. Indem dasselbe beständig in Form von Regen niederfiel, hierbei die Erhöhungen der Erdrinde abspülte, die Vertiefungen durch den abgespülten Schlamm ausfüllte, und diesen schichtenweise ablagerte, bewirkte es die ausserordentlich wichtigen neptunischen Umbildungen der Erdrinde. Seitdem dauerte die Sediment-Bildung beständig fort, und führte zur Entstehung der mächtigen geschichteten Gebirgsmassen, der Sediment-Gesteine, auf welche wir im nächsten Vortrage noch einen näheren Blick werfen werden.

Erst nachdem die Erdrinde so weit abgekühlt war, dass das Wasser sich zu tropfbarer Form verdichtet hatte, erst als die bis dahin trockene Erdkruste zum ersten Male von flüssigem Wasser bedeckt wurde, konnte die Entstehung der ersten Organismen erfolgen. Denn alle Thiere und alle Pflanzen, alle Organismen überhaupt, bestehen zum grossen Theile oder zum grössten Theile aus tropfbar-flüssigem Wasser, welches mit anderen Materien in eigenthümlicher Weise sich verbindet, und diese in fest-flüssigen Aggregatzustand versetzt. Wir können also aus diesen allgemeinen Grundzügen der anorgischen Erd-Geschichte zunächst die wichtige Thatsache folgern, dass zu irgend einer bestimmten Zeit das organische Leben auf der Erde seinen Anfang hatte, dass die irdischen Organismen nicht von jeher existirten, sondern in irgend einem Zeitpunkte zum ersten Mal entstanden.

Wie haben wir uns nun diese Entstehung der ersten Organismen zu denken? Hier ist derjenige Punkt, an welchem die meisten Naturforscher noch heutzutage geneigt sind, den Versuch einer natürlichen Erklärung aufzugeben, und zu dem Wunder einer unbegreiflichen Schöpfung zu flüchten. Mit diesem Schritte treten sie, wie schon bemerkt, ausserhalb des Gebietes der naturwissenschaftlichen Erkenntniss und verzichten auf jede weitere Einsicht in den nothwendigen Zusammenhang der Natur-Geschichte. Ehe wir muthlos diesen letzten Schritt thun, ehe wir an der Möglichkeit jeder Erkenntniss dieses wichtigen Vorganges verzweifeln, wollen wir wenigstens einen Versuch machen, denselben zu begreifen. Lassen Sie uns sehen, ob denn wirklich die Entstehung eines ersten Organismus aus anorgischem Stoffe, die Entstehung eines lebendigen Körpers aus sogenannter lebloser Materie etwas ganz Undenkbares, ausserhalb aller bekannten Erfahrung Stehendes sei? Lassen Sie uns mit einem Worte die Frage von der Urzeugung oder Archigonie untersuchen! Vor allem ist hierbei erforderlich, sich die hauptsächlichsten Eigenschaften der beiden Haupt-Gruppen von Naturkörpern, der sogenannten leblosen oder anorgischen und der belebten oder organischen Körper klar zu machen, und das Gemeinsame einerseits, das Unterscheidende beider Gruppen andrerseits festzustellen. Auf diese Vergleichung der Organismen und Anorgane müssen wir hier um so mehr eingehen, als sie gewöhnlich sehr vernachlässigt wird, und als sie doch zu einem richtigen, einheitlichen Verständniss der Gesammtnatur ganz nothwendig ist. Am zweckmässigsten wird es hierbei sein, die drei Grundeigenschaften jedes Naturkörpers, Stoff, Form und Kraft, gesondert zu betrachten. Beginnen wir zunächst mit dem Stoff.

Durch die Chemie sind wir dahin gelangt, sämmtliche uns bekannte Körper in eine geringe Anzahl von Elementen oder Grundstoffen zu zerlegen; solche nicht weiter zerlegbare Körper sind z. B. Kohlenstoff, Sauerstoff, Stickstoff, Schwefel, ferner die verschiedenen Metalle: Kalium, Natrium, Eisen, Gold u. s. w. Man zählt jetzt gegen 70 solcher Elemente oder Grundstoffe. Die Mehrzahl derselben ist ziemlich unwichtig und selten, nur die Minderzahl ist allgemeiner verbreitet und setzt nicht allein die meisten Anorgane, sondern auch sämmtliche Organismen zusammen. Vergleichen wir nun diejenigen Elemente, welche den Körper der Organismen aufbauen, mit denjenigen, welche in den Anorganen sich finden, so haben wir zunächst die höchst wichtige Thatsache hervorzuheben, dass im Thier- und Pflanzenkörper kein Grundstoff vorkommt, der nicht auch ausserhalb desselben in der leblosen Natur zu finden wäre. Es giebt keine besonderen organischen Elemente oder Grundstoffe.

Beiläufig bemerkt, ist es höchst wahrscheinlich, dass alle diese sogenannten „Elemente" nur verschiedene Verbindungs-Formen von gleichartigen Atomen einer einfachen Ursubstanz sind, der Masse. Die Unterschiede unserer heutigen „Elemente" beruhen wahrscheinlich nur darauf, dass diese Massen-Atome in verschiedener Zahl und Anordnung zusammengesetzt sind; und diese Atom-Gruppen oder Molekeln besitzen verschiedene Beziehungen zu dem universalen Aether, welcher den Weltraum erfüllt. (Vergl. hierüber meinen „Monismus", S. 17.) Die gruppenweise Verwandtschaft der Elemente legt uns diese Vermuthung sehr nahe, wenn auch unsere unvollkommene Chemie bisher nicht im Stande gewesen ist, dieselbe experimentell zu begründen.

Die chemischen und physikalischen Unterschiede, welche zwischen den Organismen und den Anorganen existiren, haben also ihren materiellen Grund nicht in einer verschiedenen Natur der sie zusammensetzenden Grundstoffe, sondern in der verschiedenen Art und Weise, in welcher die letzteren zu chemischen Verbindungen zusammengesetzt sind. Diese verschiedene Verbindungsweise bedingt zunächst gewisse physikalische Eigenthümlichkeiten, insbesondere in der Dichtigkeit der Materie, welche auf den ersten Blick eine tiefe Kluft zwischen beiden Körpergruppen zu begründen scheinen. Die geformten anorgischen oder leblosen Naturkörper, die Krystalle und die amorphen Gesteine, befinden sich in einem Dichtigkeitszustande, den wir den festen nennen, und den wir dem tropfbar-flüssigen Dichtigkeitszustande des Wassers und dem gasförmigen Dichtigkeitszustande der Luft entgegensetzen. Es ist Ihnen bekannt, dass diese drei verschiedenen Dichtigkeitsgrade oder Aggregat-Zustände der Anorgane durchaus nicht den verschiedenen Elementen eigenthümlich, sondern die Folgen eines bestimmten Temperatur-Grades sind. Jeder anorgische feste Körper, z. B. Blei, kann durch Erhöhung der Temperatur zunächst in den tropfbar-flüssigen oder geschmolzenen, und durch weitere Erhitzung in den gasförmigen oder elastisch-flüssigen Zustand versetzt werden. Ebenso kann jeder gasförmige Körper, z. B. Kohlensäure, durch gehörige Erniedrigung der Temperatur und durch hohen Druck zunächst in den tropfbar-flüssigen und weiterhin in den festen Dichtigkeits-Zustand übergeführt werden.

Im Gegensatz zu diesen drei Dichtigkeits-Zuständen der Anorgane befindet sich der lebendige Körper aller Organismen, Thiere sowohl als Pflanzen, in einem ganz eigenthümlichen, vierten Aggregatzustande. Dieser ist weder fest, wie Gestein, noch tropfbar-flüssig, wie Wasser, vielmehr hält er zwischen diesen beiden Zuständen die Mitte, und kann daher als der fest-flüssige oder gequollene Aggregat-Zustand bezeichnet werden. In allen lebenden Körpern ohne Ausnahme ist eine gewisse Menge Wasser mit fester Materie in ganz eigenthümlicher Art und Weise verbunden, und eben durch diese charakteristische Verbindung des Wassers mit der organischen Materie entsteht jener weiche, weder feste noch flüssige, Aggregat-Zustand, welcher für das Zustandekommen und die mechanische Erklärung der Lebenserscheinungen von der grössten Bedeutung ist. Die Ursache desselben liegt wesentlich in den physikalischen und chemischen Eigenschaften eines einzigen Grundstoffs, des Kohlenstoffs.

Von allen Elementen ist der Kohlenstoff für uns bei weitem das wichtigste und interessanteste, weil bei allen uns bekannten Thier- und Pflanzen-Körpern dieser Grundstoff die grösste Rolle spielt. Er ist dasjenige Element, welches durch seine eigenthümliche Neigung zur Bildung verwickelter Verbindungen mit den andern Elementen die grösste Mannichfaltigkeit in der chemischen Zusammensetzung, und daher auch in den Formen und Lebens-Eigenschaften der Thier- und Pflanzen-Körper hervorruft. Der Kohlenstoff zeichnet sich ganz besonders dadurch aus, dass er sich mit den andern Elementen in unendlich mannichfaltigen

Zahlen- und Gewichts-Verhältnissen verbinden kann. Zunächst entstehen durch Verbindung des Kohlenstoffs mit drei andern Elementen, dem Sauerstoff, Wasserstoff und Stickstoff (zu denen sich meist auch noch Schwefel und häufig Phosphor gesellt), jene äusserst wichtigen Verbindungen, welche wir als das erste und unentbehrlichste Substrat aller Lebens-Erscheinungen kennen gelernt haben, die eiweissartigen Verbindungen oder Albumin-Körper (Proteïnstoffe). Unter diesen sind wieder die wichtigsten die Plasson-Körper oder „Plasma-Verbindungen" (Karyoplasma und Cytoplasma). Schon früher (S. 164) haben wir in den Moneren Organismen der aller einfachsten Art kennen gelernt, deren ganzer Körper in vollkommen ausgebildetem Zustande aus weiter Nichts besteht, als aus einem Plasson-Stückchen oder einem fest-flüssigen eiweissartigen Plasma-Körnchen; gerade diese einfachsten Organismen sind für die Lehre von der ersten Entstehung des Lebens von der allergrössten Bedeutung. Aber auch die meisten übrigen Organismen sind zu einer gewissen Zeit ihrer Existenz, wenigstens in der ersten Zeit ihres Lebens als Ei-Zellen oder Keim-Zellen, im Wesentlichen weiter Nichts als einfache, meist kugelige Klümpchen eines solchen eiweissartigen Bildungsstoffes, des Zellschleimes oder Protoplasma. Sie sind dann von den Moneren nur dadurch verschieden, dass im Inneren des Albumin-Körnchens sich das festere Karyoplasma oder die Substanz des Zell-Kerns (Nucleus) von dem umgebenden weicheren Zell-Stoff (Cytoplasma) gesondert hat. Wie wir schon früher zeigten, sind Zellen von ganz einfacher Beschaffenheit die Staatsbürger, welche durch ihr Zusammenwirken und ihre Sonderung den Körper auch der vollkommensten Organismen, einen republikanischen Zellen-Staat, aufbauen (S. 256). Die entwickelten Formen und Lebens-Erscheinungen des letzteren werden lediglich durch die gemeinsame Thätigkeit jener eiweissartigen Plastiden zu Stande gebracht, der wahren selbstthätigen „Bildnerinnen" des Lebens.

Es darf als einer der grössten Triumphe der neueren Biologie, insbesondere der Gewebe-Lehre, angesehen werden, dass wir jetzt im Stande sind, das Wunder der Lebenserscheinungen auf diese

Stoffe zurückzuführen, dass wir die unendlich mannichfaltigen und verwickelten, physikalischen und chemischen Eigenschaften der eiweissartigen Plasson-Körper als die eigentliche Ursache der organischen oder Lebens-Erscheinungen nachgewiesen haben. Alle verschiedenen Formen der Organismen sind zunächst und unmittelbar das Resultat der Zusammensetzung aus verschiedenen Formen von Zellen. Die unendlich mannichfaltigen Verschiedenheiten in der Form, Grösse und Zusammensetzung der Zellen sind aber erst allmählich durch die Arbeitstheilung und die Formspaltung der Plastidule oder Micellen entstanden; durch die Molekular-Selection jener einfachen gleichartigen Plasson-Körnchen, welche ursprünglich allein den Leib der Plastiden bildeten. Daraus folgt mit Nothwendigkeit, dass auch die Grund-Erscheinungen des organischen Lebens, Ernährung und Fortpflanzung, ebenso in ihren höchst zusammengesetzten wie in ihren einfachsten Aeusserungen, auf die materielle Zusammensetzung jenes eiweissartigen Bildungsstoffes, des Plasson, zurückzuführen sind.

So hat denn gegenwärtig die allgemeine Erklärung des organischen Lebens für uns im Princip nicht mehr Schwierigkeit, als die Erklärung der physikalischen Eigenschaften der anorgischen Körper. Alle Lebens-Erscheinungen und Gestaltungs-Processe der Organismen sind eben so unmittelbar durch die chemische Zusammensetzung und die physikalischen Kräfte der organischen Materie bedingt, wie die Lebenserscheinungen der anorgischen Krystalle, d. h. die Vorgänge ihres Wachsthums und ihrer specifischen Formbildung, die unmittelbaren Folgen ihrer chemischen Zusammensetzung und ihres physikalischen Zustandes sind. Die letzten Ursachen bleiben uns freilich in beiden Fällen gleich verborgen. Wenn Gold und Kupfer im tesseralen, Wismuth und Antimon im hexagonalen, Jod und Schwefel im rhombischen Krystallsystem krystallisiren, so ist uns dies im Grunde nicht mehr und nicht weniger räthselhaft, als jeder elementare Vorgang der organischen Formbildung, jede Selbstgestaltung der organischen Zelle. Auch in dieser Beziehung können wir gegenwärtig den fundamentalen Unterschied zwischen organischen und anorgischen Körpern nicht mehr festhalten, von welchem man früher allgemein überzeugt war.

Betrachten wir zweitens die Uebereinstimmungen und Unterschiede, welche die Formbildung der organischen und anorgischen Naturkörper uns darbietet. Als Hauptunterschied in dieser Beziehung sah man früher die einfache Structur der letzteren, den zusammengesetzten Bau der ersteren an. Der Körper aller Organismen sollte aus ungleichartigen oder heterogenen Theilen zusammengesetzt sein, aus Werkzeugen oder Organen, welche zum Zweck des Lebens zusammenwirken. Dagegen sollten auch die vollkommensten Anorgane, die Krystalle, durch und durch aus gleichartiger oder homogener Materie bestehen. Dieser Unterschied erscheint im Princip allerdings sehr wesentlich. Allein er hat alle Bedeutung verloren, seit wir vor 30 Jahren die höchst merkwürdigen und wichtigen Moneren kennen gelernt haben [15]). Der ganze lebendige Körper dieser einfachsten Organismen ist nur ein fest-flüssiges, formloses und structurloses Plasson-Klümpchen; vergleichbar einem Krystall, der aus einer einzigen anorgischen Verbindung, z. B. einem Metallsalze, oder einer sehr zusammengesetzten Kieselerde-Verbindung besteht. Freilich nehmen wir an, dass auch im homogenen Plasma des einfachsten Moneres eine sehr verwickelte Molekular-Structur besteht; allein diese ist weder anatomisch noch mikroskopisch nachweisbar; und ausserdem muss eine solche eben so gut bei den Krystallen vorausgesetzt werden.

Ebenso wie in der inneren Structur oder Zusammensetzung, hat man auch in der äusseren Form durchgreifende Unterschiede zwischen den Organismen und Anorganen finden wollen, insbesondere in der mathematisch bestimmbaren Krystallform der letzteren. Allerdings ist die Krystallisation vorzugsweise eine Eigenschaft der sogenannten Anorgane. Die Krystalle werden begrenzt von ebenen Flächen, welche in geraden Linien und unter bestimmten messbaren Winkeln zusammenstossen. Die Thier- und Pflanzen-Form dagegen scheint auf den ersten Blick keine derartige geometrische Bestimmung zuzulassen. Sie ist meistens von gebogenen Flächen und krummen Linien begrenzt, welche unter veränderlichen Winkeln zusammenstossen. Allein wir haben in neuerer Zeit in den Radiolarien und in vielen anderen Protisten eine grosse Anzahl von niederen Organismen kennen gelernt, bei denen der Körper in gleicher Weise, wie bei den Krystallen, auf eine mathematisch bestimmbare Grundform sich zurückführen lässt; auch hier ist die Gestalt im Ganzen wie im Einzelnen durch geometrisch bestimmbare Flächen, Kanten und Winkel begrenzt. In meiner allgemeinen Grundformenlehre oder Promorphologie habe ich hierfür die ausführlichen Beweise geliefert, und zugleich ein allgemeines Formen-System aufgestellt, auf dessen ideale stereometrische Grundformen eben so gut die realen Formen der anorgischen Krystalle wie der organischen Individuen sich zurückführen lassen (Gener. Morphol. I, 375—574). Ausserdem giebt es übrigens auch vollkommen amorphe Organismen, wie die Moneren, Amöben u. s. w., welche jeden Augenblick ihre Gestalt wechseln, und bei denen man eben so wenig eine bestimmte Grundform nachweisen kann, als es bei den formlosen oder amorphen Anorganen, bei den nicht krystallisirten Gesteinen, Niederschlägen u. s. w. der Fall ist. Wir sind also nicht im Stande, irgend einen principiellen Unterschied in der äusseren Form oder in der inneren Structur der Anorgane und Organismen aufzufinden.

Wenden wir uns drittens an die Kräfte oder an die Bewegungs-Erscheinungen dieser beiden verschiedenen Körper-Gruppen. Hier stossen wir auf die grössten Schwierigkeiten. Die Lebens-Erscheinungen, wie sie die meisten Menschen nur von hoch ausgebildeten Organismen, von vollkommneren Thieren und Pflanzen kennen, erscheinen so räthselhaft, so wunderbar, so eigenthümlich, dass die Meisten der bestimmten Ansicht sind, in der anorgischen Natur komme gar nichts Aehnliches oder nur entfernt damit Vergleichbares vor. Man nennt ja eben deshalb die Organismen belebte und die Anorgane leblose Naturkörper. Daher erhielt sich bis in unser Jahrhundert hinein, selbst in der Wissenschaft, die sich mit der Erforschung der Lebens-Erscheinungen beschäftigt, in der Physiologie, die irrthümliche Ansicht, dass die physikalischen und chemischen Eigenschaften der Materie nicht zur Erklärung der Lebens-Erscheinungen ausreichten. Heutzutage darf diese Ansicht durch die Fortschritte der Biologie als völlig überwunden angesehen werden. In der exacten Physiologie wenigstens hat sie nirgends mehr eine Stätte. Es fällt heutzutage keinem Physiologen mehr ein, irgend welche Lebens-Erscheinungen als das Resultat einer wunderbaren Lebenskraft aufzufassen, einer besonderen zweckmässig thätigen Kraft, welche ausserhalb der Materie steht, und welche die physikalisch-chemischen Kräfte derselben gewissermassen nur zeitweilig in ihren Dienst nimmt. Die heutige Physiologie ist zu der streng monistischen Ueberzeugung gelangt, dass sämmtliche Lebens-Thätigkeiten, und vor allen die beiden Grund-Erscheinungen der Ernährung und Fortpflanzung, rein physikalisch-chemische Vorgänge sind, ebenso unmittelbar von der materiellen Beschaffenheit des Organismus abhängig, wie alle physikalischen und chemischen Eigenschaften eines jeden Krystalles lediglich durch seine materielle Zusammensetzung bedingt werden. Da nun derjenige Grundstoff, welcher die eigenthümliche materielle Zusammensetzung der Organismen bedingt, der Kohlenstoff ist, so müssen wir alle Lebens-Erscheinungen, und vor allen die beiden Grund-Functionen der Ernährung und Fortpflanzung, in letzter Linie auf die Eigenschaften des Kohlenstoffs zurückführen. Lediglich die eigenthümlichen, chemisch-physikalischen Eigenschaften des Kohlenstoffs, und namentlich der festflüssige Aggregatzustand und die leichte Zersetzbarkeit der höchst zusammengesetzten eiweissartigen Kohlenstoff-Verbindungen, sind die mechanischen Ursachen jener eigenthümlichen Bewegungs-Erscheinungen, durch welche sich die Organismen von den Anorganen unterscheiden, und die man im engeren Sinne das „Leben“ nennt.

Um diese „Kohlenstoff-Theorie“, welche ich im zweiten Buche meiner generellen Morphologie ausführlich begründet habe, richtig zu würdigen, ist es vor Allem nöthig, diejenigen Bewegungs-Erscheinungen scharf in's Auge zu fassen, welche beiden Gruppen von Naturkörpern gemeinsam sind. Unter diesen steht obenan das Wachsthum. Wenn Sie irgend eine anorgische

Salzlösung langsam verdampfen lassen, so bilden sich darin Salz-Krystalle, welche bei weiter gehender Verdunstung des Wassers langsam an Grösse zunehmen. Dieses Wachsthum erfolgt dadurch, dass immer neue Theilchen aus dem flüssigen Aggregat-Zustande in den festen übergehen und sich an den bereits gebildeten festen Krystallkern nach bestimmten Gesetzen anlagern. Durch solche Anlagerung oder Apposition der Theilchen entstehen die mathematisch bestimmten Krystall-Formen. Ebenso durch Aufnahme neuer Theilchen geschieht auch das Wachsthum der Organismen. Der Unterschied ist nur der, dass beim Wachsthum der Organismen in Folge ihres fest-flüssigen Aggregat-Zustandes die neu aufgenommenen Theilchen in's Innere des Organismus vorrücken (Intussusception), während die Anorgane nur durch Apposition, durch Ansatz neuer, gleichartiger Materie von aussen her zunehmen. Indess ist dieser wichtige Unterschied des Wachsthums durch Intussusception und durch Apposition augenscheinlich nur die nothwendige und unmittelbare Folge des verschiedenen Dichtigkeits-Zustandes der Organismen und der Anorgane.

Ich kann hier leider nicht näher die mancherlei höchst interessanten Parallelen und Aehnlichkeiten verfolgen, welche sich zwischen der Bildung der vollkommensten Anorgane, der Krystalle, und der Bildung der einfachsten Organismen, der Moneren und der nächst verwandten Protisten-Formen, vorfinden. Ich muss Sie in dieser Beziehung auf die eingehende Vergleichung der Organismen und der Anorgane verweisen, welche ich im fünften Kapitel meiner generellen Morphologie durchgeführt habe (Gen. Morph. I, 111 bis 166). Dort habe ich ausführlich bewiesen, dass durchgreifende Unterschiede zwischen den organischen und anorganischen Naturkörpern weder in Bezug auf Form und Structur, noch in Bezug auf Stoff und Kraft existiren; die wirklich vorhandenen Unterschiede hängen von der eigenthümlichen Natur des Kohlenstoffs ab; aber keine unübersteigliche Kluft trennt die organische Welt vollständig von der anorganischen Natur.

Besonders einleuchtend erkennen Sie diese höchst wichtige Thatsache, wenn Sie die Entstehung der Formen bei den

Krystallen und bei den einfachsten organischen Individuen vergleichend untersuchen. Auch bei der Bildung der Krystall-Individuen treten zweierlei verschiedene, einander entgegenwirkende Bildungskräfte in Wirksamkeit. Die innere Gestaltungskraft oder der innere „Bildungstrieb“, welcher der Erblichkeit der Organismen entspricht, ist bei dem Krystalle der unmittelbare Ausfluss seiner materiellen Constitution oder seiner chemischen Zusammensetzung. Die Form des Krystalles, soweit sie durch diesen inneren, ureigenen Bildungstrieb bestimmt wird, ist das Resultat der specifisch bestimmten Art und Weise, in welcher sich die kleinsten Theilchen der krystallisirenden Materie nach verschiedenen Richtungen hin gesetzmässig an einander lagern. Jener selbstständigen inneren Bildungskraft, welche der Materie selbst unmittelbar anhaftet, wirkt eine zweite formbildende Kraft geradezu entgegen. Diese äussere Gestaltungskraft oder den äusseren „Bildungstrieb“ können wir bei den Krystallen ebenso gut wie bei den Organismen als Anpassung bezeichnen. Jedes Krystall-Individuum muss sich während seiner Entstehung ganz ebenso wie jedes organische Individuum den umgebenden Einflüssen und Existenz-Bedingungen der Aussenwelt unterwerfen und anpassen. In der That ist die Form und Grösse eines jeden Krystalles abhängig von seiner gesammten Umgebung, z. B. von dem Gefäss, in welchem die Krystallisation stattfindet, von der Temperatur und von dem Luftdruck, unter welchem der Krystall sich bildet, von der Anwesenheit oder Abwesenheit ungleichartiger Körper u. s. w. Die Form jedes einzelnen Krystalles ist daher ebenso wie die Form jedes einzelnen Organismus das Resultat der Gegenwirkung zweier einander gegenüber stehender Factoren, der inneren Bildungskraft, welche durch die chemische Constitution der eigenen Materie gegeben ist, und der äusseren Bildungskraft, welche durch die Einwirkung der umgebenden Materie bedingt ist. Beide in Wechselwirkung stehende Gestaltungskräfte sind im Organismus ebenso wie im Krystall rein mechanischer Natur. Wenn man das Wachsthum und die Gestaltung der Organismen als einen „Lebens-Process“ bezeichnet, so kann man dasselbe ebenso gut von dem sich bildenden Krystall behaupten. Die teleologische Natur-Betrachtung, welche in den organischen Formen zweckmässig eingerichtete Schöpfungs-Maschinen erblickt, muss folgerichtiger Weise dieselben auch in den Krystall-Formen anerkennen. Die Unterschiede, welche sich zwischen den einfachsten organischen Individuen und den anorgischen Krystallen vorfinden, sind durch den festen Aggregat-Zustand der letzteren, durch den fest-flüssigen Zustand der ersteren bedingt. Im Uebrigen sind die bewirkenden Ursachen der Form in beiden vollständig dieselben. Ganz besonders klar drängt sich Ihnen diese Ueberzeugung auf, wenn Sie die höchst merkwürdigen Erscheinungen von dem Wachsthum, der Anpassung und der „Wechsel-Beziehung oder Correlation der Theile" bei den entstehenden Krystallen mit den entsprechenden Erscheinungen bei der Entstehung der einfachsten organischen Individuen (Moneren und Zellen) vergleichen. In meiner generellen Morphologie habe ich hierfür eine Anzahl von schlagenden Analogien angeführt (Gen. Morph. I, 146, 156, 158).

Wenn Sie diese „Einheit der organischen und anorgischen Natur", diese wesentliche Uebereinstimmung der Organismen und Anorgane in Stoff, Form und Kraft, sich lebhaft vor Augen halten, wenn Sie sich erinnern, dass wir nicht im Stande sind, irgend welche fundamentalen Unterschiede zwischen diesen beiderlei Körper-Gruppen festzustellen (wie sie früherhin allgemein angenommen wurden), so verliert die Frage von der Urzeugung sehr viel von der Schwierigkeit, welche sie auf den ersten Blick zu haben scheint. Die Entstehung des ersten Organismus aus anorgischer Materie erscheint uns dann viel leichter denkbar und viel verständlicher, als es bisher der Fall war; denn jene künstliche absolute Scheidewand zwischen organischer und anorgischer Natur, zwischen belebten und leblosen Naturkörpern ist jetzt beseitigt.

Bei der Frage von der Urzeugung oder Archigonie, die wir jetzt bestimmter beantworten können, erinnern Sie sich zunächst daran, dass wir unter diesem Begriff ganz allgemein die elternlose Zeugung eines organischen Individuums verstehen, die spontane Entstehung eines einfachsten Organismus, unabhängig von einem elterlichen oder zeugenden Organismus. In diesem Sinne haben wir früher die Urzeugung (*Archigonia*) der Elternzeugung oder Fortpflanzung (*Tocogonia*) entgegengesetzt (S. 163). Bei dieser letzteren entsteht das organische Individuum dadurch, dass ein grösserer oder geringerer Theil von einem bereits bestehenden Organismus sich ablöst und selbstständig weiter wächst. Die elternlose Urzeugung wird auch oft als freiwillige oder ursprüngliche Zeugung bezeichnet (Generatio spontanea, aequivoca, primaria etc.).

Der Begriff der Archigonie, oder der „Urzeugung" im streng wissenschaftlichen Sinne, umfasst zwei wesentlich verschiedene Vorgänge, nämlich die Autogonie und die Plasmogonie. Unter Autogonie verstehen wir die Entstehung eines einfachsten Plasmakörpers in einer anorgischen Bildungs-Flüssigkeit, d. h. in einer Flüssigkeit, welche die zur Zusammensetzung des Organismus erforderlichen Grundstoffe in einfachen und beständigen Verbindungen gelöst enthält (z. B. Kohlensäure, Ammoniak, binäre Salze u. s. w.). Plasmogonie dagegen nennen wir die Urzeugung dann, wenn das organische Individuum in einer organischen Bildungs-Flüssigkeit entsteht, d. h. in einer Flüssigkeit, welche jene erforderlichen Grundstoffe in Form von verwickelten und lockeren Kohlenstoff-Verbindungen bereits gelöst enthält (Eiweiss, Fett, Kohlen-Hydrate etc.) (Gen. Morph. I, 174; II, 33).

Der Vorgang der Autogonie sowohl als der Plasmogonie ist bis jetzt noch nicht direct beobachtet. In älterer und neuerer Zeit hat man über die Möglichkeit oder Wirklichkeit der Urzeugung sehr zahlreiche und zum Theil auch interessante Versuche angestellt. Allein diese Experimente beziehen sich fast sämmtlich nicht auf die Autogonie, sondern auf die Plasmogonie, auf die Entstehung eines Organismus aus bereits gebildeter organischer Materie. Offenbar hat aber für unsere Schöpfungs-Geschichte dieser letztere Vorgang nur ein secundäres Interesse. Es kommt für uns vielmehr zunächst darauf an, die Frage zu lösen: „Giebt es eine Autogonie? Ist es möglich, dass ein Plasmakörper nicht aus vorgebildeter organischer, sondern aus rein anorgischer Materie entsteht?" Daher können wir hier auch ruhig alle jene zahlreichen Experimente, welche sich nur auf die Plasmogonie beziehen, und in den letzten Jahrzehnten mit besonderem Eifer betrieben worden sind, bei Seite lassen; zumal sie ein negatives Resultat hatten. Angenommen auch, es würde dadurch die Wirklichkeit der Plasmogonie streng bewiesen, so wäre damit noch nicht die Autogonie erklärt.

Die Versuche über Autogonie haben bis jetzt ebenfalls kein positives Resultat geliefert. Jedoch müssen wir uns von vorn herein auf das bestimmteste dagegen verwahren, dass durch diese Experimente die Unmöglichkeit der Urzeugung überhaupt nachgewiesen sei. Die allermeisten Naturforscher, welche bestrebt waren, diese Frage experimentell zu entscheiden, und welche bei Anwendung aller möglichen Vorsichtsmaasregeln unter ganz bestimmten Verhältnissen keine Organismen entstehen sahen, stellten auf Grund dieser negativen Resultate sofort die Behauptung auf: „Es ist überhaupt unmöglich, dass Organismen von selbst, ohne elterliche Zeugung, entstehen." Diese leichtfertige und unüberlegte Behauptung stützten sie einfach und allein auf das negative Resultat ihrer Experimente, welche doch weiter Nichts beweisen konnten, als dass unter diesen oder jenen, höchst künstlichen Verhältnissen, wie sie durch die Experimentatoren geschaffen wurden, kein Organismus sich bildete. Man kann auf keinen Fall aus dem negativen Erfolge jener Versuche, welche meistens unter den unnatürlichsten Bedingungen in höchst künstlicher Weise angestellt wurden, den Schluss ziehen, dass die Urzeugung überhaupt unmöglich sei.

Die Unmöglichkeit der Urzeugung kann überhaupt niemals bewiesen werden. Denn wie können wir wissen, dass in jener ältesten unvordenklichen Urzeit nicht ganz andere Bedingungen, als gegenwärtig, existirten, und dass diese eine Autogonie ermöglichten? Ja, wir können sogar mit voller Sicherheit positiv behaupten, dass die allgemeinen Lebens-Bedingungen der Primordialzeit gänzlich von denen der Gegenwart verschieden gewesen sein müssen. Denken Sie allein an die Thatsache, dass die ungeheuren Massen von Kohlenstoff, welche wir gegenwärtig in den primären Steinkohlengebirgen abgelagert finden, erst durch die Thätigkeit des Pflanzenlebens in feste Form gebracht wurden; sie sind die mächtig zusammengepressten und verdichteten Ueberreste von zahllosen Pflanzenleichen, die sich im Laufe von Jahr-Millionen anhäuften. Allein zu jener Zeit, als auf der abgekühlten Erdrinde, nach der Entstehung des tropfbar-flüssigen Wassers, zum ersten Male Organismen durch Urzeugung sich bildeten, waren jene unermesslichen Kohlenstoff-Mengen in ganz anderer Form vorhanden, wahrscheinlich grösstentheils in Form von Kohlensäure in der Atmosphäre vertheilt. Die ganze Zusammensetzung der Atmosphäre war also ausserordentlich von der jetzigen verschieden. Ferner waren, wie sich aus chemischen, physikalischen und geologischen Gründen schliessen lässt, der Dichtigkeitszustand und die elektrischen Verhältnisse der Atmosphäre ganz andere. Ebenso war auch jedenfalls die chemische und physikalische Beschaffenheit des laurentischen Urmeeres, welches damals als eine ununterbrochene Wasserhülle die ganze Erdoberfläche im Zusammenhang bedeckte, sehr eigenthümlich. Temperatur, Dichtigkeit, Salzgehalt u. s. w. müssen sehr von denen der jetzigen Meere verschieden gewesen sein. Also bleibt für uns auf jeden Fall, wenn wir auch sonst Nichts weiter davon wissen, die Annahme gestattet, dass zu jener Zeit unter ganz anderen Bedingungen eine Urzeuguug möglich gewesen sei, die heutzutage vielleicht nicht mehr möglich ist.

Nun kommt aber dazu, dass durch die neueren Fortschritte der Chemie und Physiologie das Räthselhafte und Wunderbare, das zunächst der viel bestrittene und doch nothwendige Vorgang der Urzeugung an sich zu haben scheint, grösstentheils oder eigentlich ganz zerstört worden ist. Es ist kaum siebenzig Jahre her, dass sämmtliche Chemiker behaupteten, wir seien nicht im Stande, irgend eine zusammengesetzte Kohlenstoff-Verbindung oder eine sogenannte „organische Verbindung“ künstlich in unseren Laboratorien herzustellen. Nur die mystische „Lebenskraft“ sollte diese Verbindungen zu Stande bringen können. Als daher 1828 Wöhler in Göttingen zum ersten Male dieses Dogma thatsächlich widerlegte, und auf künstlichem Wege aus rein anorgischen

Körpern (Cyan- und Ammoniak-Verbindungen) den rein „organischen“ Harnstoff darstellte, war man im höchsten Grade erstaunt und überrascht. In der neueren Zeit ist es nun durch die Fortschritte der synthetischen Chemie gelungen, derartige „organische“ Kohlenstoff-Verbindungen rein künstlich in grosser Mannichfaltigkeit in unseren Laboratorien aus anorgischen Substanzen herzustellen, z. B. Alkohol, Essigsäure, Ameisensäure u. s. w. Selbst viele höchst verwickelte Kohlenstoff-Verbindungen werden jetzt künstlich zusammengesetzt, so dass alle Aussicht vorhanden ist, auch die am meisten zusammengesetzten und zugleich die wichtigsten von allen, die Eiweiss-Verbindungen der Plasson-Körper, früher oder später künstlich in unseren chemischen Werkstätten zu erzeugen. Dadurch ist aber die tiefe Kluft zwischen organischen und anorgischen Körpern, die man früher allgemein festhielt, grösstentheils oder eigentlich ganz beseitigt, und für die Vorstellung der Urzeugung der Weg gebahnt.

Von noch grösserer, ja von der allergrössten Wichtigkeit für die Hypothese der Urzeugung sind endlich die höchst merkwürdigen Moneren, jene schon vorher mehrfach erwähnten Lebewesen, welche nicht nur die einfachsten beobachteten, sondern auch überhaupt die denkbar einfachsten von allen Organismen sind[15]). Schon früher, als wir die einfachsten Erscheinungen der Fortpflanzung und Vererbung untersuchten, habe ich Ihnen diese wunderbaren „Organismen ohne Organe“ beschrieben. Wir kennen jetzt zwei verschiedene Gruppen solcher kernloser Plastiden, von denen die einen (Phytomoneren) als die Anfangs-Stufen des Pflanzenreichs, die anderen (Zoomoneren) als die niedersten Stufen des Thierreichs betrachtet werden können. Als Phytomoneren oder einfachste „Urpflänzchen“ betrachten wir die Chromaceen oder Phycochromaceen (*Chroococcus*, *Gloeocapsa* u. A.), kleine spangrüne Plasmakugeln, welche in Gallertmassen vereinigt leben und sich durch Theilung vermehren. Nahe verwandt sind die Oscillarien und Nostocaceen, bei denen viele solche Plasmakörner sich reihenweise an einander legen und Ketten bilden. Sie unterscheiden sich von den Probionten, den ältesten Organismen, deren Entstehung durch

Urzeugung wir hypothetisch annehmen müssen, durch den Besitz einer dünnen, von der Plasmakugel ausgeschiedenen Schutzhülle.

Diese ältesten Organismen unsers Erdballs verhielten sich hinsichtlich ihres Stoffwechsels als echte Pflanzen; sie waren „Plasmodomen" oder Plasmabauern, und besassen das Vermögen der Carbon-Assimilation; sie konnten aus Wasser, Kohlensäure und Ammoniak (oder Salpetersäure) durch Synthese Eiweiss bilden. Dieses Vermögen ging verloren bei einem Theile ihrer Nachkommen, bei den Zoomoneren oder Archezoen, den ältesten „Urthierchen". Dahin gehören die allbekannten Bacterien und die oben beschriebenen „kernlosen Rhizopoden", Protomyxa, Protamoeba, Biomyxa u. s. w. Diese sind „Plasmophagen" oder Plasmafresser und müssen ihre Nahrung aus bereits gebildeten Eiweisskörpern beziehen.

In vollkommen ausgebildetem und frei beweglichem Zustande stellen diese Moneren weiter Nichts dar, als ein structurloses Körnchen oder Klümpchen einer eiweissartigen Kohlenstoff-Verbindung. Nur durch die Art der Fortpflanzung und Nahrungsaufnahme sind die einzelnen Gattungen und Arten ein wenig verschieden. Durch die Entdeckung dieser Organismen, die von der allergrössten Bedeutung ist, verliert die Annahme der Urzeugung den grössten Theil ihrer Schwierigkeiten. Denn da denselben noch jede Organisation, jeder Unterschied ungleichartiger Theile fehlt, da alle Lebens-Erscheinungen von einer und derselben gleichartigen und formlosen Materie vollzogen werden, so können wir uns ihre Entstehung durch Urzeugung sehr wohl denken. Geschieht dieselbe durch Plasmogonie, ist bereits lebensfähiges Plasma vorhanden, so braucht dasselbe bloss sich zu individualisiren, in gleicher Weise, wie bei der Krystallbildung sich die Mutterlauge der Krystalle individualisirt. Geschieht dagegen die Urzeugung der Moneren durch wahre Autogonie, so ist dazu noch erforderlich, dass vorher jenes lebensfähige Plasson, jener Urschleim, aus einfacheren Kohlenstoff-Verbindungen sich bildet. Die einzelnen Stufen dieses chemischen Processes hat Naegeli sehr scharfsinnig erläutert. Jedenfalls muss ursprünglich die Autogonie der Plasmogonie vorhergegangen sein.

Da wir jetzt im Stande sind, in unseren chemischen Laboratorien ähnliche zusammengesetzte Kohlenstoff-Verbindungen künstlich herzustellen, so liegt durchaus kein Grund für die Annahme vor, dass nicht auch in der freien Natur sich Verhältnisse finden, unter denen ähnliche Verbindungen entstehen können. Sobald man früherhin die Vorstellung der Urzeugung zu fassen suchte, scheiterte man an der organologischen Zusammensetzung auch der einfachsten Organismen, welche man damals kannte. Erst seitdem wir mit den wichtigen Moneren bekannt geworden sind, ist jene Hauptschwierigkeit gelöst. Denn in ihren structurlosen Plasma-Körpern haben wir Organismen kennen gelernt, welche gar nicht aus Organen zusammengesetzt sind, welche bloss aus einer einzigen, chemisch gleichartig zusammengesetzten Masse bestehen, und dennoch wachsen, sich ernähren und fortpflanzen. Die Hypothese der Urzeugung hat dadurch denjenigen Grad von Wahrscheinlichkeit gewonnen, welcher sie berechtigt, die Lücke zwischen Kant's Kosmogenie und Lamarck's Descendenz-Theorie auszufüllen.

Nur solche homogene, noch gar nicht differenzirte Organismen, welche in ihrer gleichartigen molekularen Zusammensetzung den anorgischen Krystallen gleichstehen, konnten durch Urzeugung entstehen, und konnten die Ureltern aller übrigen Organismen werden. Bei der weiteren Entwickelung dieser Probionten haben wir als den wichtigsten Vorgang zunächst die Bildung eines Kernes in dem structurlosen Plasson-Klümpchen anzusehen. Diese können wir uns physikalisch als Verdichtung der innersten, centralen Eiweiss-Theilchen vorstellen, womit eine chemische Veränderung derselben Hand in Hand ging. Die dichtere centrale Masse, welche anfangs allmählich in das peripherische Plasma überging, sonderte sich später ganz von diesem ab und bildete so ein selbstständiges rundes, chemisch etwas verschiedenes Eiweiss-Körperchen, den Kern (Nucleus). Durch diesen Vorgang ist aber bereits aus dem Moner eine Zelle geworden. Dass die weitere Entwickelung aller übrigen Organismen aus einer solchen Zelle keine Schwierigkeit hat, wird aus den bisherigen Vorträgen klar geworden sein. Denn jedes Thier und jede Pflanze ist im Beginn des individuellen Lebens eine einfache Zelle. Der Mensch so gut wie jedes andere Thier ist anfangs weiter Nichts, als eine einfache Ei-Zelle, eine Plasma-Kugel mit Kern (S. 295, Fig. 5).

Aehnlich wie der Kern der organischen Zellen durch Sonderung aus der centralen Masse der ursprünglich gleichartigen Plasma-Klümpchen entstand, bildete sich die erste Zellhaut oder Membran an deren Oberfläche. Auch diesen einfachen aber höchst wichtigen Vorgang können wir, wie schon oben bemerkt, entweder durch einen chemischen Niederschlag oder eine physikalische Verdichtung in der oberflächlichsten Rindenschicht erklären, oder auch durch eine Ausscheidung. Eine der ersten Anpassungsthätigkeiten, welche die durch Urzeugung entstandenen Moneren ausübten, wird die Verdichtung einer äusseren Rindenschicht gewesen sein, welche als schützende Hülle das weichere Innere gegen die angreifenden Einflüsse der Aussenwelt abschloss. War aber erst durch Verdichtung der homogenen Moneren im Inneren ein Zellenkern, an der Oberfläche eine Zellhaut entstanden, so waren damit alle die fundamentalen Formen der Bausteine gegeben, aus denen durch unendlich mannichfaltige Zusammensetzung sich erfahrungsgemäss der Körper sämmtlicher höheren Organismen aufbaut.

Wie schon früher erwähnt, beruht unser ganzes Verständniss des Organismus wesentlich auf der von Schleiden und Schwann im Jahre 1838 aufgestellten Zellentheorie. Danach ist jeder Organismus entweder eine einfache Zelle oder eine Gemeinde, ein Staat von eng verbundenen Zellen. Die gesammten Formen und Lebens-Erscheinungen eines jeden vielzelligen Organismus sind das Gesammtresultat der Formen und Lebens-Erscheinungen aller einzelnen ihn zusammensetzenden Zellen. In Folge der neueren Fortschritte der Zellen-Lehre ist es zweckmässig geworden, die Elementar-Organismen oder die organischen „Individuen erster Ordnung", welche man gewöhnlich als „Zellen" bezeichnet, mit dem allgemeineren und passenderen Namen der Bildnerinnen oder Plastiden zu belegen. Wir unterscheiden unter denselben zwei Hauptgruppen, nämlich Cytoden und echte Zellen. Die Cytoden sind kernlose Plasmastücke, gleich den Moneren (S. 166, Fig. 1). Die Zellen dagegen sind Plasmastücke, welche einen Kern oder Nucleus enthalten (S. 169, Fig. 2). Die kernlosen Cytoden finden sich als selbstständige Organismen heute nur noch auf den niedersten Stufen des organischen Lebens, bei den angeführten Chromoceen (Plasmodomen) und den Bacterien (Plasmophagen), sowie einem Theile der Rhizopoden. Fast alle übrigen Plastiden sind echte, kernhaltige Zellen; aber auch ihre ältesten Vorfahren waren kernlose Moneren.

Diese Plastiden-Theorie, die Ableitung aller verschiedenen Plastiden-Formen (und somit auch aller aus ihnen zusammengesetzten Organismen) von den Moneren, bringt einfachen und natürlichen Zusammenhang in die gesammte Entwickelungs-Theorie. Die Entstehung der ersten Moneren durch Urzeugung erscheint uns als ein einfacher und nothwendiger Vorgang in dem Entwickelungs-Processe des Erdkörpers. Ich gebe zu, dass dieser Vorgang, so lange er noch nicht direct beobachtet oder durch das Experiment wiederholt ist, eine reine Hypothese bleibt. Allein ich wiederhole, dass diese Hypothese für den ganzen Zusammenhang der natürlichen Schöpfungsgeschichte unentbehrlich ist, dass sie an sich durchaus nichts Gezwungenes und Wunderbares mehr hat, und dass sie keinesfalls positiv widerlegt werden kann. Ausserdem würde auch der Vorgang der Urzeugung, selbst wenn er alltäglich und stündlich noch heute stattfände, auf jeden Fall äusserst schwierig zu beobachten, ja mit untrüglicher Sicherheit als solcher überhaupt kaum festzustellen sein. Diese Ansicht theilt auch der scharfsinnige Naegeli, welcher in seinem vortrefflichen Capitel über Urzeugung den Satz aufstellt: „Die Urzeugung leugnen heisst das Wunder verkünden“.

FSC
www.fsc.org
MIX
Papier | Fördert gute Waldnutzung
FSC® C083411

Kolibri 360 GmbH
Ferdinand-Jühlke-Straße 7
99095 Erfurt, Deutschland
produktsicherheit@kolibri360.de